工科研究生教材·数学系列

模糊数学原理及应用

（第五版）

杨纶标　高英仪　凌卫新　编著

华南理工大学出版社
·广州·

内 容 简 介

本书简明地阐述了模糊数学的基本理论和基本方法。全书共 11 章，内容包括 F 集合、F 模式识别、F 关系与聚类分析、F 映射与综合评判、扩张原理与 F 数、F 逻辑、F 语言与 F 推理、F 控制、F 积分与可能性理论、F 概率和 F 规划，书后附录介绍了集合及其运算、映射、关系与格等预备知识。根据工科院校的特点，还介绍了应用于各专业领域中较成熟的实例。各章配有习题，书后附有答案及提示。

本书可作为工科硕士研究生、工程硕士研究生的教材，或可作为经济类、管理类、机电类、信息科学、计算机迟坡在各专业高年级本科生或研究生的教材，亦可作为有关工程技术人员的参考书。

图书在版编目（CIP）数据

模糊数学原理及应用/杨纶标，高英仪，凌卫新编著. —5 版. —广州：华南理工大学出版社，2011.7（2023.4 重印）
工科研究生教材. 数学系列
ISBN 978 - 7 - 5623 - 3488 - 0

Ⅰ.①模… Ⅱ.①杨…②高…③凌… Ⅲ.①模糊数学-研究生-教材 Ⅳ.①O159

中国版本图书馆 CIP 数据核字（2011）第 137200 号

模糊数学原理及应用

杨纶标　高英仪　凌卫新　编著

出　版　人：柯　宁
出版发行：华南理工大学出版社
　　　　　（广州五山华南理工大学 17 号楼　邮编：510640）
　　　　　http://hg.cb.scut.edu.cn　E-mail:scutc13@ scut.edu.cn
　　　　　营销部电话：020 - 87113487　87111048（传真）
责任编辑：胡　元
印　刷　者：广州小明数码快印有限公司
开　　本：787mm×1092mm　1/16　印张：17.5　字数：443 千
版　　次：2011 年 7 月第 5 版　2023 年 4 月第 22 次印刷
定　　价：33.00 元

版权所有　盗版必究　　印装差错　负责调换

第五版前言

本书作为研究生教材,多年来深受师生欢迎,并开始成为某些专业本科生选修课的教材,至今已重印 14 次。为了使教材内容更加完善、更方便教学,故决定修订再版。

本次修订主要做了如下工作:

(1)由于隶属函数的确定是模糊数学成功应用的前提,所以我们在"确定隶属函数的方法综述"部分,新增了"直觉法"、"推理法"、"二元对比排序法"和"神经网络法",并给出相应的例子,更系统、更全面地介绍了确定隶属函数的方法。

(2)考虑到如何将模糊数学与目前已有算法模型相结合的方法,在第 3 章 3.9 节"聚类分析"部分,新增了 C 均值聚类算法和相应的模糊 C 均值聚类算法,旨在让大家理解和掌握如何将一个无模糊性的经典算法加入模糊元素,使算法具有模糊性,从而提高算法的柔性和智能化程度。

(3)综合评判作为模糊数学的重要应用,考虑到目前应用的问题复杂性不断增加,故在第 4 章 4.3 节"综合评判"部分,新增了多层次模糊综合评判模型,它反映了客观事物因素之间的不同层次,并可以避免当评判因素过多时,因素重要程度模糊子集难以分配的弊端,适用于因素较多、较复杂的综合评判问题。

作　者

2011 年 6 月

前 言

模糊数学是一门新兴学科,自1965年发表第一篇模糊集论文开始,20多年来发展非常迅速,它已被用到国民经济和科学技术各个领域,许多高等院校把它作为研究生必修或选修课程。本书就是在我校研究生处的关心和大力支持下,由使用多年的打印教材改编而成的。

本书结合编者多年在教学实践中的经验和体会,较简明扼要地介绍了该门学科的基本理论和基本方法,并根据工科院校的特点,注意介绍应用于各领域中较成熟的实例,尽量做到内容全面、叙述清楚、说理通俗。各章都配有适量的例题和习题,书后附有部分习题答案及较详细的提示,便于具备"高等数学"和"工程数学"基础知识的读者使用。因此,该书既可作为研究生和本科高年级学生的教材,也可供工程技术人员自学参考之用。书中带有*号的章节内容较难或专业性较强,可灵活选读。

本书在编写过程中,曾得到"广州模糊系统与知识工程研究所"程里春副教授的热情帮助,并为本书提供了部分资料。华南理工大学数学系原系主任张正寅教授及有关同志,对本书的出版给予极大鼓励和支持,并提出了许多宝贵意见;自动化系毛宗源教授为本书提供了模糊控制的应用实例。在此一并致谢。

由于编者水平有限,书中一定存在不少缺点,恳请广大读者批评指正。

编 者
1992年8月

目 录

1 F 集合 ·· (1)
  1.1 引 言 ·· (1)
  1.2 F 集的基本概念 ··· (2)
  1.3 F 集的运算 ·· (5)
  1.4* F 集运算的其他定义 ·· (9)
  1.5 F 集的截集 ·· (12)
  1.6 分解定理 ··· (15)
  1.7 集合套与表现定理 ··· (19)
  1.8* F 集同构的代数系统 ·· (22)
  1.9* F 集的模糊度 ··· (25)
  习题 1 ·· (28)

2 F 模式识别 ··· (31)
  2.1 F 集的贴近度 ·· (32)
  2.2 格贴近度 ··· (34)
  2.3 F 模式识别原则 ··· (37)
    2.3.1 最大隶属原则 ·· (37)
    2.3.2 择近原则 ·· (38)
  2.4 几何图形识别 ··· (38)
  2.5* 手写文字的识别 ··· (40)
    2.5.1 方格矩阵法 ··· (40)
    2.5.2 模糊方位转换技术 ······································ (41)
  2.6 确定隶属函数的方法综述 ···································· (42)
    2.6.1 直觉法 ·· (42)
    2.6.2 推理法 ·· (42)
    2.6.3 F 统计法 ··· (42)
    2.6.4 三分法 ·· (44)
    2.6.5 二元对比排序法 ··· (46)
    2.6.6 F 分布 ·· (48)
    2.6.7 人工神经网络法 ··· (52)
    2.6.8 其他方法 ·· (57)
    2.6.9 确定隶属函数的注意事项 ···························· (58)
  习题 2 ·· (58)

3 F 关系与聚类分析 ··· (61)
  3.1 F 关系的定义和性质 ·· (61)
  3.2 F 矩阵 ··· (63)
  3.3 F 关系的对称性与自反性 ···································· (65)

3.4 λ截矩阵 .... (67)
3.5 F关系的合成 .... (68)
3.6 F关系的传递性 .... (72)
3.7 F等价关系及聚类图 .... (75)
3.8 F相似关系 .... (77)
3.9 聚类分析 .... (79)
3.9.1 基于F等价矩阵模糊聚类分析的一般步骤 .... (79)
3.9.2 基于C均值聚类的F聚类算法 .... (87)
习题3 .... (91)

4 F映射与综合评判 .... (94)
4.1 F映射 .... (94)
4.2 F变换 .... (96)
4.3 综合评判 .... (100)
4.3.1 一级综合评判模型 .... (101)
4.3.2 多级综合评判模型 .... (104)
4.3.3 多层次综合评判模型 .... (106)
4.4* F关系方程 .... (109)
习题4 .... (114)

5 扩张原理与F数 .... (117)
5.1 扩张原理 .... (117)
5.2 多元扩张原理 .... (125)
5.3 凸F集 .... (127)
5.4 F数 .... (128)
5.5 区间数 .... (132)
5.5.1 区间运算 .... (132)
5.5.2 区间数运算 .... (133)
习题5 .... (135)

6 F逻辑 .... (137)
6.1 二值逻辑 .... (137)
6.2 F命题公式 .... (140)
6.3 F逻辑函数的概念 .... (142)
6.4 F逻辑函数的范式 .... (144)
6.4.1 析取范式的项 .... (144)
6.4.2 简单析取式的互素项 .... (146)
6.5 F逻辑函数的最小化 .... (147)
6.6 F逻辑函数的分析 .... (151)
6.7* F逻辑函数的电路实现 .... (153)
习题6 .... (159)

7 F语言与F推理 .... (161)

7.1　F 语言的定义	(161)
7.2　F 词与 F 算子	(162)
7.2.1　词义	(162)
7.2.2　F 算子	(163)
7.2.3　语言值	(166)
7.3　普通文法	(168)
7.4　F 文法	(169)
7.5　判断句和推理句及逻辑推理	(172)
7.5.1　判断句	(172)
7.5.2　推理句	(173)
7.6　在不同论域上的 F 推理句	(176)
7.6.1　普通集的情形	(176)
7.6.2　模糊情形	(177)
7.7　似然推理与条件语句	(179)
7.7.1　似然推理规则	(179)
7.7.2　条件语句	(180)
7.7.3　多重条件语句	(181)
7.8*　F 推理的应用举例	(182)
7.8.1　F 推理的若干性质	(182)
7.8.2　F 推理模型	(184)
7.8.3　F 推理模型的应用	(185)
7.8.4　作用关系理论	(185)
习题 7	(187)
8　F 控制	(189)
8.1　F 控制的概念	(189)
8.2　F 控制原理	(194)
8.3　自组织 F 控制器简介	(197)
8.4*　F 控制应用实例	(199)
习题 8	(213)
9*　F 积分与可能性理论	(215)
9.1　F 测度	(215)
9.2　F 积分	(221)
9.3　可能性理论	(224)
9.3.1　可能性分布	(225)
9.3.2　F 集的可能性测度	(226)
习题 9	(228)
10　F 概率	(229)
10.1　F 事件的概率	(229)
10.2　事件的 F 概率	(232)

10.3　F事件的语言概率 …………………………………………（236）
　习题10 ………………………………………………………………（238）
11章　F规划 ……………………………………………………………（239）
　11.1　经典线性规划 …………………………………………………（239）
　　11.1.1　线性规划的有关概念 ……………………………………（239）
　　11.1.2　经典线性规划问题的解法 ………………………………（242）
　11.2　F约束下的条件极值 …………………………………………（245）
　11.3*　对称型的F规划 ……………………………………………（249）
　习题11 ………………………………………………………………（251）
附录　普通集合简介 ……………………………………………………（254）
　一、集合及其运算 ……………………………………………………（254）
　二、映射 ………………………………………………………………（255）
　三、关系与格 …………………………………………………………（257）
习题 ………………………………………………………………………（258）
习题答案或提示 …………………………………………………………（260）
参考文献 …………………………………………………………………（272）

1 F 集 合

模糊数学是描述模糊现象的数学.而模糊集是模糊数学的理论基础.本章首先简述了模糊数学与经典数学的区别,特别是与概率、数理统计的区别;然后,介绍模糊集的基本概念、运算法则及其分解定理和表现定理,从而揭示模糊与普通集的联系.为了度量模糊性的程度,本章末给出了模糊度的概念和计算公式.

1.1 引 言

随着科学研究的不断深入,人们需要研究的关系越来越复杂,对系统的判别和推理的精确性要求也越来越高.为了精确地描述复杂的现实对象,各类新的数学分支不断地产生和发展起来.迄今为止,处理现实对象的数学模型可分为三大类:

一类是确定性数学模型.这类模型的背景对象具有确定性或固定性,对象间具有必然的关系.

二类是随机性数学模型.这类模型的背景对象具有或然性或随机性.

三类是模糊性数学模型.这类模型的背景对象及其关系均具有模糊性.

前两类模型的共同特点是所描述的事物本身的含义是确定的,它们赖以存在的基石——集合论,满足互补律,就是非此即彼的清晰概念的抽象.

模糊性的数学模型所描述的事物本身的含义是不确定的,例如:

(1) 所有远远大于 1 的实数的集合.(25 是这集合的一员吗?)

(2) 健康人的集合.(我是这集合的一员吗?)

(3) 动物的集合.(细菌是这集合的成员吗?)

事实上,现实世界中遇到的对象很多是这种模糊的、不能精确定义的类型,它们的成员没有精确定义的判别准则.模糊集正反映了这类"亦此亦彼"的模糊性.它是不满足互补律的.

应当指出,随机性与模糊性的数学模型,虽然都具有不确定性,但它们是有区别的:

随机性,是针对事件的某种结果的机会而言,由于条件不充分而导致各种可能的结果.这是因果律的破缺而造成的不确定性.概率与统计数学就是处理这类随机现象的数学.

模糊性,是指存在于现实中的不分明现象.如"稳定"与"不稳定"、"健康"与"不健康"之间找不到明确的边界.从差异的一方到另一方,中间经历了一个从量变到质变的连续过渡过程.这是因排中律的破缺而造成的不确定性.于是,作为研究模糊现象的定量处理方法——模糊数学便出现了.

可见,如果说概率与统计数学将数学的应用范围从必然现象扩大到随机现象的领域,那么模糊数学则将数学的应用范围从清晰现象扩大到模糊现象的领域.

1.2 F集的基本概念

人们所熟悉的普通集(为了与模糊集相区别,故称之为普通集)论要求:论域 U 中每个元 u,对于子集 $A \subseteq U$ 来说,要么 $u \in A$,要么 $u \overline{\in} A$,二者必居其一,且仅居其一,决不允许模棱两可.因而,子集 A 可用 0 和 1 两个数来刻画。

关于普通集,还有其他表示法,因为后面经常应用,所以这里举一个简单例子说明。

设 A 表示"所有小于 5 的自然数集".

(1) 列举法: $A = \{1, 2, 3, 4\}$

(2) 描述法: $A = \{u \mid u < 5, u \text{ 为自然数}\}$

(3) 特征函数法:设论域 U 为自然数集,映射为

$$C_A : U \longrightarrow \{0, 1\}$$
$$u \longmapsto C_A(u)$$

其中
$$C_A(u) = \begin{cases} 1 & u \in A \quad (\text{即 } u = 1, 2, 3, 4) \\ 0 & u \overline{\in} A \quad (\text{即 } u \neq 1, 2, 3, 4) \end{cases}$$

可见,给定了论域 U 上的一个子集,就等于给定了特征函数,反之亦然.因此,特征函数与集合之间有一一对应关系,利用这一对应关系,可以研究模糊现象的问题,即用函数来研究模糊集.由于普通集的特征函数仅取两个值,只能表达"非此即彼"现象,不能表达"亦此亦彼"现象,即不能表达现实中普遍存在的模糊现象.

例 1 从图 1-1 的 30 条线段中,选出"长的线段".

这就要逐条考虑它是否能成为"长线段"的成员.显然,从左数起,第 1 条是属于"长线段".那么第 2 条、第 3 条呢?……继续下去就会觉得,越靠右的线段作为"长线段"成员的资格就越低.至于第 29 条,尤其是第 30 条线段根本不能作为"长线段"的成员,即应属于"短线段"

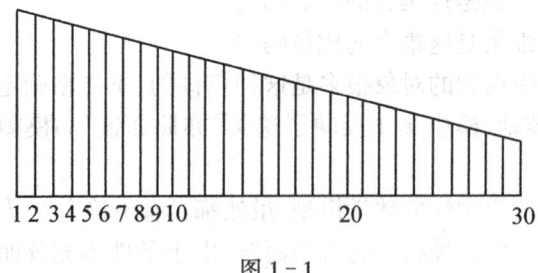

图 1-1

例 2 在标志年龄(0~100)的数轴上,标出"年老"、"年轻"的区间.

这就要求考虑:…,40 岁,…,50 岁,…,60 岁,…是属于"年轻"还是"年老"呢?

在上面的问题里,由于"长线段"与"短线段"之间、"年轻"与"年老"之间,都不存在明确的边界,由"长"到"短",由"年轻"到"年老",中间经历了一个从量变到质变的连续过渡过程.所以,对于"长的线段"、"年轻"、"年老"的集合不能用普通集合论里仅取 0 或 1 两个值的特征函数来刻画.为了体现类似问题中的这种连续过渡过程的共性,美国控制论专家查德于

1965 年将普通集合论里特征函数的取值范围由 $\{0,1\}$ 推广到闭区间 $[0,1]$,于是便得到模糊集的定义.

定义 1 设在论域 U 上给定了一个映射

$$A: U \longrightarrow [0,1]$$
$$u \longmapsto A(u)$$

则称 A 为 U 上的模糊(Fuzzy)集,$A(u)$ 称为 A 的隶属函数(或称为 u 对 A 的隶属度).

为简便计,"模糊(Fuzzy)"记为"F",即"模糊集",写为"F 集".

在例 1 中,论域 U 为图 1-1 中 30 条线段的集.设 u_i 表示第 $i(i=1,2,\cdots,30)$ 条线段,则 $U=\{u_1,u_2,\cdots,u_{30}\}$.若 A 为"长线段"的集,那么,诸线段作为集 A 的成员资格,就是该线段对 A 隶属度.下面求 A 的隶属函数.

因为线段越长,属于"长线段集"的隶属度就越大,所以线段长短程度可作为 A 的隶属度.由于线段长度按线性递减(见图 1-1),因此 F 集"长线段"的隶属函数 $A(u_i)$ 是条数 i 的线性函数.选 $A(u_1)=1$,$A(u_{30})=0$,作直线(见图 1-2),按两点式,有

$$\frac{A(u_i)-0}{i-30}=\frac{1-0}{1-30}$$

于是得第 i 条线段 u_i 相对属于"长线段"集 A 的隶属函数

$$A(u_i)=\frac{1}{29}(30-i),\quad i=1,2,\cdots,30$$

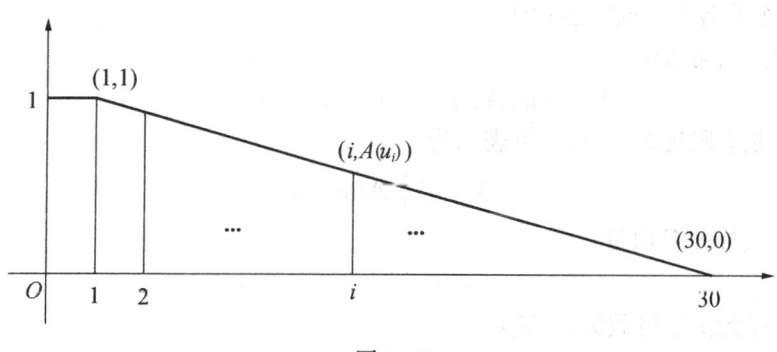

图 1-2

在例 2 中,取论域 $U=[0,100]$,集合 A 和 B 分别表示"年老"和"年轻".查德给出它们的隶属函数分别为:

$$A(u)=\begin{cases} 0 & 0\leqslant u\leqslant 50 \\ \left[1+\left(\dfrac{u-50}{5}\right)^{-2}\right]^{-1} & 50<u\leqslant 100 \end{cases}$$

$$B(u)=\begin{cases} 1 & 0\leqslant u\leqslant 25 \\ \left[1+\left(\dfrac{u-25}{5}\right)^{2}\right]^{-1} & 25<u\leqslant 100 \end{cases}$$

从图 1-3 可见,当 u 取 50 岁以下诸值时,$A(u)=0$,即 50 岁以下不属"年老";当 u 取值超过 50 岁,并逐渐增大时,对于"年老"的隶属度也愈来愈大,如 $A(70)=0.94$,说明年龄为 70 岁时属于"年老"的隶属程度已达 94%.对于函数 $B(u)$ 也可类似地分析所取值的含义.

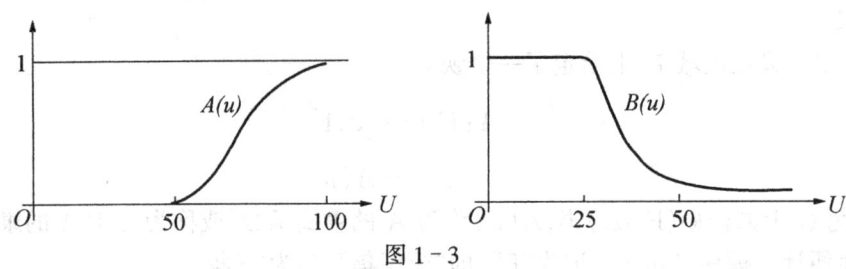

图 1-3

由定义 1 不难看出,对于某 F 集 A,若 $A(u)$ 仅取 0 和 1 两个数时,A 就蜕化为普通集合.所以,普通集合是模糊集的特殊情形.若 $A(u)\equiv 0$,则 A 称为空集 $\emptyset$;若 $A(u)\equiv 1$,则 A 称为全集 U,即 $A=U$.

注意:给出 F 集,就是要对论域 U 上的每个元素均要给出隶属度.

在给定的论域 U 上可以有多个 F 集,记 U 上的 F 集的全体为 $\mathscr{F}(U)$,即

$$\mathscr{F}(U)=\{A\mid A:U\longrightarrow[0,1]\}$$

显然,$\mathscr{F}(U)$ 是一个普通集,且

$$\mathscr{P}(U)\subseteq\mathscr{F}(U)$$

其中,$\mathscr{P}(U)$ 是以普通集为元素的集.即

$$\mathscr{P}(U)=\{A\mid A:U\longrightarrow\{0,1\}\}$$

F 集合 A 有各种不同的表示法:

一般情形下,可表示为

$$A=\{(u,A(u))\mid u\in U,0\leqslant A(u)\leqslant 1\}$$

如果 U 是有限集或可数集,可表示为

$$A=\sum A(u_i)/u_i$$

或表示为向量(称为 F 向量)

$$A=(A(u_1),A(u_2),\cdots,A(u_n))$$

如果 U 是无限不可数集,可表示为

$$A=\int A(u)/u$$

式中"/"不是通常的分数线,只是一种记号,它表示论域 U 上的元素 u 与隶属度 $A(u)$ 之间的对应关系;符号"$\sum$"及"$\int$"也不是通常意义下的求和与积分,都只是表示 U 上的元素 u 与其隶属度 $A(u)$ 的对应关系的一个总括.

例 3 设 $U=\{1,2,3,4,5,6\}$,A 表示"靠近 4"的数集,则 $A\in\mathscr{F}(U)$,各数属于 A 的程度 $A(u_i)$ 如表 1-1 所示.

表 1-1

u	1	2	3	4	5	6
$A(u)$	0	0.2	0.8	1	0.8	0.2

则 A 可用不同方式表示为

(1) $A=\{(1,0),(2,0.2),(3,0.8),(4,1),(5,0.8),(6,0.2)\}$,或舍弃隶属度为 0 的项,而记为
$$A=\{(2,0.2),(3,0.8),(4,1),(5,0.8),(6,0.2)\};$$

(2) $A=\dfrac{0}{1}+\dfrac{0.2}{2}+\dfrac{0.8}{3}+\dfrac{1}{4}+\dfrac{0.8}{5}+\dfrac{0.2}{6}=\dfrac{0.2}{2}+\dfrac{0.8}{3}+\dfrac{1}{4}+\dfrac{0.8}{5}+\dfrac{0.2}{6}$;

(3) $A=(0,0.2,0.8,1,0.8,0.2)$.

注意:在(3)式中,没有直接写明元素 u_i,故隶属度为 0 的项不能舍弃,且相应的元素 u_i 的次序也不能随意调换.

例 4 设论域为实数域 R,A 表示"靠近 4 的数集",则 $A\in\mathscr{F}(R)$.它的隶属函数是
$$A(x)=\begin{cases} e^{-k(x-4)^2} & |x-4|<\delta \\ 0 & |x-4|\geqslant\delta \end{cases}$$
参数 $\delta>0,k>0$,见图 1-4.

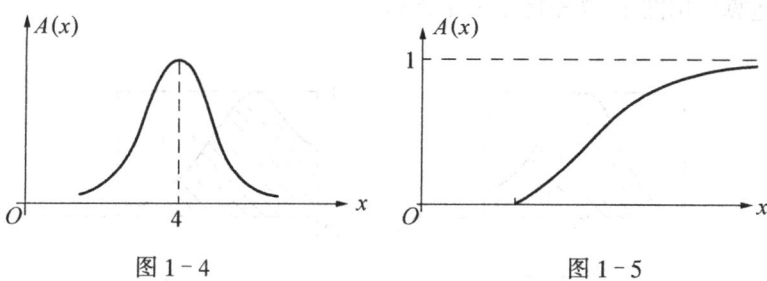

图 1-4　　　　　　　　图 1-5

例 5 设论域为实数域 R,A 是"比 4 大得多的数集".它的隶属函数是
$$A(x)=\begin{cases} 0 & x\leqslant 4 \\ \dfrac{1}{1+\dfrac{100}{(x-4)^2}} & x>4 \end{cases}$$
见图 1-5.

对一个 F 集来说,最关键的问题是隶属函数的确定.怎样的隶属函数合适,这个问题既重要又比较复杂,留待后面对 F 集有进一步的认识时再来讨论.

1.3　F 集的运算

两个 F 子集间的运算,实际上就是逐点对隶属函数作相应运算.为了方便,用符号"$\forall$"表示"对任意".

定义 1 设 $A,B\in\mathscr{F}(U)$,若
$$\forall u\in U,\quad B(u)\leqslant A(u)$$
则称 A 包含 B,记为 $B\subseteq A$(见图 1-6).

如果 $A\subseteq B$ 且 $B\subseteq A$,则称 A 与 B 相等,记作 $A=B$.

显然,包含关系"$\subseteq$"是 $\mathscr{F}(U)$ 上的二元关系,具

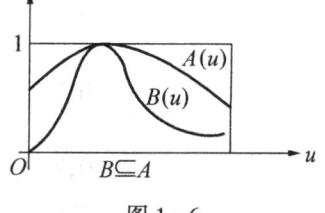

图 1-6

有如下性质：

① 自反性　$\forall A \in \mathscr{F}(U)$，$A \subseteq A$；

② 反对称性　若 $A \subseteq B$，$B \subseteq A$，则 $A = B$；

③ 传递性　若 $A \subseteq B$，$B \subseteq C$，则 $A \subseteq C$.

因此，$(\mathscr{F}(U), \subseteq)$ 是半序集.

定义 2　设 $A, B \in \mathscr{F}(U)$，分别称运算 $A \cup B$、$A \cap B$ 为 A 与 B 的并集、交集. 称 A^c 为 A 的补集，也称为余集. 它们的隶属函数分别为

$$(A \cup B)(u) = A(u) \vee B(u) = \max(A(u), B(u))$$
$$(A \cap B)(u) = A(u) \wedge B(u) = \min(A(u), B(u))$$
$$A^c(u) = 1 - A(u)$$

任给 $a, b \in [0,1]$，由于

$$0 \leqslant a \vee b \leqslant 1,\ 0 \leqslant a \wedge b \leqslant 1,\ 0 \leqslant 1 - a \leqslant 1$$

故对任意 $A, B \in \mathscr{F}(U)$，有 $A \cup B, A \cap B, A^c \in \mathscr{F}(U)$.

以上各运算可用图 1-7 至图 1-11 表示.

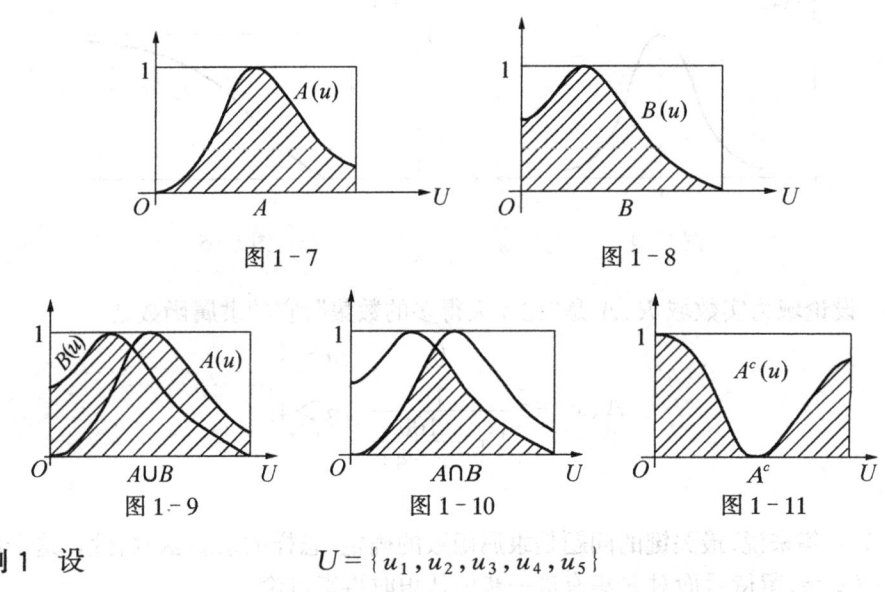

图 1-7　　　　图 1-8

图 1-9　　　图 1-10　　　图 1-11

例 1　设 $U = \{u_1, u_2, u_3, u_4, u_5\}$

$$A = \frac{0.2}{u_1} + \frac{0.7}{u_2} + \frac{1}{u_3} + \frac{0.5}{u_5},\quad B = \frac{0.5}{u_1} + \frac{0.3}{u_2} + \frac{0.1}{u_4} + \frac{0.7}{u_5}$$

则按以上运算定义可得

$$A \cup B = \frac{0.2 \vee 0.5}{u_1} + \frac{0.7 \vee 0.3}{u_2} + \frac{1 \vee 0}{u_3} + \frac{0 \vee 0.1}{u_4} + \frac{0.5 \vee 0.7}{u_5}$$

$$= \frac{0.5}{u_1} + \frac{0.7}{u_2} + \frac{1}{u_3} + \frac{0.1}{u_4} + \frac{0.7}{u_5}$$

$$A \cap B = \frac{0.2 \wedge 0.5}{u_1} + \frac{0.7 \wedge 0.3}{u_2} + \frac{1 \wedge 0}{u_3} + \frac{0 \wedge 0.1}{u_4} + \frac{0.5 \wedge 0.7}{u_5}$$

$$= \frac{0.2}{u_1} + \frac{0.3}{u_2} + \frac{0.5}{u_5}$$

$$A^c = \frac{1-0.2}{u_1} + \frac{1-0.7}{u_2} + \frac{1-1}{u_3} + \frac{1-0}{u_4} + \frac{1-0.5}{u_5}$$

$$= \frac{0.8}{u_1} + \frac{0.3}{u_2} + \frac{1}{u_4} + \frac{0.5}{u_5}$$

一般地，F集A与B的并、交和余的计算，按论域U的有限和无限，分为以下两种情况表示：

① 设论域$U = \{u_1, u_2, \cdots, u_n\}$，且F集

$$A = \sum_{i=1}^{n} \frac{A(u_i)}{u_i}, \quad B = \sum_{i=1}^{n} \frac{B(u_i)}{u_i}$$

则

$$A \cup B = \sum_{i=1}^{n} \frac{A(u_i) \vee B(u_i)}{u_i}$$

$$A \cap B = \sum_{i=1}^{n} \frac{A(u_i) \wedge B(u_i)}{u_i}$$

$$A^c = \sum_{i=1}^{n} \frac{1 - A(u_i)}{u_i}$$

② 设论域U为无限集，且F集

$$A = \int_{u \in U} \frac{A(u)}{u}, \quad B = \int_{u \in U} \frac{B(u)}{u}$$

则

$$A \cup B = \int_{u \in U} \frac{A(u) \vee B(u)}{u}$$

$$A \cap B = \int_{u \in U} \frac{A(u) \wedge B(u)}{u}$$

$$A^c = \int_{u \in U} \frac{1 - A(u)}{u}$$

例2 设F集A和B的隶属函数为

$$A(u) = \begin{cases} 0 & 0 \leq u \leq 50 \\ \left[1 + \left(\frac{u-50}{5}\right)^{-2}\right]^{-1} & 50 < u \leq 100 \end{cases}$$

$$B(u) = \begin{cases} 1 & 0 \leq u \leq 25 \\ \left[1 + \left(\frac{u-25}{5}\right)^{2}\right]^{-1} & 25 < u \leq 100 \end{cases}$$

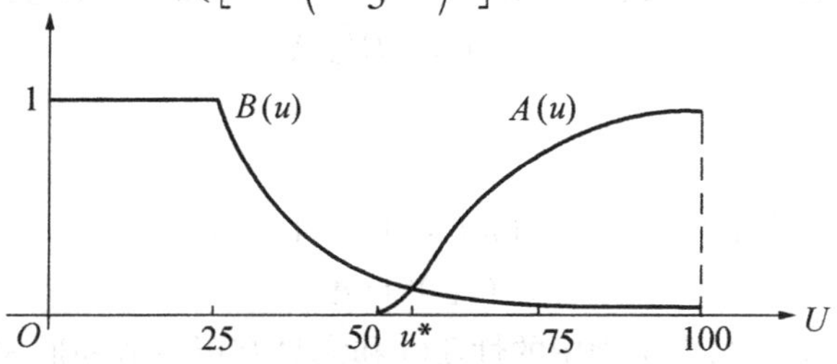

图 1-12

令 u^* 为曲线 $A(u)$ 与 $B(u)$ 的交点坐标(见图1-12),则

$$A \cup B = \int_{u \in U} [A(u) \vee B(u)]/u$$

$$= \int_{0 \leqslant u \leqslant 25} 1/u + \int_{25 < u \leqslant u^*} \left[1 + \left(\frac{u-25}{5}\right)^2\right]^{-1}/u + \int_{u^* < u \leqslant 100} \left[1 + \left(\frac{u-50}{5}\right)^{-2}\right]^{-1}/u$$

$$A \cap B = \int_{u \in U} A(u) \wedge B(u)/u$$

$$= \int_{50 < u \leqslant u^*} \left[1 + \left(\frac{u-50}{5}\right)^{-2}\right]^{-1}/u + \int_{u^* < u \leqslant 100} \left[1 + \left(\frac{u-25}{5}\right)^2\right]^{-1}/u$$

$$A^c = \int_{0 \leqslant u \leqslant 50} 1/u + \int_{50 < u \leqslant 100} 1 - \left[1 + \left(\frac{u-50}{5}\right)^{-2}\right]^{-1}/u$$

两个 F 集上的并、交运算还可推广到任意多个 F 集上去.

定义 3 设 $A_t \in \mathscr{F}(U)$,$t \in T$,T 为指标集.

对任意 $u \in U$,规定:"$\vee$"表示"取最大"或"取上确界 sup",且

$$(\bigcup_{t \in T} A_t)(u) = \bigvee_{t \in T} A_t(u) = \sup_{t \in T} A_t(u)$$

$$(\bigcap_{t \in T} A_t)(u) = \bigwedge_{t \in T} A_t(u) = \inf_{t \in T} A_t(u)$$

称 $\bigcup_{t \in T} A_t$ 为 $\{A_t\}_{t \in T}$ 的并集,$\bigcap_{t \in T} A_t$ 为 $\{A_t\}_{t \in T}$ 的交集.

显然,$\bigcup_{t \in T} A_t$,$\bigcap_{t \in T} A_t \in \mathscr{F}(U)$.

定理 $(\mathscr{F}(U), \cup, \cap, c)$ 具有如下性质:

① 幂等律 $A \cup A = A$,$A \cap A = A$.
② 交换律 $A \cup B = B \cup A$,$A \cap B = B \cap A$.
③ 结合律 $(A \cup B) \cup C = A \cup (B \cup C)$,$(A \cap B) \cap C = A \cap (B \cap C)$.
④ 吸收律 $(A \cup B) \cap A = A$,$(A \cap B) \cup A = A$.
⑤ 分配律 $(A \cup B) \cap C = (A \cap C) \cup (B \cap C)$,$(A \cap B) \cup C = (A \cup C) \cap (B \cup C)$.
⑥ 零-壹律 $A \cup \emptyset = A$,$A \cap \emptyset = \emptyset$;$A \cup U = U$,$A \cap U = A$.
⑦ 复原律 $(A^c)^c = A$.
⑧ 对偶律 $(A \cup B)^c = A^c \cap B^c$,$(A \cap B)^c = A^c \cup B^c$.

下面仅以性质②、⑦为例加以证明,其余由读者完成.

证 ② $\forall u \in U$,都有

$$(A \cup B)(u) = A(u) \vee B(u) = B(u) \vee A(u) = (B \cup A)(u)$$

故有
$$A \cup B = B \cup A$$

同理可证
$$A \cap B = B \cap A$$

⑦ $\forall u \in U$,有

$$(A^c)^c(u) = 1 - A^c(u) = 1 - [1 - A(u)] = A(u)$$

即
$$(A^c)^c = A$$

若 $B_t \in \mathscr{F}(U)(t \in T)$,则定理中的性质⑤和⑧具有更一般的形式:

⑤′ $(\bigcup_{t \in T} B_t) \cap C = \bigcup_{t \in T}(B_t \cap C)$, $(\bigcap_{t \in T} B_t) \cup C = \bigcap_{t \in T}(B_t \cup C)$

⑧′ $(\bigcup_{t\in T} B_t)^c = \bigcap_{t\in T} B_t^c$, $(\bigcap_{t\in T} B_t)^c = \bigcup_{t\in T} B_t^c$

由于 $\emptyset, U \in \mathscr{F}(U)$，故 $\mathscr{F}(U)$ 具有最大元 U 及最小元 $\emptyset$，因此定理说明 $(\mathscr{F}(U), \bigcup, \bigcap, c)$ 是软代数而不是布尔代数，因为 $(\mathscr{F}(U), \bigcup, \bigcap, c)$ 不满足互补律．这是 F 集与普通集的一个显著不同之处．

F 集上的补运算不满足互补律，其原因是 F 集没有明确的边界．$A \cap A^c \neq \emptyset$ 说明 A 和 A^c 相交，但是

$$\forall A \in \mathscr{F}(U), A(u) \wedge A^c(u) \leqslant \frac{1}{2} \quad (\forall u \in U)$$

同样，$A \cup A^c \neq U$ 说明 $A \cup A^c$ 不一定完全覆盖 U，但有下述结论：

$$\forall A \in \mathscr{F}(U), A(u) \vee A^c(u) \geqslant \frac{1}{2} \quad (\forall u \in U)$$

由于 F 集的运算不满足互补律，所以它比普通集合更能客观地反映实际中大量存在着的模棱两可的情况．

例3 设 $U = [0,1]$，$A(u) = u$，则 $A^c(u) = 1 - u$，

$$(A \cup A^c)(u) = \begin{cases} 1-u & u \leqslant \frac{1}{2} \\ u & u > \frac{1}{2} \end{cases}, \quad (A \cap A^c)(u) = \begin{cases} u & u \leqslant \frac{1}{2} \\ 1-u & u > \frac{1}{2} \end{cases}$$

特别地，

$$(A \cup A^c)\left(\frac{1}{2}\right) = (A \cap A^c)\left(\frac{1}{2}\right) = \frac{1}{2}$$

1.4* F 集运算的其他定义

为了使 F 集适合于各种不同的模糊现象，相继提出了不少与 $\vee$、$\wedge$ 相应的新算子，统称为模糊算子．它们各有自己的优缺点，人们可根据具体问题的特性，选择使用．

定义1 设 $A, B \in \mathscr{F}(U)$，对 $\forall u \in U$，规定：

$$(A \cup B)(u) = A(u) \vee^* B(u), \quad (A \cap B)(u) = A(u) \wedge^* B(u)$$

式中 $\vee^*$、$\wedge^*$ 是 $[0,1]$ 中的二元运算，简称为模糊算子．算子 $\vee^*$、$\wedge^*$ 的定义见表 1-2．

表 1-2 算子 $\vee^*$、$\wedge^*$ 的定义

	算子名称	$\vee^*$	$\wedge^*$
1	Zadeh	$\vee$	$\wedge$
2	最大、乘积	$\vee$	$\cdot$
3	代数和与积	$\hat{+}$	$\cdot$
4	Einstein	$\dot{+}_\varepsilon$	$\dot{\cdot}_\varepsilon$
5	有界和与积	$\oplus$	$\odot$
6	Hamacher	$\dot{+}_\gamma$	$\dot{\cdot}_\gamma$
7	Yager	$\dot{\vee}_\omega$	$\dot{\wedge}_\omega$

说明：令 $a = A(u)$，$b = B(u)$，相应有

(1) $a \vee b = \max(a, b)$，$a \wedge b = \min(a, b)$．

(2) $a \hat{+} b \triangleq a+b-ab$, $a \cdot b$ 表示普通实数乘法.("$\triangleq$"表示规定)

(3) $a \overset{+}{\varepsilon} b \triangleq \dfrac{a+b}{1+ab}$, $a \dot{\varepsilon} b \triangleq \dfrac{ab}{1+(1-a)(1-b)}$.

(4) $a \oplus b \triangleq \min(a+b, 1)$, $a \odot b \triangleq \max(0, a+b-1)$.

(5) $a \overset{+}{\gamma} b \triangleq \dfrac{a \hat{+} b - (1-\gamma)ab}{\gamma + (1-\gamma)(1-ab)}$ $\gamma \in [0, +\infty)$, $a \dot{\gamma} b \triangleq \dfrac{ab}{\gamma + (1-\gamma)(a \hat{+} b)}$.

当 $\gamma = 1$ 时,$(\overset{+}{\gamma}, \dot{\gamma})$ 化为 $(\hat{+}, \cdot)$;当 $\gamma = 2$ 时,$(\overset{+}{\gamma}, \dot{\gamma})$ 化为 $(\overset{+}{\varepsilon}, \dot{\varepsilon})$.

(6) $a \overset{\curlyvee}{} b \triangleq 1 \wedge (a^\alpha + b^\alpha)^{\frac{1}{\alpha}}$ $\alpha \in [1, +\infty)$, $a \overset{\curlywedge}{} b \triangleq 1 - 1 \wedge [(1-a)^\alpha + (1-b)^\alpha]^{\frac{1}{\alpha}}$.

当 $\alpha = 1$ 时,$(\curlyvee, \curlywedge)$ 化为 $(\oplus, \odot)$;当 $\alpha \to +\infty$ 时,$(\curlyvee, \curlywedge)$ 成为 $(\vee, \wedge)$.

此外,还有 Schweizer Sklard 算子、Kaufmann 算子等等,就不一一列举了.

算子 $\wedge^*$ 中的 $(\cdot)$、$(\odot)$、$(\wedge)$ 运算,各以不同程度表示逻辑上的"与"运算,当 A、B 中有一个是普通集合时,有

$$A(u) \cdot B(u) = A(u) \odot B(u) = A(u) \wedge B(u)$$

因此,F 集运算 $\cdot$、$\odot$、$\wedge$ 都可以看成是普通集合交运算的推广.

对偶地,算子 $\vee^*$ 中的 $(\hat{+})$、$(\oplus)$、$(\vee)$ 运算,也各以不同程度表示逻辑"或"运算,当 A、B 中有一个是普通集合时,有

$$A(u) \hat{+} B(u) = A(u) \oplus B(u) = A(u) \vee B(u)$$

因此,F 集运算 $\hat{+}$、$\oplus$、$\vee$ 都可看成是普通集合"并"运算的推广.

"$\cdot$ 和 $\hat{+}$"、"$\odot$ 和 $\oplus$" 这两组运算都满足交换律、结合律、零-壹律和对偶律,但都不满足幂等律、吸收律和分配律.而 $\odot$ 和 $\oplus$ 却满足补余律,即

$$A(u) \odot A^c(u) = 0, \quad A(u) \oplus A^c(u) = 1$$

因此,它们在应用上有着独特的地位.

上面列举的都是一些具体的算子,概括它们的共性,可总结出更一般的形式.

定义 2 映射 $T:[0,1]^2 \longrightarrow [0,1]$,如果 $\forall a, b, c \in [0,1]$ 满足条件:

(1) 交换律 $T(a,b) = T(b,a)$;

(2) 结合律 $T(T(a,b),c) = T(a,T(b,c))$;

(3) 单调性 若 $a_1 \leqslant a_2$, $b_1 \leqslant b_2$,则 $T(a_1, b_1) \leqslant T(a_2, b_2)$;

(4) 边界条件 $T(1,a) = a$.

则称为 T 三角模,也称为 T 范数.

定义 3 映射 $S:[0,1]^2 \longrightarrow [0,1]$,如果 $\forall a, b, c \in [0,1]$ 满足条件:

(1) 交换律 $S(a,b) = S(b,a)$;

(2) 结合律 $S(S(a,b),c) = S(a,S(b,c))$;

(3) 单调性 若 $a_1 \leqslant a_2$, $b_1 \leqslant b_2$,则 $S(a_1, b_1) \leqslant S(a_2, b_2)$;

(4) 边界条件 $S(a,0) = a$.

则称为 S 三角模,或称为 S 范数.

T 三角模 T 和 S 三角模 S 统称为三角范算子.

例 1 设 T 是 T 范数算子,证明 $\forall a, b \in [0,1]$,

$$1 - T(1-a, 1-b)$$

是 S 范数.

证 只需验证满足 S 范数的条件即可. 现验证结合律, 其余留给读者.

$\forall a, b, c \in [0,1]$, 令 $S(a,b) = 1 - T(1-a, 1-b)$, 则

$$\begin{aligned}
S(S(a,b), c) &= 1 - T(1 - S(a,b), 1-c) \\
&= 1 - T(1 - (1 - T(1-a, 1-b)), 1-c) \\
&= 1 - T(T(1-a, 1-b), 1-c) = 1 - T(1-a, T(1-b, 1-c)) \\
&= 1 - T(1-a, 1 - S(b,c)) = S(a, S(b,c))
\end{aligned}$$

若采用"余"运算记法: $a^c = 1 - a \ (0 \leqslant a \leqslant 1)$, 则

$$T^c(a^c, b^c) = 1 - T(1-a, 1-b)$$

即上例表明 $\qquad S(a,b) = T^c(a^c, b^c)$

同样可证明 $\qquad T(a,b) = S^c(a^c, b^c)$

因此, 有如下结论.

定理 三角范算子 T 和 S 是对偶算子.

T 范算子是广义的"交"运算, 如"∧"是其特例; 而 S 范算子是广义的"并"运算, "∨"也是其特例. 并且, 有如下性质:

性质 1 设 T 是 T 范数, 则 $\forall a, b \in [0,1]$, 有

(1) $0 \leqslant T(a,b) \leqslant a \wedge b$;

(2) $T(a, 0) = 0$.

证 由 T 范数的单调性和交换性, $\forall a, b \in [0,1]$, 有

$$0 \leqslant T(a,b) \leqslant T(a,1) = T(1,a) = a$$

且 $\qquad 0 \leqslant T(a,b) \leqslant T(1,b) = T(b,1) = b$

故 $\qquad 0 \leqslant T(a,b) \leqslant a \wedge b$

在上式中, 令 $b = 0$, 得 $\qquad 0 \leqslant T(a,b) \leqslant 0$

因此 $\qquad T(a, 0) = 0$

性质 2 设 S 是 S 范数, 则 $\forall a, b \in [0,1]$, 有

(1) $a \vee b \leqslant S(a,b) \leqslant 1$;

(2) $S(a, 1) = 1$.

证明参考性质 1, 请读者自己完成.

由三角范数的定义和这两个性质, 易得如下推论.

推论

(1) $T(0,0) = 0, T(1,1) = 1$;

(2) $S(0,0) = 0, S(1,1) = 1$.

为了刻画不同模糊算子的特征, 引入

定义 4 给定模糊算子"$*$", 称点集

$$\sigma(*) = \{(x,y) \mid x * y = 0 \text{ 或 } x * y = 1\}$$

为模糊算子"$*$"的清晰域.

例 2 求出算子"∧"的清晰域 $\sigma(\wedge)$.

解 $\sigma(\wedge) = \{(x,y) \mid x \wedge y = 0 \text{ 或 } x \wedge y = 1\}$

$$= \{(x,y)|x=0 \text{ 且 } 0 \leqslant y \leqslant 1\} \cup \{(x,y)|0 \leqslant x \leqslant 1 \text{ 且 } y=0\} \cup$$
$$\{(x,y)|x=1 \text{ 且 } y=1\}$$

见图 1-13a.

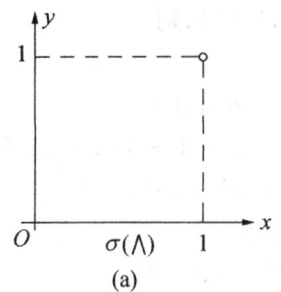 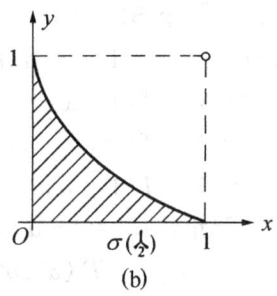

图 1-13

例3 求算子"$\stackrel{.}{\wedge}$"的清晰域 $\sigma(\stackrel{.}{\wedge})$.

解 $\sigma(\stackrel{.}{\wedge}) = \{(x,y)|x \stackrel{.}{\wedge} y = 0 \text{ 或 } x \stackrel{.}{\wedge} y = 1\}$
$$= \{(x,y)|\sqrt{(1-x)^2+(1-y)^2} \geqslant 1, x \geqslant 0, y \geqslant 0\} \cup$$
$$\{(x,y)|\sqrt{(1-x)^2+(1-y)^2} = 0\}$$

见图 1-13b.

清晰域内的点,对应着的运算结果是清晰的,即确定是属于与不属于. 因此,算子的清晰域是刻画模糊算子模糊程度的一个尺度. 显然, $\wedge$ 算子的清晰域最小,因而是最模糊的.

1.5 F集的截集

在 F 集合与普通集合相互转化中的一个重要概念是 λ 水平截集,它在 F 决策中也经常用到.

定义1 设 $A \in \mathscr{F}(U)$, $\lambda \in [0,1]$, 记

(1) $$A_\lambda = \{u|u \in U, A(u) \geqslant \lambda\}$$

称 A_λ 为 A 的一个 λ 截集,λ 称为阈值(或置信水平);

(2) $$A_{\underline{\lambda}} = \{u|u \in U, A(u) > \lambda\}$$

称 $A_{\underline{\lambda}}$ 为 A 的一个 λ 强截集.

例1 在一次"优胜者"的选拔考试中,10 位应试者及其成绩如表 1-3 所示.

表 1-3

应试者	x_1	x_2	x_3	x_4	x_5	x_6	x_7	x_8	x_9	x_{10}
成绩(分)	100	92	35	68	82	25	74	80	40	55

现按"择优录取"的原则来挑选.

设 F 集 A 表示"优胜者". 按各人成绩与最高分的比值作为属于 A 的隶属度:

$$A = \frac{1}{x_1} + \frac{0.92}{x_2} + \frac{0.35}{x_3} + \frac{0.68}{x_4} + \frac{0.82}{x_5} + \frac{0.25}{x_6} + \frac{0.74}{x_7} + \frac{0.80}{x_8} + \frac{0.40}{x_9} + \frac{0.55}{x_{10}}$$

择优录取实际上就是将 F 集 A 转化为普通集合. 即先确定一个阈值 $\lambda(0\leqslant\lambda\leqslant1)$, 然后将隶属度 $A(x_i)\geqslant\lambda$ 的元素挑选出来. 因此, 当 λ 取 0.7、0.9 时有

$$A_{0.7}=\{x_1,x_2,x_5,x_7,x_8\}, \qquad A_{0.9}=\{x_1,x_2\}$$

由定义可知 A_λ 是一个普通集. $\forall u\in U$, 当 $A(u)\geqslant\lambda$ 时, 就说 $u\in A_\lambda$, 意即在 λ 水平上, u 属于 F 集 A; 当 $A(u)<\lambda$ 时, 就说 $u\overline{\in} A_\lambda$, 意即在 λ 水平上, u 不属于 F 集 A. 在例 1 中, $x_5\in A_{0.7}$ 表示在 $\lambda=0.7$ 的水平上, x_5 属于"优胜者".

例 2　在古代史分期中, 记

$$[\text{奴隶社会}]\triangleq\frac{1}{\text{夏}}+\frac{1}{\text{商}}+\frac{0.9}{\text{西周}}+\frac{0.7}{\text{春秋}}+\frac{0.5}{\text{战国}}+\frac{0.4}{\text{秦}}+\frac{0.3}{\text{西汉}}+\frac{0.1}{\text{东汉}}$$

取 $\lambda=0.5$ 的截集作为奴隶社会的划分界限, 问奴隶社会包含哪些朝代?

解　$[\text{奴隶社会}]_{0.5}=\{\text{夏},\text{商},\text{西周},\text{春秋},\text{战国}\}$

F 集 A 与其 λ 截集 A_λ 的关系如图 1-14 所示.

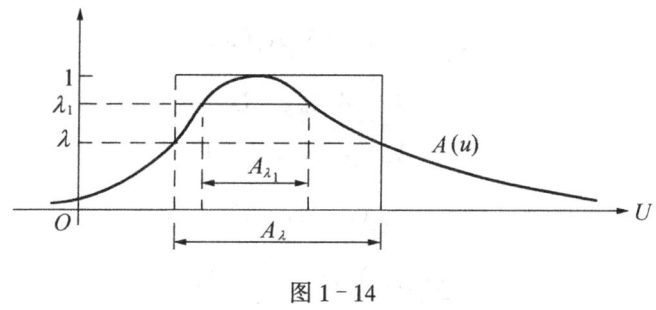

图 1-14

从图 1-14 可见, 当 λ 的取值由 1 逐渐减小而趋向零时, 相应的 A_λ 逐渐向外扩展, 从而得到一系列的普通集合.

定义 2　设 $A\in\mathscr{F}(U)$, 记

$$\text{Supp}\,A=\{u\mid u\in U,A(u)>0\}$$
$$\text{Ker}\,A=\{u\mid u\in U,A(u)=1\}$$

分别称 $\text{Supp}\,A$、$\text{Ker}\,A$ 为 A 的支集与 A 的核. 当 $\text{Ker}\,A\neq\varnothing$ 时, 称 A 为正规 F 集.

在例 2 中, 用 F 集 A 表示"奴隶社会", 则

$$\text{Ker}\,A=\{\text{夏},\text{商}\}$$
$$\text{Supp}\,A=\{\text{夏},\text{商},\text{西周},\text{春秋},\text{战国},\text{秦},\text{西汉},\text{东汉}\}$$

显然, "奴隶社会"是正规 F 集.

λ 截集有如下性质 ($\lambda\in[0,1]$).

性质 1　设 $A,B\in\mathscr{F}(U)$, 则

$$(A\cup B)_\lambda=A_\lambda\cup B_\lambda,\quad (A\cap B)_\lambda=A_\lambda\cap B_\lambda$$

证　$(A\cup B)_\lambda=\{u\mid(A\cup B)(u)\geqslant\lambda\}=\{u\mid A(u)\vee B(u)\geqslant\lambda\}$
$$=\{u\mid A(u)\geqslant\lambda\}\cup\{u\mid B(u)\geqslant\lambda\}=A_\lambda\cup B_\lambda$$

而　$(A\cap B)_\lambda=\{u\mid(A\cap B)(u)\geqslant\lambda\}=\{u\mid A(u)\wedge B(u)\geqslant\lambda\}$
$$=\{u\mid A(u)\geqslant\lambda\}\cap\{u\mid B(u)\geqslant\lambda\}=A_\lambda\cap B_\lambda$$

对于 $\mathscr{F}(U)$ 中的有限个 F 集, 此结论仍然成立, 即

$$\left(\bigcup_{t=1}^{n} A_t\right)_\lambda = \bigcup_{t=1}^{n} (A_t)_\lambda, \quad \left(\bigcap_{t=1}^{n} A_t\right)_\lambda = \bigcap_{t=1}^{n} (A_t)_\lambda$$

但是,对于无限个 F 集的并,等号未必成立,一般有如下性质.

性质 2 若 $\{A_t \mid t \in T\} \subseteq \mathscr{F}(U)$,则

$$\bigcup_{t \in T} (A_t)_\lambda \subseteq \left(\bigcup_{t \in T} A_t\right)_\lambda, \qquad \bigcap_{t \in T} (A_t)_\lambda = \left(\bigcap_{t \in T} A_t\right)_\lambda$$

证 (仅证第一式)

若 $u \in \bigcup_{t \in T} (A_t)_\lambda$,则存在 $t_0 \in T$,使 $u \in (A_{t_0})_\lambda$,于是 $A_{t_0}(u) \geq \lambda$,即 $\sup_{t \in T} A_t(u) \geq \lambda$,故 $u \in \left(\bigcup_{t \in T} A_t\right)_\lambda$.

第二式的证明由读者完成.

例 3 证明 $\bigcup_{t \in T} (A_t)_\lambda \neq \left(\bigcup_{t \in T} A_t\right)_\lambda$.

证 若令
$$A_n(u) \equiv \frac{1}{2}\left(1 - \frac{1}{n}\right)$$

则
$$\left(\bigcup_{n=1}^{\infty} A_n\right)(u) = \bigvee_{n=1}^{\infty} A_n(u) = 0.5$$

于是
$$\left(\bigcup_{n=1}^{\infty} A_n\right)_{0.5} = U$$

但是
$$(A_n)_{0.5} = \varnothing, \quad n \geq 1$$

从而
$$\bigcup_{n=1}^{\infty} (A_n)_{0.5} = \varnothing$$

因此
$$\bigcup_{n=1}^{\infty} (A_n)_{0.5} \neq \left(\bigcup_{n=1}^{\infty} A_n\right)_{0.5}$$

可见,性质 2 中的包含关系不能换为等式.

性质 3 设 $\lambda_1, \lambda_2 \in [0,1], A \in \mathscr{F}(U)$.若 $\lambda_2 > \lambda_1$,则 $A_{\lambda_2} \subseteq A_{\lambda_1}$.

证 对任 $u \in A_{\lambda_2}$,有 $A(u) \geq \lambda_2$,从而 $A(u) \geq \lambda_1$.故 $u \in A_{\lambda_1}$,即 $A_{\lambda_2} \subseteq A_{\lambda_1}$.

性质 4 设 $\forall t \in T, \lambda_t \in [0,1]$,则

$$A_{(\bigvee_{t} \lambda_t)} = \bigcap_{t \in T} A_{\lambda_t}$$

证
$$u \in A_{(\bigvee_{t} \lambda_t)} \Longleftrightarrow A(u) \geq \bigvee_{t \in T} \lambda_t \Longleftrightarrow \forall t \in T, A(u) \geq \lambda_t$$
$$\Longleftrightarrow \forall t \in T, u \in A_{\lambda_t} \Longleftrightarrow u \in \bigcap_{t \in T} A_{\lambda_t}$$

关于 λ 强截集也有相应的四个性质,证明方法与前面类似.

性质 1' 设 $A, B \in \mathscr{F}(U)$,则 $(A \cup B)_{\underset{\sim}{\lambda}} = A_{\underset{\sim}{\lambda}} \cup B_{\underset{\sim}{\lambda}}, (A \cap B)_{\underset{\sim}{\lambda}} = A_{\underset{\sim}{\lambda}} \cap B_{\underset{\sim}{\lambda}}$.

性质 2' 设 $\{A_t \mid t \in T\} \subseteq \mathscr{F}(U)$,则 $\left(\bigcup_{t \in T} A_t\right)_{\underset{\sim}{\lambda}} = \bigcup_{t \in T} (A_t)_{\underset{\sim}{\lambda}}, \left(\bigcap_{t \in T} A_t\right)_{\underset{\sim}{\lambda}} \subseteq \bigcap_{t \in T} (A_t)_{\underset{\sim}{\lambda}}$.

性质 3' 设 $A \in \mathscr{F}(U), \lambda_1, \lambda_2 \in [0,1]$ 且 $\lambda_1 \leq \lambda_2$,则 $A_{\underset{\sim}{\lambda_1}} \supseteq A_{\underset{\sim}{\lambda_2}}$.

性质 4' 设 $\forall t \in T, \lambda_t \in [0,1]$,则 $A_{(\underset{t}{\wedge} \lambda_t)} = \bigcup_{t} A_{\underset{\sim}{\lambda_t}}$.

性质 5 $(A^c)_\lambda = (A_{1-\lambda})^c$; $(A^c)_{\underset{\sim}{\lambda}} = (A_{1-\lambda})^c$.

证 仅证第二式,第一式留作习题.

$$u \in (A^c)_{\underset{\sim}{\lambda}} \Longleftrightarrow A^c(u) > \lambda \Longleftrightarrow A(u) < 1-\lambda \Longleftrightarrow A(u) \not\geq 1-\lambda$$

$$\Longleftrightarrow u \overline{\in} A_{1-\lambda} \Longleftrightarrow u \in (A_{1-\lambda})^c$$

一般地, $$(A^c)_\lambda \neq (A_\lambda)^c$$

例 4 设 $U = \{a, b\}$, $A = \dfrac{0.5}{a} + \dfrac{0.7}{b}$, 试按 $\lambda = 0.6$ 求出 $(A_\lambda)^c$ 和 $(A^c)_\lambda$.

解 当 $\lambda = 0.6$ 时, $A_{0.6} = \{b\}$, 于是得到 $(A_{0.6})^c = \{a\}$. 又因为 $A^c = \dfrac{0.5}{a} + \dfrac{0.3}{b}$, 故

$$(A^c)_{0.6} = \varnothing$$

因此 $$(A_{0.6})^c \neq (A^c)_{0.6}$$

1.6 分解定理

从 1.5 节的性质 3 可见, 当 λ 从 1 趋向零而不到达零时, A_λ 是从 A 的核 Ker$A$ 逐渐扩展为 A 的支集 Supp$A$. 因此, 可以将 F 集 A 看做其边界在 Ker$A$ 和 Supp$A$ 之间游移, 即将 F 集 A 看做普通集合族 $\{A_\lambda \mid \lambda \in [0,1]\}$ 的总体. 下面的分解定理就是反映这一事实的.

定义 1 设 $\lambda \in [0,1]$, $A \in \mathscr{F}(U)$, 记

$$(\lambda A)(u) = \lambda \wedge A(u)$$

称 λA 为 λ 与 A 的数积.

显然, $\lambda A \in \mathscr{F}(U)$, 即 λA 是一个 F 集. 当 A 为普通集时,

$$(\lambda A)(u) = \lambda \wedge C_A(u)$$

这里 $C_A(u)$ 为 A 的特征函数, 而 λA 仍是 F 集.

不难证明, λ 与 F 集 A 的数积 λA 具有如下性质:

性质 1 若 $\lambda_1 \leqslant \lambda_2$, 则 $\lambda_1 A \subseteq \lambda_2 A$;

性质 2 若 $A \subseteq B$, 则 $\lambda A \subseteq \lambda B$.

定理 1(分解定理 I) 设 $A \in \mathscr{F}(U)$, 则

$$A = \bigcup_{\lambda \in [0,1]} (\lambda A_\lambda)$$

证 因 A_λ 是普通集合, 且其特征函数

$$C_{A_\lambda}(u) = \begin{cases} 1 & A(u) \geqslant \lambda \\ 0 & A(u) < \lambda \end{cases}$$

于是, 对任意 $u \in U$, 有

$$\begin{aligned}
\Big(\bigcup_{\lambda \in [0,1]} \lambda A_\lambda\Big)(u) &= \bigvee_{\lambda \in [0,1]} (\lambda \wedge C_{A_\lambda}(u)) \\
&= \max\Big(\bigvee_{\lambda \leqslant A(u)} (\lambda \wedge C_{A_\lambda}(u)), \bigvee_{A(u) < \lambda} (\lambda \wedge C_{A_\lambda}(u))\Big) \\
&= \max\Big(\bigvee_{\lambda \leqslant A(u)} (\lambda \wedge 1), \bigvee_{A(u) < \lambda} (\lambda \wedge 0)\Big) \\
&= \max\Big(\bigvee_{\lambda \leqslant A(u)} \lambda, \bigvee_{A(u) < \lambda} 0\Big) = \max(A(u), 0) = A(u)
\end{aligned}$$

即

$$A = \bigcup_{\lambda \in [0,1]} (\lambda A_\lambda)$$

F 集 λA_λ 的隶属函数

$$(\lambda A_\lambda)(u) = \begin{cases} \lambda & u \in A_\lambda \\ 0 & u \overline{\in} A_\lambda \end{cases}$$

如图 1-15 粗线所示.

分解定理反映了 F 集与普通集的相互转化关系.

例如,设 F 集 $A = \dfrac{0.5}{u_1} + \dfrac{0.6}{u_2} + \dfrac{1}{u_3} + \dfrac{0.7}{u_4} + \dfrac{0.3}{u_5}$,取 λ 截集,得到

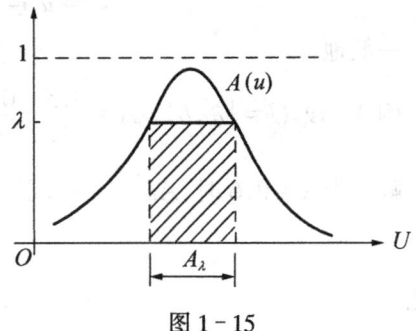

图 1-15

$$A_1 = \{u_3\}$$
$$A_{0.7} = \{u_3, u_4\}$$
$$A_{0.6} = \{u_2, u_3, u_4\}$$
$$A_{0.5} = \{u_1, u_2, u_3, u_4\}$$
$$A_{0.3} = \{u_1, u_2, u_3, u_4, u_5\}$$

将 λ 截集写成 F 集的形式,例如

$$A_{0.7} = \dfrac{1}{u_3} + \dfrac{1}{u_4}$$

于是按数乘 F 集的定义,得

$$1A_1 = \dfrac{1}{u_3}$$

$$0.7A_{0.7} = \dfrac{0.7}{u_3} + \dfrac{0.7}{u_4}$$

$$0.6A_{0.6} = \dfrac{0.6}{u_2} + \dfrac{0.6}{u_3} + \dfrac{0.6}{u_4}$$

$$0.5A_{0.5} = \dfrac{0.5}{u_1} + \dfrac{0.5}{u_2} + \dfrac{0.5}{u_3} + \dfrac{0.5}{u_4}$$

$$0.3A_{0.3} = \dfrac{0.3}{u_1} + \dfrac{0.3}{u_2} + \dfrac{0.3}{u_3} + \dfrac{0.3}{u_4} + \dfrac{0.3}{u_5}$$

应用分解定理 I 构成原来的 F 集

$$\begin{aligned}
A &= \bigcup_{\lambda \in [0,1]} \lambda A_\lambda \\
&= 1A_1 \cup 0.7A_{0.7} \cup 0.6A_{0.6} \cup 0.5A_{0.5} \cup 0.3A_{0.3} \\
&= \dfrac{1}{u_3} \cup \left(\dfrac{0.7}{u_3} + \dfrac{0.7}{u_4}\right) \cup \left(\dfrac{0.6}{u_2} + \dfrac{0.6}{u_3} + \dfrac{0.6}{u_4}\right) \cup \left(\dfrac{0.5}{u_1} + \dfrac{0.5}{u_2} + \dfrac{0.5}{u_3} + \dfrac{0.5}{u_4}\right) \cup \\
&\quad \left(\dfrac{0.3}{u_1} + \dfrac{0.3}{u_2} + \dfrac{0.3}{u_3} + \dfrac{0.3}{u_4} + \dfrac{0.3}{u_5}\right) \\
&= \dfrac{0.3 \vee 0.5}{u_1} + \dfrac{0.3 \vee 0.5 \vee 0.6}{u_2} + \dfrac{0.3 \vee 0.5 \vee 0.6 \vee 0.7 \vee 1}{u_3} + \\
&\quad \dfrac{0.3 \vee 0.5 \vee 0.6 \vee 0.7}{u_4} + \dfrac{0.3}{u_5} \\
&= \dfrac{0.5}{u_1} + \dfrac{0.6}{u_2} + \dfrac{1}{u_3} + \dfrac{0.7}{u_4} + \dfrac{0.3}{u_5}
\end{aligned}$$

分解定理的直观表示如图 1-16 所示.

图 1-16 中给出了三个不同水平的 $\lambda,\lambda',\lambda''$ 的 $(\lambda A_\lambda)(u)$ 的图形. 由图可见, 当 λ 取遍 $[0,1]$ 时, $\forall u \in U, A(u)$ 的值就是含有元素 u 的一切 A_λ 中最大的 λ 值. 因此, 分解定理给出了利用普通集 A_λ 表示 F 集 A 的理论依据和一种实际做法, 为 F 集的研究提供了有力工具.

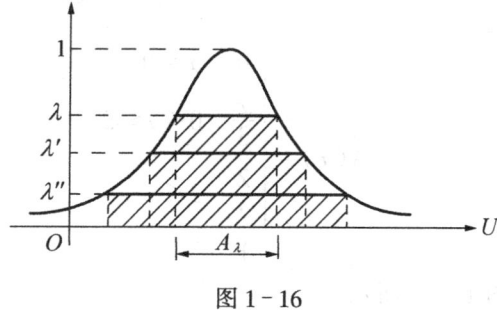

图 1-16

推论 已知 F 集 A 的各 λ 截集为 $A_\lambda, \lambda \in [0,1]$, 则 $\forall u \in U$, 有

$$A(u) = \sup\{\lambda \mid u \in A_\lambda\} = \bigvee_{u \in A_\lambda} \lambda$$

例 1 设 $U = \{u_1, u_2, u_3, u_4, u_5\}$.

$$A_\lambda = \begin{cases} \{u_1, u_2, u_3, u_4, u_5\} & 0 \leqslant \lambda \leqslant 0.2 \\ \{u_1, u_2, u_3, u_5\} & 0.2 < \lambda \leqslant 0.5 \\ \{u_1, u_3, u_5\} & 0.5 < \lambda \leqslant 0.6 \\ \{u_1, u_3\} & 0.6 < \lambda \leqslant 0.7 \\ \{u_3\} & 0.7 < \lambda \leqslant 1 \end{cases}$$

试求出 F 集 A.

解 由于含有元素 u_1 的一切 A_λ 中, 最大的 λ 值为 0.7, 所以 $A(u_1) = 0.7$; 含有元素 u_2 的一切 A_λ 中, 最大的 λ 值为 0.5, 所以 $A(u_2) = 0.5$; 类似可得 $A(u_3) = 1$, $A(u_4) = 0.2$, $A(u_5) = 0.6$, 于是 F 集 A 可表示为

$$A = \frac{0.7}{u_1} + \frac{0.5}{u_2} + \frac{1}{u_3} + \frac{0.2}{u_4} + \frac{0.6}{u_5}$$

例 2 设论域 $U = [0,5]$, $A \in \mathscr{F}(U)$, 且 $\forall \lambda \in [0,1]$, 有

$$A_\lambda = \begin{cases} [0,5] & \lambda = 0 \\ [3\lambda, 5] & 0 < \lambda \leqslant \frac{2}{3} \\ (3,5] & \frac{2}{3} < \lambda \leqslant 1 \end{cases}$$

求 $A(x), x \in U$.

解 按推论 $A(x) = \bigvee_{x \in A_\lambda} \lambda$, 得

当 $0 \leqslant x \leqslant 5$ 时, $A(x) = \bigvee_{\lambda = 0} \lambda = 0$;

当 $x = 3\lambda$, 即 $0 < x \leqslant 2$ 时, $A(x) = \bigvee_{\lambda = \frac{x}{3}} \lambda = \frac{x}{3}$;

当 $2 < x \leqslant 5$ 时, $A(x) = \bigvee_{0 < \lambda \leqslant \frac{2}{3}} \lambda = \frac{2}{3}$;

当 $3 < x \leqslant 5$ 时, $A(x) = \bigvee_{\frac{2}{3} < \lambda \leqslant 1} \lambda = 1$.

于是

$$A(x)=\begin{cases}0 & x=0\\ \dfrac{x}{3} & 0<x\leqslant 2\\ \dfrac{2}{3} & 2<x\leqslant 3\\ 1 & 3<x\leqslant 5\end{cases}$$

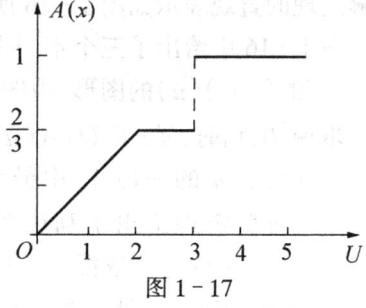

图 1-17

如图 1-17 所示.

定理 2(分解定理 Ⅱ) 设 $A\in\mathscr{F}(U)$,则

$$A=\bigcup_{\lambda\in[0,1]}\lambda A_{\underline{\lambda}}$$

证明方法与定理 1 类似.

推论 $\forall u\in U, A(u)=\sup\{\lambda\mid u\in A_{\underline{\lambda}}\}=\bigvee_{u\in A_{\underline{\lambda}}}\lambda$.

可见,给出强截集也可求出 F 集.

例 3 设 $U=\{u_1,u_2,u_3,u_4,u_5\}$,F 集的强截集为

$$A_{\underline{\lambda}}=\begin{cases}(1,1,1,1,1) & 0\leqslant\lambda<0.2\\ (1,0,1,1,1) & 0.2\leqslant\lambda<0.5\\ (1,0,1,1,0) & 0.5\leqslant\lambda<0.7\\ (0,0,1,0,0) & 0.7\leqslant\lambda<1\end{cases}$$

求出 F 集 A.

解 根据 $A(u)=\sup\{\lambda\mid u\in A_{\underline{\lambda}}\}$,并注意到 $A_{\underline{\lambda}}$ 是按 F 集的形式给出.不难知道,含 u_1 的一切 $A_{\underline{\lambda}}$ 中,λ 没有最大值(因为 $A(u_1)>\lambda$),上确界是 0.7,所以 $A(u_1)=0.7$.类似可得 $A(u_2)=0.2, A(u_3)=1, A(u_4)=0.7, A(u_5)=0.5$.于是得

$$A=\frac{0.7}{u_1}+\frac{0.2}{u_2}+\frac{1}{u_3}+\frac{0.7}{u_4}+\frac{0.5}{u_5}$$

定理 3(分解定理 Ⅲ) 设 $A\in\mathscr{F}(U)$,若存在集合值映射

$$H:[0,1]\longrightarrow\mathscr{P}(U)$$
$$\lambda\longmapsto H(\lambda)$$

使得 $\forall\lambda\in[0,1], A_{\underline{\lambda}}\subseteq H(\lambda)\subseteq A_\lambda$,则

(1) $A=\bigcup_{\lambda\in[0,1]}\lambda H(\lambda)$;

(2) $\lambda_1<\lambda_2\Longrightarrow H(\lambda_1)\supseteq H(\lambda_2)$;

(3) $A_\lambda=\bigcap_{\alpha<\lambda}H(\alpha)\quad\lambda\neq 0,\quad A_{\underline{\lambda}}=\bigcup_{\alpha>\lambda}H(\alpha)\quad\lambda\neq 1$.

证 (1) $A_{\underline{\lambda}}\subseteq H(\lambda)\subseteq A_\lambda\Longrightarrow\lambda A_{\underline{\lambda}}\subseteq\lambda H(\lambda)\subseteq\lambda A_\lambda$

$$\Longrightarrow A=\bigcup_{\lambda\in[0,1)}\lambda A_{\underline{\lambda}}\subseteq\bigcup_{\lambda\in[0,1]}\lambda H(\lambda)\subseteq\bigcup_{\lambda\in[0,1]}\lambda A_\lambda=A$$
$$\Longrightarrow A=\bigcup_{\lambda\in[0,1]}\lambda H(\lambda)$$

(2) 因为 $\forall u\in U$,有

$$u\in A_{\lambda_2}\Longrightarrow A(u)\geqslant\lambda_2>\lambda_1\Longrightarrow u\in A_{\underline{\lambda_1}}$$

所以,有 $\lambda_1<\lambda_2\Longrightarrow H(\lambda_1)\supseteq A_{\lambda_1}\supseteq A_{\lambda_2}\supseteq H(\lambda_2)$

(3) $\forall \alpha<\lambda$, $H(\alpha)\supseteq A_\alpha\supseteq A_\lambda\Longrightarrow \bigcap_{\alpha<\lambda}H(\alpha)\supseteq A_\lambda$ $\lambda\neq 0$

又有 $\bigcap_{\alpha<\lambda}H(\alpha)\subseteq\bigcap_{\alpha<\lambda}A_\alpha = A_{(\bigvee_{\alpha<\lambda}\alpha)}=A_\lambda$ $\lambda\neq 0$

因此 $A_\lambda=\bigcap_{\alpha<\lambda}H(\alpha)$

第二式的证明留作习题.

上述分解定理说明 F 集 A 不仅可以由截集 A_λ(或 A_{λ})确定,而且还可以由更一般的集合族 $H(\lambda)(\lambda\in[0,1])$ 来确定,即 $H(\lambda)$ 不一定是 A_λ 或 A_λ,甚至可以介于它们之间.由于 $H(\lambda)$ 的这种灵活特性,使得它在实际中具有更广泛的应用,这将在下一节进一步讨论.

1.7 集合套与表现定理

本节主要介绍表现定理,它是 F 集三个基本定理(分解定理、表现定理和扩张原理)之一.它以代数观点给出了用普通集表示 F 集的方法,并且提出了在同构意义下的等价类,这有助于更深刻地认识 F 集的本质.

由分解定理Ⅲ可见,集合族 $\{H(\lambda)|\lambda\in[0,1]\}$ 随 λ 而一个套一个地变化,即成为集合套,于是有:

定义 1 若集值映射 $H:[0,1]\longrightarrow \mathscr{P}(U)$
满足 $\forall \lambda_1,\lambda_2\in[0,1]$
$$\lambda_1<\lambda_2\Longrightarrow H(\lambda_1)\supseteq H(\lambda_2)$$
则称 H 为 U 上的集合套.

U 上所有集合套构成的集合,记作 $\mathscr{U}(U)$.

例 1 设 $A\in\mathscr{F}(U)$,$\forall \lambda\in[0,1]$,令
$$H_1(\lambda)=A_\lambda=\{u|u\in U, A(u)\geqslant\lambda\}$$
$$H_2(\lambda)=A_\lambda=\{u|u\in U, A(u)>\lambda\}$$
$H_3(\lambda)$ 满足条件 $A_\lambda\subseteq H_3(\lambda)\subseteq A_\lambda$

根据 1.5 节性质 3 及性质 3′知,A_λ、A_λ 都是集合套;同样,由 1.6 节定理 3 知,$H_3(\lambda)$ 也是集合套.因此,$H_i(\lambda)\in\mathscr{U}(U)$,$i=1,2,3$.

例 2 设 $U=\{u_1,u_2,u_3,u_4,u_5\}$,则 U 上的集值映射 H_1 和 H_2:

$$H_1(\lambda)=\begin{cases}(1,1,1,1,1) & 0\leqslant\lambda<0.2\\(1,0,1,1,1) & 0.2\leqslant\lambda<0.5\\(1,0,1,1,0) & 0.5\leqslant\lambda<0.6\\(0,0,0,1,0) & 0.6\leqslant\lambda<0.8\\(0,0,0,0,0) & 0.8\leqslant\lambda\leqslant 1\end{cases}$$

$$H_2(\lambda)=\begin{cases}(1,1,1,1,1) & 0\leq\lambda<0.4\\(1,0,1,1,1) & 0.4\leq\lambda<0.5\\(1,1,1,1,0) & 0.5\leq\lambda<0.6\\(1,1,1,0,0) & 0.6\leq\lambda<0.8\\(0,1,1,0,0) & 0.8\leq\lambda\leq1\end{cases}$$

判断 H_1 和 H_2 哪一个是集合套.

利用普通集合的表示法，$H_1(\lambda)$ 中各集合可记为

$$H_1(\lambda)=\begin{cases}\{u_1,u_2,u_3,u_4,u_5\} & 0\leq\lambda<0.2\\\{u_1,u_3,u_4,u_5\} & 0.2\leq\lambda<0.5\\\{u_1,u_3,u_4\} & 0.5\leq\lambda<0.6\\\{u_4\} & 0.6\leq\lambda<0.8\\\varnothing & 0.8\leq\lambda<1\end{cases}$$

随着 λ 值的增加，集合一个包含一个，故 $H_1(\lambda)$ 是集合套；类似地，不难看出，$H_2(\lambda)$ 不是集合套.

注意：集合套 H 不是 F 集，也不是普通集，只是当 λ 取确定值时，$H(\lambda)$ 才成为普通集. 因此，对集合套作如下规定：

定义2 在 $\mathscr{U}(U)$ 中，规定运算"并"、"交"、"余"如下：

并
$$(H_1\cup H_2)(\lambda)\triangleq H_1(\lambda)\cup H_2(\lambda)$$
$$(\bigcup_{t\in T}H_t)(\lambda)\triangleq \bigcup_{t\in T}H_t(\lambda)$$

交
$$(H_1\cap H_2)(\lambda)\triangleq H_1(\lambda)\cap H_2(\lambda)$$
$$(\bigcap_{t\in T}H_t)(\lambda)\triangleq \bigcap_{t\in T}H_t(\lambda)$$

余
$$H^c(\lambda)\triangleq(H(1-\lambda))^c$$

易见，集合套经过并、交、余运算，仍是集合套. 由于集合套的 $\cup$、$\cap$ 运算只是对每个 λ 值计算普通集合的 $\cup$、$\cap$ 运算，因此普通集合关于 $\cup$、$\cap$ 运算的性质，在 $(\mathscr{U}(U),\cup,\cap)$ 中仍保持. 例如，分配律

$$H_1\cap(H_2\cup H_3)=(H_1\cap H_2)\cup(H_1\cap H_3)$$

可由普通集合运算

$$(H_1\cap(H_2\cup H_3))(\lambda)=H_1(\lambda)\cap(H_2(\lambda)\cup H_3(\lambda))$$
$$=(H_1(\lambda)\cap H_2(\lambda))\cup(H_1(\lambda)\cap H_3(\lambda))$$
$$=((H_1\cap H_2)\cup(H_1\cap H_2))(\lambda)$$

来证明. 并且 $\forall H_1,H_2\in\mathscr{U}(U)$，有

$$H_1\subseteq H_2\Longleftrightarrow H_1\cup H_2=H_2$$
$$\Longleftrightarrow H_1\cap H_2=H_1$$

因此 $(\mathscr{U}(U),\cup,\cap)$ 是分配格.

不仅如此，因为对于 $\mathscr{U}(U)$ 中任何子集均有最小上界和最大下界，所以 $(\mathscr{U}(U),\cup,\cap)$ 还是完备的.

但对集合套的余运算来说,因为 $H^c(\lambda)$ 涉及 $H(1-\lambda)$,所以普通集合的互补律在 $(\mathscr{U}(U),\bigcup,\bigcap,c)$ 中可能遭到破坏,即互补律不成立:
$$H\bigcup H^c\neq U,\quad H\bigcap H^c\neq\varnothing$$

定理 1 $(\mathscr{U}(U),\bigcup,\bigcap,c)$ 是一个完备的软代数.

证 已经知道 $(\mathscr{U}(U),\bigcup,\bigcap,c)$ 是完备的分配格. 现验证具有复原律和对偶律.

首先,$\forall \lambda \in [0,1]$,有
$$(H^c)^c(\lambda)=(H^c(1-\lambda))^c=((H(\lambda))^c)^c=H(\lambda)$$
因此,$(H^c)^c=H$,即复原律成立.

其次,
$$\begin{aligned}(H_1\bigcup H_2)^c(\lambda)&=((H_1\bigcup H_2)(1-\lambda))^c\\&=(H_1(1-\lambda)\bigcup H_2(1-\lambda))^c\\&=(H_1(1-\lambda))^c\bigcap(H_2(1-\lambda))^c\\&=H_1^c(\lambda)\bigcap H_2^c(\lambda)=(H_1^c\bigcap H_2^c)(\lambda)\end{aligned}$$

所以,$(H_1\bigcup H_2)^c=H_1^c\bigcap H_2^c$. 类似地,$(H_1\bigcap H_2)^c=H_1^c\bigcup H_2^c$,因此对偶律也成立.

总之,$(\mathscr{U}(U),\bigcup,\bigcap,c)$ 是完备的软代数.

分解定理说明,一个 F 集可以由它自己分解出的集合套来表示. 那么,任给一个集合套能否表示一个 F 集呢? 表现定理给出了肯定的回答.

定理2(表现定理Ⅰ) 设 $H\in\mathscr{U}(U)$,则 $\bigcup\limits_{\lambda\in[0,1]}\lambda H(\lambda)$ 是 U 上一个 F 集,记作 A. 并且 $\forall \alpha,\lambda\in[0,1]$,有

(1) $A_\lambda=\bigcap\limits_{\alpha<\lambda}H(\alpha) \quad \lambda\neq 0$;

(2) $A_{\underline{\lambda}}=\bigcup\limits_{\alpha>\lambda}H(\alpha) \quad \lambda\neq 1$.

证 按数与集合乘积定义,$\forall \lambda\in[0,1]$,$H(\lambda)\in\mathscr{P}(U)$,则 $\lambda H(\lambda)\in\mathscr{F}(U)$,故 $\bigcup\limits_{\lambda\in[0,1]}\lambda H(\lambda)\in\mathscr{F}(U)$. 记
$$A=\bigcup\limits_{\lambda\in[0,1]}\lambda H(\lambda)$$

按分解定理Ⅲ,若满足条件 $A_{\underline{\lambda}}\subseteq H(\lambda)\subseteq A_\lambda$,便可得(1)和(2),下面证明此条件成立. $\forall \lambda\in[0,1]$,有

$$\begin{aligned}u\in A_\lambda&\Longrightarrow A(u)>\lambda\Longrightarrow(\bigcup\limits_{\alpha\in[0,1]}\alpha H(\alpha))(u)>\lambda\\&\Longrightarrow \bigvee\limits_{\alpha\in[0,1]}\alpha\wedge H(\alpha)(u)>\lambda\\&\Longrightarrow \exists \lambda_0\in[0,1],\text{使}\lambda_0\wedge H(\lambda_0)(u)>\lambda\\&\Longrightarrow \lambda_0>\lambda \text{ 且 } H(\lambda_0)(u)=1\\&\Longrightarrow u\in H(\lambda_0)\subseteq H(\lambda) \quad (\lambda\neq 1)\end{aligned}$$

$$\begin{aligned}u\in H(\lambda)&\Longrightarrow H(\lambda)(u)=1\\&\Longrightarrow \bigvee\limits_{\alpha\in[0,1]}\alpha\wedge H(\alpha)(u)\geqslant \lambda\wedge H(\lambda)(u)=\lambda\\&\Longrightarrow A(u)\geqslant \lambda\Longrightarrow u\in A_{\underline{\lambda}}\end{aligned}$$

因此,条件 $A_{\underline{\lambda}}\subseteq H(\lambda)\subseteq A_\lambda$ 成立.

推论 设 $H\in\mathscr{U}(U)$,记
$$A=\bigcup\limits_{\lambda\in[0,1]}\lambda H(\lambda)$$

则
(1) $\forall \lambda \in [0,1]$, $A_{\overline{\lambda}} \subseteq H(\lambda) \subseteq A_{\underline{\lambda}}$;
(2) $A(u) = \sup\{\lambda \mid u \in H(\lambda), \lambda \in [0,1]\} = \bigvee_{u \in H(\lambda)} \lambda$.

表现定理 I 为构造 F 集提供了方便,这对于从事理论研究和实际应用都有重要意义.

例 3 设论域 $X = [-1,1]$,集合套为
$$H(\lambda) = [\lambda - 1, 1 - \lambda] \quad \lambda \in [0,1]$$
求由 H 所得 F 集 A 的隶属函数.

解 由推论(2) $A(x) = \bigvee_{x \in H(\lambda)} \lambda \quad \lambda \in [0,1]$

当 $-1 \leqslant x \leqslant 0$ 即 $x = \lambda - 1$ 时,
$$A(x) = \bigvee_{\lambda = x+1} \lambda = x + 1$$
当 $0 < x \leqslant 1$ 即 $x = 1 - \lambda$ 时,
$$A(x) = \bigvee_{\lambda = 1-x} \lambda = 1 - x$$
所以 $A(x) = \begin{cases} x+1 & -1 \leqslant x \leqslant 0 \\ 1-x & 0 < x \leqslant 1 \end{cases}$

见图 1-18.

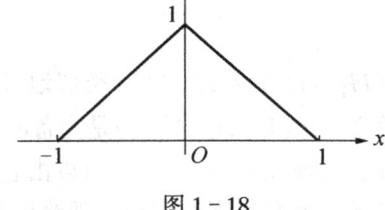

图 1-18

例 4 经济学家发现,企业预算约束的软化导致企业对资源需求的饥渴趋势.在改革开放前预算约束是国家计划拨款,改革后可视为来自银行的贷款约束.用 $\lambda \in [0,1]$ 表示企业的预算约束水平:$\lambda = 0$ 表示无约束,此时企业对某种资源的需求是一个无止境的变化趋势,用区间 $[a, +\infty)$ ($a \geqslant 0$) 表示;当 $\lambda = 1$ 表示最大约束,有时称为死约束,这时企业的需求是单点集 $\{a\}$.对于 $\lambda \in [0,1)$,企业的需求集是 $[a, +\infty)$ 中一个闭区间,记为
$$H(\lambda) = [a_\lambda, b_\lambda]$$
于是,有
$$H: [0,1] \longrightarrow \mathscr{P}(R_+)$$
$$\lambda \longmapsto H(\lambda) = [a_\lambda, b_\lambda]$$
其中 R_+ 为非负实数集.

因为约束水平越高,需求集越小,即若 $\lambda_1 > \lambda_2$,则
$$H(\lambda_1) \subseteq H(\lambda_2)$$
于是 H 是 R_+ 中的一个由闭区间构成的集合套.根据表现定理 I,H 给出了 R_+ 上的一个模糊集
$$D = \bigcup_{\lambda \in [0,1)} \lambda H(\lambda)$$
它表示企业在软预算约束下对该种资源的软需求.

1.8* F 集同构的代数系统

引入映射 Φ,这时表现定理 I 则成为:

定理 1(表现定理 II) 令

$$\Phi: \mathscr{U}(U) \longrightarrow \mathscr{F}(U)$$

$$H \longmapsto \Phi(H) = \bigcup_{\lambda \in [0,1]} \lambda H(\lambda)$$

则 Φ 是从 $(\mathscr{U}(U), \bigcup, \bigcap, c)$ 到 $(\mathscr{F}(U), \bigcup, \bigcap, c)$ 上的同态满射,并且 $\forall \lambda \in [0,1]$,有

(1) $\Phi(H)_\lambda \subseteq H(\lambda) \subseteq \Phi(H)_{\underline{\lambda}}$;

(2) $\Phi(H)_{\underline{\lambda}} = \bigcap_{\alpha < \lambda} H(\alpha)$;

(3) $\Phi(H)_\lambda = \bigcup_{\alpha > \lambda} H(\alpha)$.

证 (略)

这里,同态满射 Φ 指的是:

1. 满射

(1) $\forall H \in \mathscr{U}(U)$,存在唯一确定的 $\Phi(H) = \bigcup_{t \in [0,1]} \lambda H(\lambda) \in \mathscr{F}(U)$;

(2) $\forall A \in \mathscr{F}(U)$,存在 $H \in \mathscr{U}(U)$,使 $\Phi(H) = A$.

2. 保持运算

(1) $\Phi(\bigcup_{t \in T} H_t) = \bigcup_{t \in T} \Phi(H_t)$;

(2) $\Phi(\bigcap_{t \in T} H_t) = \bigcap_{t \in T} \Phi(H_t)$;

(3) $\Phi(H^c) = (\Phi(H))^c$.

从表现定理可见,每个 F 集都是某个集合套在同态满射 Φ 下的象,而集合套的运算则由普通集合的运算来确定.因此,可以利用同态满射保持运算的特性,由普通集合的性质来推导相应 F 集的运算性质.

性质 1 设 $\{A_t \mid t \in T\} \subseteq \mathscr{F}(U)$,则

(1) $\bigcup_{t \in T} A_t = \bigcup_{\lambda \in [0,1]} \lambda (\bigcup_{t \in T} (A_t)_\lambda)$;

(2) $\bigcap_{t \in T} A_t = \bigcup_{\lambda \in [0,1]} \lambda (\bigcap_{t \in T} (A_t)_\lambda)$.

证 (1) 令 $H_t \in \mathscr{U}(U)$, $H_t(\lambda) = (A_t)_\lambda$. 根据表现定理 II,有

$$\Phi(H_t) = \bigcup_{\lambda \in [0,1]} \lambda H_t(\lambda) = \bigcup_{\lambda \in [0,1]} \lambda (A_t)_\lambda = A_t \quad t \in T$$

并且

$$\bigcup_{t \in T} A_t = \bigcup_{t \in T} \Phi(H_t) = \Phi(\bigcup_{t \in T} H_t) = \bigcup_{\lambda \in [0,1]} \lambda (\bigcup_{t \in T} H_t)(\lambda)$$
$$= \bigcup_{\lambda \in [0,1]} \lambda (\bigcup_{t \in T} H_t(\lambda)) = \bigcup_{\lambda \in [0,1]} \lambda (\bigcup_{t \in T} (A_t)_\lambda)$$

类似证明(2).

性质 2 设 $\{A_t \mid t \in T\} \subseteq \mathscr{F}(U)$,则

(1) $(\bigcup_{t \in T} A_t)_{\underline{\lambda}} = \bigcap_{\alpha < \lambda} (\bigcup_{t \in T} (A_t)_\alpha)$;

(2) $(\bigcap_{t \in T} A_t)_\lambda = \bigcup_{\alpha > \lambda} (\bigcup_{t \in T} (A_t)_\alpha)$.

证 (1) 令 $H_t \in \mathscr{U}(U)$, $H_t(\lambda) = (A_t)_\lambda$,由性质 1 推得

$$\bigcup_{t \in T} A_t = \Phi(\bigcup_{t \in T} H_t)$$

再根据表现定理,有

$$(\bigcup_{t \in T} A_t)_{\underline{\lambda}} = \Phi(\bigcup_{t \in T} H_t)_{\underline{\lambda}} = \bigcap_{\alpha < \lambda} (\bigcup_{t \in T} H_t)(\alpha) = \bigcap_{\alpha < \lambda} (\bigcup_{t \in T} H_t(\alpha))$$

这就是
$$(\bigcup_{t\in T}A_t)_\lambda = \bigcap_{\alpha<\lambda}(\bigcup_{t\in T}(A_t)_\alpha)$$

同法证明(2).

现在来讨论集合套的等价类与 F 集的关系.

由于 Φ 是满射而不是单射,可以有许多不同的集合套 H 对应同一个 F 集 A,将对应同一个 A 的集合套组成一类,同一类的集合套满足关系(记"$\sim$")
$$H' \sim H \Longleftrightarrow \Phi(H') = \Phi(H)$$
和

(1) 自反性　$H \sim H$　(即 $\Phi(H) = \Phi(H)$);

(2) 对称性　$H' \sim H \Longleftrightarrow H \sim H'$　(即 $\Phi(H') = \Phi(H) \Longleftrightarrow \Phi(H) = \Phi(H')$);

(3) 传递性　$H \sim H'$, $H' \sim H'' \Longleftrightarrow H \sim H''$

(即 $\Phi(H) = \Phi(H'), \Phi(H') = \Phi(H'') \Longleftrightarrow \Phi(H) = \Phi(H'')$).

因此,"$\sim$"是 $\mathscr{U}(U)$ 上的一个等价关系,按照等价关系将 $\mathscr{U}(U)$ 分类.令类
$$\{H\} = \{H' | H' \in \mathscr{U}(U), H' \sim H\}$$

即互相等价的集合套组成一类.将这些类作为元素构成类的集合
$$\mathscr{F}'(U) = \{\{H\} | H \in \mathscr{U}(U)\}$$

称为商集 $\mathscr{F}(U)/\sim$. 于是, $\mathscr{F}'(U)$ 与 $\mathscr{F}(U)$ 之间可以建立一一映射,即令
$$\Phi': \mathscr{F}'(U) \longrightarrow \mathscr{F}(U)$$
$$\{H\} \longmapsto \Phi'(\{H\}) = \Phi(H)$$

于是, Φ' 是 $\mathscr{F}'(U)$ 到 $\mathscr{F}(U)$ 间的一一映射.

在 $\mathscr{F}'(U)$ 中定义运算 $\cup$、$\cap$、c 如下:

并　　　　　　　　$\{H_1\} \cup \{H_2\} \triangleq \{H_1 \cup H_2\}$

$$\bigcup_{t \in T}\{H_t\} \triangleq \{\bigcup_{t \in T}H_t\}$$

交　　　　　　　　$\{H_1\} \cap \{H_2\} \triangleq \{H_1 \cap H_2\}$

$$\bigcap_{t \in T}\{H_t\} \triangleq \{\bigcap_{t \in T}H_t\}$$

余　　　　　　　　$\{H\}^c \triangleq \{H^c\}$

也就是说,计算 $\{H_1\} \cup \{H_2\}$,只要在两个类中各取一个代表 H_1、H_2,进行集合套运算 $H_1 \cup H_2$,然后找到 $H_1 \cup H_2$ 所在类 $\{H_1 \cup H_2\}$,即为 $\{H_1\} \cup \{H_2\}$.

这种运算与代表选取无关,若另取 $H_1' \in \{H_1\}, H_2' \in \{H_2\}$,则
$$\Phi(H_1') = \Phi(H_1), \quad \Phi(H_2') = \Phi(H_2)$$

又由于 Φ 是同态映射,所以
$$\Phi(H_1' \cup H_2') = \Phi(H_1') \cup \Phi(H_2') = \Phi(H_1) \cup \Phi(H_2) = \Phi(H_1 \cup H_2)$$

这就是说, $H_1' \cup H_2'$ 与 $H_1 \cup H_2$ 属于同一类,因而
$$\{H_1' \cup H_2'\} = \{H_1 \cup H_2\}$$

又由于 $\Phi'(\{H\}) = \Phi(H)$,因此由 Φ 保持运算可以导出 Φ' 保持运算,即
$$\Phi'(\bigcup_{t\in T}\{H_t\}) = \Phi(\{\bigcup_{t\in T}H_t\}) = \Phi(\bigcup_{t\in T}H_t) = \bigcup_{t\in T}\Phi(H_t) = \bigcup_{t\in T}\Phi'(\{H_t\})$$

同理可证

$$\Phi'(\bigcap_{t\in T}\{H_t\}) = \bigcap_{t\in T}\Phi'(\{H_t\}), \quad \Phi'(\{H\}^c) = (\Phi'(\{H\}))^c$$

将保持运算的一一映射 Φ' 称为 $\mathscr{F}'(U)$ 到 $\mathscr{F}(U)$ 的同构映射,且称 $(\mathscr{F}'(U),\bigcup,\bigcap,c)$ 与 $(\mathscr{F}(U),\bigcup,\bigcap,c)$ 同构,记作 $\mathscr{F}'(U)\stackrel{\Phi'}{\cong}\mathscr{F}(U)$.

由于两个同构的代数系统可以认为是同一的,因此可以认为 F 集是相应集合套的等价类 $\{H\}$,而类中任一集合套 H 都可以作为代表来表示 F 集.这就为 F 集的理论研究开辟了一条新途径.

1.9* F 集的模糊度

在实际问题中,当用 F 集来刻画模糊性概念时,常常还需要用一个数量来刻画这一概念的整体模糊程度,这个数量就是所谓的模糊度.

定义 1 若映射 $d:\mathscr{F}(U)\longrightarrow[0,1]$ 满足条件:

(1) 当且仅当 $A\in\mathscr{P}(U)$ 时,$d(A)=0$,

(2) $\forall u\in U$,当且仅当 $A(u)\equiv\dfrac{1}{2}$ 时,$d(A)=1$,

(3) $\forall u\in U$,当 $B(u)\leqslant A(u)\leqslant\dfrac{1}{2}$ 时,$d(B)\leqslant d(A)$,

(4) $A\in\mathscr{F}(U)$, $d(A)=d(A^c)$,

称映射 d 为 $\mathscr{F}(U)$ 上的一个模糊度,$d(A)$ 称为 F 集 A 的模糊度.

定义 1 给出了关于模糊度的 4 条公理,它们所反映的现实是:

条件(1)表明普通集是不模糊的;

条件(2)和条件(3)表明,越靠近 0.5 就越模糊,尤其是当 $A(u)\equiv 0.5$ 时,是最模糊的,这时

$$A^c(u)=1-A(u)=0.5$$

这种模棱两可的情况是最难决策的;

条件(4)表明 F 集 A 与其补集 A^c 具有同等的模糊度,因为

$$|A(u)-0.5|=|A^c(u)-0.5|$$

即 $A(u)$ 和 $A^c(u)$ 与 0.5 的距离相等.

当论域为有限时,模糊度有下面的一般形式.

定理 设 $U=\{u_1,u_2,\cdots,u_n\}$,且映射

$$d:\mathscr{F}(U)\longrightarrow[0,1]$$

即

$$\forall A\in\mathscr{F}(U), d(A)=g\left(\sum_{i=1}^n f(A(u_i))\right)$$

其中,$g:[0,a]\longrightarrow[0,1]$ 严格增加且 $g(0)=0$,$a=\sum_{i=1}^n f\left(\dfrac{1}{2}\right)$,而 $f:[0,1]\longrightarrow[0,\infty)$ 满足条件:

(1) $\forall x\in[0,1]$, $f(x)=f(1-x)$,

(2) $f(0)=0$,

(3) $f(x)$ 在 $\left[0, \dfrac{1}{2}\right]$ 上严格增加,

则 $d(A)$ 是 A 在 $\mathscr{F}(U)$ 上的模糊度.

按定义中的条件(1)~(4)读者自己验证.若 g 是线性的,即 $g(x)=kx$ $(k>0)$,则有
$$\forall A,B\in\mathscr{F}(U),\ d(A\cup B)+d(A\cap B)=d(A)+d(B)$$

例 1 设 $U=\{u_1,u_2,\cdots,u_n\}$,$\forall A\in\mathscr{F}(U)$,有
$$f(A(u_i))=\left|A(u_i)-A_{\frac{1}{2}}(u_i)\right|^p \quad (p>0)$$
$$d_p(A)=\dfrac{2}{n^{1/p}}\left(\sum_{i=1}^n\left|A(u_i)-A_{\frac{1}{2}}(u_i)\right|^p\right)^{\frac{1}{p}}$$

则 $d_p(A)$ 是 A 的模糊度.

证 根据定理和本题条件,应有 $g(x)=2\left(\dfrac{x}{n}\right)^{\frac{1}{p}}$,显然它满足定理条件.下面考虑函数 $f(x)$.

对于 F 集 A 的 $\dfrac{1}{2}$ 截集 $A_{\frac{1}{2}}$,有
$$A_{\frac{1}{2}}(u_i)=\begin{cases}1 & A(u_i)\geqslant\dfrac{1}{2}\\ 0 & A(u_i)<\dfrac{1}{2}\end{cases}$$

为简单起见,记 $x=A(u_i)$.于是,$\forall x\in[0,1]$,有
$$f(x)=\begin{cases}|x-1|^p & x\geqslant\dfrac{1}{2}\\ |x-0|^p & x<\dfrac{1}{2}\end{cases}$$

即
$$f(x)=\left(\dfrac{1}{2}-\left|\dfrac{1}{2}-x\right|\right)^p$$

显然,

① $f(1-x)=\left(\dfrac{1}{2}-\left|\dfrac{1}{2}-(1-x)\right|\right)^p=\left(\dfrac{1}{2}-\left|\dfrac{1}{2}-x\right|\right)^p=f(x)$

② $f(0)=\left(\dfrac{1}{2}-\left|\dfrac{1}{2}-0\right|\right)^p=0$

③ $\forall x_1,x_2\in\left[0,\dfrac{1}{2}\right]$,当 $x_1<x_2$ 时,$f(x_1)=\left(\dfrac{1}{2}-\left|\dfrac{1}{2}-x_1\right|\right)^p=x_1^p<x_2^p=f(x_2)$

可见,$f(x)$ 满足定理的三个条件,故 $d_p(A)$ 是 F 集 A 的模糊度.

当 $p=1$ 时,d_1 称为海明(Haming)模糊度,即
$$d_1(A)=\dfrac{2}{n}\sum_{i=1}^n\left|A(u_i)-A_{\frac{1}{2}}(u_i)\right|$$

当 $p=2$ 时,d_2 称为欧几里得(Euclid)模糊度,即
$$d_2(A)=\dfrac{2}{n^{1/2}}\left(\sum_{i=1}^n\left|A(u_i)-A_{\frac{1}{2}}(u_i)\right|^2\right)^{\frac{1}{2}}$$

一般地,$d_p(A)=\dfrac{2}{n^{1/p}}\left(\sum_{i=1}^n\left|A(u_i)-A_{\frac{1}{2}}(u_i)\right|^p\right)^{\frac{1}{p}}$ 称为明可夫斯基(Minkowski)模糊

度.

例2 给定 F 集
$$A = \frac{0.8}{a} + \frac{0.9}{b} + \frac{0.1}{c} + \frac{0.8}{d}, \qquad B = \frac{0.3}{a} + \frac{0}{b} + \frac{0.3}{c} + \frac{0}{d}$$
计算它们的海明模糊度和欧几里得模糊度.

解 因为
$$A_{\frac{1}{2}} = \frac{1}{a} + \frac{1}{b} + \frac{0}{c} + \frac{1}{d}, \qquad B_{\frac{1}{2}} = \frac{0}{a} + \frac{0}{b} + \frac{0}{c} + \frac{0}{d}$$
于是
$$d_1(A) = \frac{2}{4}(|0.8-1| + |0.9-1| + |0.1-0| + |0.8-1|) = 0.30$$
$$d_1(B) = \frac{2}{4}(|0.3-0| + |0-0| + |0.3-0| + |0-0|) = 0.30$$
$$d_2(A) = \frac{2}{\sqrt{4}}[(0.8-1)^2 + (0.9-1)^2 + (0.1-0)^2 + (0.8-1)^2]^{\frac{1}{2}} = 0.316$$
$$d_2(B) = \frac{2}{\sqrt{4}}[(0.3-0)^2 + (0-0)^2 + (0.3-0)^2 + (0-0)^2]^{\frac{1}{2}} = 0.424$$

可见,按海明模糊度计算,F 集 A 与 B 的模糊度一样,而按欧几里得模糊度计算知, $d_2(A) < d_2(B)$. d_1 采用线性运算虽然方便,但不能区分 A 与 B 的模糊度的大小,这说明误差较大. d_2 采用非线性运算,虽然较前者麻烦,但比较准确.

例3 设 $U = \{u_1, u_2, \cdots, u_n\}$,$s(x)$ 为熵农函数,有
$$s(x) = \begin{cases} -x\ln x - (1-x)\ln(1-x) & x \in (0,1) \\ 0 & x=1 \text{ 或 } x=0 \end{cases}$$
则
$$H(A) = \frac{1}{n\ln 2} \sum_{i=1}^{n} s(A(u_i))$$
是 F 集 A 的模糊度.

证 只需验证定理中的三个条件对 $s(x)$ 成立即可.条件(1)和(2)显然是成立的,下面验证条件(3).

由 $s(x)$ 是 $(0,1)$ 上的连续函数,并且当 $x \in \left(0, \frac{1}{2}\right)$ 时,
$$s'(x) = -\ln x + \ln(1-x) = \ln\frac{1-x}{x} > 0$$
因此,$s(x)$ 在 $\left[0, \frac{1}{2}\right]$ 上严格增加,从而 $H(A)$ 是 A 的模糊度,通常称之为模糊熵.

熵本是热力学中的一个概念,原意是热量可转变为功的程度.统计物理学重新给予解释:熵是描述分子无规则运动的一种度量.在信息论中,引用它作为剩余信息量大小的一种度量.F 集用它作为模糊程度的度量.

当论域 U 为实数集的一闭区间 $[\alpha, \beta]$,而 F 集 A 的隶属函数 $A(x)$ 连续时,记
$$s_1(A) \triangleq \frac{2}{\beta - \alpha} \int_\alpha^\beta \left| A(x) - A_{\frac{1}{2}}(x) \right| \mathrm{d}x$$

$$s_2(A) \triangleq 1 - \frac{2}{\beta-\alpha}\int_\alpha^\beta \left|A(x) - \frac{1}{2}\right|dx$$

则 $s_1(A)$、$s_2(A)$ 都是 F 集 A 的模糊度. 其中

$$\int_\alpha^\beta \left|A(x) - A_{\frac{1}{2}}(x)\right|dx = \int_{x\in A_{\frac{1}{2}}} |A(x) - 0|dx + \int_{x\notin A_{\frac{1}{2}}} |A(x) - 1|dx$$

$$= \int_{x\in A_{\frac{1}{2}}} A(x)dx + \int_{x\notin A_{\frac{1}{2}}} (1 - A(x))dx$$

第一个积分和第二个积分如图 1-19 所示. 不难发现, 当阴影面积越大时, 曲线 $\mu = A(x)$ 就越靠近直线 $\mu = \frac{1}{2}$, 即当积分 $\int_\alpha^\beta \left|A(x) - A_{\frac{1}{2}}(x)\right|dx$ 值越大时, A 的模糊度就越大.

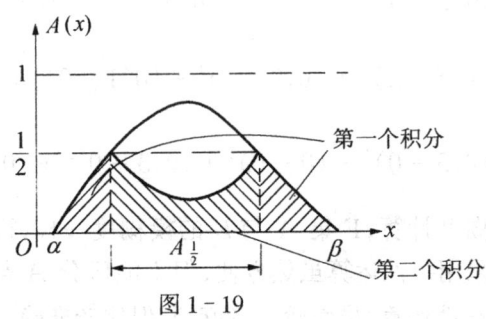

图 1-19

习题 1

1. 取论域 $U = \{1, 2, \cdots, 9, 10\}$, 用 F 集 A 表示"小的数", 用 F 集 B 表示"接近 10", 试写出 U 上的 F 集 A 和 B 的表达式.

2. 设论域 $U = R$(实数域), F 集 A 是"比 5 大得多的实数", 试写出 A 的一个隶属函数.

3. 设论域 $U = \{u_1, u_2, u_3, u_4, u_5\}$, F 集
$A = (0.5, 0.1, 0, 1, 0.8)$, $B = (0.1, 0.4, 0.9, 0.7, 0.2)$, $C = (0.8, 0.2, 1, 0.4, 0.3)$
计算 $A \cup B$、$A \cap B$、$(A \cup B) \cap C$、A^c.

4. 设论域 R(实数域), $\forall x \in R$,
$$A(x) = e^{-\left(\frac{x-1}{2}\right)^2}, \quad B(x) = e^{-\left(\frac{x-2}{2}\right)^2}$$
求 A^c、$A \cup B$、$A \cap B$, 并作图.

5. 证明 1.3 节定理给出的运算律①、⑤、⑧.

6. 用 F 集的运算律证明:
(1) $(A \cap ((B \cap C) \cup (A^c \cap C^c))) \cup C = (A \cap B \cap C) \cup C$
(2) $(A \cap B) \cup (B \cap C) \cup (C \cap A) = (A \cup B) \cap (B \cup C) \cap (C \cup A)$

7. 设 $a, b \in [0, 1]$, 证明:
(1) $a \odot b \leq a \cdot b \leq a \wedge b \leq a \vee b \leq a \oplus b \leq a \oplus b$
(2) $a \vee b = a \oplus (a^c \odot b)$ (其中 $a^c = 1 - a$), $a \wedge b = a \odot (a^c \oplus b)$

8. 试就算子"·和$\hat{+}$"、"$\odot$和$\oplus$"证明交换律、结合律、零-壹律和对偶律成立.

9. 设 $a,b\in[0,1]$, $\lambda\geq 0$, 记映射
$$T^{(\lambda)}(a,b)\triangleq\frac{a\cdot b}{\lambda+(1-\lambda)(a+b-ab)},\quad S^{(\lambda)}(a,b)\triangleq\frac{a+b+(\lambda-2)ab}{1+(\lambda-1)ab}$$
验证: $T^{(\lambda)}(a,b)$、$S^{(\lambda)}(a,b)$ 分别为 T 范数和 S 范数.(符号 $\triangleq$ 表示规定)

10. 设 T 是三角范算子, $\forall a,b\in[0,1]$, 验证 $S(a,b)=1-T(1-a,1-b)$ 满足 S 范数的条件(交换律、单调性和 $S(a,0)=a$).

11. 证明三角范算子的 S 和 T 是互为对偶的, 即 $\forall a,b\in[0,1]$, 有
$$T(a,b)=S^c(a^c,b^c),\quad S(a,b)=T^c(a^c,b^c)$$

12. 设 S 是三角范算子, 则 $\forall a,b\in[0,1]$, 有
(1) $a\vee b\leq S(a,b)\leq 1$; (2) $S(a,1)=1$.

13. F 集 $A=\dfrac{0.2}{a}+\dfrac{0.5}{b}+\dfrac{0.6}{c}+\dfrac{0.7}{d}+\dfrac{1}{e}$, 求截集 $A_{0.2}$、$A_{0.5}$、$A_{0.7}$、$A_{0.6}$、A_1.

14. F 集 $A=\int_x e^{-x^2}/x$, 求截集 $A_{\frac{1}{e}}$、A_1、A_0.

15. 若 $\{A_t\mid t\in T\}\subseteq\mathscr{F}(U)$, 则
(1) $(\bigcap_{t\in T}A_t)_\lambda=\bigcap_{t\in T}(A_t)_\lambda$ $\lambda\in[0,1]$; (2) $(\bigcap_{t\in T}A_t)_\lambda\subseteq\bigcap_{t\in T}(A_t)_\lambda$ $\lambda\in[0,1]$.

16. 设 $A\in\mathscr{F}(U)$, 若 $\lambda_1\geq\lambda_2$, 则 $A_{\lambda_1}\subseteq A_{\lambda_2}$ ($\lambda_1,\lambda_2\in[0,1]$).

17. 证明: (1) $(A^c)_\lambda=(A_{1-\lambda})^c$ $\lambda\in[0,1]$; (2) $A_{(\wedge\lambda_t)}=\bigcup_t A_{\lambda_t}$, $t\in T, \lambda_t\in[0,1]$.

18. 设 $A,B\in\mathscr{F}(U)$, $\forall\lambda\in[0,1]$, 证明 $A\subseteq B$ 的充要条件是 $A_\lambda\subseteq B_\lambda$.

19. 证明下列各式:
(1) $\mathrm{Supp}\,\emptyset=\mathrm{Ker}\,\emptyset=\emptyset$, $\mathrm{Supp}\,U=\mathrm{Ker}\,U=U$;
(2) $\mathrm{Supp}(\mathrm{Supp}A)=\mathrm{Supp}A$, $\mathrm{Ker}(\mathrm{Ker}A)=\mathrm{Ker}A$;
(3) $A\cap B=\emptyset$ 的充要条件是 $\mathrm{Supp}A\cap\mathrm{Supp}B=\emptyset$.

20. 设 $U=[0,10]$ 为论域, 对 $\lambda\in[0,1]$, 若 F 集 A 的 λ 截集分别为
$$A_\lambda=\begin{cases}[0,10] & \lambda=0\\ [3,10] & 0<\lambda\leq\dfrac{3}{5}\\ [5\lambda,10] & \dfrac{3}{5}<\lambda<1\\ [5,10] & \lambda=1\end{cases}$$
求出:(1) 隶属函数 $A(x)$, $x\in[0,10]$; (2) $\mathrm{Supp}A$; (3) $\mathrm{Ker}A$.

21. 设 $U=\{a,b,c,d,e\}$, 有
$$A_\lambda=\begin{cases}\{d\} & 0.7<\lambda\leq 0.8\\ \{c,d\} & 0.5<\lambda\leq 0.7\\ \{c,d,e\} & 0.3<\lambda\leq 0.5\\ \{b,c,d,e\} & 0.1<\lambda\leq 0.3\\ \{a,b,c,d,e\} & 0\leq\lambda\leq 0.1\end{cases}$$
求 F 集 A.

22.* 证明 $\bigcap_{t\in T} A_t = \bigcup_{\lambda\in[0,1]} \lambda(\bigcap_{t\in T}(A_t)_\lambda)$.

23. 设 $A \in \mathscr{F}(U)$，则 $A = \bigcup_{\lambda\in[0,1]} \lambda A_\lambda$.

24. 在分解定理Ⅲ中，证明 $\forall \lambda \in [0,1), A_\lambda = \bigcup_{\alpha>\lambda} H(\alpha)$.

25. 设 $U = \{1,2,3,4,5,6\}, H$ 是集值映射，且

$$H(\lambda) = \begin{cases} \{1,2,3,4,5,6\} & 0 \leqslant \lambda < 0.2 \\ \{1,2,4,5,6\} & 0.2 \leqslant \lambda < 0.5 \\ \{2,4,5,6\} & 0.5 \leqslant \lambda < 0.6 \\ \{2,5,6\} & 0.6 \leqslant \lambda < 0.8 \\ \{5,6\} & 0.8 \leqslant \lambda \leqslant 1 \end{cases}$$

试由 H 求出相应的 F 集 A、A_λ 和 $A_{\underline{\lambda}}$，$\forall \lambda \in [0,1]$.

26. 设有 R 中的集合套 ($R = [-1,1]$)，有

$$H(\lambda) = [\lambda^2 - 1, 1 - \lambda^2] \quad \lambda \in [0,1]$$

求由 H 所得的 F 集的隶属函数 $A(x)$，并作图.

27. 设 $U = \{u_1, u_2, u_3, u_4, u_5\}, H \in \mathscr{U}(U)$，且

$$H(\lambda) = \begin{cases} (1,1,1,1,1) & \lambda = 0 \\ (1,0,1,1,1) & 0 < \lambda < 0.3 \\ (1,0,0,1,1) & 0.3 \leqslant \lambda < 0.5 \\ (0,0,0,1,1) & \lambda = 0.5 \\ (0,0,0,1,0) & 0.5 < \lambda < 0.7 \\ (0,0,0,0,0) & 0.7 \leqslant \lambda \leqslant 1 \end{cases}$$

求 F 集 A 及 $A_{0.5}$、$A_{\underline{0.5}}$、$H(0.5)$.

28. 设 F 集 $A = \dfrac{0.1}{a} + \dfrac{0.3}{b} + \dfrac{0.7}{c} + \dfrac{0.8}{d} + \dfrac{0.5}{e}$，计算模糊熵 $H(A)$ 及 Haming 模糊度 $d(A)$ 之值.

29. 设模糊度

$$s_1(A) = \frac{2}{\beta - \alpha} \int_\alpha^\beta \left| A(x) - A_{\frac{1}{2}}(x) \right| dx, \quad s_2(A) = 1 - \frac{2}{\beta - \alpha} \int_\alpha^\beta \left| A(x) - \frac{1}{2} \right| dx$$

求证 $s_1(A) = s_2(A)$.

2 F模式识别

模式识别(Pattern Recognition)就是机器识别、计算机识别或机器自动识别,目的在于让机器自动识别事物,如预报天气、自动系统分拣信件、探测矿岩层结构、卫星侦察军事设施,等等,是当前科学发展中的一门前沿学科,也是一门典型的交叉学科,它的发展与人工智能、计算机科学、传感技术、信息论、语言学等学科的研究水平息息相关,相辅相成.

一个典型的模式识别系统如图2-1所示,由数据获取、预处理、特征提取和选择、分类决策及分类器设计组成.一般分为两个部分:上半部分属于分类器设计的训练过程,利用样本进行训练,确定分类器的具体参数,完成分类器的设计;下半部分属于分类器的应用过程,完成对未知类别模式的分类.而分类决策在识别过程中起作用,对待识别的样本进行分类决策.

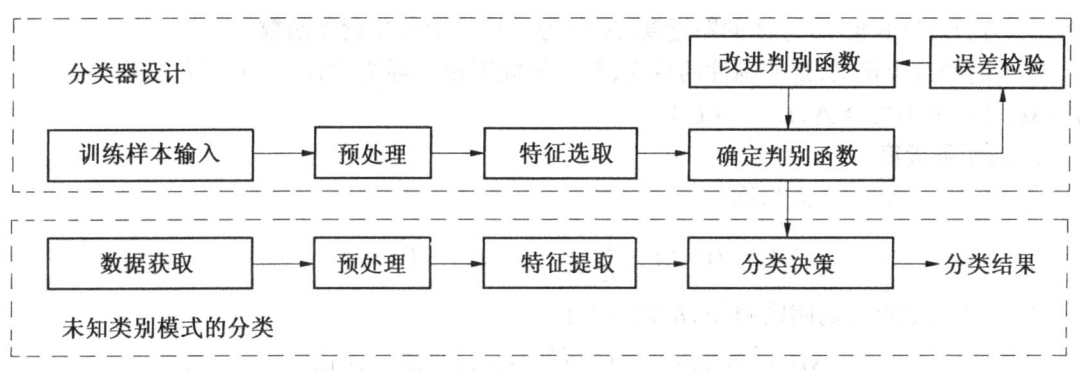

图2-1 模式识别的过程

在日常生活和实际问题中,有些模式界线是明确的,如识别印刷体的英文字母、阿拉伯数字、车牌号码,它们是很清楚的;而有些模式界线是不明确的,如识别一个人的"高"、"矮"、"胖"、"瘦",它们的界线是模糊的.我们把这种界线不明确的模式称为F模式,相应的识别问题称为F模式识别问题,而利用F集理论来处理F模式识别问题的方法就称为F模式识别方法.

F模式识别问题一般可分为两类:一类模式库是模糊的,而待识别对象是分明的,要用F模式识别的直接方法解决;另一类模式库和待识别对象都是模糊的,要用F模式识别的间接方法来解决.

F模式识别直接方法的一般应用步骤为:①抽选识别对象的特性指标:在影响对象U的各因素中,抽选与模式识别问题有显著关系的各种特性指标,并测出识别对象U各特性指标的具体数据,写出识别对象U的特性指标向量$U=\{u_1,u_2,\cdots,u_n\}$;②构造F模式的隶属函数,这一步是识别工作的关键和难点,在本章最后一节介绍;③利用最大隶属度原则进行识别判断.

F模式识别间接方法的一般应用步骤为:①抽选识别对象的特性指标;②构造F模式

$A_i(i=1,2,\cdots,p)$,设共有 p 个模式的隶属函数;③构造待识别对象 B 的隶属函数;④求出 B 与 A_i 的贴近度 $N(A_i,B)$;⑤根据择近原则识别 B 应归属于哪一模式.

本章首先介绍 F 模式识别中常用到的 F 数学方法,然后介绍它们在实际问题中的应用,通过这些例子掌握模式识别的方法和步骤.

2.1 F 集的贴近度

贴近度是对两个 F 集接近程度的一种度量.

定义 1 设 $A,B,C\in\mathscr{F}(U)$,若映射
$$N:\mathscr{F}(U)\times\mathscr{F}(U)\longrightarrow[0,1]$$

满足条件:

(1) $N(A,B)=N(B,A)$,

(2) $N(A,A)=1, N(U,\varnothing)=0$,

(3) 若 $A\subseteq B\subseteq C$,则 $N(A,C)\leqslant N(A,B)\wedge N(B,C)$,

则称 $N(A,B)$ 为 F 集 A 与 B 的贴近度. N 称为 $\mathscr{F}(U)$ 上的贴近度函数.

贴近度的这个定义,是原则性的概念,其具体规则视实际需要而定.下面介绍几种常见的类型,其中采用集合 $A,B\in\mathscr{F}(U)$.

1. 海明贴近度

若 $U=\{u_1,u_2,\cdots,u_n\}$,则
$$N(A,B)\triangleq 1-\frac{1}{n}\sum_{i=1}^{n}|A(u_i)-B(u_i)|$$

当 U 为实数域上的闭区间 $[a,b]$ 时,则有
$$N(A,B)\triangleq 1-\frac{1}{b-a}\int_a^b|A(u)-B(u)|\mathrm{d}u$$

2. 欧几里得贴近度

若 $U=\{u_1,u_2,\cdots,u_n\}$,则
$$N(A,B)\triangleq 1-\frac{1}{\sqrt{n}}\Big(\sum_{i=1}^{n}(A(u_i)-B(u_i))^2\Big)^{1/2}$$

当 $U=[a,b]$ 时,则有
$$N(A,B)\triangleq 1-\frac{1}{\sqrt{b-a}}\Big(\int_a^b(A(u)-B(u))^2\mathrm{d}u\Big)^{1/2}$$

3. 黎曼贴近度

若 U 为实数域,被积函数为黎曼可积,且广义积分收敛,则
$$N_1(A,B)=\frac{\int_{-\infty}^{+\infty}(A(u)\wedge B(u))\mathrm{d}u}{\int_{-\infty}^{+\infty}(A(u)\vee B(u))\mathrm{d}u}$$

$$N_2(A,B)=\frac{2\int_{-\infty}^{+\infty}(A(u)\wedge B(u))\mathrm{d}u}{\int_{-\infty}^{+\infty}A(u)\mathrm{d}u+\int_{-\infty}^{+\infty}B(u)\mathrm{d}u}$$

例 1 设 $U=[0,100]$,且

$$A(x)=\begin{cases} 0 & 0\leqslant x<20 \\ \dfrac{x-20}{40} & 20\leqslant x<60 \\ 1 & 60\leqslant x\leqslant 100 \end{cases}, \quad B(x)=\begin{cases} 1 & 0\leqslant x<40 \\ \dfrac{80-x}{40} & 40\leqslant x<80 \\ 0 & 80\leqslant x\leqslant 100 \end{cases}$$

见图 2-2.求黎曼贴近度 $N_1(A,B)$.

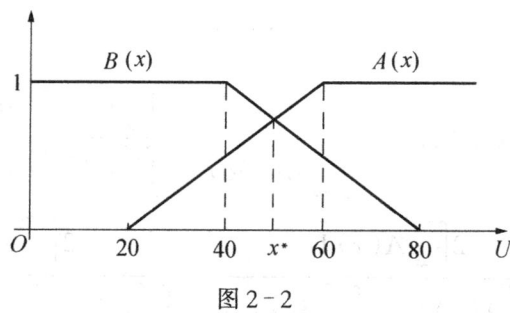

图 2-2

解 不难求得 $A(x)$ 和 $B(x)$ 的交点坐标 $x^*=50$,于是

$$A(x)\wedge B(x)=\begin{cases} \dfrac{x-20}{40} & 20\leqslant x<50 \\ \dfrac{80-x}{40} & 50\leqslant x<80 \\ 0 & 其他 \end{cases}$$

$$A(x)\vee B(x)=\begin{cases} 1 & 0\leqslant x<40 \\ \dfrac{80-x}{40} & 40\leqslant x<50 \\ \dfrac{x-20}{40} & 50\leqslant x<60 \\ 1 & 60\leqslant x\leqslant 100 \end{cases}$$

$$N_1(A,B)=\dfrac{\int_0^{100} A(x)\wedge B(x)\mathrm{d}x}{\int_0^{100} A(x)\vee B(x)\mathrm{d}x}$$

$$=\dfrac{\int_{20}^{50}\dfrac{x-20}{40}\mathrm{d}x+\int_{50}^{80}\dfrac{80-x}{40}\mathrm{d}x}{\int_0^{40}\mathrm{d}x+\int_{40}^{50}\dfrac{80-x}{40}\mathrm{d}x+\int_{50}^{60}\dfrac{x-20}{40}\mathrm{d}x+\int_{60}^{100}\mathrm{d}x}\approx 0.23$$

例 2 设 $U=R$(实数域),正态型隶属函数

$$A(x)=\mathrm{e}^{-\left(\frac{x-a}{\sigma_1}\right)^2}, \quad B(x)=\mathrm{e}^{-\left(\frac{x-a}{\sigma_2}\right)^2}$$

求当 $\sigma_1\leqslant\sigma_2$ 时,$N(A,B)$(见图 2-3a).

解 当 $\sigma_1\leqslant\sigma_2$ 时,$\forall x\in R, A(x)\leqslant B(x)$.

根据黎曼贴近度,有

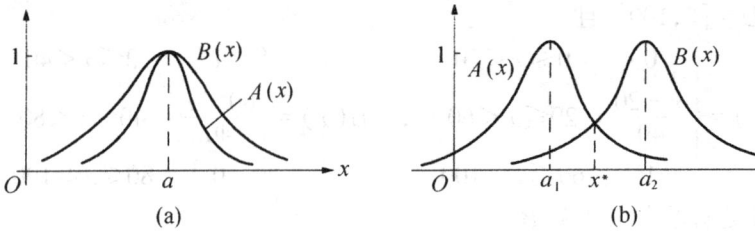

图 2-3

$$N_1(A,B) = \frac{\int_{-\infty}^{+\infty} A(x)\mathrm{d}x}{\int_{-\infty}^{+\infty} B(x)\mathrm{d}x} = \frac{\int_{-\infty}^{+\infty} e^{-\left(\frac{x-a}{\sigma_1}\right)^2}\mathrm{d}x}{\int_{-\infty}^{+\infty} e^{-\left(\frac{x-a}{\sigma_2}\right)^2}\mathrm{d}x}$$

$$N_2(A,B) = \frac{2\int_{-\infty}^{+\infty} A(x)\mathrm{d}x}{\int_{-\infty}^{+\infty} A(x)\mathrm{d}x + \int_{-\infty}^{+\infty} B(x)\mathrm{d}x} = \frac{2\int_{-\infty}^{+\infty} e^{-\left(\frac{x-a}{\sigma_1}\right)^2}\mathrm{d}x}{\int_{-\infty}^{+\infty} e^{-\left(\frac{x-a}{\sigma_1}\right)^2}\mathrm{d}x + \int_{-\infty}^{+\infty} e^{-\left(\frac{x-a}{\sigma_2}\right)^2}\mathrm{d}x}$$

由正态分布函数知

$$\int_{-\infty}^{+\infty} e^{-\left(\frac{x-a}{\sigma}\right)^2}\mathrm{d}x = \sqrt{2\pi}\cdot\sigma\cdot\frac{1}{\sqrt{2}} = \sqrt{\pi}\sigma$$

因此 $\quad N_1(A,B) = \dfrac{\sqrt{\pi}\sigma_1}{\sqrt{\pi}\sigma_2} = \dfrac{\sigma_1}{\sigma_2}, \quad N_2(A,B) = \dfrac{2\sqrt{\pi}\sigma_1}{\sqrt{\pi}\sigma_1 + \sqrt{\pi}\sigma_2} = \dfrac{2\sigma_1}{\sigma_1 + \sigma_2}$

这里给出的三个贴近度公式,它们的合理性是比较明显的.在下一节里介绍另一种采用"∨、∧"运算的贴近度.

2.2 格贴近度

有限论域上的 F 集表示为 F 向量的形式.设 $A = (a_1, a_2, \cdots, a_n)$,$B = (b_1, b_2, \cdots, b_n)$.类似代数学中向量的内积,将

$$A \circ B = \bigvee_{i=1}^{n}(a_i \wedge b_i)$$

称为 F 集 A、B 的内积.这里,乘法"·"及加法"+"已被置换为 ∧ 及 ∨.

推广到任意论域 U 上的 F 集,有

定义 1 设 $A, B \in \mathscr{F}(U)$,称

$$A \circ B = \bigvee_{u \in U}(A(u) \wedge B(u))$$

为 F 集 A、B 的内积.

内积的对偶运算为外积.

定义 2 设 $A, B \in \mathscr{F}(U)$,称

$$A \hat{\circ} B = \bigwedge_{u \in U}(A(u) \vee B(u))$$

为 F 集 A、B 的外积.

如果在闭区间 $[0,1]$ 上定义"余"运算:$\forall \alpha \in [0,1], \alpha^c = 1 - \alpha$,那么有性质 1.

性质 1 $(A \hat{\circ} B)^c = A^c \circ B^c, \quad (A \circ B)^c = A^c \hat{\circ} B^c$.

证 先证第一式.
$$(A \hat{\circ} B)^c = 1 - \bigwedge_{u \in U}(A(u) \vee B(u)) = \bigvee_{u \in U}(1 - (A(u) \vee B(u)))$$
$$= \bigvee_{u \in U}((1 - A(u)) \wedge (1 - B(u))) = \bigvee_{u \in U}(A^c(u) \wedge B^c(u)) = A^c \circ B^c$$

类似证明第二式.

对 $A \in \mathscr{F}(U)$,令
$$\overline{a} = \bigvee_{u \in U} A(u), \qquad \underline{a} = \bigwedge_{u \in U} A(u)$$

$\overline{a}$ 和 $\underline{a}$ 分别叫做 F 集 A 的峰值和谷值.对 F 集 A、B、C,不难得到如下性质.

性质 2 $A \circ B \leqslant \overline{a} \wedge \overline{b}, \quad A \hat{\circ} B \geqslant \underline{a} \vee \underline{b}.$

性质 3 $A \circ A = \overline{a}, \quad A \hat{\circ} A = \underline{a}.$

性质 4 $\bigvee_{B \in \mathscr{F}(U)}(A \circ B) = \overline{a}, \quad \bigwedge_{B \in \mathscr{F}(U)}(A \hat{\circ} B) = \underline{a}.$

性质 5 $A \subseteq B \Longrightarrow A \circ B = \overline{a}, \quad A \hat{\circ} B = \underline{b}.$

性质 6 $A \circ A^c \leqslant \frac{1}{2}, \quad A \hat{\circ} B \geqslant \frac{1}{2}.$

性质 7 $A \subseteq B \Longrightarrow A \circ C \leqslant B \circ C$,并且 $A \hat{\circ} C \leqslant B \hat{\circ} C.$

由性质发现,给定 F 集 A,让 F 集 B 靠近 A,会使内积 $A \circ B$ 增大而外积 $A \hat{\circ} B$ 减少.换句话说,当 $A \circ B$ 较大且 $A \hat{\circ} B$ 较小时, A 与 B 比较贴近.所以,采取内积与外积相结合的"格贴近度"来刻画两个 F 集的贴近程度.

引理 1 设 $A, B \in \mathscr{F}(U)$,令 $(A, B) = (A \circ B) \wedge (A \hat{\circ} B)^c$,则下列结论成立:

(1) $0 \leqslant (A, B) \leqslant 1$;

(2) $(A, B) = (B, A)$;

(3) $(A, A) = \overline{a} \wedge (1 - \underline{a})$;

(4) $A \subseteq B \subseteq C \Longrightarrow (A, C) \leqslant (A, B) \wedge (B, C).$

特别当 $\overline{a} = 1$ 时,$\underline{a} = 0$,则 $(A, A) = 1$.

证 (1)、(2)、(3)明显成立.现证(4).

根据性质 5,由 $A \subseteq C$ 得
$$(A, C) = (A \circ C) \wedge (A \hat{\circ} C)^c = \overline{a} \wedge (\underline{c})^c$$
由 $A \subseteq B$ 得
$$(A, B) = (A \circ B) \wedge (A \hat{\circ} B)^c = \overline{a} \wedge (\underline{b})^c$$
因为 $\underline{b} \leqslant \underline{c}$,从而 $(\underline{b})^c \geqslant (\underline{c})^c$,所以 $(A, C) \leqslant (A, B)$,同理 $(A, C) \leqslant (B, C)$.于是
$$(A, C) \leqslant (A, B) \wedge (B, C)$$

根据引理 1 和贴近度的定义,立即得到:

定理 1 设 $A, B \in \mathscr{F}(U)$,则
$$(A, B) = (A \circ B) \wedge (A \hat{\circ} B)^c$$
是 F 集 A、B 的贴近度,叫做 A、B 的格贴近度.记为
$$N_1(A, B) = (A \circ B) \wedge (A^c \circ B^c)$$
式中,当 U 为有限论域时,
$$A \circ B = \bigvee_{i=1}^{n}(A(u_i) \wedge B(u_i))$$

当 U 为无限论域时,
$$A \circ B = \bigvee_{u \in U} (A(u) \wedge B(u))$$
这里"$\vee$"表示取上确界.

其余的贴近度不再一一列举.所有这些贴近度很难一般地比较优劣,只有在实际应用中加以选择和修正.例如,在 2.1 节的例 2 中,若正态分布 $A(x)$ 和 $B(x)$ 的平均值 a 不同,再用黎曼贴近度的方法求解就不合适了,这时最好采用格贴近度的方法,请看下例.

例 1 设论域 R 为实数域,F 集的隶属函数为
$$A(x) = e^{-\left(\frac{x-a_1}{\sigma_1}\right)^2}, \qquad B(x) = e^{-\left(\frac{x-a_2}{\sigma_2}\right)^2}$$
求 $N(A,B)$.

解法 I(格贴近度法) 对上述函数,有

若 $A(x) \leqslant B(x)$,则 $A \circ B = \bigvee_{x \in R}(A(x) \wedge B(x)) = \bigvee_{x \in R} A(x) = B(x^*)$.

若 $B(x) \leqslant A(x)$,则 $A \circ B = \bigvee_{x \in R}(A(x) \wedge B(x)) = \bigvee_{x \in R} B(x) = A(x^*)$.

可见,内积 $A \circ B$ 是 $A(x)$ 与 $B(x)$ 相等时的值,这时 $x = x^*$.故可令 $A(x) = B(x)$,求 x^*,即从
$$e^{-\left(\frac{x-a_1}{\sigma_1}\right)^2} = e^{-\left(\frac{x-a_2}{\sigma_2}\right)^2}$$
求得
$$x_1 = \frac{\sigma_1 a_2 + \sigma_2 a_1}{\sigma_1 + \sigma_2}, \quad x_2 = \frac{\sigma_2 a_1 - \sigma_1 a_2}{\sigma_2 - \sigma_1}$$
其中 x_2 不是最大值点,故选 $x^* = x_1$.于是
$$A \circ B = A(x_1) = e^{-\left(\frac{a_2 - a_1}{\sigma_2 + \sigma_1}\right)^2}$$
而
$$A^c \circ B^c = \bigvee_{x \in R}((1 - A(x)) \wedge (1 - B(x))) = 1$$
由格贴近度公式,得
$$N(A,B) = e^{-\left(\frac{a_2 - a_1}{\sigma_1 + \sigma_2}\right)^2}$$

解法 II(黎曼贴近度法)
$$N_1(A,B) = \frac{\int_{-\infty}^{x^*} e^{-\left(\frac{x-a_2}{\sigma_2}\right)^2} dx + \int_{x^*}^{+\infty} e^{-\left(\frac{x-a_1}{\sigma_1}\right)^2} dx}{\int_{-\infty}^{x^*} e^{-\left(\frac{x-a_1}{\sigma_1}\right)^2} dx + \int_{x^*}^{+\infty} e^{-\left(\frac{x-a_2}{\sigma_2}\right)^2} dx}$$

$$N_2(A,B) = \frac{\int_{-\infty}^{x^*} e^{-\left(\frac{x-a_2}{\sigma_2}\right)^2} dx + \int_{x^*}^{+\infty} e^{-\left(\frac{x-a_1}{\sigma_1}\right)^2} dx}{\int_{-\infty}^{+\infty} e^{-\left(\frac{x-a_1}{\sigma_1}\right)^2} dx + \int_{-\infty}^{+\infty} e^{-\left(\frac{x-a_2}{\sigma_2}\right)^2} dx}$$

其中,$a_1 < x^* < a_2$,$x^* = \frac{\sigma_2 a_1 + \sigma_1 a_2}{\sigma_1 + \sigma_2}$(见解法 I).

求解式中各积分非常麻烦,这里就不解下去了.不过已经发现,求解此题,以选择格贴近度法较好.

2.3 F模式识别原则

F模式识别大致有两种方法,一种是直接方法,按"最大隶属原则"归类,主要应用于个体的识别;另一种是间接方法,按"择近原则"归类,一般应用于群体模型的识别.

2.3.1 最大隶属原则

设 $A_i \in \mathcal{F}(U)(i=1,2,\cdots,n,)$ 对 $u_0 \in U$,若存在 i_0,使
$$A_{i_0}(u_0) = \max\{A_1(u_0), A_2(u_0), \cdots, A_n(u_0)\}$$
则认为 u_0 相对地隶属于 A_i,这是最大隶属原则.

例 1 考虑人的年龄问题,分为年轻、中年、老年三类,分别对应三个 F 集 A_1、A_2、A_3. 设论域 $U = (0, 100]$,且对 $x \in (0, 100]$,有(见图 2-4):

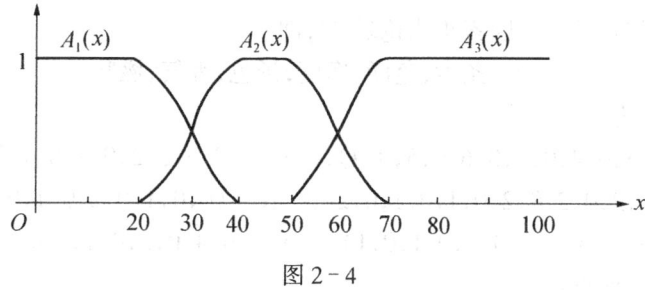

图 2-4

$$A_1(x) = \begin{cases} 1 & 0 < x \leqslant 20 \\ 1 - 2\left(\dfrac{x-20}{20}\right)^2 & 20 < x \leqslant 30 \\ 2\left(\dfrac{x-40}{20}\right)^2 & 30 < x \leqslant 40 \\ 0 & 40 < x \leqslant 100 \end{cases} \qquad A_3(x) = \begin{cases} 0 & 0 < x \leqslant 50 \\ 2\left(\dfrac{x-50}{20}\right)^2 & 50 < x \leqslant 60 \\ 1 - 2\left(\dfrac{x-70}{20}\right)^2 & 60 < x \leqslant 70 \\ 1 & 70 < x \leqslant 100 \end{cases}$$

$$A_2(x) = 1 - A_1(x) - A_3(x) = \begin{cases} 0 & 0 < x \leqslant 20 \\ 2\left(\dfrac{x-20}{20}\right)^2 & 20 < x \leqslant 30 \\ 1 - 2\left(\dfrac{x-40}{20}\right)^2 & 30 < x \leqslant 40 \\ 1 & 40 < x \leqslant 50 \\ 1 - 2\left(\dfrac{x-50}{20}\right)^2 & 50 < x \leqslant 60 \\ 2\left(\dfrac{x-70}{20}\right)^2 & 60 < x \leqslant 70 \\ 0 & 70 < x \leqslant 100 \end{cases}$$

某人 40 岁,根据上式,$A_1(40) = 0$,$A_2(40) = 1$,$A_3(40) = 0$,则
$$A_2(40) = \max\{A_1(40), A_2(40), A_3(40)\} = \max\{0, 1, 0\} = 1$$
按最大隶属原则,他应该是中年人.

又如当 $x=35$ 时，$A_1(35)=0.125$，$A_2(35)=0.875$，$A_3(35)=0$. 可见，35 岁的人应该是中年人.

2.3.2 择近原则

设 $A_i, B \in \mathscr{F}(U)(i=1,2,\cdots,n)$，若存在 i_0，使
$$N(A_{i_0}, B) = \max\{N(A_1,B), N(A_2,B), \cdots, N(A_n,B)\}$$
则认为 B 与 A_i 最贴近，即判定 B 与 A_i 为一类. 该原则称为择近原则.

可见，要从一群 F 集 $A_1, A_2, \cdots, A_n, B$ 中判定 B 归于 $A_i(i=1,\cdots,n)$ 的哪一类（A_i 为已知），即当识别对象是 F 集而不是单个元时，这时用择近原则，即计算 B 与 $A_i(i=1,\cdots,n)$ 的贴近度，贴近度最大的两个 F 集为一类.

例2 现有茶叶等级标准样品五种：Ⅰ、Ⅱ、Ⅲ、Ⅳ、Ⅴ 及待识别的茶叶模型 A，确定 A 的型号.

解 取反映茶叶质量的因素集为论域 U，即
$$U = \{条索, 色泽, 净度, 汤色, 香气, 滋味\}.$$
假定 U 上的 F 集为
$$\text{Ⅰ} = (0.5, 0.4, 0.3, 0.6, 0.5, 0.4), \quad \text{Ⅱ} = (0.3, 0.2, 0.2, 0.1, 0.2, 0.2),$$
$$\text{Ⅲ} = (0.2, 0.2, 0.2, 0.1, 0.1, 0.2), \quad \text{Ⅳ} = (0, 0.1, 0.2, 0.1, 0.1, 0.1),$$
$$\text{Ⅴ} = (0, 0.1, 0.1, 0.1, 0.1, 0.1), \quad A = (0.4, 0.2, 0.1, 0.4, 0.5, 0.6)$$
利用格贴近度公式计算可得
$$N(A, \text{Ⅰ}) = 0.5, \quad N(A, \text{Ⅱ}) = 0.3, \quad N(A, \text{Ⅲ}) = 0.2, \quad N(A, \text{Ⅳ}) = 0.2, \quad N(A, \text{Ⅴ}) = 0.1$$
按择近原则，可以确定 A 为 Ⅰ 型茶叶.

最大隶属原则和择近原则是 F 模式识别的基本方法，在许多模糊性问题中都有广泛的应用. 对应用问题，首先要建立 F 集的隶属函数，然后才应用模式识别原则进行识别. 下面通过三角形和手写文字识别，学习确定隶属函数的方法并掌握模糊识别的步骤.

2.4 几何图形识别

许多模式识别，常常归结为几何图形识别. 例如，机器自动识别染色体或白细胞分类，就是应用几何图形识别. 而几何图形又常常划分为若干三角形图形：等腰三角形 I、直角三角形 R、等腰直角三角形 IR、等边三角形 E 和非典型三角形 T. 现实问题中的等腰三角形往往不是标准的等腰三角形，即带有不同程度的模糊性，所以，它的模式可用 F 集表示. 其他三角形类似.

现给定一具体三角形，其三个内角为 $85°, 50°, 45°$. 试确定它属于上述类型的哪一类.

首先确定这五种类型的 F 集的隶属函数. 三角形论域
$$U = \{(A, B, C) | A + B + C = 180°, A \geq B \geq C \geq 0\}$$
其中，A、B、C 为三内角的度数，任意三角形 $u = (A, B, C)$，待识别的三角形记为 $u_0 = (85°, 50°, 45°)$. 上述五类三角形是 U 上的 F 集，它们的隶属函数分别规定为

等腰三角形

$$I(u) = 1 - \frac{1}{60}\min(A-B, B-C)$$

这样规定的理由是:当 A 与 B(或 B 与 C)愈接近时,三角形 $u=(A,B,C)$ 就愈接近等腰三角形,即隶属度 $I(u)$ 趋近于 1. 当 $A=B$ 或 $B=C$(真正等腰)时,隶属最大,$I(u)=1$; 当 $A=120°, B=60°, C=0°$ 时,三角形 $u=(120°,60°,0°)$ 最不等腰,隶属度最小,$I(u)=0$.

可见,要确定模糊等腰三角形的隶属函数,必须对等腰三角形的特性了解清楚,根据等腰三角形有两内角相等的特性和它的模糊性(即不完全等腰)的思想,便可得到上述隶属函数的表达式. 其他三角形的隶属函数也可以作类似规定.

直角三角形 $\qquad R(u) = 1 - \frac{1}{90}|A-90|$

等腰直角三角形 $\qquad IR = I \cap R$

$$(IR)(u) = I(u) \wedge R(u)$$
$$= \min\left\{1 - \frac{1}{60}\min(A-B, B-C), 1 - \frac{1}{90}|A-90|\right\}$$
$$= 1 - \max\left\{\frac{1}{60}\min(A-B, B-C), \frac{1}{90}|A-90|\right\}$$

等边三角形 $\qquad E(u) = 1 - \frac{1}{180}(A-C)$

非典型三角形 $\qquad T = (I \cup R \cup E)^c = I^c \cap R^c \cap E^c$

$$T(u) = \min\{1-I(u), 1-R(u), 1-E(u)\}$$
$$= \frac{1}{180}\min\{3(A-B), 3(B-C), 2|A-90|, A-C\}$$

对于 $u_0 = (85°, 50°, 45°)$,按上述各式计算得

$$I(u_0) = 0.916, \qquad R(u_0) = 0.94,$$
$$(IR)(u_0) = 0.916, \qquad E(u_0) = 0.7, \qquad T(u_0) = 0.05$$

根据最大隶属原则,应判定 u_0 为近似直角三角形.

作三角形的隶属函数的方法,可推广到其余多边形的情形. 现将四边形的隶属函数列出如下:

①平行四边形 P $\quad P(u) = 1 - \rho_1 \frac{1}{180}\max\{|A-C|, |B-D|\}$

②矩形 RE

$$(RE)(u) = 1 - \rho_2 \frac{1}{90}[(A-90)+(B-90)+(C-90)+(D-90)]$$

③梯形 T $\quad T(u) = 1 - \rho_3 \frac{1}{180}\min\{|A+B-180|, |B+C-180|\}$

④菱形 RH

$$(RH)(u) = 1 - \rho_4 \frac{1}{a+b+c+d}\max\{|a-b|, |b-c|, |c-d|, |d-a|\}$$

⑤正方形 SQ $\qquad (SQ)(u) = (RE)(u) \wedge (RH)(u)$

在上面①~⑤式中,元素 u 是四边形,A、B、C、D 表示四边形的四个角,a、b、c、d 表示四边形的四条边,ρ_1、ρ_2、ρ_3、ρ_4 分别表示不同常数.

多边形识别和多边形的隶属函数可类似得到,这里不再一一细述.

2.5* 手写文字的识别

手写文字,包括手写数字和英文字母,它们的识别可看成是其印刷体的变形.下面介绍的两种方法可供参考.

2.5.1 方格矩阵法

对于一个印刷体字母,首先把它局限在一个框框内,然后把这个框框分成很多小方格,在每个小方格上按线条出现的清晰程度给予适当的隶属度 u_{ij},而 i、j 是该方格所在的行数和列数.这样,可构成一个模糊关系矩阵,约定:

$u_{ij}=1$ 表示这一格上线条清晰出现,并填上黑色;

$u_{ij}=0$ 表示线条不出现,这一格呈白色.

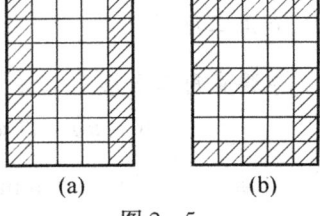

图 2-5

如图 2-5a 及图 2-5b 所示,前者是字母 H,后者是数字 5.这里,将字符分成 7×5 个小方格,可得到对应模糊关系矩阵为

$$H=\begin{bmatrix}1&0&0&0&1\\1&0&0&0&1\\1&0&0&0&1\\1&1&1&1&1\\1&0&0&0&1\\1&0&0&0&1\\1&0&0&0&1\end{bmatrix},\quad 5=\begin{bmatrix}1&1&1&1&1\\1&0&0&0&0\\1&0&0&0&0\\1&1&1&1&1\\0&0&0&0&1\\0&0&0&0&1\\1&1&1&1&1\end{bmatrix}$$

这些关系矩阵叫做标准矩阵.使用电脑识别文字时,通常先把 37 个文字(包括:26 个字母 $A,B,\cdots,Z$;10 个数字 $0,1,2,\cdots,9$;1 个空集 $\varnothing$)对应的标准矩阵置于内存中,将待识别的文字表示成 7×5 阶模糊矩阵输入,通过光电输入接受每个小方格的信息.由于打印时着色不均匀及可能产生的污点,因而使得通过传感器所获得的信息不一定清晰,即不一定为 0 或 1,往往介于 $0\sim 1$ 之间,与标准矩阵不一定一致.为了得到正确的识别结果,P.P.Wang 等人采用下面的方法.

先把模糊矩阵化为模糊向量,矩阵的第 i 行放在向量的第 i 个分量上,例如字母 H 对应的向量为

$$H=(10001\ 10001\ 10001\ 11111\ 10001\ 10001\ 10001)$$

于是,文字可用文字向量表示,那么 37 个标准矩阵都可以化为标准向量.设有文字向量:

$$\alpha=(\alpha_1,\alpha_2,\cdots,\alpha_{35})\quad \alpha_i\in[0,1]$$
$$\beta=(\beta_1,\beta_2,\cdots,\beta_{35})\quad \beta_i\in[0,1]$$

计算数值 $\quad W(\alpha,\beta)=\sum_{i=1}^{35}((\alpha_i\wedge\beta_i)\vee(\alpha_i^c\wedge\beta_i^c))$

这个数值量虽然不满足贴近度的全部条件,但用来近似地衡量 α 与 β 的接近程度还是有效的.假设电脑收到文字向量 $\gamma=(\gamma_1,\gamma_2,\cdots,\gamma_{35})$,只要算出 γ 与 37 个标准向量的接近程度

$W(\gamma,A),W(\gamma,B),\cdots,W(\gamma,\emptyset)$，便可根据择近原则判定 γ 究竟是什么.

将打印缺陷等偶然因素叫做噪声，实验结果是：在噪声达到 31.43% 的情况下，正确识别率大于 90%.

识别手写文字或图像可采用上述类似的方法，不过因为手写文字和图像比印刷体文字复杂得多，所以需将框框分成更多的小方格，因而对应的文字向量的维数也大得多，这就使计算变得非常困难. 为此，人们寻找别的比较简便的识别方法. 下面介绍"模糊方位转换技术"的识别方法.

2.5.2 模糊方位转换技术

所谓方位，就是先把待识别的文字固定在一个方框内，方框的位置不能倒置，然后确定各方向的编码，如图 2-6 所示.

图 2-6 共有八个方向，分别用 0,1,2,3,4,5,6,7 表示之.

现给定一数 327，则可将它分解为图 2-7 的形式.

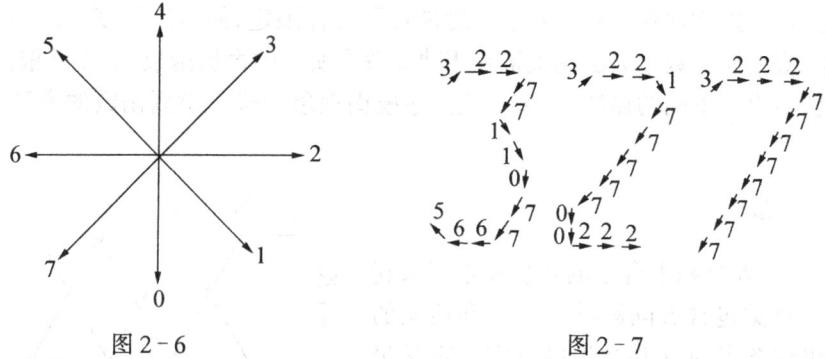

图 2-6 　　　　　　　　　　图 2-7

从而，获得如下三个号码串向量：

$$3 = (3\ 2\ 2\ 7\ 7\ 1\ 1\ 0\ 7\ 7\ 6\ 6\ 5)$$
$$2 = (3\ 2\ 2\ 1\ 7\ 7\ 7\ 7\ 7\ 0\ 0\ 2\ 2\ 2)$$
$$7 = (3\ 2\ 2\ 2\ 7\ 7\ 7\ 7\ 7\ 7\ 7\ 7)$$

显然，沿着给定文字的方向，与给定的八个方向不完全一致. 例如，327 这三个数字中的方向 "7" 彼此都不相同. 所以，所示的方向都是模糊的，即可以用 F 集来表示.

取论域 $U = [-22.5, 337.5]$ 是角度区间，那么，八个方向 0,1,2,3,4,5,6,7 就是 U 上的 F 集，它们的隶属函数规定如下：

$$0(u) = 1 - \frac{|u|}{22.5} \qquad |u| \leqslant 22.5$$

$$1(u) = 1 - \frac{|u-45|}{22.5} \qquad |u-45| \leqslant 22.5$$

$$2(u) = 1 - \frac{|u-90|}{22.5} \qquad |u-90| \leqslant 22.5$$

$$3(u) = 1 - \frac{|u-135|}{22.5} \qquad |u-135| \leqslant 22.5$$

$$4(u) = 1 - \frac{|u-180|}{22.5} \qquad |u-180| \leqslant 22.5$$

$$5(u) = 1 - \frac{|u-225|}{22.5} \quad |u-225| \leqslant 22.5$$

$$6(u) = 1 - \frac{|u-270|}{22.5} \quad |u-270| \leqslant 22.5$$

$$7(u) = 1 - \frac{|u-315|}{22.5} \quad |u-315| \leqslant 22.5$$

为了识别手写数字,先把 10 个数字 0,1,2,…,9 的各个字的 F 方向用隶属度给定,叫做号码串 F 向量,再存储到计算机中去作为标准向量.将待识别的字的号码串 F 向量输入计算机中与标准向量比较,按择近原则就可辨识是什么字了.

2.6 确定隶属函数的方法综述

由前面所述可知,隶属程度的思想是模糊数学的基本思想,元素属于 F 集的隶属度是客观存在的.虽然表面上似乎隶属度是主观的,但实际上,F 性的根源在于客观事物差异之间存在中介过渡,这样便在客观上对隶属度进行了某种限定,使得隶属度不能主观捏造,具有客观规律.应用模糊数学方法的关键在于建立符合实际的隶属函数.前面已根据模式识别的不同问题,给出了不同的做法.本节讨论描述模糊现象和确定隶属函数的方法,以及要注意的事项.

2.6.1 直觉法

这种方法是人类利用自己的智慧和常识来建立隶属函数.直觉包含着问题的上下文和语义的有关知识,也包含了对这些知识的真实语言学价值.例如,讨论可变模糊温度的隶属函数,图 2 - 8 表示在用摄氏温度计测出的摄氏温度域上的各种形式,每条曲线为不同模糊变量,如"冷"、"凉"、

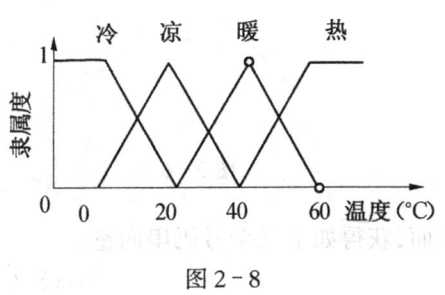

图 2 - 8

"暖"、"热"等所对应的隶属函数.这些曲线相互作用并可供人们分析.在实际应用中,这些曲线的精确形状并不是很重要,但重要的概念是:在所讨论的论域上,这些曲线是近似的,在模糊运算中所用到的是这些曲线的数目及其相交的特征.

2.6.2 推理法

在推理法中,我们要用到演绎推理,即通过对给定的一批论据和知识进行演绎或推理,从而得出一个结论.此方法有多种形式,如与几何学及几何形状相关联的例子:在三角形的识别中,通过几何知识可以帮助人们为近似等腰三角形、近似直角三角形、近似等腰直角三角形、近似等边三角形等确定隶属关系,如前面 2.4 节中"几何图形识别"的例子.

2.6.3 F 统计法

例 1 用确定〈青年人〉的隶属函数为例子来说明.

解 以年龄为论域 U,A 是〈青年人〉在 U 上的 F 集.选取 $u_0 = 27$ 岁,用 F 统计试验确定 u_0 对 A 的隶属度.具体做法是:选择若干合适人选,各自认真考虑〈青年人〉的含义后,请

他们写出各自认为〈青年人〉最适宜、最恰当的年限(从多少岁至多少岁),即将模糊概念明确化. 若 n 次试验中覆盖 27 岁的年龄区间的次数为 m, 则称 m/n 为 27 岁对于〈青年人〉的隶属频率. 表 2-1 是抽样调查试验的结果. 我们发现 27 岁对〈青年人〉的隶属频率将稳定在 0.78 附近, 因而可取

$$A(27) = 0.78$$

表 2-1　27 岁对〈青年人〉的隶属频率

试验次数 n	10	20	30	40	50	60	70	80	90	100	110	120	129
隶属次数 m	6	14	23	31	39	47	53	62	68	76	85	95	101
隶属频率 m/n	0.6	0.7	0.77	0.78	0.78	0.76	0.76	0.78	0.76	0.76	0.75	0.79	0.78

下面来考虑〈青年人〉的隶属函数. 将论域 U 分组, 每组以中值为代表分别计算各组隶属频率(见表 2-2), 连续地描出图形便可得到〈青年人〉的隶属函数曲线(图 2-9). 这是在一个单位所作 F 统计结果. 用同样的办法在另外两个单位做试验, 所得结果即〈青年人〉的隶属函数曲线的形状大致与此相同.

表 2-2　分组计算隶属频率(试验次数 129)

分　组	频数	隶属频率	分　组	频数	隶属频率
13.5~14.5	2	0.016	25.5~26.5	103	0.798
14.5~15.5	27	0.210	26.5~27.5	101	0.783
15.5~16.5	51	0.395	27.5~28.5	99	0.767
16.5~17.5	67	0.519	28.5~29.5	80	0.620
17.5~18.5	124	0.961	29.5~30.5	77	0.597
18.5~19.5	125	0.969	30.5~31.5	27	0.209
19.5~20.5	129	1	31.5~32.5	27	0.209
20.5~21.5	129	1	32.5~33.5	26	0.202
21.5~22.5	129	1	33.5~34.5	26	0.202
22.5~23.5	129	1	34.5~35.5	26	0.202
23.5~24.5	129	1	35.5~36.5	1	0.008
24.5~25.5	128	0.992			

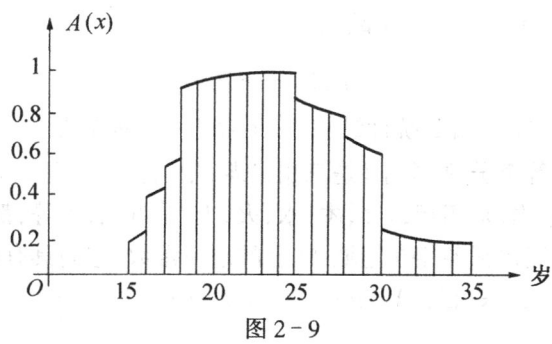

图 2-9

上述 F 统计试验说明了隶属程度的客观规律. 影响〈青年人〉这一模糊概念的主要因素是: 入团年龄(14 岁)、参军年龄(18 岁)、超龄团员年龄(25 岁)、退团年龄(28 岁)、特殊整数年龄(20 岁、25 岁、30 岁、35 岁)、身体发育和年龄的联系, 等等, 这些年龄在隶属函数曲线中

都有特殊反映.

F 统计在形式上类似于概率统计,并且都是用确定性手段研究不确定性.但是,F 统计与概率统计属于两种不同的数学模型,它们有如下的重要区别.

随机试验最基本的要求是:在每次试验中,事件 A 发生(或不发生)必须是确定的.在各次试验中,A 是确定的,基本空间 Ω 中的元素 ω 是随机变动的.做 n 次试验,计算

$$A \text{ 发生的频率} = \frac{\text{"}\omega \in A\text{"的次数}}{n}$$

随着 n 增大,通常会表现出频率稳定性.频率稳定所在的那个数,叫做 A 在某条件下的概率.

F 统计试验的基本要求是:要对论域上固定的元 u_0 是否属于论域上一个可变动的普通集合 A_*(A_* 作为 F 集 A 的弹性疆域),作一个确切的判断.这要求在每次试验中,A_* 必须是一个取定的普通集合.在各次试验中,u_0 是固定的,而 A_* 在随机变动.做 n 次试验,计算

$$u_0 \text{ 对 } A \text{ 的隶属频率} = \frac{\text{"}u_0 \in A_*\text{"的次数}}{n}$$

随着 n 增大,隶属频率也会呈现稳定性.频率稳定值叫做 u_0 对 A 的隶属度.

在进行 F 统计试验时,必须遵循一个原则:被调查人员一定要对模糊词汇的概念熟悉并有用数量近似表达这一概念的能力;对原始数据要进行初步分析,删去明显不合乎逻辑的数据.

上面介绍的 F 统计,又称二相 F 统计.二相指的是

$$P_2 = \{A, A^c\}$$

每进行一次 F 试验,都确定了一个映射

$$e: U \longrightarrow P_2$$

它是对 U 的一次划分.二相 F 统计等于两个相反的模糊概念在论域 U 中进行"竞选"的统计.由此可推知,由二相 F 统计所得到的隶属函数,具有性质

$$\forall u \in U, \quad A(u) + A^c(u) = 1$$

在此基础上还可以提出更多相的 F 统计的理论.给定

$$P_m = \{A_1, A_2, \cdots, A_m\}, \quad A_i \in \mathscr{F}(U) \quad i = 1, 2, \cdots, m$$

如果每一次试验的结果都能确定一个映射

$$e: U \longrightarrow P_m$$

称这样的试验为对 P_m 的 m 相 F 统计试验,称集合 P_m 为 m 相集.

例如,{矮个子,中等个子,高个子}是三相,{老,中,青}是三相,{东,南,西,北}是四相,{小雨,中雨,大雨,大暴雨}是四相,{金,木,水,火,土}是五相,等等,都是多相集.

多相统计的结果,能得到各相在论域 U 上的隶属函数.它们具有性质:

$$\forall u \in U, A_1(u) + A_2(u) + \cdots + A_m(u) = 1$$

下面以三相为例.

2.6.4 三分法

三分法也是用随机区间的思想来处理模糊性的试验模型.

例2 建立矮个子 A_1、中等个子 A_2、高个子 A_3 三个模糊概念的隶属函数.

解 设 $U=(0,3)$,单位为 m,$P_3=\{$矮个子,中等个子,高个子$\}$,每次模糊试验确定 U 的一次划分,每次划分确定一对数 (ξ,η):

ξ:矮个子与中等个子的分界点

η:中等个子与高个子的分界点

反之,给定 (ξ,η),也就确定了映射 e,即分出了矮个子、中等个子和高个子,从而使模糊概念明确化.

矮个子、中等个子和高个子的区间是随机区间,从而 ξ 和 η 是随机变量,它们具有正态分布的特性(见图2-10),即

$$\xi:N(a_1,\sigma_1^2),\quad \eta:N(a_2,\sigma_2^2)$$

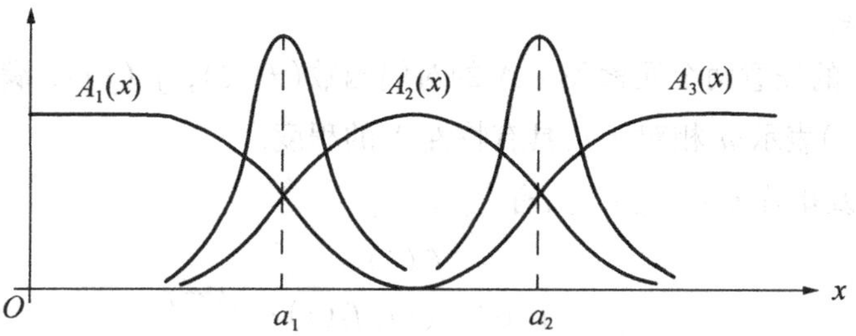

图2-10

而数对 (ξ,η) 确定映射

$$e(\xi,\eta):U\longrightarrow\{A_1,A_2,A_3\}$$

即

$$e(\xi,\eta)(x)=\begin{cases}A_1(x) & x\leqslant\xi\\ A_2(x) & \xi<x\leqslant\eta\\ A_3(x) & \eta<x\end{cases}$$

概率 $P\{x\leqslant\xi\}$ 是随机变量 ξ 落在区间 $[x,b)$ 的可能性的大小.若 x 增大,则 $[x,b)$ 变小,从而落在区间 $[x,b)$ 的可能性也变小.概率 $P\{x\leqslant\xi\}$ 的这个特性与矮个子 F 集 $A_1(x)$ 相同,所以有

$$A_1(x)=P\{x\leqslant\xi\}=\int_x^{+\infty}P_\xi(x)\mathrm{d}x$$

类似地

$$A_3(x)=P\{\eta<x\}=\int_{-\infty}^x P_\eta(x)\mathrm{d}x$$

其中,$P_\xi(x)$ 和 $P_\eta(x)$ 分别是随机变量 ξ 和 η 的概率密度,而

$$A_2(x)=1-A_1(x)-A_3(x)$$

按概率方法计算,得

$$A_1(x)=1-\Phi\left(\frac{x-a_1}{\sigma_1}\right),\quad A_3(x)=\Phi\left(\frac{x-a_2}{\sigma_2}\right)$$

从而

$$A_2(x)=\Phi\left(\frac{x-a_1}{\sigma_1}\right)-\Phi\left(\frac{x-a_2}{\sigma_2}\right)$$

这里
$$\Phi(x) = \int_{-\infty}^{x} \frac{1}{\sqrt{2\pi}} e^{-\frac{t^2}{2}} dt$$

用这种方法确定三相隶属函数的方法，叫做三分法．

2.6.5 二元对比排序法

当在做多相 F 统计时，被调查者往往很难从众多的 F 集中选择出唯一的隶属度为 1 的 F 集．实际上，人们习惯于两两比较（二元对比），二元对比确定顺序"≥"，由该顺序便可确定隶属函数的大致形状；二元对比排序法就是用这种方法来决定隶属关系的次序．

1. 相对比较法

设 $U = \{u_1, u_2, \cdots, u_n\}$ 上的 F 集合 A 表示某种特性，使用相对比较法确定 A 的隶属函数的步骤是：

(1) 建立 U 的任意两个元素关于 A 的对偶函数 $(f_j(i), f_i(j))$，满足 $f_j(i), f_i(j) \in [0,1]$，其中 $f_j(i)$ 表示 u_i 相对于 u_j 具有特性 A 的程度．

(2) 建立相及矩阵 $C = (c_{ij})_{n \times n}$，有

$$c_{ij} = \begin{cases} \dfrac{f_j(i)}{\max(f_j(i), f_i(j))} & i \neq j \\ 1 & i = j \end{cases}$$

其中，c_{ij} 是对"选择 u_i 优于 u_j"的隶属度值的一种度量，或可看作"偏向 u_i 胜过 u_j"的隶属度．当 $c_{ij} = 1$ 时，表明 $f_j(i) \geqslant f_i(j)$，即 u_i 绝对优于 u_j；否则，用比值 $f_j(i)/f_i(j)$ 表明 u_i 优于 u_j 的可能性．

(3) 为了确定总次序，取相及矩阵中各行的最小值作为各行对应元素的隶属度，即

$$\mu_A(u_i) = \min(c_{ij}) \quad i, j = 1, 2, \cdots, n$$

由此建立 U 上 F 集合 A 的隶属函数．

例 3 设 A 市、B 市、C 市三支代表队参加调酒大赛，即 $U = \{\text{A 队}(x), \text{B 队}(y), \text{C 队}(z)\}$，$P = $ "最佳调酒师"，用相对比较法求 P 的隶属函数．

解 ① 建立对偶函数

大赛评委对 U 中各元素两两相对评分，去掉一个最高分和一个最低分后取平均值，获得如下结果：

$$(f_y(x), f_x(y)) = (0.8, 0.7)$$
$$(f_z(y), f_y(z)) = (0.8, 0.6)$$
$$(f_x(z), f_z(x)) = (0.5, 0.9)$$

② 建立相及矩阵 C

$$C = \begin{bmatrix} c_{xx} & c_{xy} & c_{xz} \\ c_{yx} & c_{yy} & c_{yz} \\ c_{zx} & c_{zy} & c_{zz} \end{bmatrix}$$

其中，
$$c_{xy} = \frac{f_y(x)}{\max(f_y(x), f_x(y))} = \frac{0.8}{0.8 \vee 0.7} = 1$$

$$c_{yx} = \frac{f_x(y)}{\max(f_y(x), f_x(y))} = \frac{0.7}{0.8 \vee 0.7} = \frac{7}{8}$$

......

最后,得
$$C = \begin{bmatrix} 1 & 1 & 1 \\ 7/8 & 1 & 1 \\ 5/9 & 3/4 & 1 \end{bmatrix}$$

③求隶属函数

对相及矩阵 C 各行取最小值后得隶属函数
$$\mu_P(u_i) = \min(c_{ij}) \quad i,j = 1,2,3$$
$$P = \frac{1}{x} + \frac{7/8}{y} + \frac{5/9}{z}$$

由隶属函数可看出,A 市代表队获得最佳调酒师称号,B 市代表队次之,C 市代表队第三.

2. 择优比较法

该法类似于抽样调查,被调查者只能做两两比较,难以给出总体各个元素的顺序.与相对比较法不同的是,择优比较法在两两比较的过程中被调查者不必评分,只要给出自己心目中的最优即可.

例 4 假如生产乒乓球拍,设已知球拍颜色为 $U=\{$红,橙,黄,绿,蓝$\}$,问用什么颜色的球拍最好?

解 从乒乓球爱好者中随机抽样 500 人,每人测两次,每次对比两种颜色,择优指定一种作为自己所喜爱者,形成表 2-3 所示调查结果.

表 2-3　乒乓球爱好者对球拍颜色喜爱程度调查结果

	红	橙	黄	绿	蓝	总和	所占比例(%)	排序
红	—	517	525	545	661	2 248	22.48	2
橙	483	—	841	477	576	2 377	23.77	1
黄	475	159	—	534	614	1 782	17.28	4
绿	455	523	466	—	643	2 087	20.87	3
蓝	339	524	386	357	—	1 506	15.06	5
合计						10 000	100	

表 2-3 中,数据的第 1 行第 2 列的"517"表示在红球拍和橙色球拍的 1 000 次比较中,这 500 名乒乓球爱好者喜爱红色球拍的次数,而第 2 行第 1 列的"483"表明乒乓球爱好者喜爱橙色球拍的次数,两个数据总和为 1 000.表中第 6 列表明在总共 10 000 次选择中各种颜色球拍被选择的总次数.按选择各种颜色球拍的百分比,得到乒乓球爱好者对球拍颜色的喜爱顺序是:橙→红→绿→黄→蓝.

3. 对比平均法

对 F 集合 A,建立论域 U 的任意两个元素关于 A 的对偶函数 $(f_i(i), f_i(j))$, $i,j = 1$,

$2,\cdots,n$,构造对偶函数矩阵 $B = (b_{ij})_{n \times n}$,有

$$b_{ij} = \begin{cases} f_j(i) & i \neq j \\ 1 & i = j \end{cases}$$

按下式确定各元素的隶属度,即

$$\mu_A(u_i) = \sum_{i=1}^{n} W_j b_{ij}$$

式中,$W_j(j=1,2,\cdots,n)$为权,满足$\sum W_j = 1$,这种方法称为对比平均法.

例5 设 A 市、B 市、C 市三支代表队参加调酒大赛,即 $U = \{$A 队(x),B 队(y), C 队$(z)\}$,$P =$ "最佳调酒师",用对比平均法求 P 的隶属函数.

解 ①建立对偶函数

大赛评委对 U 中各元素两两相对评分,去掉一个最高分和一个最低分后取平均值,获得如下结果:

$$(f_y(x), f_x(y)) = (0.8, 0.7)$$
$$(f_z(y), f_y(z)) = (0.8, 0.6)$$
$$(f_x(z), f_z(x)) = (0.5, 0.9)$$

②建立对偶函数矩阵 B

$$B = \begin{bmatrix} b_{xx} & b_{xy} & b_{xz} \\ b_{yx} & b_{yy} & b_{yz} \\ b_{zx} & b_{zy} & b_{zz} \end{bmatrix} = \begin{bmatrix} 1 & 0.8 & 0.9 \\ 0.7 & 1 & 0.8 \\ 0.5 & 0.6 & 1 \end{bmatrix}$$

③求隶属函数

若对这三个队无特殊偏爱,取等权为 $W_x = W_y = W_z = 1/3$,得

$$\mu_P(x) = 1/3(1 + 0.8 + 0.9) = 0.9$$
$$\mu_P(y) = 1/3(0.7 + 1 + 0.8) = 0.83$$
$$\mu_P(z) = 1/3(0.5 + 0.6 + 1) = 0.7$$

得隶属函数

$$P = \frac{0.9}{x} + \frac{0.83}{y} + \frac{0.7}{z}$$

由隶属函数可看出,A 市代表队获得最佳调酒师称号,B 市代表队次之,C 市代表队第三.若对 C 代表队有偏爱,各队权值为 $W_x = W_y = 0.3, W_z = 0.4$,得

$$P = \frac{0.81}{x} + \frac{0.75}{y} + \frac{0.84}{z}$$

由隶属函数可看出,C 市代表队获得最佳调酒师称号.

2.6.6 F 分布

在客观事物中,最常见的是以实数 R 作论域的情形.把实数 R 上 F 集的隶属函数称为 F 分布.这里,把常用的几种 F 分布列出来,以便在研究实际问题时供选择之用.如可根据问题的性质,选择适当(即符合实际情况)分布,那么,隶属函数的确定便显得十分简便.

(1) 矩形分布与半矩形分布

① 偏小型 (图 2-11a)

$$A(x) = \begin{cases} 1 & x \leqslant a \\ 0 & x > a \end{cases}$$

② 偏大型 (图 2-11b)

$$A(x) = \begin{cases} 0 & x < a \\ 1 & x \geqslant a \end{cases}$$

③ 中间型 (图 2-11c)

$$A(x) = \begin{cases} 0 & x < a \\ 1 & a \leqslant x < b \\ 0 & x \geqslant b \end{cases}$$

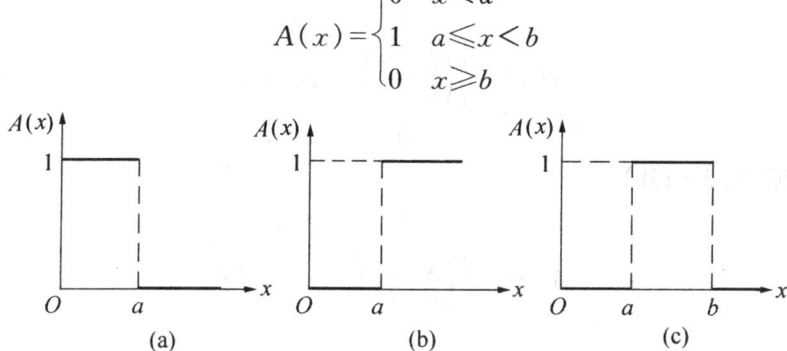

图 2-11

此类分布适用于确切概念.

(2) 梯形分布与半梯形分布

① 偏小型 (图 2-12a)

$$A(x) = \begin{cases} 1 & x < a \\ \dfrac{b-x}{b-a} & a \leqslant x \leqslant b \\ 0 & x > b \end{cases}$$

② 偏大型 (图 2-12b)

$$A(x) = \begin{cases} 0 & x < a \\ \dfrac{x-a}{b-a} & a \leqslant x \leqslant b \\ 1 & x > b \end{cases}$$

③ 中间型 (图 2-12c)

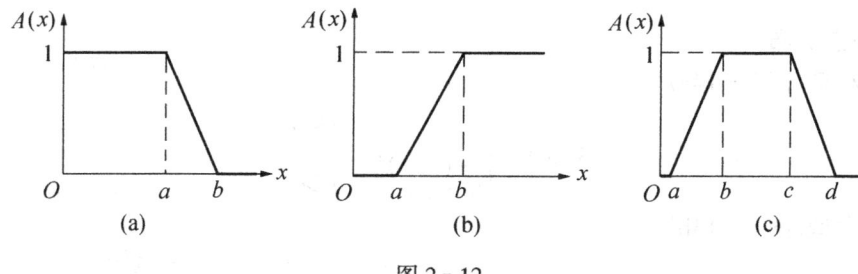

图 2-12

$$A(x)=\begin{cases} 0 & x<a \\ \dfrac{x-a}{b-a} & a\leqslant x<b \\ 1 & b\leqslant x<c \\ \dfrac{d-x}{d-c} & c\leqslant x<d \\ 0 & x\geqslant d \end{cases}$$

(3)抛物型分布

①偏小型(图2-13a)

$$A(x)=\begin{cases} 1 & x<a \\ \left(\dfrac{b-x}{b-a}\right)^k & a\leqslant x<b \\ 0 & x\geqslant b \end{cases}$$

②偏大型(图2-13b)

$$A(x)=\begin{cases} 0 & x<a \\ \left(\dfrac{x-a}{b-a}\right)^k & a\leqslant x<b \\ 1 & x\geqslant b \end{cases}$$

③中间型(图2-13c)

$$A(x)=\begin{cases} 0 & x<a \\ \left(\dfrac{x-a}{b-a}\right)^k & a\leqslant x<b \\ 1 & b\leqslant x<c \\ \left(\dfrac{d-x}{d-c}\right)^k & c\leqslant x<d \\ 0 & x\geqslant d \end{cases}$$

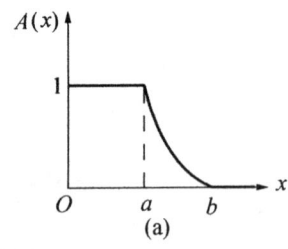
(a)
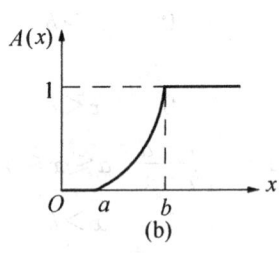
(b)
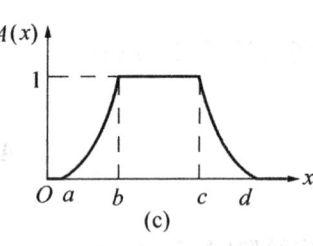
(c)

图2-13

(4)正态分布

①偏小型(图2-14a)

$$A(x)=\begin{cases} 1 & x\leqslant a \\ e^{-\left(\frac{x-a}{\sigma}\right)^2} & x>a \end{cases}$$

②偏大型(图2-14b)

$$A(x)=\begin{cases} 0 & x\leqslant a \\ 1-e^{-\left(\frac{x-a}{\sigma}\right)^2} & x>a \end{cases}$$

③中间型(图2-14c)

$$A(x)=e^{-\left(\frac{x-a}{\sigma}\right)^2} \qquad -\infty<x<+\infty$$

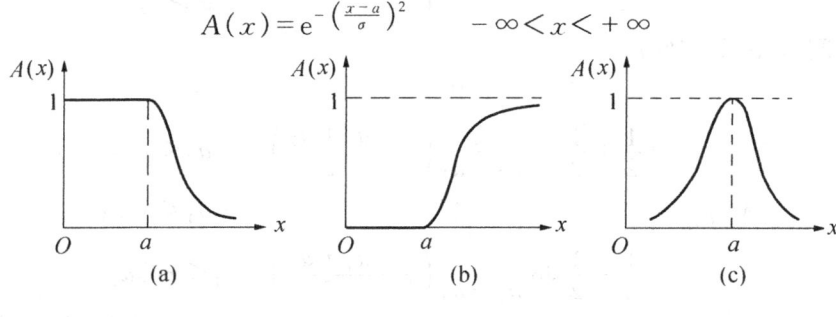

图2-14

(5)哥西分布

①偏小型(图2-15a)

$$A(x)=\begin{cases} 1 & x\leqslant a \\ \dfrac{1}{1+\alpha(x-a)^\beta} & x>a\,(\alpha>0,\beta>0) \end{cases}$$

②偏大型(图2-15b)

$$A(x)=\begin{cases} 0 & x\leqslant a \\ \dfrac{1}{1+\alpha(x-a)^{-\beta}} & x>a\,(\alpha>0,\beta>0) \end{cases}$$

③中间型(图2-15c)

$$A(x)=\frac{1}{1+\alpha(x-a)^\beta} \qquad (\alpha>0,\beta\text{ 正偶数})$$

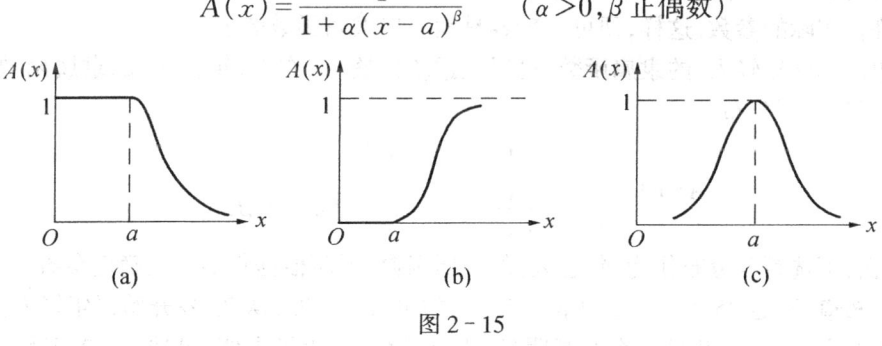

图2-15

(6)岭形分布

①偏小型(图2-16a)

$$A(x)=\begin{cases} 1 & x\leqslant a_1 \\ \dfrac{1}{2}-\dfrac{1}{2}\sin\dfrac{\pi}{a_2-a_1}\left(x-\dfrac{a_1+a_2}{2}\right) & a_1<x\leqslant a_2 \\ 0 & x>a_2 \end{cases}$$

②偏大型(图2-16b)

$$A(x)=\begin{cases}0 & x\leqslant a_1\\ \dfrac{1}{2}+\dfrac{1}{2}\sin\dfrac{\pi}{a_2-a_1}\left(x-\dfrac{a_1+a_2}{2}\right) & a_1<x\leqslant a_2\\ 1 & x>a_2\end{cases}$$

③中间型(图2-16c)

$$A(x)=\begin{cases}0 & x\leqslant -a_2\\ \dfrac{1}{2}+\dfrac{1}{2}\sin\dfrac{\pi}{a_2-a_1}\left(x-\dfrac{a_1+a_2}{2}\right) & -a_2<x\leqslant -a_1\\ 1 & -a_1<x\leqslant a_1\\ \dfrac{1}{2}-\dfrac{1}{2}\sin\dfrac{\pi}{a_2-a_1}\left(x-\dfrac{a_1+a_2}{2}\right) & a_1<x\leqslant a_2\\ 0 & x>a_2\end{cases}$$

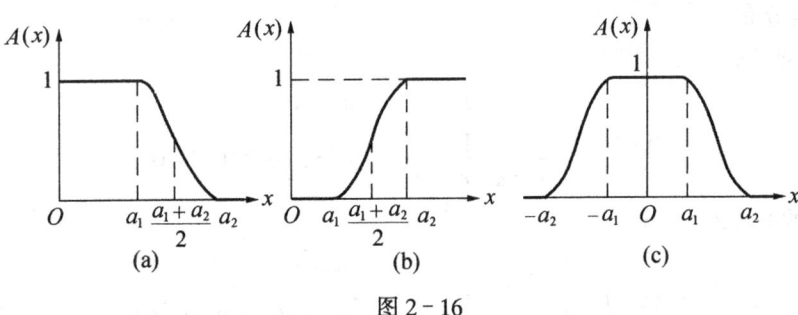

图 2-16

上面给出了六种 F 分布,在实际应用中可根据讨论对象所具有的特点加以选择.或通过统计资料描出大致曲线,将它与给出的六种 F 分布比较,选择最接近的一个,再根据实验确定较符合实际的参数.这样,便可比较容易地写出隶属函数的表达式.

例如,建立〈年轻人〉的隶属函数,可以根据统计资料,作出〈年轻人〉的隶属函数的大致曲线,发现与哥西分布

$$A(x)=\begin{cases}1 & x\leqslant a\\ \dfrac{1}{1+\alpha(x-a)^\beta} & x>a(\alpha>0,\beta>0)\end{cases}$$

接近.那么,可选哥西分布作为〈年轻人〉的隶属函数.下面根据年龄特征确定参数.

大家知道,不足 25 岁的是真正的年轻人,故可选 $a=25$. 从 25 岁开始,〈年轻人〉的隶属度随年龄增大而减小,并且这个衰减明显,不是线性的.为了方便,可选 $\beta=2$. 又因为 30 岁作为年轻人是最模糊的概念,因此可选参数 $\alpha=\dfrac{1}{25}$,使 $A(30)=\dfrac{1}{2}$. 于是

$$\langle\text{年轻人}\rangle(x)=\begin{cases}1 & x\leqslant a\\ \dfrac{1}{1+\left(\dfrac{x-25}{5}\right)^2} & x>a\end{cases}$$

2.6.7 人工神经网络法

人工神经网络模型源于生物神经网络,与人工神经网络相关的研究可追溯到 20 世纪中

期. 然而,对人工神经网络的深入研究和广泛应用是在 20 世纪 80 年代末到 90 年代初,其标志是 Hopfield 网络结构和 BP 学习算法的相继提出,迄今为止,人们提出了 30 多种神经网络模型. 由于神经网络方法是模拟人脑的思维活动发展和形成的,因而它具有一定的智能性,具体表现在神经网络具有良好的容错性、可塑性、自适应性、自组织性、联想记忆和并行处理能力. 目前人工神经网络的应用已涉及许多学科领域,如自动控制、图像处理、模式识别和信号处理等诸多领域.

有关人工神经网络的理论基础和应用方法可查阅相关资料,本节重点关注基于人工神经网络技术确定隶属函数的问题.

1. 一般形式的神经网络模型

自 1943 年 McCulloch 和 Pitts 提出第一个人工神经网络模型以来,人们相继提出了多种人工神经元模型,其中被人们广泛接受并普遍应用的是图 2-17 所示的神经网络的一般模型.

图 2-17 中,$x_i(i=1,2,\cdots,n)$ 为加于神经元输入端的输入信号,w_i 为相应的输入端连接权系数,$\sum$ 表示输入端信号的空间累加,θ 表示神经元的阀值,σ 表示神经元的响应函数. 则该模型的数学表达式为:

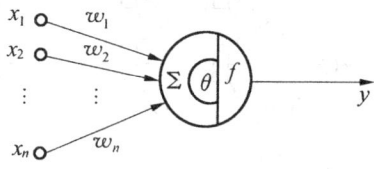

图 2-17 神经网络的一般模型

$$s \triangleq \sum_{i=1}^{n} w_i x_i - \theta$$
$$y = f(s)$$

根据响应函数的不同,人工神经元有以下几种类型:

① 阀值单元 又称为阶跃函数,其响应函数如图 2-18a 所示.
$$y = f(s) = \begin{cases} 1 & s \geqslant 0 \\ 0 & s < 0 \end{cases}$$

② 线性单元 其响应函数如图 2-18b 所示.
$$y = f(s) = s$$

③ 非线性单元 又称为 S 型(Sigmoid)函数,如图 2-18c 所示.
$$y = f(s) = \frac{1}{1+e^{-s}}$$

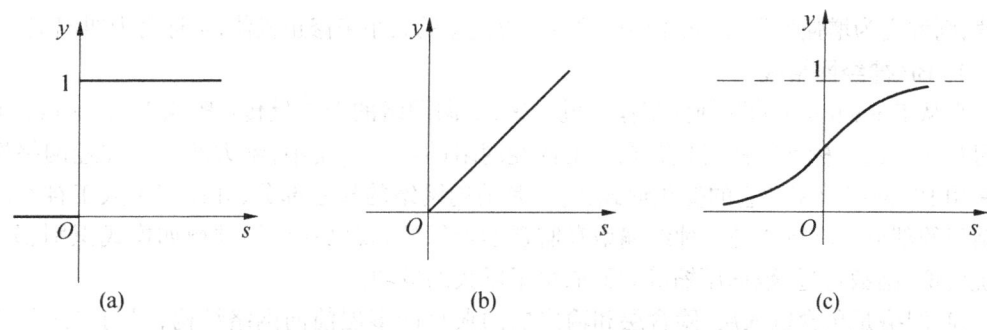

图 2-18 人工神经元的几种响应函数

2. 神经网络结构的分类

除神经元的特性外,网络的拓扑结构也是神经网络的一个重要特性.从连接方式看,人工神经网络主要有两种.

(1)前向网络

网络中的神经元是分层排列的,输入层称为最低层,输出层称为最高层,其他中间层称为隐含层,信号只被允许从较低层流向较高层.各神经元接收前一层的输入,并输出给下一层,没有反馈,网络结构如图 2-19a 所示.此结构中节点分为两类,即输入单元和计算单元,每一计算单元可有任意个输入,但只有一个输出.

(2)反馈网络

网络本身是前向型的,与前一种不同的是从输出层到输入层有反馈,网络结构如图 2-19b 所示.

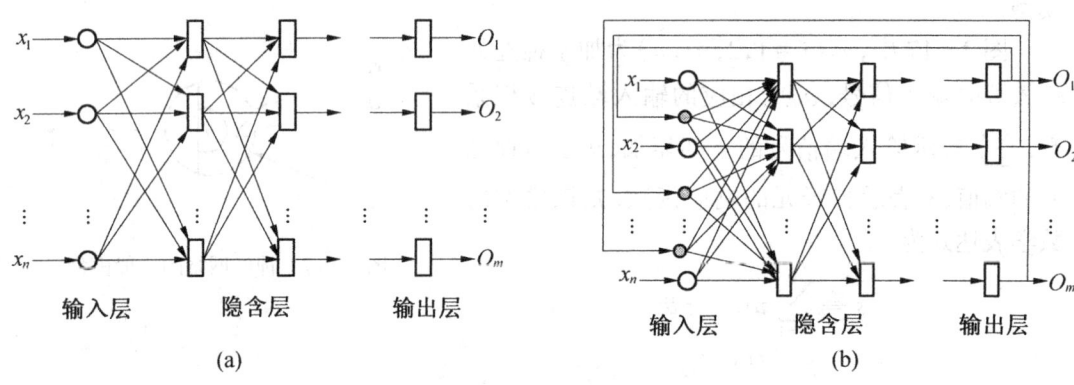

图 2-19 人工神经网络的结构

3. 神经网络的工作方式和学习方法

神经网络的工作过程分为两个阶段:第一个阶段为学习期,各计算单元的状态不变,各连接权值可修改;第二阶段为工作期,此时各连接权值固定,计算单元的状态不断变化,以求达到稳定状态.

神经网络的学习过程,是网络通过自组织调整权值以达到所期望目标的自适应过程.根据学习时有无教师示教(即提供学习样本输入和对应的理想输出),可分为有监督学习(Supervised Learning)和无监督学习(Unsupervised Learning)两大类.有监督学习又分为纠偏型学习和增强型学习两类.若根据对网络输入样本产生输出的"真"、"假"来判定是否修改权值,则称之为增强型学习;如要根据网络输出偏差的大小来修正权值,则称之为纠偏型学习.

4. BP 神经网络模型

自从 Rumelthart 的开创性工作问世以来,前向网络的误差反传(Back Progapation,BP)学习算法已成为标准算法.目前,在人工神经网络的实际应用中,绝大部分的神经网络模型是采用 BP 网络模型和它的变化形式,它也是前向网络的核心部分,并体现了人工神经网络最精华的部分.BP 算法是一种纠偏型有监督学习算法,现已在应用领域如模式识别、分类、系统模拟、函数逼近、数据压缩等方面取得了巨大的成功.

BP 网络是包含输入层、隐含层和输出层的典型的多层前向网络结构,层与层之间为全互联方式,而同一层各神经元间不互联.其中单隐含层的 BP 网络如图 2-20 所示.

BP 网络各节点的响应函数一般为 S 型函数:

$$f(x) = \frac{1}{1+e^{-x}}$$

它是连续可微函数,并且它的导数公式为:

$$f'(x) = f(x) \cdot (1-f(x))$$

对第 P 个样本误差计算公式为:

$$E_P = \frac{1}{2}\sum_i (t_{P_i} - O_{P_i})^2$$

式中,t_{P_i}、O_{P_i} 分别为期望输出和网络计算输出.

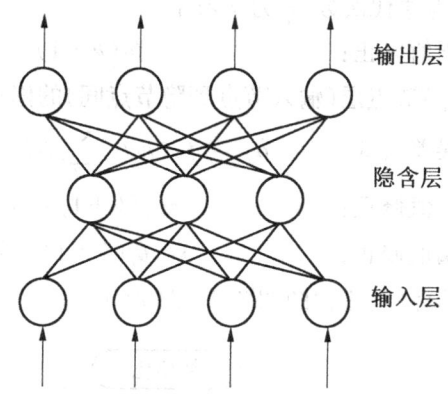

图 2-20 BP 网络模型结构

BP 算法的学习过程,由正向传播和反向传播组成.在正向传播过程中,输入信息从输入层经隐含层逐层处理,并传向输出层,每一层神经元的状态只影响下一层神经元的状态.如果在输出层不能得到期望的输出,则转入反向传播,将误差信号沿原来的连接通路返回,通过按误差函数沿梯度下降方向修改各层神经元的权值,使得误差信号最小.

设输入节点与隐节点间的网络权值为 w_{ij},隐节点与输出节点间的网络权值为 T_{li},当输出节点的期望输出为 t_l 时,BP 模型的计算公式如下:

(1) 输出节点的输出 O_l 计算公式

① 输入节点的输入:x_j

② 隐节点的输出:
$$y_i = f(\sum_j w_{ij}x_j - \theta_i)$$

其中,w_{ij} 为连接权值,θ_i 为节点阈值.

③ 输出节点输出:
$$O_l = f(\sum_i T_{li}y_i - \theta_l)$$

其中,T_{li} 为连接权值,θ_l 为节点阈值.

(2) 输出层(隐节点到输出节点间)的修正公式

① 输出节点的期望输出:t_l

② 误差控制:

所有样本误差:
$$E = \sum_{k=1}^{P} e_k < \varepsilon$$

其中,e_k 为一个样本误差,P 为样本数,设 n 为输出节点数,则

$$e_k = \sum_{l=1}^{n} (t_l^{(k)} - O_l^{(k)})^2$$

其中,$t_l^{(k)}$、$O_l^{(k)}$ 分别表示第 k 次迭代时网络的期望输出和网络计算输出.

③ 误差公式:当各节点的响应函数为 S 型函数时,则

$$\delta_l = (t_l - O_l) \cdot f'(net_i) = (t_l - O_l) \cdot O_l \cdot (1 - O_l)$$

④ 权值修正:
$$T_{li}(k+1) = T_{li}(k) + \eta \delta_l y_i$$

其中，k 为迭代次数，η 为学习率．

⑤阈值修正：$\qquad\theta_l(k+1)=\theta_l(k)+\eta\delta_l$

(3) 隐节点层(输入节点到隐节点间)的修正公式

①误差公式：$\qquad\delta'_i = f'(net_i)\sum_l \delta_l T_{li} = y_i(1-y_i)\sum_l \delta_l T_{li}$

②权值修正：$\qquad w_{ij}(k+1)=w_{ij}(k)+\eta'\delta'_i x_j$

③阈值修正：$\qquad\theta_i(k+1)=\theta_i(k)+\eta'\delta'_i$

BP 算法的流程图如图 2-21 所示．

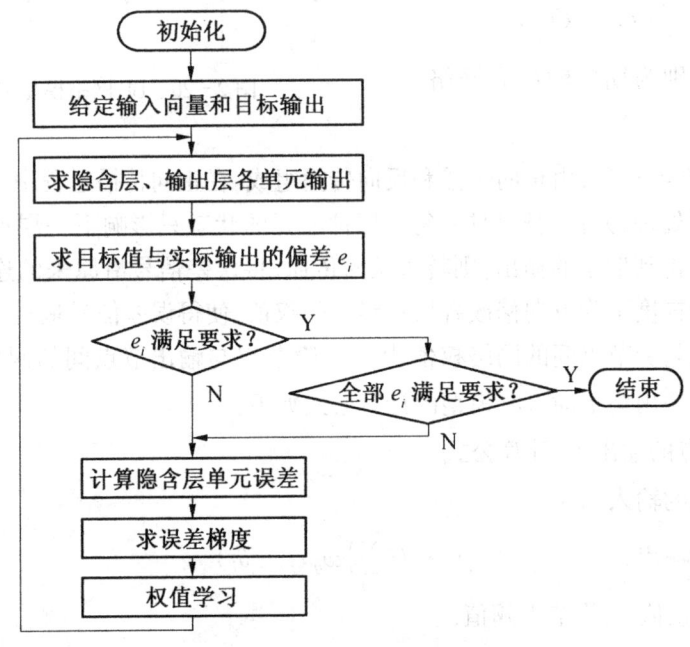

图 2-21 BP 算法的流程图

理论上已经证明，具有偏差和至少一个 S 型隐含层加上一个线性输出层的网络，能够逼近任何有理函数．增加层数主要可以更进一步降低误差，提高精度，但同时也使网络复杂化，从而增加了网络权值的训练时间．

对于一个有学习样本的系统，其输入/输出空间的关系是高度非线性的或者是一无所知的，可以用模糊逻辑将输入和输出数据集广义地分成不同模糊类．由于神经网络本身是一个动态系统，所以在网络学习过程中会自适应地调整网络权值，从而使网络最后以指定精度模拟输入和输出数据集的非线性对应关系．

5. 利用神经网络产生隶属函数

现在考虑单输入数据集模糊类的隶属函数的产生方法．先将选择的一些数据分成训练集(TR)和测试集(TE)，TR 用于训练神经网络，假设我们考虑图 2-22a 所示的输入训练集，每个数据用数轴上的 1 个点表示，数据集分成三个区域或类 R_1、R_2 和 R_3．首先用传统的分类技术将该数据点分成不同的类，TR 和 TE 数据集如表 2-4 所示．然后，利用图 2-22b 所示的 BP 神经网络进行训练和测试．

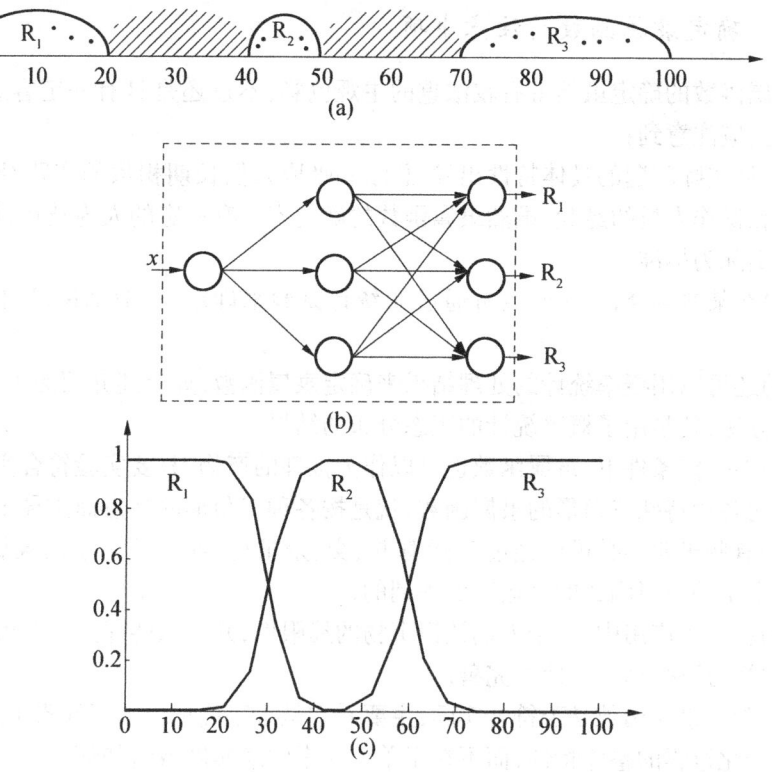

图 2-22 用神经网络确定隶属函数

表 2-4 用于训练和测试的数据集的数据点及隶属值

输入	TR	0	5	10	15	20	40	44	47	50	70	76	82	91	96	99
	TE	1	4	11	17	19	41	43	46	48	73	79	85	91	96	99
隶属值	R_1	1	1	1	1	1	0	0	0	0	0	0	0	0	0	0
	R_2	0	0	0	0	0	1	1	1	1	0	0	0	0	0	0
	R_3	0	0	0	0	0	0	0	0	0	1	1	1	1	1	1

网络训练好后,任给[0,100]范围内的数据作为网络的输入,网络的输出则是相应输入对三个分类的隶属值,见图 2-22c,相当于分别得到了 R_1、R_2 和 R_3 的隶属函数. 如输入为 25,则网络输出为 $R_1=0.90$,$R_2=0.10$,$R_3=0.00$. 不同模糊类中的不同数据点隶属函数的完全映射可用来确定不同类的交(如图 2-22a 中的阴影线部分表示了三个模糊集之间的交).

2.6.8 其他方法

确定函数的方法还有许多. 若将隶属函数的确定轮换成一系列参数或系数的最优化过程,则目前已有的许多经典优化算法和群智能算法(如遗传算法、粒子群算法、蚁群算法、鱼群算法、免疫算法等)都可以运用,这里就不一一介绍了.

2.6.9 确定隶属函数的注意事项

隶属函数的确定虽然带有较浓重的主观色彩,不过还是具有一定客观规律性与科学性的.因此,应注意到:

(1)从实际问题的具体特性出发,总结和吸取人们长期积累的实践经验,特别要重视那些专家和操作人员的经验.虽然隶属函数的确定容许有一定的人为技巧,但最终还是要以符合客观实际为标准.

(2)在某些场合,隶属函数可通过 F 统计试验来确定.一般来说,这种方法是较为有效的.

(3)还可以用概率统计的处理结果来确定隶属函数.如上述介绍的用三分法来确定隶属函数的方法,就是用了概率统计的正态分布的结果.

(4)在一定条件下,隶属函数也可以作为推理的产物,只要实验符合实际即可.如 2.4 节中介绍的各种特殊三角形的隶属函数,就是按各种三角形的特点而推导出来的.

(5)有些隶属函数可以经过 F 运算并、交、余求得.如中等个子的隶属函数就是由矮个子和高个子的隶属函数的余运算而得到的.

(6)在许多应用中,由于人们认识事物的局限性,开始只能建立一个近似的隶属函数,然后通过"学习"逐步修改,使之完善.

(7)判断隶属函数是否符合实际,主要看它是否正确地反映了元素隶属集合到不属于集合这一变化过程的整体特性,而不在于单个元素的隶属度数值如何.

习题 2

1. 设 F 集

$$A = \frac{0.6}{u_1} + \frac{0.8}{u_2} + \frac{1}{u_3} + \frac{0.8}{u_4} + \frac{0.6}{u_5} + \frac{0.2}{u_6}, \quad B = \frac{0.4}{u_1} + \frac{0.6}{u_2} + \frac{0.5}{u_3} + \frac{1}{u_4} + \frac{0.8}{u_5} + \frac{0.3}{u_6}$$

试分别应用海明贴近度和格贴近度公式计算 $N(A,B)$.

2. 设论域 $R = \{1,2,3,4,5\}$,$A, B \in \mathscr{F}(R)$,且

$$A = (0.2, 0.3, 0.6, 0.1, 0.9), \quad B = (0.1, 0.2, 0.7, 0.2, 0)$$

求欧几里得贴近度.

3. 设论域 $R = [0,3]$,且

$$A(x) = \begin{cases} x & 0 \leqslant x \leqslant 1 \\ 2-x & 1 < x \leqslant 2 \end{cases}, \quad B(x) = \begin{cases} x-1 & 1 \leqslant x \leqslant 2 \\ 3-x & 2 < x \leqslant 3 \end{cases}$$

试分别用黎曼贴近度和格贴近度求 $N(A,B)$.

4. 设论域 R 为实数域,A 是以 (a,σ) 为参数的三角 F 集,且

$$A(x) = \begin{cases} \dfrac{1}{\sigma}x + \dfrac{\sigma-a}{\sigma} & a-\sigma \leqslant x \leqslant a \\ -\dfrac{1}{\sigma}x + \dfrac{\sigma+a}{\sigma} & a < x \leqslant a+\sigma \\ 0 & 其他 \end{cases}$$

(1)问 x 取何值时,$A(x) = 0, 1$.

(2)设 A 和 B 分别是以 (a_1, σ_1) 和 (a_2, σ_2) 为参数的三角 F 集 $(a_1 < a_2)$,计算格贴近度

$N(A,B)$.

5. 验证由 2.1 节给出的贴近度满足定义 1 的各条件.

6. 天气预报评分中,定义天气预报评分 $S=(A,B)$,其中 (A,B) 为 A、B 的格贴近度

$$A(x)=e^{-\left(\frac{x-a_1}{\sigma}\right)^2}, \quad B(x)=e^{-\left(\frac{x-a_2}{\sigma}\right)^2}$$

a_1 为实况值,a_2 为预报值,σ 为标准差.今有某气象站预报甲、乙两地某月降水量:甲地预报为 220mm,实况为 225mm,标准差为 5mm;乙地预报为 40mm,实况为 50mm,标准差为 10mm.试分别求出甲、乙两地天气预报评分.

7. 证明内积满足

(1) $(A\cup B)\circ C=(A\circ C)\vee(B\circ C)$

(2) $(\lambda A)\circ C=\lambda\wedge(A\circ C) \quad \lambda\in[0,1]$

(3) $(\bigcup_{t\in T}\lambda_t A_t)\circ C=\bigvee_{t\in T}(\lambda_t\wedge(A_t\circ C)) \quad \lambda_t\in[0,1]$

(4) $(A\cap B)\circ C\leqslant(A\circ C)\wedge(B\circ C)$

式中 A、B、C、A_t 均为 F 集.

8. 根据上题(1)、(4)及对偶原则推导下列公式:

(1) $(A\cap B)\hat{\circ} C=(A\hat{\circ} C)\wedge(B\hat{\circ} C)$

(2) $(A\cup B)\hat{\circ} C\geqslant(A\hat{\circ} C)\vee(B\hat{\circ} C)$

9. 设 F 集

$$A_1=\frac{0.2}{x_1}+\frac{0.4}{x_2}+\frac{0.5}{x_3}+\frac{0.1}{x_4}, \quad A_2=\frac{0.2}{x_1}+\frac{0.5}{x_2}+\frac{0.3}{x_3}+\frac{0.1}{x_4}, \quad A_3=\frac{0.2}{x_1}+\frac{0.3}{x_2}+\frac{0.4}{x_3}+\frac{0.1}{x_4}$$

$$B_1=\frac{0.6}{x_2}+\frac{0.3}{x_3}+\frac{0.1}{x_4}, \quad B_2=\frac{0.2}{x_1}+\frac{0.3}{x_2}+\frac{0.5}{x_3}$$

试用格贴近度判断 B_1、B_2 与哪个 A_i 最接近.

10. 在小麦亲本识别中,以小麦百粒重为论域,记为 X.五个基本类型用 F 集表示:

早熟 $\quad A_1(x)=e^{-\left(\frac{x-3.7}{0.3}\right)^2} \qquad$ 矮秆 $\quad A_2(x)=e^{-\left(\frac{x-2.9}{0.3}\right)^2}$

大粒 $\quad A_3(x)=e^{-\left(\frac{x-5.6}{0.3}\right)^2}$

高肥丰产 $\quad A_4(x)=e^{-\left(\frac{x-3.9}{0.3}\right)^2} \qquad$ 中肥丰产 $\quad A_5(x)=e^{-\left(\frac{x-3.7}{0.2}\right)^2}$

现测得一个小麦品种的样品的百粒重为 $x_0=4.6$g,试判定 x_0 代表的品种属于哪个亲本.

11. 三角形论域 $U=\{(A,B,C)|A\geqslant B\geqslant C,A+B+C=180°\}$,定义:

等腰三角形 $I \qquad I(A,B,C)\triangleq 1-\frac{1}{60}((A-B)\wedge(B-C))$

直角三角形 $R \qquad R(A,B,C)\triangleq 1-\frac{1}{90}|A-90|$

正三角形 $E \qquad E(A,B,C)\triangleq 1-\frac{1}{180}(A-C)$

等腰直角三角形 $\qquad\qquad I\cap R$

非典型三角形 $\qquad\qquad T=(I\cup R\cup E)^c$

现有一三角形 $(A,B,C)=(89°,46°,45°)$,试判断相对属于哪种三角形.

12. 在一个荧光屏上,用一光点的上下运动快慢来代表 15 种不同的运动速度,记 $V = \{1,2,\cdots,15\}$. 主试者随机给出 15 种速率,让被试者按"快"、"中"、"慢"进行判断分类,每种速率共给出 320 次,判断结果如下表:

概念\频数\速率	1	2	3	4	5	6	7	8	9	10	11	12	13	14	15
快	0	0	0	0	0	0	0	84	121	172	233	281	320	320	320
中	0	0	0	43	190	302	320	296	231	112	59	0	0	0	0
慢	320	320	305	219	163	92	41	15	0	0	0	0	0	0	0

(1) 试用频率作为隶属度,确定模糊概念"快"、"中"、"慢"在 V 中所表现的模糊集.

(2) 画出上述变量的离散型分布密度函数图,作为它们在 V 上的隶属函数图.

(3) 将图中离散点用折线联结起来,作为区间 $V' = [1,15]$ 上三个模糊集的隶属函数曲线.

13. 试用哥西分布确定〈年轻〉和〈年老〉的隶属函数(即选取适当的参数 a、α、β),并由此确定〈中年人〉的隶属函数.

14. 设

$$\xi: 小雨与中雨的分界点$$
$$\eta: 中雨与大雨的分界点$$

且分别具有分布

$$\xi: N(1,4), \quad \eta: N(2,4)$$

试用三分法确定小雨、中雨和大雨三个模糊概念的隶属函数.

3 F 关系与聚类分析

对事物按一定要求进行分类的数学方法,叫做聚类分析.一个确切的分类,由 3.7 节知道,可按等价关系来确定.但是,现实的分类问题往往伴随着 F 性,即考虑的不是有无关系,而是关系的深浅程度,这就是具有 F 关系的分类问题.不仅如此,在后面各章里将会看到 F 关系还有许多其他方面的应用.所以,F 关系在 F 数学中是很重要的概念.

本章将会介绍 F 关系的概念、性质及其合成运算,并着重讨论有限集时的 F 关系,由此导出 F 矩阵理论.最后,介绍 F 聚类分析的方法.

3.1 F 关系的定义和性质

在笛卡尔乘积(若 U、V 表示坐标轴,则 $U \times V$ 为平面点集)

$$U \times V \triangleq \{(u,v) | u \in U, v \in V\}$$

中,如果给论域 U 和 V 中的元素搭配施加某种限制,这种限制便体现了 U 与 V 之间的某种特殊关系,称这种关系是 $U \times V$ 的一个子集.相应地有:

定义 1 设 R 是 $U \times V$ 上的一个 F 子集(简称 F 集),它的隶属函数

$$R: U \times V \longrightarrow [0,1]$$
$$(u,v) \longmapsto R(u,v)$$

确定了 U 中的元素 u 与 V 中的元素 v 的关系程度,则称 R 为从 U 到 V 的一个 F 关系,记

$$U \xrightarrow{R} V$$

可见,F 关系 R 由隶属函数 $R:U \times V \longrightarrow [0,1]$ 所刻画,即 $U \times V$ 上的 F 集确定了 U 到 V 的 F 关系.反之,F 关系也是 $U \times V$ 上的一个 F 集.因此,所有从 $U \times V$ 的 F 关系的集,可记为 $\mathscr{F}(U \times V)$,而 $\mathscr{F}(U \times U)$ 表示从 U 到 U 的 F 关系,即表示 U 中的二元关系.

例 1 设论域 U 是所有人的集,R_1 表示相像关系,对 $u_1, u_2 \in U$,则 $R(u_1, u_2)$ 表示 u_1 与 u_2 的相像程度.若 $R_1(u_1, u_2) = 0.7$,说明 u_1 与 u_2 的相像程度是 70%.

例 2 设 $U \times V$ 为实数集的直积,规定 $U \times V$ 的一个 F 子集 R_2 为

$$R_2(u,v) = \begin{cases} 0 & u \leq v \\ \left[1 + \dfrac{100}{(u-v)^2}\right]^{-1} & u > v \end{cases}$$

则 R_2 表示 "u 远大于 v" 的关系.

例 3 设 $U = \{u_1, u_2, u_3\}$ 表示三个人的集合,R_3 表示信任关系,且有

$$R_3 = \frac{1}{(u_1,u_1)} + \frac{0.9}{(u_2,u_1)} + \frac{0.9}{(u_3,u_1)} + \frac{1}{(u_2,u_2)} + \frac{0.8}{(u_3,u_2)} + \frac{0.5}{(u_3,u_3)}$$

$\dfrac{r_{ij}}{(u_i,u_j)}$ 表示 $r_{ij} = R_3(u_i, u_j)$,是 u_i 对 u_j 的信任程度,例如前三项 r_{ij} 较大,说明大家(连 u_1

自己在内)对 u_1 表示较大的信任. 这里 u_1、u_2 对 u_3 的信任程度为 0(未写出来),说明大家对他最不信任,就连他对自己的信任程度也只有 0.5,即自己对自己也没有信心.

例 4 设 $U = \{u_1, u_2, \cdots, u_m\}$ 表示 m 种原料的集合,$V = \{v_1, v_2, \cdots, v_n\}$ 表示 n 个工厂的集合,R_4 表示供求关系,它的隶属函数

$$R_4(u_i, v_j) = r_{ij} \quad i = 1, 2, \cdots, m \quad j = 1, 2, \cdots, n$$

表示原料 u_i 分配给工厂 v_j 的百分比.

上述四个例子中,前三个表示的都是同一论域上的二元关系,而第四个则表示不同论域上的关系,但它们都刻画了两个元素关系的深浅程度,而不是简单的肯定或否定,即表示的都是 F 关系. 其中:

"相像"关系 $R_1 \in \mathscr{F}(U \times U)$ 是论域(所有人的集)上的二元关系.

"远大于"关系 $R_2 \in \mathscr{F}(U \times V)$ 是实数集上的二元关系(注意,U、V 都表示实数集).

"信任"关系 $R_3 \in \mathscr{F}(U \times U)$ 是"三人集"上的二元关系.

"供求"关系 $R_4 \in \mathscr{F}(U \times V)$ 是从 U(原料集)到 V(工厂集)的二元关系.

从上述分析知道,F 关系 $R(u, v)$ 不仅刻画了元素 u 与元素 v 关系的深浅程度,而且表示了从 U 到 V 的关系的方向,记

$$U \xrightarrow{R} V$$

因此,F 关系也可用图来表示.

如例 3,信任关系可以用如图 3-1 所示的图表示.

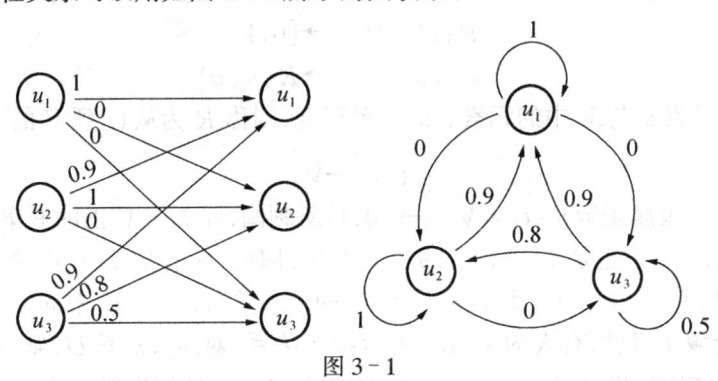

图 3-1

隶属度为零的箭头不必画出来,故可简化为图 3-2.

这些表示 F 关系的图,称为 F 图. 它具有三要素:两元素(讨论对象)、隶属度(关系深浅程度)、有向线(表明关系是一个元素对另一个元素的关系). F 图在聚类分析中很有用,到时再进一步讨论.

由于 F 关系也是 F 集,所以 F 集的一些运算及性质对它一样成立. 现叙述如下:

① 相等 $R_1 = R_2 \iff R_1(u, v) = R_2(u, v) \quad \forall (u, v) \in U \times V$

② 包含 $R_1 \subseteq R_2 \iff R_1(u, v) \leqslant R_2(u, v) \quad \forall (u, v) \in U \times V$

③ 并 $(R_1 \cup R_2)(u, v) = R_1(u, v) \vee R_2(u, v) \quad \forall (u, v) \in U \times V$

设 T 为指标集,则

$$(\bigcup_{t \in T} R_t)(u, v) = \bigvee_{t \in T} R_t(u, v) \quad \forall (u, v) \in U \times V$$

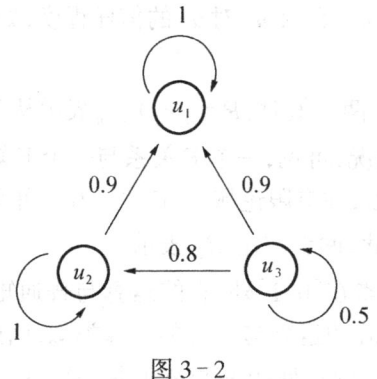

图 3-2

其中 ∨ 表示取上确界.

④ 交　$(R_1 \cap R_2)(u,v) = R_1(u,v) \wedge R_2(u,v)$　　$\forall (u,v) \in U \times V$

设 T 为指标集,则

$$(\bigcap_{t \in T} R_t)(u,v) = \bigwedge_{t \in T} R_t(u,v) \quad \forall (u,v) \in U \times V$$

其中 ∧ 表示取下确界.

⑤ 余　　　$R^c(u,v) = 1 - R(u,v)$　　$\forall (u,v) \in U \times V$

⑥ 分解定理　　　$R = \bigcup_{\lambda \in [0,1]} \lambda R_\lambda$

其中,$R_\lambda = \{(u,v) | R(u,v) \geq \lambda, u \in U, v \in V\}$ 称为 λ 截关系.

R_λ 是普通关系(即不是 F 关系),且 $\forall (u,v) \in U \times V$,有

$$R_\lambda(u,v) = 1 \Longleftrightarrow R(u,v) \geq \lambda$$
$$R_\lambda(u,v) = 0 \Longleftrightarrow R(u,v) < \lambda$$

即 u、v 在 λ 水平上才有关,否则无关.

当论域为有限集时,F 关系可用 F 矩阵来表示.这个问题将在下面讨论.

3.2　F 矩 阵

这一节将介绍 F 矩阵的定义和运算及性质.它的一般定义是:

定义 1　设矩阵

$$R = (r_{ij})_{m \times n} \quad r_{ij} \in [0,1]$$

则称 R 为 F 矩阵,r_{ij} 为 F 矩阵的元素.

特别地,若满足 $r_{ij} \in \{0,1\}$,则称 R 为布尔矩阵.

由此可见,F 矩阵与普通矩阵形状一样,不同的是 F 矩阵的元素都是 [0,1] 中的数.

对有限论域 $U = \{u_1, u_2, \cdots, u_m\}$, $V = \{v_1, v_2, \cdots, v_n\}$,若元素 $r_{ij} = R(u_i, v_j)$,则 F 矩阵 $R = (r_{ij})_{m \times n}$ 表示从 U 到 V 的一个 F 关系,或者说一个 F 矩阵确定一个 F 关系.

例如 3.1 节例 3 的信任关系 R_3,可用如下 F 矩阵表示:

$$\begin{array}{c} \ u_1\ \ u_2\ \ u_3 \\ \begin{array}{c}u_1\\u_2\\u_3\end{array}\begin{bmatrix} 1 & 0 & 0 \\ 0.9 & 1 & 0 \\ 0.9 & 0.8 & 0.5 \end{bmatrix} = R_3 \end{array}$$

其中,矩阵元素 $r_{ij} = R_3(u_i, u_j)$ 表示 u_i 对 u_j 的信任程度,如 $r_{32} = 0.8$ 说明 u_3 对 u_2 的信任程度为 0.8.

当矩阵元素 r_{ij} 只取 0,1 两个值时,$R = (r_{ij})_{m \times n}$ 表示从 U 到 V 的一个普通关系.因此,普通关系是 F 关系的特殊情况.可见,一个 F 关系与一个 F 矩阵一一对应;一个普通关系与一个布尔矩阵一一对应.所以,在有限论域上,F 关系和 F 矩阵可看作一回事.如上述 F 矩阵 R_3 也是 F 关系 R_3.正因如此,两者均用 R_3 表示.

F 矩阵除了限制它的元素在 $[0,1]$ 外,它的运算与普通矩阵也有所不同.由于 F 关系是 $U \times V$ 上的 F 集,所以 F 矩阵的运算与 F 集的运算类似,因此有如下定义.

定义 2 设 $\mu_{m \times n}$ 表示 m 行 n 列的 F 矩阵的集,$R = (r_{ij}) \in \mu_{m \times n}$,$S = (s_{ij}) \in \mu_{m \times n}$,规定:

相等 $R = S \Longleftrightarrow r_{ij} = s_{ij}$ ($\forall i, j$);

包含 $R \subseteq S \Longleftrightarrow r_{ij} \leqslant s_{ij}$ ($\forall i, j$);

并 $R \cup S \triangleq (r_{ij} \vee s_{ij}) \in \mu_{m \times n}$;

交 $R \cap S \triangleq (r_{ij} \wedge s_{ij}) \in \mu_{m \times n}$;

余 $R^c \triangleq (1 - r_{ij}) \in \mu_{m \times n}$.

例 1 设

$$R = \begin{pmatrix} 1 & 0.2 & 0.7 \\ 0.8 & 0.1 & 0.3 \end{pmatrix}, \quad S = \begin{pmatrix} 0.6 & 0.9 & 0.8 \\ 0.4 & 0.5 & 0.1 \end{pmatrix}$$

则

$$R \cup S = \begin{pmatrix} 1 \vee 0.6 & 0.2 \vee 0.9 & 0.7 \vee 0.8 \\ 0.8 \vee 0.4 & 0.1 \vee 0.5 & 0.3 \vee 0.1 \end{pmatrix} = \begin{pmatrix} 1 & 0.9 & 0.8 \\ 0.8 & 0.5 & 0.3 \end{pmatrix}$$

$$R \cap S = \begin{pmatrix} 1 \wedge 0.6 & 0.2 \wedge 0.9 & 0.7 \wedge 0.8 \\ 0.8 \wedge 0.4 & 0.1 \wedge 0.5 & 0.3 \wedge 0.1 \end{pmatrix} = \begin{pmatrix} 0.6 & 0.2 & 0.7 \\ 0.4 & 0.1 & 0.1 \end{pmatrix}$$

$$R^c = \begin{pmatrix} 1-1 & 1-0.2 & 1-0.7 \\ 1-0.8 & 1-0.1 & 1-0.3 \end{pmatrix} = \begin{pmatrix} 0 & 0.8 & 0.3 \\ 0.2 & 0.9 & 0.7 \end{pmatrix}$$

$\forall R, S, T \in \mu_{m \times n}$,F 矩阵并、交、余运算具有如下运算律:

① 交换律 $R \cup S = S \cup R, R \cap S = S \cap R$;

② 结合律 $(R \cup S) \cup T = R \cup (S \cup T), (R \cap S) \cap T = R \cap (S \cap T)$;

③ 分配律 $(R \cup S) \cap T = (R \cap T) \cup (S \cap T), (R \cap S) \cup T = (R \cup T) \cap (S \cup T)$;

④ 幂等律 $R \cup R = R, R \cap R = R$;

⑤ 吸收律 $(R \cup S) \cap S = S, (R \cap S) \cup S = S$;

⑥ 复原律 $(R^c)^c = R$;

⑦ 对偶律 $(R \cup S)^c = R^c \cap S^c, (R \cap S)^c = R^c \cup S^c$.

对于 F 矩阵相等和包含还有如下性质:

性质 1 $\forall R \in \mu_{m \times n}$,有 $0 \subseteq R \subseteq E$,$0 \cup R = R$,$0 \cap R = 0$,$E \cup R = E$,$E \cap R = R$,其中

$$0 = \begin{pmatrix} 0 & 0 & \cdots & 0 \\ 0 & 0 & \cdots & 0 \\ \vdots & \vdots & & \vdots \\ 0 & 0 & \cdots & 0 \end{pmatrix}, \quad E = \begin{pmatrix} 1 & 1 & \cdots & 1 \\ 1 & 1 & \cdots & 1 \\ \vdots & \vdots & & \vdots \\ 1 & 1 & \cdots & 1 \end{pmatrix}$$

分别称为零矩阵、全矩阵.

性质 2 $R \subseteq S \Longleftrightarrow R \cup S = S$, $R \subseteq S \Longleftrightarrow R \cap S = R$, $R \subseteq S \Longleftrightarrow R^c \supseteq S^c$.

性质 3 若 $R_1 \subseteq S_1$, $R_2 \subseteq S_2$, 则 $R_1 \cup R_2 \subseteq S_1 \cup S_2$, $R_1 \cap R_2 \subseteq S_1 \cap S_2$.

注意, $R \cup R^c \not\equiv E$, $R \cap R^c \not\equiv 0$, 即互补律不成立.

以上运算律和性质, 可直接用定义证明.

F 矩阵的并、交运算可推广到任意多个的情形.

设 T 是任意指标集, $R^{(t)} = (r_{ij}^{(t)})_{m \times n}$, $t \in T$, 则可定义它们的"并与交"运算:
$$\bigcup_{t \in T} R^{(t)} = (\bigvee_{t \in T} r_{ij}^{(t)})_{m \times n}, \quad \bigcap_{t \in T} R^{(t)} = (\bigwedge_{t \in T} r_{ij}^{(t)})_{m \times n}$$

性质 4 $S \cup (\bigcap_{t \in T} R^{(t)}) = \bigcap_{t \in T} (S \cup R^{(t)})$, $S \cap (\bigcup_{t \in T} R^{(t)}) = \bigcup_{t \in T} (S \cap R^{(t)})$.

性质 5 $(\bigcup_{t \in T} R^{(t)})^c = \bigcap_{t \in T} (R^{(t)})^c$, $(\bigcap_{t \in T} R^{(t)})^c = \bigcup_{t \in T} (R^{(t)})^c$.

证 直接验证即可, 以性质 4 第一式为例.

设 $S = (s_{ij})_{m \times n}$, 由定义得
$$S \cup (\bigcap_{t \in T} R^{(t)}) = (s_{ij})_{m \times n} \cup (\bigwedge_{t \in T} r_{ij}^{(t)})_{m \times n} = (s_{ij} \vee (\bigwedge_{t \in T} r_{ij}^{(t)}))_{m \times n}$$
$$= (\bigwedge_{t \in T} (s_{ij} \vee r_{ij}^{(t)}))_{m \times n} = \bigcap_{t \in T} (S \cup R^{(t)})$$

关于 F 矩阵的进一步研究见参考文献 34.

3.3 F 关系的对称性与自反性

定义 1 设 $R = (r_{ij}) \in \mu_{m \times n}$, 则称 $R^T = (r_{ji}) \in \mu_{n \times m}$ 为 R 的转置矩阵. 其中 $r_{ji} \stackrel{记}{=} r_{ij}^T$ ($i = 1, \cdots, m$, $j = 1, \cdots, n$).

定义 2 设 $R = (r_{ij}) \in \mu_{m \times m}$, 若 $R^T = R$, 则称 R 为对称矩阵.

例 1 设
$$R = \begin{bmatrix} 0.4 & 1 & 0.9 \\ 1 & 0.6 & 0.1 \\ 0.9 & 0.1 & 0.5 \end{bmatrix}$$

易见 $R^T = R$, 故 R 是对称矩阵.

显然, R 为对称矩阵 $\Longleftrightarrow r_{ij} = r_{ji}$ ($1 \leq i, j \leq m$).

若 R 表示从 $U = \{u_1, u_2, \cdots, u_m\}$ 到 $V = \{v_1, v_2, \cdots, v_m\}$ 的 F 关系, 并且
$$R(u_i, v_j) = R(u_j, v_i) \quad 1 \leq i, j \leq m$$
则称关系 R 为对称关系.

一般情况:

定义 3 设 $R \in \mathscr{F}(U \times V)$, 而 $R^T \in \mathscr{F}(V \times U)$, 则称 R^T 为 R 的转置关系, 即 $\forall (v, u) \in V \times U$,

$$R^{\mathrm{T}}(v,u) = R(u,v)$$

例2 设 $U = \{u_1, u_2, u_3\}$ 为三人集合,R 表示彼此熟悉的 F 关系.已知

$$R = \frac{1}{(u_1,u_2)} + \frac{0.7}{(u_1,u_3)} + \frac{0.8}{(u_2,u_1)} + \frac{0.4}{(u_2,u_3)} + \frac{0.9}{(u_3,u_1)}$$

那么

$$R^{\mathrm{T}} = \frac{0.8}{(u_1,u_2)} + \frac{0.9}{(u_1,u_3)} + \frac{1}{(u_2,u_1)} + \frac{0.7}{(u_3,u_1)} + \frac{0.4}{(u_3,u_2)}$$

这里,$R^{\mathrm{T}}(u_2,u_3) = R(u_3,u_2) = 0$.

定义4 设 $\forall (u,v) \in U \times U, R^{\mathrm{T}}(u,v) = R(u,v)$,则称 R 具有对称性(即是对称关系).

可见, R 是对称关系 $\Longleftrightarrow R(v,u) = R(u,v)$

例如,"朋友"是对称关系,"差异"也是.而"父子"、"因果"都不是对称关系.例2中的"彼此熟悉"也不是对称关系.

转置关系具有如下性质:

(1) $(R^{\mathrm{T}})^{\mathrm{T}} = R$.

(2) $R \subseteq S \Longleftrightarrow R^{\mathrm{T}} \subseteq S^{\mathrm{T}}$.

(3) $(R \cup S)^{\mathrm{T}} = R^{\mathrm{T}} \cup S^{\mathrm{T}}$,$(R \cap S)^{\mathrm{T}} = R^{\mathrm{T}} \cap S^{\mathrm{T}}$.

(4) $\forall R \in \mu_{n \times n}, R \cup R^{\mathrm{T}}$ 是对称的.

(5) $\forall R, S \in \mu_{n \times n}$,若 S 对称,且 $R \subseteq S$,则 $R \cup R^{\mathrm{T}} \subseteq S$.换句话说,凡包含 R 的对称矩阵都包含 $R \cup R^{\mathrm{T}}$,故 $R \cup R^{\mathrm{T}}$ 是包含 R 的最小对称矩阵.

这些性质按定义不难证明,这里只证性质(5).

证 因为 $R \subseteq S$,故 $R^{\mathrm{T}} \subseteq S^{\mathrm{T}}$.又由于 S 对称,所以 $S^{\mathrm{T}} = S$,从而 $R^{\mathrm{T}} \subseteq S$.因此
$$R \cup R^{\mathrm{T}} \subseteq S$$

包含 R 而又被所有包含 R 的对称矩阵所包含的对称矩阵,称为 R 的对称闭包.

性质(4)和(5)说明 $R \cup R^{\mathrm{T}}$ 是 R 的对称闭包.

定义5 若 $\forall (u,u) \in U \times U, R(u,u) = 1$,则称 R 为 U 上的自反关系;若 $R = (r_{ij})_{n \times n}$ 且 $r_{ii} = 1$,则称 R 为自反矩阵.

定义6 若 $\forall (u,v) \in U \times U$,有

$$I(u,v) = \begin{cases} 1 & u = v \\ 0 & u \neq v \end{cases}$$

则称 I 为恒等关系.

显然, R 是自反关系 $\Longleftrightarrow R \supseteq I$

若 U 为有限集,则

$$I = \begin{pmatrix} 1 & 0 & \cdots & 0 \\ 0 & 1 & \cdots & 0 \\ \vdots & \vdots & & \vdots \\ 0 & 0 & \cdots & 1 \end{pmatrix}$$

是单位矩阵.

例如，$R = \begin{pmatrix} 1 & 0.3 & 0.6 \\ 0.3 & 1 & 0.2 \\ 0.6 & 0.2 & 1 \end{pmatrix}$ 是自反矩阵和对称矩阵.

3.4 λ 截矩阵

F 集 A 的 λ 截集 A_λ 的概念，可以推广到 F 矩阵 R 中来.

定义 设 $R = (r_{ij})_{m \times n}, \forall \lambda \in [0,1]$，记
$$R_\lambda = (r_{ij}(\lambda))_{m \times n}$$
其中
$$r_{ij}(\lambda) = \begin{cases} 1 & r_{ij} \geq \lambda \\ 0 & r_{ij} < \lambda \end{cases}$$
则称 R_λ 为 R 的 λ 截矩阵.

若记
$$R_\lambda = (r_{ij}(\lambda))_{m \times n}$$
其中
$$r_{ij}(\lambda) = \begin{cases} 1 & r_{ij} > \lambda \\ 0 & r_{ij} \leq \lambda \end{cases}$$
则称 R_λ 为 R 的 λ 强截矩阵.

λ 截矩阵 R_λ 表示 λ 截关系，即 $\forall (u,v) \in U \times V$，有
$$R_\lambda(u,v) = 1 \Longleftrightarrow R(u,v) \geq \lambda \qquad \forall \lambda \in [0,1]$$
截矩阵必是布尔矩阵.

例 1
$$R = \begin{pmatrix} 0.8 & 0.3 & 0.6 \\ 0.2 & 0.4 & 0.2 \\ 0.5 & 0.9 & 1 \end{pmatrix}$$

若取 $\lambda = 0.6$，则
$$R_{0.6} = \begin{pmatrix} 1 & 0 & 1 \\ 0 & 0 & 0 \\ 0 & 1 & 1 \end{pmatrix}$$

若取 $\lambda = 0.8$，则
$$R_{0.8} = \begin{pmatrix} 1 & 0 & 0 \\ 0 & 0 & 0 \\ 0 & 1 & 1 \end{pmatrix}$$

截矩阵具有以下性质：

(1) $R \subseteq S \Longleftrightarrow \forall \lambda \in [0,1], \quad R_\lambda \subseteq S_\lambda$.

证 设 $R = (r_{ij})_{n \times m}, S = (s_{ij})_{n \times m}$，由左到右，$R \subseteq S \Longrightarrow r_{ij} \leq s_{ij} \Longrightarrow$ 若 $r_{ij} \geq \lambda$，则 $s_{ij} \geq \lambda \quad (\forall \lambda \in [0,1]) \Longrightarrow \forall \lambda \in [0,1], R_\lambda \subseteq S_\lambda$

由右到左(反证法)，假定 $R \not\subseteq S$，则必存在 (i_0, j_0)，使

$$r_{i_0 j_0} > s_{i_0 j_0}$$

取 $\lambda = r_{i_0 j_0}$，有 $r_{i_0 j_0}(\lambda) = 1$，$s_{i_0 j_0}(\lambda) = 0$，因此 $R_\lambda \not\subseteq S_\lambda$，与题设矛盾.

(2) $(R \cup S)_\lambda = R_\lambda \cup S_\lambda$，$(R \cap S)_\lambda = R_\lambda \cap S_\lambda$.

证 设 $R = (r_{ij})_{m \times n}$，$S = (s_{ij})_{m \times n}$，对任意固定 i, j，有

$$(r_{ij} \vee s_{ij})(\lambda) = 1 \Longleftrightarrow r_{ij}(\lambda) = 1 \text{ 或 } s_{ij}(\lambda) = 1$$

故
$$(R \cup S)_\lambda = R_\lambda \cup S_\lambda$$

类似得
$$(R \cap S)_\lambda = R_\lambda \cap S_\lambda$$

注意，不能推广到无限多个并运算上去，即

$$\left(\bigcup_{t \in T} R^{(t)}\right)_\lambda \neq \bigcup_{t \in T} (R^{(t)})_\lambda$$

3.5 F 关系的合成

先介绍普通合成运算.

考虑算题：两对父子平分九只苹果，要求每人都得到整数个，问如何分法？

按平常分法显然不可能. 要分得合乎题目要求，必须弄清一父子关系 B_1 与另一父子关系 B_2 之间还可能存在什么特殊关系. 显然，必须存在一成员既属于 B_1 又属于 B_2. 这两对父子关系合成后便是祖孙关系 A. 祖、父、孙三人平分九只苹果，显然是整数.

值得注意的是，不是任何两对父子关系都能合成为祖孙关系的. 必须存在一个成员既属于 B_1 又属于 B_2，只有这样才能合成，否则，不能合成. 写成数学语言：

设 A 表示祖孙关系，B_1、B_2 均表示父子关系，则

$$(u, w) \in A \Longleftrightarrow \exists v, \text{使} (u, v) \in B_1 \text{ 且 } (v, w) \in B_2$$

称 A 是由 B_1 与 B_2 合成的，记作

$$A = B_1 \circ B_2 \quad (祖孙 = 父子 \circ 父子)$$

一般地，设 $Q \in \mathscr{P}(U \times V)$，$R \in \mathscr{P}(V \times W)$，$S \in \mathscr{P}(U \times W)$. 若

$$(u, w) \in S \Longleftrightarrow \exists v \text{ 使} (u, v) \in Q \text{ 且 } (v, w) \in R$$

则称关系 S 是由关系 Q 与 R 合成的，记作 $S = Q \circ R$. 而

$$Q \circ R = \{(u, w) \mid \exists v, (u, v) \in Q, (v, w) \in R\}$$

用特征函数表示，有

$$Q \circ R(u, w) = \bigvee_{v \in V} (Q(u, v) \wedge R(v, w))$$

将上述关系推广到 F 关系，从而有 F 关系合成的定义.

定义 1 设 $Q \in \mathscr{F}(U \times V)$，$R \in \mathscr{F}(V \times W)$. 所谓 Q 对 R 的合成，就是从 U 到 W 的一个 F 关系，记作 $Q \circ R$. 它的关系程度是

$$(Q \circ R)(u, w) = \bigvee_{v \in V} (Q(u, v) \wedge R(v, w))$$

当 $R \in \mathscr{F}(U \times U)$，记

$$R^2 = R \circ R, \quad R^n = R^{n-1} \circ R$$

例 1 设 R 为"x 远大于 y"的 F 关系，其隶属函数为

$$R(x,y) = \begin{cases} 0 & x \leqslant y \\ \left[1 + \dfrac{100}{(x-y)^2}\right]^{-1} & x > y \end{cases}$$

则合成关系 $R \circ R$ 应为"x 远远大于 y". 求 $R \circ R(x,y)$.

解
$$(R \circ R)(x,y) = \bigvee_z (R(x,z) \wedge R(z,y))$$

其中
$$R(x,z) = \begin{cases} 0 & x \leqslant z \\ \left[1 + \dfrac{100}{(x-z)^2}\right]^{-1} & x > z \end{cases}, \quad R(z,y) = \begin{cases} 0 & z \leqslant y \\ \left[1 + \dfrac{100}{(z-y)^2}\right]^{-1} & z > y \end{cases}$$

当 $R(x,z) \leqslant R(z,y)$ 时, $\bigvee_z (R(x,z) \wedge R(z,y)) = \bigvee_z R(x,z) = R(z_0,y)$；

当 $R(z,y) \leqslant R(x,z)$ 时, $\bigvee_z (R(x,z) \wedge R(z,y)) = \bigvee_z R(z,y) = R(x,z_0)$.

可见,合成运算就是求使 $R(x,z)$ 与 $R(z,y)$ 相等的 z_0(见图3-3). 于是,令 $R(x,z) = R(z,y)$,即

$$\left[1 + \dfrac{100}{(x-z)^2}\right]^{-1} = \left[1 + \dfrac{100}{(z-y)^2}\right]^{-1}$$

解得 $z_0 = \dfrac{x+y}{2}$,将 $z = z_0$ 代入 $R(x,z)$ 中,得

$$(R \circ R)(x,y) = \begin{cases} 0 & x \leqslant y \\ \left[1 + \dfrac{100}{\left(\dfrac{x-y}{2}\right)^2}\right]^{-1} & x > y \end{cases}$$

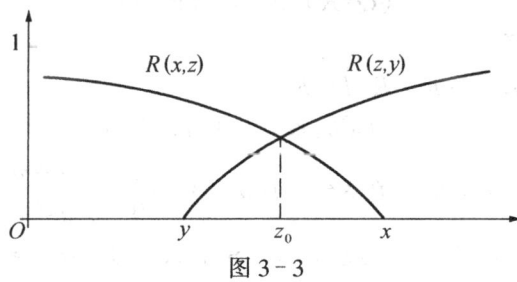

图 3-3

对于有限论域,F 关系的合成可用 F 矩阵的乘积表示.

定理 1 设 $Q = (q_{ik})_{m \times l} \in \mathscr{F}(U \times V)$, $R = (r_{kj})_{l \times n} \in \mathscr{F}(V \times W)$, 则 Q 对 R 的合成为

$$Q \circ R = S = (s_{ij})_{m \times n} \in \mathscr{F}(U \times W)$$

其中
$$s_{ij} = \bigvee_{k=1}^{l} (q_{ik} \wedge r_{kj}) \quad (i=1,2,\cdots,m, \ j=1,2,\cdots,n)$$

F 矩阵的合成也称为 F 矩阵的乘积或简称 F 乘法.它与普通矩阵乘法的运算过程一样,只不过将实数"$+$"改为"$\vee$"(取大),实数"$\cdot$"改为"$\wedge$"(取小).

例 2 设

$$Q = \begin{pmatrix} 0.3 & 0.7 & 0.2 \\ 1 & 0 & 0.9 \end{pmatrix}, \quad R = \begin{pmatrix} 0.8 & 0.3 \\ 0.1 & 0.8 \\ 0.5 & 0.6 \end{pmatrix}$$

则
$$Q \circ R = \begin{pmatrix} s_{11} & s_{12} \\ s_{21} & s_{22} \end{pmatrix}$$

其中

$$s_{11} = (0.3 \wedge 0.8) \vee (0.7 \wedge 0.1) \vee (0.2 \wedge 0.5) = 0.3$$
$$s_{12} = (0.3 \wedge 0.3) \vee (0.7 \wedge 0.8) \vee (0.2 \wedge 0.6) = 0.7$$
$$s_{21} = (1 \wedge 0.8) \vee (0 \wedge 0.1) \vee (0.9 \wedge 0.5) = 0.8$$
$$s_{22} = (1 \wedge 0.3) \vee (0 \wedge 0.8) \vee (0.9 \wedge 0.6) = 0.6$$

即
$$Q \circ R = \begin{pmatrix} 0.3 & 0.7 \\ 0.8 & 0.6 \end{pmatrix}$$

F 关系合成的性质:

(1) 结合律 $(Q \circ R) \circ S = Q \circ (R \circ S)$.

证 因为 $\forall (x, w) \in X \times W$, 则

$$[(Q \circ R) \circ S](x, w) = \bigvee_z [(Q \circ R)(x, z) \wedge S(z, w)]$$
$$= \bigvee_z \{\bigvee_y [Q(x, y) \wedge R(y, z)] \wedge S(z, w)\}$$
$$= \bigvee_z \bigvee_y [Q(x, y) \wedge R(y, z) \wedge S(z, w)]$$
$$= \bigvee_y \{Q(x, y) \wedge \bigvee_z [R(y, z) \wedge S(z, w)]\}$$
$$= [Q \circ (R \circ S)](x, w)$$

因此
$$(Q \circ R) \circ S = Q \circ (R \circ S)$$

推论 $R^m \circ R^n = R^{m+n}$.

(2) $0 \circ R = R \circ 0 = 0$, $I \circ R = R \circ I = R$.

其中
$$0 \text{ 为零关系} \iff 0(u, v) = 0$$
$$I \text{ 为恒等关系} \iff I(u, v) = \begin{cases} 1 & u = v \\ 0 & u \neq v \end{cases}$$

(3) $Q \subseteq R \Longrightarrow Q \circ S \subseteq R \circ S$ (或 $S \circ Q \subseteq S \circ R$), $Q \subseteq R \Longrightarrow Q^n \subseteq R^n$.

(4) 对并运算分配
$$(Q \cup R) \circ S = (Q \circ S) \cup (R \circ S), \quad S \circ (Q \cup R) = (S \circ Q) \cup (S \circ R)$$

证 因为 $\forall (u, w) \in U \times W$, 有

$$[(Q \cup R) \circ S](u, w) = \bigvee_v ((Q \cup R)(u, v) \wedge S(v, w))$$
$$= \bigvee_v ((Q(u, v) \vee R(u, v)) \wedge S(v, w))$$
$$= [\bigvee_v (Q(u, v) \wedge S(v, w))] \vee [\bigvee_v (R(u, v) \wedge S(v, w))]$$
$$= (Q \circ S)(u, w) \vee (R \circ S)(u, w) = [(Q \circ S) \cup (R \circ S)](u, w)$$

所以
$$(Q \cup R) \circ S = (Q \circ S) \cup (R \circ S)$$

类似地,
$$S \circ (Q \cup R) = (S \circ Q) \cup (S \circ R)$$

可推广到无限多个并运算上去, 即 I 为指标集.

$$(\bigcup_{i\in I}R_i)\circ R = \bigcup_{i\in I}(R_i\circ R), \quad R\circ(\bigcup_{i\in I}R_i) = \bigcup_{i\in I}(R\circ R_i)$$

注意:对交分配律不成立.但有下式

$$(Q\cap R)\circ S \subseteq (Q\circ S)\cap (R\circ S)$$

只要对并分配性质的证明中,将第三个等式改为

$$\bigvee_u[(Q(u,v)\wedge R(u,v))\wedge S(v,w)]$$
$$\leq [\bigvee_u(Q(u,v)\wedge S(v,w))]\wedge[\bigvee_u(R(u,v)\wedge S(v,w))]$$

便可,这是因为上式去掉 $R(u,v)$,得

$$\bigvee_u[Q(u,v)\wedge R(v,w)\wedge S(v,w)]\leq [\bigvee_u(Q(u,v)\wedge S(v,w))]$$

此式可推广到无限交的情形.

$$(\bigcap_{i\in I}R_i)\circ R \subseteq \bigcap_{i\in I}(R_i\circ R), \quad R\circ(\bigcap_{i\in I}R_i) \subseteq \bigcap_{i\in I}(R\circ R_i)$$

事实上,$\forall i\in I$ (指标集),有

$$\bigcap_{i\in I}R_i\subseteq R_i$$

根据性质(3),得

$$(\bigcap_{i\in I}R_i)\circ R\subseteq R_i\circ R$$

$\forall(u,w)\in U\times W$ 和 $\forall i\in I$,有

$$((\bigcap_{i\in I}R_i)\circ R)(u,w)\leq (R_i\circ R)(u,w)$$

于是

$$((\bigcap_{i\in I}R_i)\circ R)(u,w)\leq \bigwedge_{i\in I}(R_i\circ R)(u,w)$$

所以,第一式成立.类似得第二式.

(5) 设 $Q\in \mu_{m\times l},R\in \mu_{l\times n}$,则 $(Q\circ R)_\lambda = Q_\lambda\circ R_\lambda$.

证 只要证两边矩阵元素相等即可.

$$(\bigvee_{k=1}^l(q_{ik}\wedge r_{kj}))(\lambda) = 1$$
$$\Longleftrightarrow \bigvee_{k=1}^l(q_{ik}\wedge r_{kj})\geq \lambda \Longleftrightarrow \exists k, q_{ik}\wedge r_{kj}\geq \lambda$$
$$\Longleftrightarrow \exists k, q_{ik}\geq \lambda \text{ 且 } r_{kj}\geq \lambda \Longleftrightarrow \exists k, q_{ik}(\lambda)=1 \text{ 且 } r_{kj}(\lambda)=1$$
$$\Longleftrightarrow \exists k, q_{ik}(\lambda)\wedge r_{kj}(\lambda)=1 \Longleftrightarrow \bigvee_{k=1}^l(q_{ik}(\lambda)\wedge r_{kj}(\lambda))=1$$

这说明两边矩阵第 i 行第 j 列的元素均为1,即等于1的元素互相对应,因为它们都是布尔矩阵.因此,元素为0也互相对应,故两边相等.

推论 $(R^n)_\lambda = (R_\lambda)^n$ $\lambda\in[0,1]$,其中 R 为 F 方阵.

(6) $(Q\circ R)^T = R^T\circ Q^T$.

证 按转置关系定义,有

$$Q^T(u,v) = Q(v,u), \quad R^T(v,w) = R(w,v)$$
$$(Q\circ R)^T(u,w) = (Q\circ R)(w,u) = \bigvee_v(Q(w,v)\wedge R(v,u))$$
$$= \bigvee_v(Q^T(v,w)\wedge R^T(u,v)) = (R^T\circ Q^T)(u,w)$$

因此

$$(Q\circ R)^T = R^T\circ Q^T$$

推论 $(R^n)^T = (R^T)^n$

定理2 设 $Q \in \mathscr{F}(U \times V), R \in \mathscr{F}(V \times W)$,则
$$Q \circ R = \bigcup_{\lambda \in [0,1]} \lambda(Q_\lambda \circ R_\lambda)$$

证 根据分解定理Ⅲ,只须证明
$$(Q \circ R)_\lambda \subseteq Q_\lambda \circ R_\lambda \subseteq (Q \circ R)_\lambda \quad \lambda \in [0,1]$$

因为 $\forall (u, w) \in U \times W$,有
$$(u, w) \in (Q \circ R)_\lambda \Longleftrightarrow (Q \circ R)(u, w) > \lambda$$
$$\Longleftrightarrow \bigvee_{v \in V} (Q(u, v) \wedge R(v, w)) > \lambda$$
$$\Longrightarrow \exists v \in V, 使 Q(u, v) > \lambda 且 R(v, w) > \lambda$$
$$\Longrightarrow \exists v \in V, 使(u, v) \in Q_\lambda 且 (v, w) \in R_\lambda$$
$$\Longrightarrow (u, w) \in (Q_\lambda \circ R_\lambda)$$

所以
$$(Q \circ R)_\lambda \subseteq Q_\lambda \circ R_\lambda$$

类似证明
$$Q_\lambda \circ R_\lambda \subseteq (Q \circ R)_\lambda$$

3.6 F关系的传递性

前面已经介绍 F 关系的自反性与对称性,现在来讨论 F 关系的传递性.

定义1 设 $R \in \mathscr{F}(U \times U), \forall \lambda \in [0,1]$,如果
$$R(u, v) \geq \lambda 且 R(v, w) \geq \lambda, 则 R(u, w) \geq \lambda,$$
那么称 R 是传递 F 关系.

可见,R 是传递的 F 关系 $\Longleftrightarrow \forall \lambda, R_\lambda$ 是传递的普通关系.

例1 设论域 $U = \{150, 50, 2\}$,R 表示"大得多"的 F 关系,且 $R = \begin{pmatrix} 0 & 0.7 & 0.9 \\ 0 & 0 & 0.5 \\ 0 & 0 & 0 \end{pmatrix}$,问 R 是传递的 F 关系吗?

解 不难知道,$\forall \lambda \in [0,1]$,只要 $R(u, v) \geq \lambda$ 和 $R(v, w) \geq \lambda$,就有 $R(u, w) \geq \lambda$,所以 R 是传递的 F 关系.

请思考,当 $\lambda \in (0.5, 1]$ 时,还满足定义吗?

定理1 R 是传递的 F 关系的充要条件是 $R \supseteq R^2$.

证 必要性 $\forall u, w \in U$,对任意给定 $v_0 \in U$,取
$$\lambda = R(u, v_0) \wedge R(v_0, w)$$

显然有
$$R(u, v_0) \geq \lambda, \quad R(v_0, w) \geq \lambda$$

由定义1得
$$R(u, w) \geq \lambda,$$

从而
$$R(u, w) \geq R(u, v_0) \wedge R(v_0, w)$$

由 v_0 的任意性,有
$$R(u, w) \geq \bigvee_{v \in U} (R(u, v) \wedge R(v, w))$$

故
$$R \supseteq R \circ R$$

充分性 由 $R \supseteq R \circ R$, 得
$$R(u,w) \geqslant \bigvee_{v \in U} R(u,v) \wedge R(v,w)$$
从而
$$R(u,w) \geqslant R(u,v) \wedge R(v,w)$$
所以,当 $R(u,v) \geqslant \lambda, R(v,w) \geqslant \lambda$ 时,有
$$R(u,w) \geqslant \lambda$$
按定义知 R 是传递的 F 关系.

若 $R \in \mu_{n \times n}$ 表示传递关系,则 R 是一个传递 F 矩阵. 这时定理 1 可叙述为"R 是传递 F 矩阵的充要条件是 $R \supseteq R^2$".

定义 2 设 $R \in \mathscr{F}(U \times U)$, 如果
(1) $\hat{R}$ 是传递 F 关系且 $\hat{R} \supseteq R$;
(2) Q 是任意传递 F 关系且 $Q \supseteq R$ 和 $Q \supseteq \hat{R}$.
则称 $\hat{R}$ 为 R 的传递闭包. 记 $t(R) = \hat{R}$.

可见,传递闭包是所有包含 R 的最小的传递关系.

定理 2 设 $R \in \mathscr{F}(U \times U)$, 总有 $t(R) = \bigcup_{k=1}^{\infty} R^k$.

证 (1) 显然, $\bigcup_{k=1}^{\infty} R^k \supseteq R$. 下面证明它是传递的.
$$\left(\bigcup_{k=1}^{\infty} R^k\right) \circ \left(\bigcup_{j=1}^{\infty} R^j\right) = \bigcup_{k=1}^{\infty}\left(R^k \circ \bigcup_{j=1}^{\infty} R^j\right) \quad (\text{F 关系合成性质}(4))$$
$$= \bigcup_{k=1}^{\infty}\left(\bigcup_{j=1}^{\infty} R^k \circ R^j\right) = \bigcup_{m=2}^{\infty}\left(\bigcup_{k+j=m} R^{k+j}\right) \subseteq \bigcup_{m=1}^{\infty} R^m$$

(2) 设 Q 是任意包含 R 的传递 F 关系, 由 $Q \supseteq R$ 及 F 关系合成性质(3), 得
$$Q^k \supseteq R^k$$
又由 Q 的传递性及本节定理 1, 可推得
$$Q \supseteq Q^k$$
故有
$$Q \supseteq R^k$$
由 k 的任意性知 $Q \supseteq \bigcup_{k=1}^{\infty} R^k$.

定理 3 $\hat{R} = \bigcup_{k=1}^{n} R^k$ 的充要条件为 $\bigcup_{k=1}^{n} R^k \supseteq R^{n+1}$.

证 **必要性** 由假设及定理 2, 有
$$\hat{R} = \bigcup_{k=1}^{n} R^k = \bigcup_{k=1}^{\infty} R^k \supseteq R^{n+1}$$

充分性 由 $\bigcup_{k=1}^{n} R^k \supseteq R^{n+1}$, 得
$$\left(\bigcup_{k=1}^{n} R^k\right) \circ R \supseteq R^{n+1} \circ R = R^{n+2}$$
故
$$\bigcup_{k=2}^{n+1} R^k \supseteq R^{n+2}$$
因为
$$\bigcup_{k=1}^{n} R^k = \left(\bigcup_{k=1}^{n} R^k\right) \cup R^{n+1} = \bigcup_{k=1}^{n+1} R^k$$
所以
$$\bigcup_{k=1}^{n} R^k \supseteq R^{n+2}$$
用归纳法, 可证对一切 $i(i=1,2,\cdots)$, 有

$$\bigcup_{k=1}^{n} R^k \supseteq R^{n+i}$$

故
$$\bigcup_{k=1}^{n} R^k \supseteq \bigcup_{k=1}^{\infty} R^k$$

而
$$\hat{R} = \bigcup_{k=1}^{\infty} R^k \supseteq \bigcup_{k=1}^{n} R^k$$

因此
$$\hat{R} = \bigcup_{k=1}^{n} R^k$$

定理 4 设 U 只有 n 个元素，R 是 U 上的二元 F 关系，则 $\hat{R} = \bigcup_{k=1}^{n} R^k$.

证 根据定理 3，只须证 $\bigcup_{k=1}^{n} R^k \supseteq R^{n+1}$.

$$\begin{aligned}
R^{n+1}(u,v) &= \bigvee_{u_1}(R(u,u_1) \wedge R^n(u_1,v)) \\
&= \bigvee_{u_1}(R(u,u_1) \wedge (\bigvee_{u_2}(R(u_1,u_2) \wedge R^{n-1}(u_2,v)))) \\
&= \bigvee_{u_1}\bigvee_{u_2}(R(u,u_1) \wedge R(u_1,u_2) \wedge R^{n-1}(u_2,v)) \\
&= \bigvee_{u_1}\cdots\bigvee_{u_n}(R(u,u_1) \wedge R(u_1,u_2) \wedge \cdots \wedge R(u_n,v)) \\
&= R(u,u'_1) \wedge R(u'_1,u'_2) \wedge \cdots \wedge R(u'_n,v)
\end{aligned}$$

因 U 中仅有 n 个元，故 $u, u'_1, u'_2, \cdots, u'_n$ 中必有相同的元素，不妨设 $u'_i = u'_j (i < j)$. 于是消去 $j-i$ 个元后，有

$$\begin{aligned}
R^{n+1}(u,v) &\leqslant R(u,u'_1) \wedge R(u'_1,u'_2) \wedge \cdots \wedge R(u'_i,u'_{j+1}) \wedge \cdots \wedge R(u'_n,v) \\
&\leqslant R^m(u,v)
\end{aligned}$$

其中 $m = n+1-(j-i)$，从而 $R^{n+1}(u,v) \leqslant \bigvee_{k=1}^{n} R^k(u,v)$，因此

$$R^{n+1} \subseteq \bigcup_{k=1}^{n} R^k$$

这个定理简化了传递闭包的计算.

例 2 设 $R = \begin{pmatrix} 0.3 & 0.4 & 0.5 \\ 0.2 & 0.3 & 0.7 \\ 0.8 & 0.4 & 0.3 \end{pmatrix}$，求 $\hat{R}$.

解

$$R^2 = R \circ R = \begin{pmatrix} 0.5 & 0.4 & 0.4 \\ 0.7 & 0.4 & 0.3 \\ 0.3 & 0.4 & 0.5 \end{pmatrix}$$

$$R^3 = R \circ R \circ R = \begin{pmatrix} 0.4 & 0.4 & 0.5 \\ 0.3 & 0.4 & 0.5 \\ 0.5 & 0.4 & 0.4 \end{pmatrix}$$

$$\hat{R} = R \cup R^2 \cup R^3 = \begin{pmatrix} 0.5 & 0.4 & 0.5 \\ 0.7 & 0.4 & 0.7 \\ 0.8 & 0.4 & 0.5 \end{pmatrix}$$

定理 5 设 $R \in \mu_{n \times n}$ 是自反矩阵，则 $\hat{R} = R^n$.

证 由于 R 是自反矩阵,故 $I\subseteq R$.根据 3.5 节 F 关系合成性质(3),上式两边乘 R,得
$$R\subseteq R^2$$
从而推得
$$R\subseteq R^2\subseteq\cdots\subseteq R^n$$
按定理 4,有
$$\hat{R}=\bigcup_{k=1}^{n}R^k=R^n$$

3.7 F 等价关系及聚类图

定义 1 设 $R\in\mathscr{F}(U\times U)$,如果满足:
(1) 自反性 $R\supseteq I$ 或 $R(u,u)=1$;
(2) 对称性 $R^{\mathrm{T}}=R$ 或 $R(u,v)=R(v,u)$;
(3) 传递性 $R\supseteq R^2$ 或按传递定义.
则称 R 为 U 上的 F 等价关系.

若 U 为有限论域,则 U 上的 F 等价关系 R 可用 F 矩阵来表示,并称 R 为 F 等价矩阵.它除满足上述等价的特性外,还可表示如下:
(1) 自反性 $r_{ii}=1$;
(2) 对称性 $r_{ij}=r_{ji}$;
(3) 传递性 $r_{ij}\geqslant\bigvee_{k=1}^{n}(r_{ik}\wedge r_{kj})$.

如果布尔矩阵 R 具有自反性、对称性和传递性,则称 R 为等价的布尔矩阵.它表示普通等价关系.例如,"同班同学"是等价关系.

定理 1 $R\in\mu_{n\times n}$ 是等价矩阵的充要条件是对任意 $\lambda\in[0,1]$,R_λ 都是等价的布尔矩阵.

证 (1) R 自反 $\Longleftrightarrow$ ($\forall\lambda$)R_λ 自反(显然).

(2) R 对称 $\Longleftrightarrow$ ($\forall\lambda$)R_λ 对称.

"$\Longrightarrow$" 显然.

"$\Longleftarrow$" 若 $r_{ij}\neq r_{ji}$,不妨设 $r_{ij}<r_{ji}$,取 $r_{ij}<\lambda<r_{ji}$,在 R_λ 中
$$r_{ij}(\lambda)=0;r_{ji}(\lambda)=1$$
这与 R_λ 的对称性相矛盾.

(3) R 传递 $\Longleftrightarrow$ $\forall\lambda,R_\lambda$ 传递.由定义即得.

现在讨论怎样由 F 等价关系确定 F 分类.按定理 1,一个 F 等价矩阵可能化为 R_λ 矩阵(即普通等价矩阵).随着 λ 取不同的值,便可将 U 分成不同的类,且有下面关系.

定理 2 设 $R\in\mu_{n\times n}$,R_λ 表示按 R_λ 分成的类,则当 $\lambda<\mu$ 时,$R_\lambda\supseteq R_\mu(\lambda,\mu\in[0,1])$.

证 设按 R_μ 分类时,u、v 归为一类,则 $R_\mu(u,v)=1$,即 $R(u,v)\geqslant\mu$.因 $\mu>\lambda$,故 $R(u,v)>\lambda$,从而 $R_\lambda(u,v)=1$,亦即 $(u,v)\in R_\lambda$.所以,元素 u、v 按 R_λ 分类时也归为一类.

定理说明,当 λ 由 1 逐步降至 0 时,由 F 等价关系 R 确定的分类所含元素由少变多,逐步归并,最后成一类.这个过程形成一个动态聚类图.

例 1 设 $U=\{u_1,u_2,u_3,u_4,u_5\}$,

$$R = \begin{pmatrix} 1 & 0.4 & 0.8 & 0.5 & 0.5 \\ 0.4 & 1 & 0.4 & 0.4 & 0.4 \\ 0.8 & 0.4 & 1 & 0.5 & 0.5 \\ 0.5 & 0.4 & 0.5 & 1 & 0.6 \\ 0.5 & 0.4 & 0.5 & 0.6 & 1 \end{pmatrix}$$

先验证 R 是等价矩阵.

显然, R 具有自反性和对称性. 而

$$R^2 = R \circ R = \begin{pmatrix} 1 & 0.4 & 0.8 & 0.5 & 0.5 \\ 0.4 & 1 & 0.4 & 0.4 & 0.4 \\ 0.8 & 0.4 & 1 & 0.5 & 0.5 \\ 0.5 & 0.4 & 0.5 & 1 & 0.6 \\ 0.5 & 0.4 & 0.5 & 0.6 & 1 \end{pmatrix} = R$$

所以, R 具有传递性, 故 R 是 F 等价矩阵.

再令 λ 由 1 降至 0, 写出 R_λ, 按 R_λ 分类.

元素 u_i 与 u_j 归为同一类的充要条件是 $R_\lambda(u_i, u_j) = 1$ ($i, j = 1, 2, 3, 4, 5$).

$$R_1 = \begin{pmatrix} 1 & 0 & 0 & 0 & 0 \\ 0 & 1 & 0 & 0 & 0 \\ 0 & 0 & 1 & 0 & 0 \\ 0 & 0 & 0 & 1 & 0 \\ 0 & 0 & 0 & 0 & 1 \end{pmatrix}$$

相应的分类: $\{u_1\}, \{u_2\}, \{u_3\}, \{u_4\}, \{u_5\}$, 分为五类.

$$R_{0.8} = \begin{pmatrix} 1 & 0 & 1 & 0 & 0 \\ 0 & 1 & 0 & 0 & 0 \\ 1 & 0 & 1 & 0 & 0 \\ 0 & 0 & 0 & 1 & 0 \\ 0 & 0 & 0 & 0 & 1 \end{pmatrix}$$

相应的分类: $\{u_1, u_3\}, \{u_2\}, \{u_4\}, \{u_5\}$, 分为四类.

$$R_{0.6} = \begin{pmatrix} 1 & 0 & 1 & 0 & 0 \\ 0 & 1 & 0 & 0 & 0 \\ 1 & 0 & 1 & 0 & 0 \\ 0 & 0 & 0 & 1 & 1 \\ 0 & 0 & 0 & 1 & 1 \end{pmatrix}$$

相应的分类: $\{u_1, u_3\}, \{u_2\}, \{u_4, u_5\}$, 分为三类.

$$R_{0.5} = \begin{pmatrix} 1 & 0 & 1 & 1 & 1 \\ 0 & 1 & 0 & 0 & 0 \\ 1 & 0 & 1 & 1 & 1 \\ 1 & 0 & 1 & 1 & 1 \\ 1 & 0 & 1 & 1 & 1 \end{pmatrix}$$

相应的分类:$\{u_1,u_3,u_4,u_5\},\{u_2\}$,分为两类.

$$R_{0.4}=\begin{bmatrix}1&1&1&1&1\\1&1&1&1&1\\1&1&1&1&1\\1&1&1&1&1\\1&1&1&1&1\end{bmatrix}$$

全部元素同一类:$\{u_1,u_2,u_3,u_4,u_5\}$.

从以上分类可以看到:

当 $0\leq\lambda\leq 0.4$ 时,将 U 分为一类:$\{u_1,u_2,u_3,u_4,u_5\}$;

当 $0.4<\lambda\leq 0.5$ 时,将 U 分为两类:$\{u_1,u_3,u_4,u_5\},\{u_2\}$;

当 $0.5<\lambda\leq 0.6$ 时,将 U 分为三类:$\{u_1,u_3\},\{u_2\},\{u_4,u_5\}$;

当 $0.6<\lambda\leq 0.8$ 时,将 U 分为四类:$\{u_1,u_3\},\{u_2\},\{u_4\},\{u_5\}$;

当 $0.8<\lambda\leq 1$ 时,将 U 分为五类:$\{u_1\},\{u_2\},\{u_3\},\{u_4\},\{u_5\}$.

总结起来得聚类图,如图 3-4 所示.

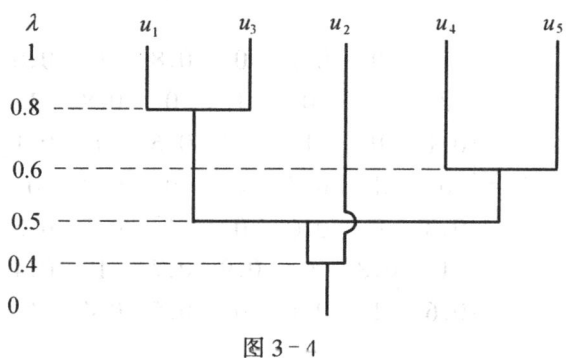

图 3-4

3.8 F 相似关系

定义 1 设 $R\in\mathscr{F}(U\times U)$,如果具有自反和对称关系,则称 R 为 U 上的一个 F 相似关系.

当论域 U 为有限时,F 相似关系可以用 F 矩阵表示.具有 F 相似关系的矩阵,称为 F 相似矩阵.在实际应用时,通常只能得到自反矩阵和对称矩阵,即相似矩阵.现在的问题是对具有相似关系的元素怎样进行分类,也就是如何将相似矩阵改造为等价矩阵.

定理 1 相似矩阵 $R\in\mu_{n\times n}$ 的传递闭包是等价矩阵,且 $\hat{R}=R^n$.

证 只需证明 $\hat{R}$ 是自反的、对称的.

因 R 是自反的,故 $R\supseteq I$,$R^2\supseteq R$.不难推得 R^n 不减,因此 $\hat{R}=\bigcup_{k=1}^{n}R^k=R^n\supseteq I$,即 $\hat{R}$ 是自反的.

因为 $R=R^\mathrm{T}$,$(R^n)^\mathrm{T}=(R^\mathrm{T})^n=R^n$,故 $\hat{R}$ 是对称的.

由定理 1 可见,要想将相似矩阵改造为等价矩阵,只需求相似矩阵的传递闭包.

下面给出求传递闭包的一种简捷方法.

定理2 设 $R \in \mu_{n \times n}$ 是自反矩阵,则任意自然数 $m \geq n$,都有
$$\hat{R} = R^m$$

证 由 R 自反性推得
$$R \subseteq R^2 \subseteq \cdots \subseteq R^n \subseteq \cdots$$

由此及 3.6 节定理 2 和定理 5,当 $m \geq n$ 时,有
$$\hat{R} = R^n \subseteq R^m \subseteq \bigcup_{k=1}^{\infty} R^k = \hat{R}$$

因此
$$\hat{R} = R^m$$

按定理 2,求相似矩阵的传递闭包可采用平方法:
$$R \to R^2 \to (R^2)^2 \to \cdots \to R^{2^k} = \hat{R}$$

令 $2^k \geq n$,故 $k \geq \log_2 n$.

用平方法至多需求 $[\log_2 n] + 1$ 步,便可得到传递闭包.这里,$[x]$ 表示 x 的整数部分.例如 $n = 30$,至多只需平方 5 次便可达到目的.

例 1 设

$$R = \begin{pmatrix} 1 & 0 & 0.1 & 0 & 0.8 & 1 & 0.6 \\ 0 & 1 & 0 & 1 & 0 & 0.8 & 1 \\ 0.1 & 0 & 1 & 0.7 & 0.6 & 0 & 0.1 \\ 0 & 1 & 0.7 & 1 & 0 & 0.9 & 0 \\ 0.8 & 0 & 0.6 & 0 & 1 & 0.7 & 0.5 \\ 1 & 0.8 & 0 & 0.9 & 0.7 & 1 & 0.4 \\ 0.6 & 1 & 0.1 & 0 & 0.5 & 0.4 & 1 \end{pmatrix}$$

求 R 的传递闭包.

解 这是相似矩阵,用平方法.

$$R^2 = R \circ R = \begin{pmatrix} 1 & 0.8 & 0.6 & 0.9 & 0.8 & 1 & 0.6 \\ 0.8 & 1 & 0.7 & 1 & 0.7 & 0.9 & 1 \\ 0.6 & 0.7 & 1 & 0.7 & 0.6 & 0.7 & 0.5 \\ 0.9 & 1 & 0.7 & 1 & 0.7 & 0.9 & 1 \\ 0.8 & 0.7 & 0.6 & 0.7 & 1 & 0.8 & 0.6 \\ 1 & 0.9 & 0.7 & 0.9 & 0.8 & 1 & 0.8 \\ 0.6 & 1 & 0.5 & 1 & 0.6 & 0.8 & 1 \end{pmatrix}$$

$$R^4 = R^2 \circ R^2 = \begin{pmatrix} 1 & 0.9 & 0.7 & 0.9 & 0.8 & 1 & 0.9 \\ 0.9 & 1 & 0.7 & 1 & 0.8 & 0.9 & 1 \\ 0.7 & 0.7 & 1 & 0.7 & 0.7 & 0.7 & 0.7 \\ 0.9 & 1 & 0.7 & 1 & 0.8 & 0.9 & 1 \\ 0.8 & 0.8 & 0.7 & 0.8 & 1 & 0.8 & 0.8 \\ 1 & 0.9 & 0.7 & 0.9 & 0.8 & 1 & 0.9 \\ 0.9 & 1 & 0.7 & 1 & 0.8 & 0.9 & 1 \end{pmatrix}$$

$$R^8 = R^4 \circ R^4 = \begin{bmatrix} 1 & 0.9 & 0.7 & 0.9 & 0.8 & 1 & 0.9 \\ 0.9 & 1 & 0.7 & 1 & 0.8 & 0.9 & 1 \\ 0.7 & 0.7 & 1 & 0.7 & 0.7 & 0.7 & 0.7 \\ 0.9 & 1 & 0.7 & 1 & 0.8 & 0.9 & 1 \\ 0.8 & 0.8 & 0.7 & 0.8 & 1 & 0.8 & 0.8 \\ 1 & 0.9 & 0.7 & 0.9 & 0.8 & 1 & 0.9 \\ 0.9 & 1 & 0.7 & 1 & 0.8 & 0.9 & 1 \end{bmatrix}$$

$R^8 = R^4$,由定理 1 知 $\hat{R} = R^7$,而由定理 2 有 $R^8 = R^7$,所以 $\hat{R} = R^4$. 即 R^4 是 F 等价矩阵.

3.9 聚类分析

"人以群分,物以类聚."聚类是一种重要的人类行为,通过适当聚类,事物才便于研究,事物的内部规律才可能为人类所掌握.聚类是指按照事物的某些属性,把事物聚集成类,使类间的相似性尽量小,类内的相似性尽量大,按照相似程度的大小,将事物逐一归类.

聚类与模式分类的区别在于:模式分类是已知若干模式,要求我们正确判断当前的新样本属于哪个模式;而聚类分析所讨论的对象是一大批样本,事先没有给定任何模式供参考,要求我们按样本各自的属性值加以分类.即它们两者的根本区别是分类时需要预先知道分类所依据的属性值,但聚类是由聚类学习算法自动找到这个分类属性值.从机器学习的角度看,分类是有监督(有导师)的学习过程,聚类是无监督(无导师)的学习过程.

目前聚类算法主要可分为三大类:

(1) 层次聚类算法(树聚类算法):它使用数据的连接规则,透过一种层次架构方式,反复将数据进行分裂或聚合,以形成一个层次序列的聚类问题解,如层次聚合算法,它适合小型数据集的分类.

(2) 划分式聚类算法:它需预先指定聚类数目或聚类中心,通过反复迭代运算,逐步降低目标函数的误差值.当目标函数值收敛时,得到最终聚类结果,如 K 均值聚类算法(或称 C 均值聚类算法)、F 聚类算法和图论聚类算法.

(3) 基于网格和密度的聚类算法:基于密度的聚类算法是通过数据密度来发现任意形状的类簇,而基于网格的聚类算法常常与其他方法(如基于密度聚类算法)相结合来发现任意形状的类簇.它们在以空间信息处理为代表的众多领域有着广泛应用,特别适合于大规模数据集的分类.

在 F 数学产生之前,聚类分析已是数理统计多元分析的一个分支。然而,现实的分类问题往往伴有 F 性.例如,环境污染分类、春天连阴雨预报、临床症状资料分类、岩石分类,等等,对这些伴有 F 性的聚类问题,用 F 数学语言来表达更为自然.

本节只介绍与划分式聚类算法有关的 F 聚类算法.

3.9.1 基于 F 等价矩阵模糊聚类分析的一般步骤

1. 数据标准化

(1) 数据矩阵

设论域 $U = \{x_1, x_2, \cdots, x_n\}$ 为被分类对象,每个对象又由 m 个指标表示其特征: $x_i =$

$\{x_{i1}, x_{i2}, \cdots, x_{im}\}, i = 1, 2, \cdots, n$. 于是,得到原始数据矩阵 X 为:

$$X = \begin{bmatrix} x_{11} & x_{12} & \cdots & x_{1m} \\ x_{21} & x_{22} & \cdots & x_{2m} \\ \vdots & \vdots & & \vdots \\ x_{n1} & x_{n2} & \cdots & x_{nm} \end{bmatrix}$$

(2) 数据标准化

根据 F 矩阵的要求,一般将数据压缩到区间 $[0,1]$ 上,可采用下面方法实现:

① 平移——标准差变换

$$x'_{ij} = \frac{x_{ij} - \overline{x_j}}{s_j} \quad (i = 1, 2, \cdots, n, \quad j = 1, 2, \cdots, m)$$

其中,
$$\overline{x_j} = \frac{1}{n} \sum_{i=1}^{n} x_{ij}, \quad s_j = \sqrt{\frac{1}{n} \sum_{i=1}^{n} (x_{ij} - \overline{x_j})^2}$$

经过变换后,每个变量的均值为 0,标准差为 1,消除了不同量纲的影响,但处理后的数据不一定在 $[0,1]$ 上.

② 平移——极差变换

$$x'_{ij} = \frac{x_{ij} - \min\{x_{ij} | 1 \leqslant i \leqslant n\}}{\max\{x_{ij} | 1 \leqslant i \leqslant n\} - \min\{x_{ij} | 1 \leqslant i \leqslant n\}}$$

变换后,数据都落入 $[0,1]$ 范围内.

2. 建立 F 相似关系

设 $U = \{u_1, u_2, \cdots, u_n\}$ 为待分类的全体. 其中每一待分类对象由一组数据表征如下:

$$u_i = (x_{i_1}, x_{i_2}, \cdots, x_{i_m})$$

现在的问题是如何建立 u_i 与 u_j 之间的相似关系. 这有许多方法(这里选一些,列在下面),我们可以按照实际情况,选其中一种来求 u_i 与 u_j 的相似关系 $R(u_i, u_j) = r_{ij}$.

① 数量积法

$$r_{ij} = \begin{cases} 1 & \text{当 } i = j \\ \frac{1}{M} \sum_{k=1}^{m} x_{i_k} \cdot x_{j_k} & \text{当 } i \neq j \end{cases}$$

其中, M 为一适当选择之正数,满足

$$M \geqslant \max_{i,j} \Big(\sum_{k=1}^{m} x_{i_k} \cdot x_{j_k} \Big)$$

② 相关系数法

$$r_{ij} = \frac{\sum_{k=1}^{m} |x_{i_k} - \overline{x}_i| |x_{j_k} - \overline{x}_j|}{\sqrt{\sum_{k=1}^{m} (x_{i_k} - \overline{x}_i)^2} \cdot \sqrt{\sum_{k=1}^{m} (x_{j_k} - \overline{x}_j)^2}}$$

其中
$$\overline{x}_i = \frac{1}{m} \sum_{k=1}^{m} x_{i_k}, \quad \overline{x}_j = \frac{1}{m} \sum_{k=1}^{m} x_{j_k}$$

③ 最大最小法

$$r_{ij} = \frac{\sum_{k=1}^{m} \min(x_{i_k}, x_{j_k})}{\sum_{k=1}^{m} \max(x_{i_k}, x_{j_k})}$$

④算术平均最小法

$$r_{ij} = \frac{\sum_{k=1}^{m} \min(x_{i_k}, x_{j_k})}{\frac{1}{2}\sum_{k=1}^{m} (x_{i_k} + x_{j_k})}$$

⑤几何平均最小法

$$r_{ij} = \frac{\sum_{k=1}^{m} \min(x_{i_k}, x_{j_k})}{\sum_{k=1}^{m} \sqrt{x_{i_k} \cdot x_{j_k}}}$$

⑥绝对值指数法

$$r_{ij} = e^{-\sum_{k=1}^{m} |x_{i_k} - x_{j_k}|}$$

⑦绝对值减数法

$$r_{ij} = \begin{cases} 1 & \text{当 } i = j \\ 1 - c\sum_{k=1}^{m} |x_{i_k} - x_{j_k}| & \text{当 } i \neq j \end{cases}$$

其中,c 适当选取,使 $0 \leq r_{ij} \leq 1$.

除上述方法外,还可请专家或由多人打分再平均取值.

选择上述哪一个方法好,要按实际情况而定.在实际应用时,最好采用多种方法,选取分类最符合实际的结果.

3. 改造相似关系为等价关系

由第二步得到的矩阵 R 一般只满足自反性和对称性,即 R 是相似矩阵,需将它改造成 F 等价矩阵.为此,采用平方法求出 R 的传递闭包 $\hat{R}$,$\hat{R}$ 便是所求的 F 等价矩阵.

4. 聚类并画动态聚类图

对等价矩阵 $\hat{R}$,选取适当的阈值 $\lambda \in [0,1]$,按 λ 截关系进行动态聚类.

例 1 环境单元分类.

每个环境单元包括空气、水分、土壤、作物四个要素.环境单元的污染状况由污染物在四要素中含量的超限度来描述.

现有五个环境单元,它们的污染数据如下:

设 $U = \{\text{I}, \text{II}, \text{III}, \text{IV}, \text{V}\}$

I = (5,5,3,2), II = (2,3,4,5), III = (5,5,2,3), IV = (1,5,3,1), V = (2,4,5,1)

试对 U 分类.

解 首先,按方法⑦建立 F 相似关系,取 $c = 0.1$,得 F 相似矩阵

$$R = \begin{bmatrix} 1 & 0.1 & 0.8 & 0.5 & 0.3 \\ 0.1 & 1 & 0.1 & 0.2 & 0.4 \\ 0.8 & 0.1 & 1 & 0.3 & 0.1 \\ 0.5 & 0.2 & 0.3 & 1 & 0.6 \\ 0.3 & 0.4 & 0.1 & 0.6 & 1 \end{bmatrix}$$

其次，用平方法求传递闭包：

$$R^2 = \begin{bmatrix} 1 & 0.3 & 0.8 & 0.5 & 0.5 \\ 0.3 & 1 & 0.2 & 0.4 & 0.4 \\ 0.8 & 0.2 & 1 & 0.5 & 0.3 \\ 0.5 & 0.4 & 0.5 & 1 & 0.6 \\ 0.5 & 0.4 & 0.3 & 0.6 & 1 \end{bmatrix}$$

$$R^4 = \begin{bmatrix} 1 & 0.4 & 0.8 & 0.5 & 0.5 \\ 0.4 & 1 & 0.4 & 0.4 & 0.4 \\ 0.8 & 0.4 & 1 & 0.5 & 0.5 \\ 0.5 & 0.4 & 0.5 & 1 & 0.6 \\ 0.5 & 0.4 & 0.5 & 0.6 & 1 \end{bmatrix}$$

$$R^8 = \begin{bmatrix} 1 & 0.4 & 0.8 & 0.5 & 0.5 \\ 0.4 & 1 & 0.4 & 0.4 & 0.4 \\ 0.8 & 0.4 & 1 & 0.5 & 0.5 \\ 0.5 & 0.4 & 0.5 & 1 & 0.6 \\ 0.5 & 0.4 & 0.5 & 0.6 & 1 \end{bmatrix} = R^4$$

所以，R^4 是传递闭包，也就是所求的等价矩阵。

最后，聚类：

当 $0 \leqslant \lambda \leqslant 0.4$ 时，U 分为一类：$\{Ⅰ,Ⅱ,Ⅲ,Ⅳ,Ⅴ\}$；

当 $0.4 < \lambda \leqslant 0.5$ 时，U 分为二类：$\{Ⅰ,Ⅲ,Ⅳ,Ⅴ\},\{Ⅱ\}$；

当 $0.5 < \lambda \leqslant 0.6$ 时，U 分为三类：$\{Ⅰ,Ⅲ\},\{Ⅳ,Ⅴ\},\{Ⅱ\}$；

当 $0.6 < \lambda \leqslant 0.8$ 时，U 分为四类：$\{Ⅰ,Ⅲ\},\{Ⅱ\},\{Ⅳ\},\{Ⅴ\}$；

当 $0.8 < \lambda \leqslant 1$ 时，U 分为五类：$\{Ⅰ\},\{Ⅱ\},\{Ⅲ\},\{Ⅳ\},\{Ⅴ\}$.

聚类图如图 3-5 所示。

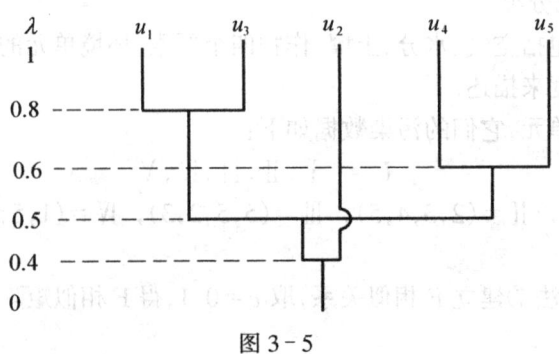

图 3-5

例2 设 $U=\{u_1,u_2,u_3,u_4,u_5\}$ 表示由父、子、女、邻居、母五人组成的一个集合,请陌生人对这五人按相貌相像程度进行 F 分类.

解 首先,求相似关系.对五人中任意两人按相貌相像程度打分,用 $[0,1]$ 上的数表示.于是,得到 F 相似矩阵

$$R=\begin{bmatrix} 1 & 0.8 & 0.6 & 0.1 & 0.2 \\ 0.8 & 1 & 0.8 & 0.2 & 0.85 \\ 0.6 & 0.8 & 1 & 0 & 0.9 \\ 0.1 & 0.2 & 0 & 1 & 0.1 \\ 0.2 & 0.85 & 0.9 & 0.1 & 1 \end{bmatrix}$$

自己与自己的相貌完全相像,故对角线上的元素都为 1;

$r_{35}=r_{53}=0.9$,表示母女相貌相像程度为 90%;

$r_{14}=r_{41}=0.1$,表示父亲与邻居的相貌相像程度为 10%.

由于

$$R^2=\begin{bmatrix} 1 & 0.8 & 0.8 & 0.2 & 0.8 \\ 0.8 & 1 & 0.85 & 0.2 & 0.85 \\ 0.8 & 0.85 & 1 & 0.2 & 0.9 \\ 0.2 & 0.2 & 0.2 & 1 & 0.2 \\ 0.8 & 0.85 & 0.9 & 0.2 & 1 \end{bmatrix}\not\subseteq R$$

即 R 不具有传递性,故不是 F 等价矩阵.

其次,求传递闭包.

$$R^4=\begin{bmatrix} 1 & 0.8 & 0.8 & 0.2 & 0.8 \\ 0.8 & 1 & 0.85 & 0.2 & 0.85 \\ 0.8 & 0.85 & 1 & 0.2 & 0.9 \\ 0.2 & 0.2 & 0.2 & 1 & 0.2 \\ 0.8 & 0.85 & 0.9 & 0.2 & 1 \end{bmatrix}=R^2$$

因此,$\hat{R}=R^2$ 是 U 上的 F 等价矩阵,用它对 U 聚类.

最后,聚类:

当 $0\leqslant\lambda\leqslant 0.2$ 时,U 分为一类:$\{u_1,u_2,u_3,u_4,u_5\}$;

当 $0.2<\lambda\leqslant 0.8$ 时,U 分为二类:$\{u_1,u_2,u_3,u_5\},\{u_4\}$;

当 $0.8<\lambda\leqslant 0.85$ 时,U 分为三类:$\{u_1\},\{u_2,u_3,u_5\},\{u_4\}$;

当 $0.85<\lambda\leqslant 0.9$ 时,U 分为四类:$\{u_1\},\{u_2\},\{u_3,u_5\};\{u_4\}$;

当 $0.9<\lambda\leqslant 1$ 时,U 分为五类:$\{u_1\},\{u_2\},\{u_3\},\{u_5\},\{u_4\}$.

聚类图见图 3-6.

当 $\lambda>0.2$ 时,u_4(邻居)就不属他们(一家)一类,这是符合实际的.

上述方法是应用 F 等价关系将元素聚类.当被分类的元素比较多时,这个方法显得麻烦,下面介绍比较简单的办法.

(1) 直接聚类法

① F 关系图

λ
1
0.9
0.85
0.8
0.2
0
u_1
u_2
u_3
u_5
u_4

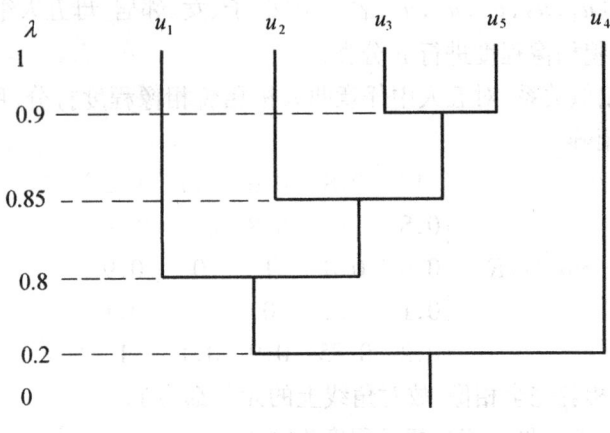

图 3-6

在同一论域中,一条路可以定义成一个元素序列

$$u_{i_1}, u_{i_2}, \cdots, u_{i_s} \tag{3.1}$$

s 是有限数,元素可重复出现. u_{i_1} 叫起点, u_{i_s} 叫终点. 这条路是由下面这些箭头连接起来的:

$$u_{i_1} \xrightarrow{r_{i_1 i_2}} u_{i_2}, u_{i_2} \xrightarrow{r_{i_2 i_3}} u_{i_3}, \cdots, u_{i_{s-1}} \xrightarrow{r_{i_{s-1} i_s}} u_{i_s} \tag{3.2}$$

其中,每个箭头叫做一步,这条路有 $s-1$ 步, $s-1$ 又叫它的长度. 每个箭头上边标的数 $r_{ii'}$ 称为这步路的权重. 一条路上最轻的一步权重叫做路的权重. 路(3.1)的权重是

$$\min(r_{i_1 i_2}, r_{i_2 i_3}, \cdots, r_{i_{s-1} i_s}) \tag{3.3}$$

两条路的起点和终点相同,称两条路等效.

一个 F 矩阵 $R \in \mu_{n \times n}$ 对应着一个由 n 个元素及 n^2 个箭头(即有 n^2 个 r_{ij})所组成的带权图. R^2 对应的图与 R 图的差别,仅仅在于权重. 在 R^2 图中,每一个箭头的权重等于在 R 图中与它等效的二步路中最重的一条路的权重(见图 3-7).

例如:

$$R = \begin{array}{c} \\ u_1 \\ u_2 \end{array}\begin{array}{c} \begin{array}{cc} u_1 & u_2 \end{array} \\ \begin{pmatrix} 0.2 & 0.3 \\ 0.5 & 0.1 \end{pmatrix} \end{array}$$

$$R^2 = \begin{array}{c} \\ u_1 \\ u_2 \end{array}\begin{array}{c} \begin{array}{cc} u_1 & u_2 \end{array} \\ \begin{pmatrix} 0.3 & 0.2 \\ 0.2 & 0.3 \end{pmatrix} \end{array} = \begin{array}{c} \\ u_1 \\ u_2 \end{array}\begin{array}{c} \begin{array}{cc} u_1 & u_2 \end{array} \\ \begin{pmatrix} 0.2 & 0.3 \\ 0.5 & 0.1 \end{pmatrix} \end{array} \circ \begin{array}{c} \begin{array}{cc} u_1 & u_2 \end{array} \\ \begin{pmatrix} 0.2 & 0.3 \\ 0.5 & 0.1 \end{pmatrix} \end{array}$$

从运算可得 (图3-7):

u_1
0.2
u_2
=
u_1
0.2
u_1
0.3
u_2
0.3
u_2
0.1

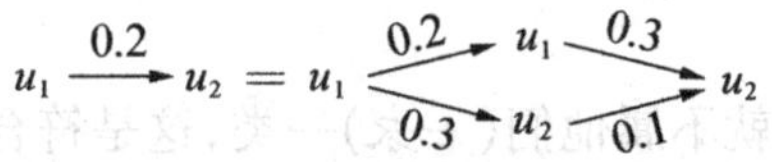

图 3-7

同理,在 R^k 图中,每一步的权重等于在 R 图中与它等效的 k 步路中最重的一条路的权重.

这就说明,在 R^k 的关系中, u_i 与 u_j 在 λ 水平上同类,而在 R 图中必存在一条权重不低于 λ 的路联结 u_i 与 u_j.

由此得下述聚类原则.

②聚类原则

u_i 与 u_j 在 λ 水平上同类 $\Longleftrightarrow$ 在 R 图中,存在一条权重不低于 λ 的路联结 u_i 与 u_j.

由此,不需改造 R,可直接根据聚类原则进行聚类.

例3 照片分类.

现有三个家庭,每个家庭由 4~7 人组成,每人 1 张照片,共有 16 张.试通过照片按相貌相像程度分类,把三个家庭区分开来.

表 3-1

r_{ij}	1	2	3	4	5	6	7	8	9	10	11	12	13	14	15	16
1	1															
2	0	1														
3	0	0	1													
4	0	0	0.4	1												
5	0	0.8	0	0	1											
6	0.5	0	0.2	0.2	0	1										
7	0	0.8	0	0	0.4	0	1									
8	0.4	0.2	0.2	0.5	0	0.8	0	1								
9	0	0.4	0	0.8	0.4	0.2	0.4	0	1							
10	0	0	0.2	0.2	0	0.2	0	0.2	1							
11	0	0.5	0.2	0.2	0	0.8	0	0.4	0.2	1						
12	0	0	0.2	0.2	0	0	0	0.4	0.8	0	1					
13	0.8	0	0.2	0.4	0	0.4	0	0.4	0	0	0	0	1			
14	0	0.8	0	0.2	0.4	0	0.8	0	0.2	0.2	0.6	0	0	1		
15	0	0	0.4	0.8	0	0.2	0	0	0.2	0	0.2	0.2	0	1		
16	0.6	0	0	0.2	0.2	0.8	0	0.4	0	0	0	0	0.4	0.2	0.4	1

解 建立相似关系.任取两张照片,请若干中学生按相貌相像程度打分,取平均数再折合成隶属度,得到相像关系的 F 矩阵 R(见表 3-1).由于矩阵是对称的,只需写出下三角形.

这个矩阵的传递闭包 $\hat{R}=R^{16}$,因此,若改造 R 为等价矩阵,则需平方 4 次,麻烦程度可想而知.

但按聚类原则,不需改造 R,直接将 R 图中权重($r_{ij} \geq \lambda$)不低于 λ 的路联结起来,在一条路上的元素就是一类.取 λ 从 1 到 0,便可得到所有的分类.

例如,取 $\lambda=0.8$,权重不低于 0.8 的路如图 3-8 所示,共五条路(包括③单独一条),共分为五类.

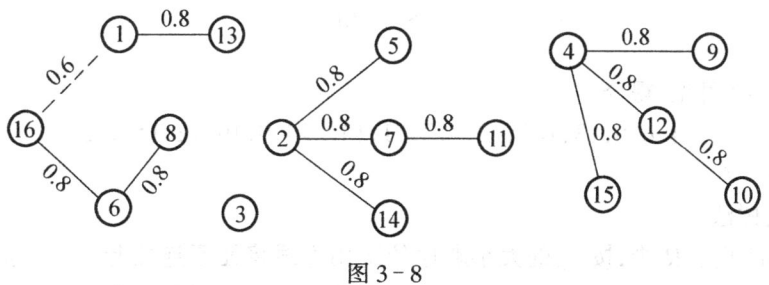

图 3-8

若 $\lambda=0.6$,则权重不低于 0.6 的路在上述路上把①和⑯联起来.这时,除③外,其余 15

张照片可分为三类(即三家),聚类图见图 3-9.

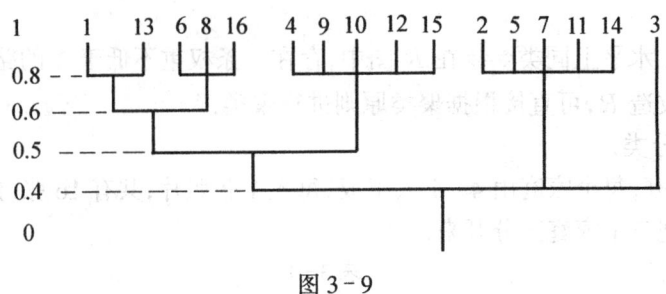

图 3-9

(2)编网法

按聚类原则,以例 3 照片分类为例.

取矩阵 $R_{0.6}$,将对角线填入元素符号.在对角线左下方以 * 取代 1,以空格代 0.将 * 所在的位置称为结点,向对角线引经线(竖线)及纬线(横线).所谓编网,就是在结点处将经过的经纬线捆绑起来(见图 3-10),这样来实现分类.通过打结而能互相联结的点属于同一类.

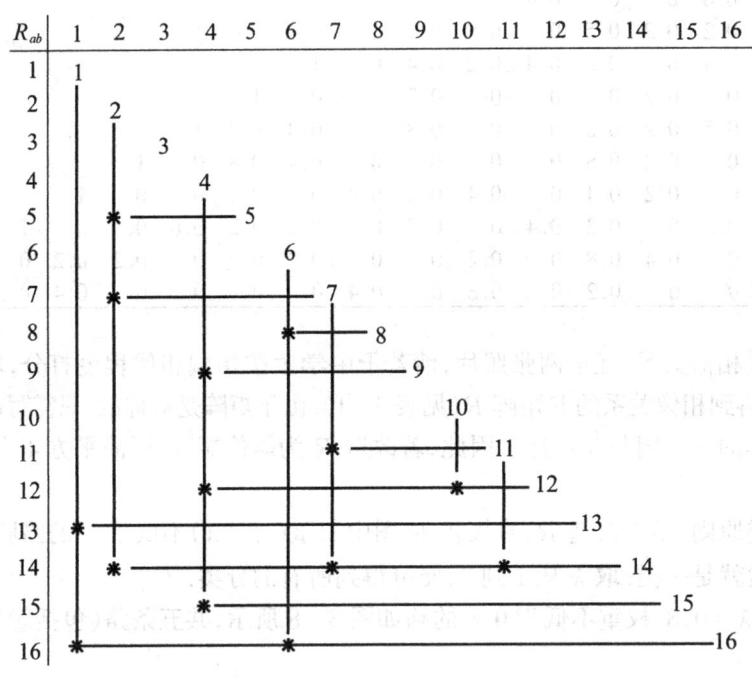

图 3-10

由图 3-10 可见,得分类:

$$\{1,6,8,13,16\}, \{2,5,7,11,14\}, \{4,9,10,12,15\}, \{3\}$$

结果与前述一致.

(3)最大树法

在 F 相似矩阵 R 中,按 r_{ij} 的大小顺序依次用直线将元素连接起来,并标上权重.若在某一步出现回路,便不画这一步,直到所有元素连通为止.这样,就得到一棵所谓的最大树(可以不唯一).取定 λ,去掉权重低于 λ 的连线,即可将元素分类,互相连通的元素归为一类.

仍以例 3 照片分类为例(见表 3-1),可画出其最大树(图 3-11).

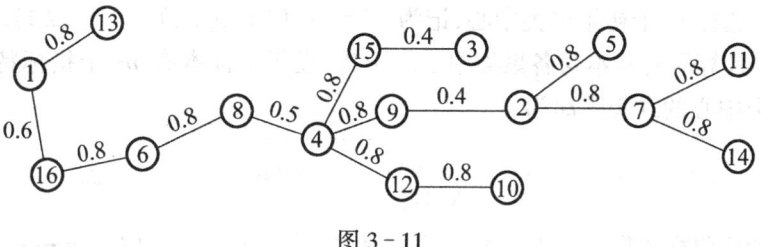

图 3-11

取 $\lambda=0.6$,去掉权重低于 0.6 的连线后,得图 3-12,分为四类(直线连起来的归为一类),与前两种所得结果一样.

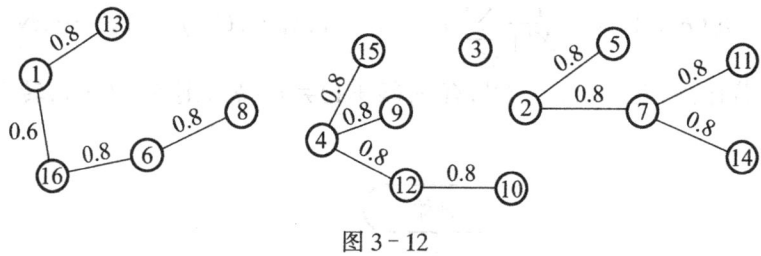

图 3-12

3.9.2 模糊 C 均值聚类算法

这里先介绍 C 均值聚类算法,它是非 F 的聚类算法,然后介绍相应的模糊 C 均值聚类算法,旨在让大家了解如何将一个已有的无 F 性经典算法加入 F 元素,使算法具有 F 性,更能客观地反映现实世界,从而提高算法的柔性和智能化程度.

这里介绍的是一类基于目标函数的聚类算法,目标函数是使:①一个聚类中的每个数据点与类中心之间的距离最小;②各个类中心之间的距离最大.

1. C 均值聚类算法

算法的指导思想是:假定样本集 $X=\{x_j | j=1,2,\cdots,N\}$ 中的全体样本可分为 C 类,并选定 C 个初始聚类中心,然后,根据最小距离原则将每个样本分配到某一类中,之后不断迭代计算各类的聚类中心并依据新的聚类中心调整聚类情况,直到迭代收敛或聚类中心不再改变.算法流程如图 3-13 所示.

C 均值聚类算法最后将样本集 $X=\{x_j | j=1,2,\cdots,N\}$ 划分为 C 个子集:$X^1, X^2, \cdots, X^C$,它们满足下面条件:

(1) $X^1 \cup X^2 \cup \cdots \cup X^C = X$

(2) $X^i \cap X^j = \emptyset$ $(1 \leqslant i, j \leqslant C, i \neq j)$

(3) $\emptyset \subset X^i \subset X$ $(2 \leqslant i \leqslant C)$

可见,此算法聚类后,每个样本被严格地划分到某类中,具有非此即彼的性质,因此又把它称为"硬划分"聚类算法.

C 均值聚类算法描述如下:

Step 1 初始化.设总样本集 $X=\{x_j | j=1,2,\cdots,N\}$,$N$ 为样本数,聚类数为 $C(2 \leqslant C \leqslant N)$,现在要将样本集 X 划分为 C 类,记为 $X^1, X^2, \cdots, X^C$,即

$$X^i = \emptyset, (i=1,2,\cdots,C) \qquad k=1$$

Step 2 选择 C 个初始聚类中心,记为 $V=(v_1(k),v_2(k),\cdots,v_C(k))$.

Step 3 计算所有样本与各聚类中心的距离.设每个样本有 m 个指标特征,则样本 x_j 到第 i 类聚类中心的欧氏距离为

$$d_{ji}=d(x_j,v_i(k))=\|x_j-v_i(k)\|=\sqrt{\sum_{l=1}^{m}[x_{jl}-v_{il}(k)]^2}, \quad i=1,2,\cdots,C; j=1,2,\cdots N$$

按最小距离原则将样本集 X 的每个样本进行聚类,即若 $d(x_j,v_{i_0}(k))=\min\limits_{i=1}^{C}d(x_j,v_i(k))$,则 $X^{i_0}=X^{i_0}\bigcup\{x_j\}$,其中,$i,i_0=1,2,\cdots,C; j=1,2,\cdots,N$.

Step 4 重新计算聚类中心

$$v_i(k+1)=\frac{1}{|X^i|}\sum_{x_j\in X^i}x_j, \quad i=1,2,\cdots,C; j=1,2,\cdots,N$$

Step 5 若存在 $i\in\{1,2,\cdots,C\}$,有 $v_i(k+1)\neq v_i(k)$,则 $k=k+1$,转 Step 3;否则聚类结束.

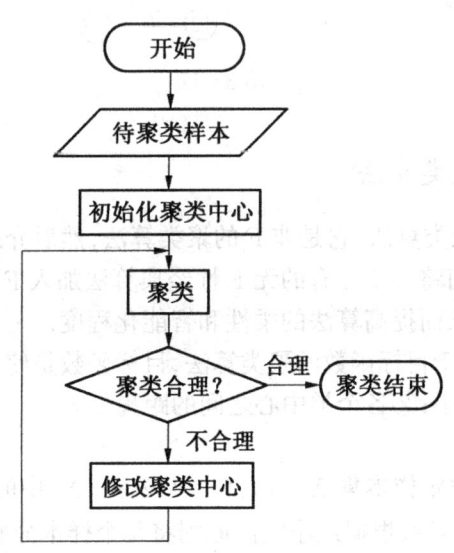

图 3-13 C 均值聚类算法流程图

例4 在汽车的催化转换器(将 $CO\rightarrow CO_2$)化工处理中,有转化效率与催化程度倒数间的关系,从相互作用的效果看,两个数据类是已知的.高转化效率和高温度的点表示了一个非污染系统(c_1 类),低转化效率和低温度的点表示了一个污染系统(c_2 类).现要对已测得的四种不同催化转化器的转化效率和温度,试图确定它们是否是污染系统.图 3-14a 中,x 轴为温度的倒数,y 轴为转化效率,四个数据坐标如下:

$$x_1=(1,3),x_2=(1.5,3.2),x_3=(1.3,2.8),x_4=(3,1)$$

解 现要分为两类 c_1 和 c_2 类,设初始聚类为 $c_1=\{x_1\},c_2=\{x_2,x_3,x_4\}$,如图 3-14b 所示.则初始聚类中心的坐标为:

c_1 类:即为 x_1 坐标值 $(1,3)$.

c_2 类:$((1.5+1.3+3)/3,(3.2+2.8+1)/3)=(1.93,2.33)$

3 F关系与聚类分析

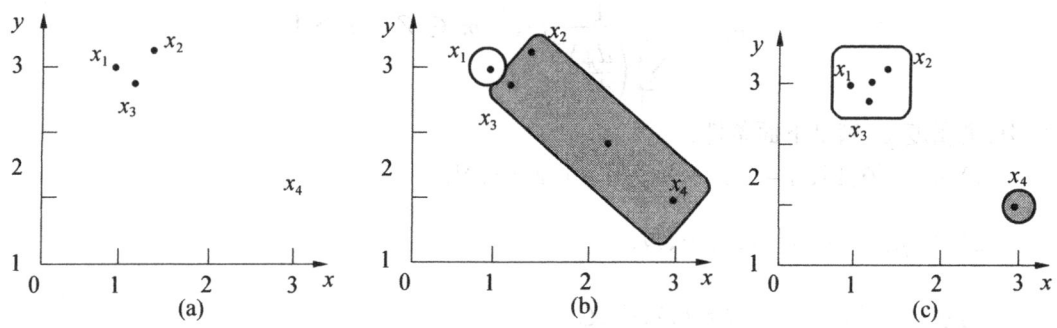

图 3-14 在二维特征空间中的4个数据点及聚类过程

计算每个数据点到 c_1,c_2 中心的距离

$$d_{11}=\|x_1-c_1\|=\sqrt{(1-1)^2+(3-3)^2}=0.0$$

类似地,可计算得

$$d_{12}=\|x_2-c_1\|=0.54, d_{13}=\|x_3-c_1\|=0.36, d_{14}=\|x_4-c_1\|=2.83,$$
$$d_{21}=1.14, \quad d_{22}=0.97, \quad d_{23}=0.78, \quad d_{24}=1.70$$

得到新的划分为:$c_1=\{x_1,x_2,x_3\}, c_2=\{x_4\}$,见图3-14c,则新的聚类中心的坐标为

c_1 类:$((1+1.5+1.3)/3,(3+3.2+2.8)/3)=(1.27,3.0)$

c_2 类:即为 x_4 坐标值 $(3,1)$.

重新计算每个数据点到 c_1,c_2 中心的距离

$$d_{11}=\|x_1-c_1\|=\sqrt{(1-1.26)^2+(3-3)^2}=0.26$$

$$d_{12}=0.31, d_{13}=0.20, d_{14}=2.65, d_{21}=2.82, d_{22}=2.66, d_{23}=2.47, d_{24}=0.0$$

所以,得新的划分为:$c_1=\{x_1,x_2,x_3\}, c_2=\{x_4\}$.

可见,新的划分与前面的相同,聚类中心没有改变,聚类结束.

2. 模糊 C 均值聚类算法

将 C 均值聚类算法改进为模糊 C 均值聚类算法的方法如下:

从 C 均值聚类算法的描述可见,某个样本 $x_j(j=1,2,\cdots,N)$ 必属于一个子集:要么完全属于,要么完全不属于. 若增加用特征函数 μ_{ji} 表示样本 x_j 对样本子集 X^i 的隶属程度,即

$$\mu_{ji}=\begin{cases}1 & \text{当 } x_j\in X^i \\ 0 & \text{当 } x_j\notin X^i\end{cases} \quad i=1,2,\cdots,C; j=1,2,\cdots,N$$

则样本集 X 中每个样本 x_j 对 C 个类的归属可用矩阵 $U_{n\times C}$ 表示:

$$U=\begin{pmatrix}\mu_{11} & \mu_{12} & \cdots & \mu_{1C} \\ \mu_{21} & \mu_{22} & \cdots & \mu_{2C} \\ \vdots & \vdots & \ddots & \vdots \\ \mu_{n1} & \mu_{n2} & \cdots & \mu_{nC}\end{pmatrix} \quad \mu_{ji}\in\{0,1\}; i=1,2,\cdots,C; j=1,2,\cdots,N$$

若将 μ_{ji} 的取值改为 $\mu_{ji}\in[0,1]$,即某个样本可以以不同的隶属度属于不同的子集,则样本 x_j 对第 i 类的隶属度 μ_{ji} 重新定义为:

$$u_{ji} = \frac{1}{\sum_{l=1}^{C}\left(\dfrac{d_{ji}}{d_{jl}}\right)^{\frac{2}{m-1}}}, \quad m \in Z, \ m > 1$$

其中,隶属度 μ_{ji} 满足下面条件:

(1) $\mu_{ji} \in [0,1]$, $i = 1,2,\cdots,C$; $j = 1,2,\cdots,N$.

(2) $\sum_{i=1}^{C} \mu_{ji} = 1$, $j = 1,2,\cdots,N$.

(3) $0 < \sum_{j=1}^{N} \mu_{ji} < N$, $i = 1,2,\cdots,C$.

聚类目标函数 $J(U,V)$ 定义为:

$$J(U,V) = \sum_{j=1}^{N}\sum_{i=1}^{C}(\mu_{ji})^m (d_{ji})^2, \quad m > 1$$

模糊 C 均值聚类算法在当 $J(U,V)$ 达到极小值的情况下,从样本集 $X = \{x_j \mid j = 1,2,\cdots,N\}$ 中得到一个含 C 个子集 $(X^1, X^2, \cdots, X^C)$ 的覆盖,它们满足下面条件:

(1) $X^1 \cup X^2 \cup \cdots \cup X^C = X$

(2) $\varnothing \subset X^i \subset X$ ($2 \leqslant i \leqslant C$)

(3) 存在 $X^i \cap X^j \neq \varnothing$ ($1 \leqslant i, j \leqslant C, i \neq j$)

则模糊 C 值聚类算法描述为:

Step 1 初始化. 设总样本集 $X = \{x_j \mid j = 1,2,\cdots,N\}$,聚类数为 $C(2 \leqslant C \leqslant N)$, $X^i = \varnothing$, $(i = 1,2,\cdots,C)$ $k = 1$. 现在要将样本集 X 划分为 C 类,记为 $X^1, X^2, \cdots, X^C$.

Step 2 选择 C 个初始聚类中心,记为 $V = (v_1(k), v_2(k), \cdots, v_C(k))$.

Step 3 计算所有样本与各聚类中心的欧氏距离

$$d_{ji} = d(x_j, v_i(k)) = \| x_j - v_i(k) \| = \sqrt{\sum_{l=1}^{m}[x_{jl} - v_{il}(k)]^2}, \quad i = 1,2,\cdots,C; \ j = 1,2,\cdots N$$

其中, $\| x_j - v_i(k) \|$ 为样本 x_j 到第 i 类聚类中心的欧氏距离.

表示样本 x_j 对第 i 类的隶属度,定义为

$$u_{ji} = \frac{1}{\sum_{l=1}^{C}\left(\dfrac{d_{ji}}{d_{jl}}\right)^{\frac{2}{m-1}}}, \quad m > 1$$

按最小距离原则将样本集 X 进行聚类,即若 $d(x_j, v_{i_0}(k)) = \min_{i=1}^{C} d(x_j, v_i(k))$,则 $X^{i_0} = X^{i_0} \cup \{x_j\}$,其中 $i, i_0 = 1,2,\cdots,C$; $j = 1,2,\cdots,N$.

Step 4 重新计算聚类中心

$$v_i(k+1) = \frac{\sum_{j=1}^{N}[(\mu_{ji})^m \cdot x_j]}{\sum_{j=1}^{N}(\mu_{ji})^m}, \quad i = 1,2,\cdots,C$$

Step 5 若存在 $i \in \{1,2,\cdots,C\}$,有 $v_i(k+1) \neq v_i(k)$,则 $k = k+1$,转 Step 3;否则聚类结束.

例 5 用模糊 C 值聚类算法对例 1 已得到的 4 个数据点确定它们是否是污染系统.

解 设模糊 C 值聚类算法中 $m = 2$. 现要分为两类 c_1 和 c_2 类,设 $c_1 = \{x_1, x_2, x_3\}$, c_2

$=\{x_4\}$,则聚类中心的坐标为

c_1 类(各点的隶属度均为 1)
$$((1+1.5+1.3)/3,(3+3.2+2.8)/3)=(1.27,3.0)$$
c_2 类(各点的隶属度均为 1)即为 x_4 坐标值 $(3,1)$.

计算每个数据点到 c_1, c_2 中心的距离
$$d_{11}=\|x_1-c_1\|=\sqrt{(1-1.26)^2+(3-3)^2}=0.26$$

类似地,计算得 $d_{12}=0.31, d_{13}=0.20, d_{14}=2.65, d_{21}=2.82, d_{22}=2.66, d_{23}=2.47,$ $d_{24}=0.0$.

计算数据点对 c_1 类的隶属度:
$$u_{11}=\left[\sum_{j=1}^{C}\left(\frac{d_{11}}{d_{j1}}\right)^2\right]^{-1}=\left[\left(\frac{d_{11}}{d_{11}}\right)^2+\left(\frac{d_{11}}{d_{21}}\right)^2\right]^{-1}=\left[\left(\frac{0.26}{0.26}\right)^2+\left(\frac{0.26}{2.82}\right)^2\right]^{-1}=0.991$$

$$u_{21}=\left[\left(\frac{d_{21}}{d_{21}}\right)^2+\left(\frac{d_{21}}{d_{22}}\right)^2\right]^{-1}=\left[1+\left(\frac{0.31}{2.66}\right)^2\right]^{-1}=0.986$$

$$u_{31}=\left[\left(\frac{d_{31}}{d_{31}}\right)^2+\left(\frac{d_{31}}{d_{32}}\right)^2\right]^{-1}=\left[1+\left(\frac{0.20}{2.47}\right)^2\right]^{-1}=0.993$$

$$u_{41}=\left[\left(\frac{d_{41}}{d_{41}}\right)^2+\left(\frac{d_{41}}{d_{42}}\right)^2\right]^{-1}=\left[1+\left(\frac{0.65}{0}\right)^2\right]^{-1}=0.0$$

注:分母为 0 时,定值为无穷大.

同理,数据点对 c_2 的隶属度为:
$$u_{12}=0.009, u_{22}=0.014, u_{32}=0.007, u_{42}=1.0$$

重新计算聚类中心:

对 c_1 类:
$$c_1(x)=\frac{0.991^2\times 1+0.986^2\times 1.5+0.993^2\times 1.3+0\times 3}{0.991^2+0.986^2+0.993^2+0}=\frac{3.719}{2.94}\approx 1.26$$
$$c_1(y)=\frac{0.991^2\times 3+0.986^2\times 3.2+0.993^2\times 2.8+0\times 1}{0.991^2+0.986^2+0.993^2+0}=\frac{8.816}{2.94}\approx 3.0$$

对 c_2 类,类似计算得: $c_2(x)\approx 3.0, c_2(y)\approx 1.0$

即得新的聚类中心为: $c_1=(1.26,3.0), c_2=(3.0,1.0)$

所以,得到新的聚类中心与前面的相同,没有改变,聚类结束.

习题 3

1. 设原料集 $U=\{u_1,u_2,u_3\}$,工厂集 $V=\{v_1,v_2,v_3,v_4\}$,R 是供应关系,隶属函数由下表给出.

r_{ij} \ v_j u_i	v_1	v_2	v_3	v_4
u_1	0.3	0	0.6	0.1
u_2	0	0.7	0.1	0.1
u_3	0.2	0.2	0.5	0

其中,r_{ij} 表示 u_i 原料供应 v_j 工厂的百分比.试写出

$$R(u_1,v_2), \quad R(u_1,v_4), \quad R(u_2,v_2), \quad R(u_3,v_1)$$

的数值,并用 F 图及 F 矩阵表示 F 关系 R.

2. 设 R_1, R_2 都是实数域上的 F 关系,

$$R_1(x,y) = e^{-(x-y)^2}, \quad R_2(x,y) = e^{-(x-y)}$$

求 $(R_1 \cup R_2)^c(3,2)$ 和 $(R_1^c \cap R_2^c)(3,2)$.

3. 设

$$R_1 = \begin{bmatrix} 0.1 & 0 & 0.8 \\ 0.9 & 0.5 & 0 \\ 0 & 0.4 & 0.3 \end{bmatrix}, \quad R_2 = \begin{bmatrix} 0.7 & 0.2 & 0.4 \\ 0.3 & 0.1 & 0.6 \\ 1 & 0.5 & 0.2 \end{bmatrix}$$

(1) 设 $U = \{u_1, u_2, u_3\}$ 且 $R_1 \in \mathscr{F}(U \times U)$,用 F 关系的简化图表示 R_1;

(2) 求 $R_1 \cup R_2, (R_1 \cap R_2)^c, R_1^c$.

4. 设 $R, S, T \in \mu_{m \times n}$,证明:

(1) $(R \cup S) \cap T = (R \cap T) \cup (S \cap T)$;

(2) $R \subseteq S \Longleftrightarrow R^c \supseteq S^c$;

(3) $S \cap (\bigcup\limits_{t \in T} R^{(t)}) = \bigcup\limits_{t \in T} (S \cap R^{(t)})$,$T$ 为指标集.

5. 对任意的 $R \in \mu_{n \times n}$,证明 $R \cup R^T$ 是对称的.

6. 设 $A, B \in \mu_{n \times n}$,且 A 是自反的,证明 $A \cup B$ 也是自反矩阵.

7. 设 $U = \{u_1, u_2, u_3\}, V = \{v_1, v_2, v_3, v_4\}$,而

$$R = \begin{bmatrix} 0.7 & 0.6 & 0.5 & 0.8 \\ 0.6 & 0.9 & 1 & 0.8 \\ 0.7 & 0.4 & 0.3 & 0.2 \end{bmatrix}$$

是从 U 到 V 的 F 关系.

(1) 求 $R_{0.5}, R_{0.9}, R_{0.4}, R_{0.9}$.

(2) 试问 u_3、v_1 对上面的截关系来说是否有关.

(3) 试问 u_2、v_4 对 $R_{0.8}, R_{0.8}, R_{0.9} \cup R_{0.2}$ 来说是否有关.

8. 设 $R \in \mathscr{F}(R \times R), R(u,v) = e^{-(u-v)^2}$,试问

$$u = \sqrt{\ln 2}, \quad v = 0; \quad u = 1 + \sqrt{\ln 3}, \quad v = 1$$

对 $R_{0.5}$ 来说是否有关.

9. (1) 设 $Q, R \in \mu_{n \times n}$,证明:$(Q \cap R)_\lambda = Q_\lambda \cap R_\lambda \quad \lambda \in [0,1]$.

(2) $(R_\lambda)^T = (R^T)_\lambda \quad \lambda \in [0,1], R$ 是 F 关系.

10. 证明 $(Q \cap R) \circ S \subseteq Q \circ S \cap R \circ S$.

11. 设 $A \in \mu_{n \times n}$ 是自反的.证明 A^n 也是自反的.并且,A^n 是非降序列,即

$$A \subseteq A^2 \subseteq \cdots \subseteq A^n \subseteq \cdots$$

12. 设 $A, B \in \mu_{n \times n}$ 是对称的,证明 $A \cup B, A \cap B, A^n$ 也是对称矩阵.

13. 设 $R_1 \in \mathscr{F}(U \times V), R_2 \in \mathscr{F}(V \times W)$

$$R_1 = \begin{bmatrix} 0.7 & 0.4 & 0.1 & 1 \\ 0.8 & 0.3 & 0.6 & 0.3 \\ 0.4 & 0.7 & 0.2 & 0.9 \end{bmatrix}, \quad R_2 = \begin{bmatrix} 0.6 & 0.5 \\ 0.2 & 0.8 \\ 0.9 & 0.3 \\ 0.8 & 1 \end{bmatrix}$$

求 $R_1 \circ R_2, R_1 \circ R_2^c, (R_1)_{0.6} \circ (R_2)_{0.6}$.

14. 设 $R_1 \in \mathscr{F}(U \times V), R_2 \in \mathscr{F}(V \times W)$ 且 U、V、W 均为实数域,
$$R_1(u,v) = e^{-k(u-v)^2}, \quad R_2(v,w) = e^{-k(v-w)^2}$$
求 $R_1 \circ R_2$、$R_1^c \circ R_2^c$ 的隶属函数.

15. 若 Q、R 对称,则 $Q \circ R$ 对称的充要条件是 $Q \circ R = R \circ Q$.

16. 若 R 是对称 F 关系(不一定是 F 矩阵),则 R^n 也是对称的.

17. 若 Q、R 是传递的,则 $Q \cap R$ 也是传递的. 并且, $\forall k(k \geqslant 1$ 自然数$), R \supseteq R^k$.

18. 设
$$R = \begin{pmatrix} 1 & 0.4 & 0.9 & 0.6 \\ 0.4 & 1 & 0.7 & 0.5 \\ 0.9 & 0.7 & 1 & 0.8 \\ 0.6 & 0.5 & 0.8 & 1 \end{pmatrix}$$
求 $\hat{R}$.

19.

(1) 若 R 是自反的, 则
$$\hat{R}(u,v) = \lim_{n \to \infty} R^n(u,v) \quad \forall (u,v) \in U \times U$$

(2) 若 R 是传递的, 则 $\hat{R} = R$.

(3) 若 R 是自反的和传递的, 则 $R^n = R$.

20. 设 U 是有限集, R 是 U 上的 F 关系且具有自反性和对称性. 证明 $\forall \alpha \in [0,1]$,
$$\hat{R}_\alpha = (\hat{R})_\alpha$$

21. 若 Q、R 是 F 等价矩阵, 则 $Q \cap R$ 也是 F 等价矩阵.

22. 设 R 是 U 上的 F 关系, 若存在正整数 m 和 i, 使 $R^m = R^{m+i}$. 求证
$$\hat{R} = \bigcup_{k=1}^{m+i-1} R^k$$

23. 设 $U = \{u_1, u_2, u_3, u_4, u_5\}$, 在 U 上存在 F 关系, 使
$$R = \begin{pmatrix} 1 & 0.8 & 0 & 0.1 & 0.2 \\ 0.8 & 1 & 0.4 & 0 & 0.9 \\ 0 & 0.4 & 1 & 0 & 0 \\ 0.1 & 0 & 0 & 1 & 0.5 \\ 0.2 & 0.9 & 0 & 0.5 & 1 \end{pmatrix}$$
求 $\hat{R}$ 及取 $\lambda = 0.8$ 进行分类.

24. 设有 4 种产品, 给定它们的指标如下:
$$u_1 = (37, 38, 12, 16, 13, 12)$$
$$u_2 = (69, 73, 74, 22, 64, 17)$$
$$u_3 = (73, 86, 49, 27, 68, 39)$$
$$u_4 = (57, 58, 64, 84, 63, 28)$$
试建立相似关系, 并用等价关系、直接聚类法、编网法、最大树法进行 F 聚类.

4 F 映射与综合评判

本章在 F 关系的基础上,研究 F 映射和 F 变换,并由此引入线性变换的概念.作为应用,还介绍了综合评判和 F 关系方程的解.综合评判是非常有用的一个数学方法.

4.1 F 映 射

定义 1 称映射
$$f: U \longrightarrow \mathscr{F}(V)$$
是从 U 到 V 的 F 映射.或表示为
$$u \longmapsto f(u) = B \in \mathscr{F}(V)$$

可见,F 映射是这样的一种对应关系:U 上的任一元素 u 与 V 上的唯一确定 F 集 B 对应.

例 1 设 $U = \{u_1, u_2, u_3\}$,$V = \{v_1, v_2, v_3, v_4\}$,$R \in \mathscr{F}(U \times V)$,且
$$R = \begin{bmatrix} 0.5 & 0.2 & 0.3 & 0 \\ 0.4 & 1 & 0.3 & 0.1 \\ 0 & 0.2 & 0.7 & 0 \end{bmatrix}$$

令
$$u_1 \longmapsto f(u_1) = \frac{0.5}{v_1} + \frac{0.2}{v_2} + \frac{0.3}{v_3}$$
$$u_2 \longmapsto f(u_2) = \frac{0.4}{v_1} + \frac{1}{v_2} + \frac{0.3}{v_3} + \frac{0.1}{v_4}$$
$$u_3 \longmapsto f(u_3) = \frac{0.2}{v_2} + \frac{0.7}{v_3}$$

按定义便知 f 是从 U 到 V 的 F 映射.

定义 2 设 $R \in \mathscr{F}(U \times V)$,对任意 $u \in U$,对应着 V 上的一个 F 集,记作 $R|_u$,它具有隶属函数
$$R|_u(v) \triangleq R(u, v) \quad v \in V$$
称 $R|_u$ 为 R 在 u 处的截影.

同样,可以定义 R 在 v 处的截影
$$R|_v(u) \triangleq R(u, v) \quad u \in U$$

例如,在例 1 中:
$$R|_{u_1} = (0.5, 0.2, 0.3, 0)$$
$$R|_{u_2} = (0.4, 1, 0.3, 0.1)$$
$$R|_{u_3} = (0, 0.2, 0.7, 0)$$

类似地,
$$R|_{v_1} = \begin{pmatrix} 0.5 \\ 0.4 \\ 0 \end{pmatrix}, \quad R|_{v_2} = \begin{pmatrix} 0.2 \\ 1 \\ 0.2 \end{pmatrix}$$

例2 设 $R \in \mathscr{F}(U \times V)$, U、V 为实数域,且
$$R(u,v) = \frac{1}{1+4(u-v)^2} \quad (u,v) \in U \times V$$

求 R 在 $u=1$ 及 $v=2$ 处的截影.

解 根据定义,R 在 u 处的截影为
$$R|_u(v) = R(u,v)$$

因此
$$R|_{u=1}(v) = R(1,v) = \frac{1}{1+4(1-v)^2} \quad v \in V$$

类似地,得
$$R|_{v=2}(u) = R(u,2) = \frac{1}{1+4(u-2)^2} \quad u \in U$$

由上面所述,得到下面结论.

定理1 任给 $R \in \mathscr{F}(U \times V)$,都唯一确定了一个从 U 到 V 的 F 映射,记作
$$f_R : U \longrightarrow \mathscr{F}(V)$$

使对任意 $u \in U$,都有
$$f_R(u) = R|_u$$

反之,任给从 U 到 V 的 F 映射
$$f : U \longrightarrow \mathscr{F}(V)$$

都唯一确定了一个 F 关系,记作
$$R_f \in \mathscr{F}(U \times V)$$

使对任意 $u \in U$,都有
$$R_f|_u = f(u)$$

证 任给 $R \in \mathscr{F}(U \times V)$,令
$$f_R(u)(v) = R(u,v)$$

由截影的定义,$\forall u \in U$,
$$R|_u(v) = R(u,v) \quad v \in V$$

于是 $\forall u \in U$,都有
$$f_R(u) = R|_u$$

反之,任给 $f : U \longrightarrow \mathscr{F}(V)$,令
$$R_f(u,v) = f(u)(v) \quad (u,v) \in U \times V$$

于是 $R_f \in \mathscr{F}(U \times V)$. 由截影定义,$\forall u \in U$,
$$R_f|_u(v) = R_f(u,v) = f(u)(v) \quad v \in V$$

所以
$$R_f|_u = f(u)$$

可见,$U \times V$ 上的 F 关系与从 U 到 V 的 F 映射之间有一一对应关系,甚至有时把 F 关系看成是 F 映射.反之亦然.在不致混淆的情况下,等同使用下面符号:

$$R = R_f = f_R = f$$

例 3 设 $f: U \longrightarrow \mathscr{F}(V)$,且
$$f(u)(v) = e^{-(u-v)^2}, \quad u \in U, v \in V$$

试确定 F 关系 $R \in \mathscr{F}(U \times V)$,并求 $R|_{u=2}$ 和 $R|_{u=3}$.

解 根据定理 1,$\forall u \in U$,
$$R|_u = f(u)$$

即
$$R|_u(v) = f(u)(v) = e^{-(u-v)^2} \quad u \in U, v \in V \qquad (*)$$

而
$$R|_u(v) = R(u,v)$$

因此 F 关系
$$R(u,v) = e^{-(u-v)^2}, \quad (u,v) \in U \times V$$

由 (*) 式,得 $R|_{u=2}(v) = e^{-(2-v)^2}$, $v \in V$; $R|_{v=3}(u) = e^{-(u-3)^2}$, $u \in U$

当论域为有限时,一般表示如下.

设 $U = \{u_1, u_2, \cdots, u_m\}$,$V = \{v_1, v_2, \cdots, v_n\}$,且
$$f: U \longrightarrow \mathscr{F}(V)$$
$$u_i \longmapsto f(u_i) = (r_{i_1}, r_{i_2}, \cdots, r_{i_n}) \quad (i = 1, 2, \cdots, m)$$

由定理 1,对任意 $u_i \in U (i=1,2,\cdots,m)$,有
$$R|_{u_i} = f(u_i) = (r_{i_1}, r_{i_2}, \cdots, r_{i_n})$$

于是,有 F 关系 $R \in \mathscr{F}(U \times V)$,即
$$R = \begin{bmatrix} r_{11} & r_{12} & \cdots & r_{1n} \\ r_{21} & r_{22} & \cdots & r_{2n} \\ \vdots & \vdots & & \vdots \\ r_{m1} & r_{m2} & \cdots & r_{mn} \end{bmatrix}$$

4.2 F 变 换

例 1 设 a 表示"男少年",身高论域
$$U = \{1.4, 1.5, 1.6, 1.7, 1.8\} \quad (\text{m})$$

体重论域
$$V = \{40, 50, 60, 70, 80\} \quad (\text{kg})$$

a 在 U 上的 F 集
$$A = \{0.8, 1, 0.4, 0.1, 0\}$$

某地区身高与体重的关系
$$R = \begin{bmatrix} 1 & 0.8 & 0.2 & 0.1 & 0 \\ 0.8 & 1 & 0.8 & 0.2 & 0.1 \\ 0.2 & 0.8 & 1 & 0.8 & 0.2 \\ 0.1 & 0.2 & 0.8 & 1 & 0.8 \\ 0 & 0.1 & 0.2 & 0.8 & 1 \end{bmatrix}$$

其中 F 集 A 看做是从 a 到 U 的 F 关系,R 是从 U 到 V 的 F 关系,那么 A 对 R 的合成便是

从 α 到 V 的 F 关系,即是 α 在论域 V 上的 F 集
$$B = A \circ R = (0.8, 1, 0.8, 0.4, 0.2)$$

由此可见,关系 R 是一个映射,这个映射将一个 F 集变为另一个 F 集,相当于一个变换.

定义 1 称映射
$$T : \mathscr{F}(U) \longrightarrow \mathscr{F}(V)$$
为从 U 到 V 的一个 F 变换.

可见,U 上的 F 集 A 经变换 T 后,得到 V 上的 F 集 B,记
$$T(A) = B$$
称 B 是 A 在 F 变换下的像,而 A 是 B 的原像.

当 U、V 均为有限时,这时 F 变换 T 就是映射
$$T : \mu_{1 \times m} \longrightarrow \mu_{1 \times n}$$

如果给定 $R \in \mu_{m \times n}$,对任意 $A \in \mu_{1 \times m}$,都可得到(按 F 关系的合成运算)
$$A \circ R = B \in \mu_{1 \times n}$$
这时 R 既是一个变换,又确定一个映射 T_R.

一般地,有:

定理 1 任给 $R \in \mathscr{F}(U \times V)$,唯一确定从 U 到 V 的 F 变换,记作
$$T_R : \mathscr{F}(U) \longrightarrow \mathscr{F}(V)$$
使对任意 $A \in \mathscr{F}(U)$,均有
$$T_R(A) = A \circ R \in \mathscr{F}(V)$$
这里,
$$(A \circ R)(v) \triangleq \bigvee_{u \in U} (A(u) \wedge R(u,v)) \quad v \in V$$

证 利用从这里定义的映射 $T_R(A) = A \circ R$ 及其运算,便可将 U 上的 F 集映射到 V 上的 F 集.所以,只要给定从 U 到 V 的 F 关系,便可确定从 U 到 V 的 F 变换.

由此可见,任意 F 关系 R 可导出 F 变换 T_R.实际上这个变换就是 F 关系 R,故 $T_R = R$,即有
$$R : \mathscr{F}(U) \longrightarrow \mathscr{F}(V)$$

例 2 设 $U = \{u_1, u_2, u_3\}$,$V = \{v_1, v_2, v_3, v_4\}$,且
$$R = \begin{pmatrix} 1 & 0 & 1 & 0 \\ 1 & 0 & 0 & 1 \\ 0 & 1 & 1 & 0 \end{pmatrix} \quad R \in \mathscr{F}(U \times V)$$
$$A = \{u_1, u_2\}, \quad B = \frac{0.5}{u_1} + \frac{0.1}{u_2} + \frac{0.3}{u_3}$$
求 $T_R(A), T_R(B)$.

解 用 F 集表示 $A = (1,1,0)$,由 F 变换得
$$T_R(A) = A \circ R = (1,1,0) \circ \begin{pmatrix} 1 & 0 & 1 & 0 \\ 1 & 0 & 0 & 1 \\ 0 & 1 & 1 & 0 \end{pmatrix}$$

$$= (1,0,1,1)$$

$$T_R(B) = B \circ R = (0.5, 0.1, 0.3) \circ \begin{bmatrix} 1 & 0 & 1 & 0 \\ 1 & 0 & 0 & 1 \\ 0 & 1 & 1 & 0 \end{bmatrix}$$

$$= (0.5, 0.3, 0.5, 0.1)$$

例3 设 $U = \{u_1, u_2, u_3\}$, $V = \{v_1, v_2, v_3, v_4\}$, 且

$$R = \begin{bmatrix} 0.2 & 1 & 0.5 & 0 \\ 0.1 & 0.3 & 0.9 & 1 \\ 0 & 0.4 & 1 & 0.1 \end{bmatrix}$$

$$A = \{u_1, u_2\}, \quad B = (0.5, 0.1, 0.3)$$

求 $T_R(A), T_R(B)$.

解 $A = (1,1,0)$, 由 F 变换得

$$T_R(A) = A \circ R = (1,1,0) \circ \begin{bmatrix} 0.2 & 1 & 0.5 & 0 \\ 0.1 & 0.3 & 0.9 & 1 \\ 0 & 0.4 & 1 & 0.1 \end{bmatrix}$$

$$= (0.2, 0.3, 0.9, 1)$$

$$T_R(B) = B \circ R = (0.5, 0.1, 0.3) \circ \begin{bmatrix} 0.2 & 1 & 0.5 & 0 \\ 0.1 & 0.3 & 0.9 & 1 \\ 0 & 0.4 & 1 & 0.1 \end{bmatrix}$$

$$= (0.2, 0.5, 0.5, 0.1)$$

由此可见, 普通关系导出的 F 变换, 将普通子集对应到普通子集, 将 F 集对应到 F 集. 因此, 普通关系导出普通集变换

$$T_R : \mathscr{P}(U) \longrightarrow \mathscr{P}(V)$$

是 F 变换的特殊情况. 而 F 关系导出的 F 变换并不保证将普通子集对应到普通子集. 也就是说, 真 F 关系仅能导出 F 变换而不能导出普通集变换.

F 关系导出 F 变换, 对无限论域一样成立. 请看下例.

例4 设 R 是实数域 U 上的二元关系, 且

$$R(x,y) = \frac{1}{1 + 4(x-y)^2} \quad (x,y) \in U \times U$$

$$A(x) = \frac{1}{1+x^2} \quad A \in \mathscr{F}(U)$$

求 $T_R(A)(y)$.

解 这里 $T_R = R$, 按定理1, 有

$$R(A)(y) = (A \circ R)(y) = \bigvee_{x \in U} (A(x) \wedge R(x,y))$$

$$= \bigvee_{x \in U} \left(\frac{1}{1+x^2} \wedge \frac{1}{1+4(x-y)^2} \right) = \frac{1}{1+x_0^2} \tag{4.1}$$

其中 x_0 是使 $A(x) = R(x,y)$ 的点, 令

$$\frac{1}{1+x^2} = \frac{1}{1+4(x-y)^2}$$

解得
$$x_1 = \frac{2}{3}y, \quad x_2 = 2y$$

因为
$$\frac{1}{1+\left(\frac{2}{3}y\right)^2} \geq \frac{1}{1+(2y)^2}$$

故 x_1 为所求的 x_0，将它代入式(4.1)，得
$$R(A)(y) = \frac{9}{9+4y^2} \qquad y \in U$$

由 4.1 节已知，给定一个从 U 到 V 的 F 映射 f，可以导出一个 F 关系 $R_f \in \mathscr{F}(U \times V)$，而由 F 关系 R_f 又可导出一个从 U 到 V 的 F 变换 T_f. 称 T_f 为由 F 映射 f 导出的 F 变换.

例 5 设 $U = \{u_1, u_2, u_3\}$，$V = \{v_1, v_2, v_3, v_4, v_5\}$，且
$$f : U \longrightarrow \mathscr{F}(V)$$
$$f(u_1) = \frac{0.1}{v_1} + \frac{0.5}{v_2} + \frac{1}{v_3}$$
$$f(u_2) = \frac{0.9}{v_2} + \frac{0.4}{v_4}$$
$$f(u_3) = \frac{0.6}{v_1} + \frac{0.1}{v_3} + \frac{0.8}{v_5}$$
$$A = \{u_2, u_3\}, \quad B = \frac{0.6}{u_1} + \frac{0.7}{u_2} + \frac{1}{u_3}$$

求 $T_f(A), T_f(B)$.

解 先求出 F 关系 R_f. 根据 4.1 节，有
$$R_f|_{u_1} = f(u_1) = (0.1, 0.5, 1, 0, 0)$$
$$R_f|_{u_2} = f(u_2) = (0, 0.9, 0, 0.4, 0)$$
$$R_f|_{u_3} = f(u_3) = (0.6, 0, 0.1, 0, 0.8)$$

于是，有 F 关系
$$R_f = \begin{pmatrix} 0.1 & 0.5 & 1 & 0 & 0 \\ 0 & 0.9 & 0 & 0.4 & 0 \\ 0.6 & 0 & 0.1 & 0 & 0.8 \end{pmatrix}$$

从而有 F 变换 $T_f = R_f$. 而
$$A = (0, 1, 1), \quad B = (0.6, 0.7, 1)$$
$$T_f(A) = A \circ R_f$$
$$= (0, 1, 1) \circ \begin{pmatrix} 0.1 & 0.5 & 1 & 0 & 0 \\ 0 & 0.9 & 0 & 0.4 & 0 \\ 0.6 & 0 & 0.1 & 0 & 0.8 \end{pmatrix}$$
$$= (0.6, 0.9, 0.1, 0.4, 0.8)$$
$$T_f(B) = B \circ R_f$$
$$= (0.6, 0.7, 1) \circ \begin{pmatrix} 0.1 & 0.5 & 1 & 0 & 0 \\ 0 & 0.9 & 0 & 0.4 & 0 \\ 0.6 & 0 & 0.1 & 0 & 0.8 \end{pmatrix}$$

$$= (0.6, 0.7, 0.6, 0.4, 0.8)$$

关于 F 变换的性质,由于定理 1 规定的 F 变换的运算 $A \circ R$ 实际上是 F 关系的合成运算,所以 F 关系合成运算所具有的性质对 F 变换一样成立,这里不再一一叙述.

由上面讨论可以看出,由 F 关系确定的 F 变换的直观意义可以解释为论域的转换.如表示"男少年"概念 α,F 集 A 表示 α 在体重论域 U 上的 F 集经 F 变换后得到 F 集 B,而它却表示 α 在身高论域 V 上的 F 集.

定义 2 设 $A, B \in \mathscr{F}(U)$,若 F 变换 $T: \mathscr{F}(U) \longrightarrow \mathscr{F}(V)$ 满足

(1) $T(A \cup B) = T(A) \cup T(B)$,

(2) $T(\alpha A) = \alpha \cdot T(A)$, $\alpha \in [0, 1]$,

则称 T 是 F 线性变换.

定理 2 设 $R \in \mathscr{F}(U \times V)$,$\forall A \in \mathscr{F}(U)$,均有
$$T(A) = A \circ R$$
其中
$$(A \circ R)(v) = \bigvee_{u \in U}(A(u) \wedge R(u, v)) \quad v \in V$$
则 T 是 F 线性变换.

证 $\forall A, B \in \mathscr{F}(U)$,由 F 关系合成的性质,有
$$(A \cup B) \circ R = (A \circ R) \cup (B \circ R)$$
即有 $T(A \cup B) = T(A) \cup T(B)$.

而 $\forall \alpha \in [0, 1]$,$\forall v \in V$,有
$$((\alpha A) \circ R)(v) = \bigvee_{u \in U}((\alpha \wedge A(u)) \wedge R(u, v))$$
$$= \alpha \wedge (\bigvee_{u \in U}(A(u) \wedge R(u, v))) = \alpha \wedge (A \circ R)(v)$$

于是有 $T(\alpha A) = \alpha \cdot T(A)$.

所以,$T(A) = A \circ R$ 是 F 线性变换.

定理 3 设 $R \in \mathscr{F}(U \times V)$,$T$ 是由 R 导出的 F 变换,则 T 满足
$$T(\bigcup_{\gamma \in \Gamma} \lambda_\gamma A^{(\gamma)}) = \bigcup_{\gamma \in \Gamma} \lambda_\gamma T(A^{(\gamma)})$$
其中,Γ 为指标集,$A^{(\gamma)} \in \mathscr{F}(U)$,$\lambda_\gamma \in [0, 1]$.

证 根据定理 1 及 F 关系合成的性质,
$$T(\bigcup_{\gamma \in \Gamma} \lambda_\gamma A^{(\gamma)}) = (\bigcup_{\gamma \in \Gamma} \lambda_\gamma A^{(\gamma)}) \circ R = \bigcup_{\gamma \in \Gamma}(\lambda_\gamma A^{(\gamma)}) \circ R$$
$$= \bigcup_{\gamma \in \Gamma} T(\lambda_\gamma A^{(\gamma)}) = \bigcup_{\gamma \in \Gamma} \lambda_\gamma T(A^{(\gamma)})$$

所以
$$T(\bigcup_{\gamma \in \Gamma} \lambda_\gamma A^{(\gamma)}) = \bigcup_{\gamma \in \Gamma} \lambda_\gamma T(A^{(\gamma)})$$

F 线性变换是应用的理论工具.作为应用例子,下面介绍综合评判.

4.3 综合评判

F 综合评判的基本思想是利用 F 线性变换原理和最大隶属度原则,考虑与被评价事物相关的各个因素,对其做出合理的综合评价.

综合评判有三要素:

(1) 因素集: $U = \{u_1, u_2, \cdots, u_m\}$,设与被评判对象相关的因素有 m 个;

(2) 评语集: $V = \{v_1, v_2, \cdots, v_n\}$,设所有可能出现的评语有 n 个;

(3) 单因素判断,即对单个因素 $u_i (i=1,\cdots,m)$ 的评判,得到 V 上的 F 集 $(r_{i1}, r_{i2}, \cdots, r_{in})$,所以它是从 U 到 V 的一个 F 映射

$$f: U \to \mathscr{F}(V)$$
$$u_i \mapsto (r_{r1}, r_{r2}, \cdots, r_{in})$$

按 4.1 节定理 1,F 映射 f 可以确定一个 F 关系 $R \in \mu_{m \times n}$,称为评判矩阵.

$$R = \begin{bmatrix} r_{11} & r_{12} & \cdots & r_{1n} \\ r_{21} & r_{22} & \cdots & r_{2n} \\ \vdots & \vdots & & \vdots \\ r_{m1} & r_{m2} & \cdots & r_{mn} \end{bmatrix}$$

它是由所有对单因素评判的 F 集组成的.

由于各因素地位未必相等,所以需对各因素加权.用 U 上的 F 集 $A = (a_1, a_2, \cdots, a_m)$ 表示各因素的权数分配,它与评判矩阵 R 的合成,得出综合评价集 $B = (b_1, b_2, \cdots, b_n)$,则

$$A \circ R = B = (b_1, b_2, \cdots, b_n)$$

其中,

$$A = (a_1, a_2, \cdots, a_m)$$
$$R = (r_{ij})_{m \times n}, \quad r_{ij} \in [0, 1]$$
$$b_j = \bigvee_{i=1}^{m} (a_i \wedge r_{ij}), \quad j = 1, \cdots, n$$

它是对各因素的综合评判,最后根据最大隶属度原则,选择综合评价集 B 中最大的 b_j 所对应的等级(评语) v_j 作为综合评判的结果.于是,得到综合评判模型 I(或记为模型 $M(\wedge, \vee)$).

由综合评价的过程可见,当单独考虑因素 u_i 时,u_i 的评价对评语 v_j 的隶属程度为 r_{ij} ($j = 1, 2, \cdots, n$).而通过 F 关系合成运算所得的结果为

$$b_j = \bigvee_{i=1}^{m} (a_i \wedge r_{ij}), \quad j = 1, \cdots, n$$

就是在全面考虑各种因素时,u_i 的评价对评语 v_j 的隶属程度,也就是在考虑 u_i 在总评价中的影响程度 a_i 时对 r_{ij} 所进行的调整.最后,通过 F 关系合成运算对各个调整后的隶属程度进行综合处理,得出合理的综合评价结果.

4.3.1 一级综合评判模型

定义 1 设 n 个变量的函数 $f: [0,1]^n \longrightarrow [0,1]$ 满足

(1) $f(0, 0, \cdots, 0) = 0$, $f(1, 1, \cdots, 1) = 1$;

(2) 如果 $x_i \leqslant x_i'$,则 $f(x_1, x_2, \cdots, x_n) \leqslant f(x_1', x_2', \cdots, x_n')$;

(3) $\lim_{x_i \to x_{i_0}} f(x_1, x_2, \cdots, x_n) = f(x_{1_0}, x_{2_0}, \cdots, x_{n_0})$;

(4) $f(x_1 + x_1', \cdots, x_n + x_n') = f(x_1, \cdots, x_n) + g(x_1', \cdots, x_n')$.

则称 f 为评判函数.其中 $g: [0,1]^n \longrightarrow [0,1]$.

下面求评判函数 f 的表达式.

引理 设递增函数 $\varphi:[0,1]\longrightarrow[0,1]$ 满足
$$\varphi(x+y)=\varphi(x)+\varphi(y) \quad \forall\, x,y,x+y\in[0,1]$$
则
$$\varphi(x)=ax, \quad a=\varphi(1)$$

证 由归纳法可证 $\varphi(nx)=n\varphi(x)$. 于是
$$\varphi\left(\frac{m}{n}\right)=m\cdot\varphi\left(\frac{1}{n}\right)=\frac{m}{n}\cdot n\varphi\left(\frac{1}{n}\right)=\frac{m}{n}\varphi(1)=\frac{m}{n}\cdot a \quad (m、n\text{ 为自然数},\text{且 }m\leqslant n)$$

所以,对一切 $[0,1]$ 上的有理数 r, $\varphi(r)=a\cdot r$. 再用区间套定理,可证得对 $[0,1]$ 上的任意实数 x,有
$$\varphi(x)=ax$$

定理 1 设 f 是评判函数,则

(1) $f(x_1,x_2,\cdots,x_n)=\sum_{i=1}^{n}a_ix_i$;

(2) $\sum_{i=1}^{n}a_i=1 \quad a_i\geqslant 0$.

证 (1) 在定义 1 条件④中令 $x_1=x_2=\cdots=x_n=0$,得
$$f(x'_1,\cdots,x'_n)=f(0,\cdots,0)+g(x'_1,\cdots,x'_n)$$

又由条件①,得
$$f(x'_1,\cdots,x'_n)=g(x'_1,\cdots,x'_n)$$

所以由条件④,得
$$f(x_1+x'_1,\cdots,x_n+x'_n)=f(x_1,\cdots,x_n)+f(x'_1,\cdots,x'_n)$$

令
$$f_i(x_i)=f(0,\cdots,0,x_i,0,\cdots,0), \quad i\leqslant n$$

由引理,得
$$f_i(x_i)=a_ix_i, \quad a_i=f(0,\cdots,0,1,0,\cdots,0)$$

于是
$$f(x_1,x_2,\cdots,x_n)=f(x_1,0,\cdots,0)+f(0,x_2,0,\cdots,0)+\cdots+f(0,\cdots,0,x_n)$$
$$=\sum_{i=1}^{n}f_i(x_i)=\sum_{i=1}^{n}a_ix_i$$

(2) 根据定义,有
$$f(1,1,\cdots,1)=f(1,0,\cdots,0)+f(0,1,0,\cdots,0)+\cdots+f(0,\cdots,0,1)$$
$$=a_1+a_2+\cdots+a_n$$
且
$$f(1,1,\cdots,1)=1$$
因此
$$\sum_{i=1}^{n}a_i=1$$

定理 2 如果 $\sum_{i=1}^{n}a_i=1$, $a_i\geqslant 0$,则评判函数 $f\in[0,1]$.

证 $\forall\, x_i\in[0,1]$,有

$$0 \leqslant \sum_{i=1}^{n} a_i x_i \leqslant \sum_{i=1}^{n} a_i = 1$$

即
$$f \in [0,1]$$

这两个定理说明,在进行综合评判时,可采取实数的加乘运算来代替"∨,∧"运算,得到的结果仍是 F 集,只要满足一定条件即可. 称 $a_i(i=1,\cdots,n)$ 为权数. 于是有

模型 Ⅱ

$$A \circ R = B = (b_1, b_2, \cdots, b_n)$$

其中

$$A = (a_1, \cdots, a_n), \quad \sum_{i=1}^{n} a_i = 1, \quad a_i \geqslant 0$$

$$R = (r_{ij})_{n \times m}, \quad r_{ij} \in [0,1]$$

$$b_j = \sum_{i=1}^{n} a_i r_{ij}, \quad j = 1, \cdots, m$$

这里,b_j 是 $r_{1j}, r_{2j}, \cdots, r_{nj}$ 的函数,也就是评判函数. 这个模型采用实数的加乘运算,比用"∨、∧"运算精细. 模型 Ⅱ 也可记为模型 M(·,+).

例 1 以服装评判为例,设

$$U = \{花色式样,耐穿程度,价格费用\}$$
$$V = \{很欢迎,比较欢迎,不太欢迎,不欢迎\}$$

对某一种服装,请若干专门人员进行单因素评价.

解 单考虑花色式样,若有 70% 的人很欢迎,有 20% 的人比较欢迎,10% 的人不太欢迎,便可得出

$$花色式样 \longmapsto (0.7, 0.2, 0.1, 0)$$

类似地,设有

$$耐穿程度 \longmapsto (0.2, 0.3, 0.4, 0.1)$$
$$价格费用 \longmapsto (0.3, 0.4, 0.2, 0.1)$$

所有单因素评判组成评判矩阵

$$R = \begin{bmatrix} 0.7 & 0.2 & 0.1 & 0 \\ 0.2 & 0.3 & 0.4 & 0.1 \\ 0.3 & 0.4 & 0.2 & 0.1 \end{bmatrix}$$

不同的顾客,由于职业、性别、年龄、爱好、经济状况等不同,对服装的三个因素所给予的权数也不同. 设某类顾客所给的权重为

$$A = (0.5, 0.3, 0.2)$$

则可求得此类顾客对这种服装的综合评判为

$$B = A \circ R = (0.47, 0.27, 0.21, 0.05)$$

它表示的评价是:"很欢迎"的程度为 47%;"比较欢迎"为 27%;"不太欢迎"为 21%;"不欢迎"为 5%. 按最大隶属原则,结论是"很欢迎".

这个结果是归一化的. 下面将证明当权数和单因素评判均是归一化时,用实数的加乘运算,其综合评判的结果也是归一化的.

注意: 如果采用"∨,∧"运算,综合评判结果不一定是归一化的,需将结果归一化.

定理3 在模型 I 中,如果 $\sum_{i=1}^{n} a_i = 1, \sum_{j=1}^{m} r_{ij} = 1$,则

$$\sum_{j=1}^{m} f_j = 1$$

其中
$$f_j = \sum_{i=1}^{n} a_i r_{ij}, \quad j = 1, 2, \cdots, m$$

证
$$\sum_{j=1}^{m} f_j = \sum_{j=1}^{m} \sum_{i=1}^{n} a_i \cdot r_{ij} = \sum_{i=1}^{n} a_i \sum_{j=1}^{m} r_{ij} = \sum_{i=1}^{n} a_i \cdot 1 = 1$$

现考虑在定义1中评判函数 f 满足的四个条件的含义. 其中 $x_1, x_2, \cdots, x_n$ 分别代表 n 个因素在某判数(如"很欢迎")上的指标. 条件①说明当这些指标为零(或为1),综合评判结果这一指标(如"很欢迎")也为零(或为1);条件②说明各判断指标增大,综合评判结果也增大;条件③说明这一增大不会突变;条件④指出当各指标增加一个量,最后结果也会增加一个量. 这些与实际意义一致.

4.3.2 多级综合评判模型

如果评判对象的有关因素很多,很难合理地定出权数分配,即难以真实地反映各因素在整体中的地位,这时需采取多级评判.

例如在专业评估中,要从所学的课程来评价某个班的学习情况. 由于所学的课程很多,为此将这些课程分为基础课、专业基础课、专业课和公共课等四类,先对每一类进行综合评判,将其结果看成是一个单因素评判. 将这四类课程看成四个因素并赋予权重 A,进行第二级的综合评判. 其模型如下:

模型 III

$$C = A \circ B = A \circ \begin{pmatrix} A_1 \circ R_1 \\ A_2 \circ R_2 \\ A_3 \circ R_3 \\ A_4 \circ R_4 \end{pmatrix} = A \circ \begin{pmatrix} B_1 \\ B_2 \\ B_3 \\ B_4 \end{pmatrix} = A \circ (b_{ij})_{4 \times m}$$

B_i 是第 i 类课程评判的结果,而 C 是类之间的综合评判结果.

进行二级评判时,如果各类包括的因素仍太多,又可将每一类按其某一属性再分为若干类,进行三级或更多级的综合评判.

上述过程叫做综合评判的正问题. 综合评判其实是从 U 到 V 的模糊线性变换,如果把评判矩阵 R 看作一个转换器,当输入一个 A,就会输出一个 B,如图 4-1 所示.

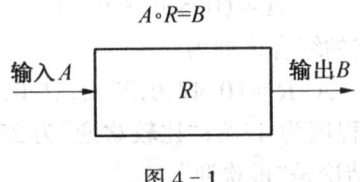

图 4-1

如果输出是已知的,问输入是什么?即要求出下面关系式的 X,

$$X \circ R = B$$

这是综合评判的逆问题.例如,要生产和组织什么样的商品才会畅销?这就需要知道顾客所持的权重是什么.所以,研究综合评判的逆问题很有意义,它的求解是解模糊关系方程.后面将看到,这个解法比较麻烦,甚至有些方程无解或有无穷多组解.当方程无解时怎么办?可以请有经验的专门人员给出一组不同的权重,叫权重的备择集.按择近原则,从这一组备择集中找出一个相对比较理想的权数分配方案.

设
$$J = \{A_1, \cdots, A_s\}$$

为 U 上的一组模糊集(即备择集),再分别求出它们的输出
$$B_i = A_i \circ R, \quad i = 1, \cdots, s$$

若有 i,使
$$(B_i, B) = \max_{1 \leq j \leq s}(B_j, B)$$

则认为 A_i 是 J 中最佳权重.

仍以服装为例,已知某种服装经顾客评价后,得
$$B = (0.6, 0.3, 0.1, 0)$$

及评判矩阵
$$R = \begin{pmatrix} 0.7 & 0.2 & 0.1 & 0 \\ 0.2 & 0.3 & 0.4 & 0.1 \\ 0.3 & 0.4 & 0.2 & 0.1 \end{pmatrix}$$

根据对顾客的心理估计,提出下述四种可能的权数分配方案:
$$A_1 = (0.2, 0.5, 0.3)$$
$$A_2 = (0.4, 0.3, 0.3)$$
$$A_3 = (0.2, 0.3, 0.5)$$
$$A_4 = (0.5, 0.2, 0.3)$$

按模型 I 算出对应的 B_1、B_2、B_3、B_4:
$$B_1 = A_1 \circ R = (0.33, 0.31, 0.28, 0.08)$$
$$B_2 = A_2 \circ R = (0.43, 0.29, 0.22, 0.06)$$
$$B_3 = A_3 \circ R = (0.35, 0.33, 0.24, 0.08)$$
$$B_4 = A_4 \circ R = (0.48, 0.28, 0.19, 0.05)$$

然后求它们与 B 的贴近度.由公式
$$N(B_1, B) = 1 - \frac{1}{4}\sum_{i=1}^{4}|B_1(u_i) - B(u_i)|$$

得
$$N(B_1, B) = 1 - \frac{1}{4}(|0.6 - 0.33| + |0.3 - 0.31| + |0.1 - 0.28| + |0 - 0.08|) = 0.865$$

同理,有
$$N(B_2, B) = 0.91, \quad N(B_3, B) = 0.875, \quad N(B_4, B) = 0.93$$

按择近原则,与 B_4 相应的 A_4 就是最佳权数分配方案.

若关系式
$$X \circ R = B$$

有解,则求解综合评判的逆问题可用下一节的方法.

4.3.3 多层次综合评判模型

在对复杂系统进行综合评判时,由于评判因素很多,而每个因素都要赋予一定的权数,则必然存在以下问题:①难以恰当分配权数;②得不到有意义的评判结果.若因素项数大于10,则其中会有多项因素的权数小于0.1,在使用F变换操作时,在"∧"运算后,微小的权数会"淹没"多数评价因素值,这样就无法求出解答.

例 2 评判一批产品的质量,共有9项基本因素,即因素集 $U=\{u_1,u_2,\cdots,u_9\}$,评语集为 $V=\{v_1,v_2,v_3,v_4\}$,其中 $v_1=$一等品,$v_2=$二等品,$v_3=$次品,$v_4=$废品,由专家、客户、质检员组成评判小组,先打分并做简单处理得到如下的评判矩阵:

$$R = \begin{bmatrix} 0.36 & 0.24 & 0.13 & 0.27 \\ 0.20 & 0.32 & 0.25 & 0.23 \\ 0.40 & 0.22 & 0.26 & 0.12 \\ 0.30 & 0.28 & 0.24 & 0.18 \\ 0.26 & 0.36 & 0.12 & 0.20 \\ 0.22 & 0.42 & 0.16 & 0.10 \\ 0.38 & 0.24 & 0.08 & 0.20 \\ 0.34 & 0.25 & 0.30 & 0.11 \\ 0.24 & 0.28 & 0.30 & 0.18 \end{bmatrix}$$

假设确定出权重分配的权重向量 A 为:

$$A=(0.1,0.12,0.07,0.07,0.16,0.10,0.10,0.10,0.18)$$

则使用一级综合评判模型 $M(\wedge,\vee)$ 对其进行F综合评判,得F综合评判为

$$B=A\circ R=(0.18,0.18,0.18,0.18)$$

无法给出答案.对这类问题可以把因素按特点分成几层,先在每一层内进行F综合评判,再对评判结果进行高层次的F综合评判.

进行多层次F综合评判的步骤如下:

1. 因素分类

将因素 $U=\{u_1,u_2,\cdots,u_n\}$ 按某种属性分为 s 类:$U_i=\{u_{i1},u_{i2},\cdots,u_{in_i}\}$,其中,$i=1,2,\cdots,s$. 它们满足条件:

① $n_1+n_2+\cdots+n_s=n$

② $U_1\bigcup U_2\bigcup\cdots\bigcup U_s=U$

③ $(\forall i,j)(i\neq j\to U_i\bigcap U_j=\emptyset)$

2. 建立评判集

$$V=\{v_1,v_2,\cdots,v_p\}$$

3. 建立权重集

① 因素类权重集

设第 i 类因素 U_i 的权数为 $a_i(i=1,2,\cdots,s)$,则因素类权重集为 $A=(a_1,a_2,\cdots,a_s)$.

② 因素权重集

设第 i 类中的第 j 个因素 u_{ij} 的权数为 a_{ij},则因素权重集为 $A_i=(a_{i1},a_{i2},\cdots,a_{in_i})(i=$

$1, 2, \cdots, s$).

4. 一层综合评判

对每一类的各个因素进行综合评判,设在一层一级综合评判的单因素评判矩阵为

$$R_i = \begin{bmatrix} r_{11}^{(i)} & r_{12}^{(i)} & \cdots & r_{1p}^{(i)} \\ r_{21}^{(i)} & r_{22}^{(i)} & \cdots & r_{2p}^{(i)} \\ \vdots & \vdots & & \vdots \\ r_{n_i 1}^{(i)} & r_{n_i 2}^{(i)} & \cdots & r_{n_i p}^{(i)} \end{bmatrix}$$

设在一层 F 综合评判中采用评判模型 M($\wedge$, $\vee$),则对第 i 类因素的 F 综合评判矩阵 B_i 为:

$$\begin{aligned} B_i &= A_i \circ R_i \\ &= (a_{i1}, a_{i2}, \cdots, a_{in_i}) \circ \begin{bmatrix} r_{11}^{(i)} & r_{12}^{(i)} & \cdots & r_{1p}^{(i)} \\ r_{21}^{(i)} & r_{22}^{(i)} & \cdots & r_{2p}^{(i)} \\ \vdots & \vdots & & \vdots \\ r_{n_i 1}^{(i)} & r_{n_i 2}^{(i)} & \cdots & r_{n_i p}^{(i)} \end{bmatrix} \\ &= (b_{i1}, b_{i2}, \cdots, b_{ip}) \end{aligned}$$

5. 二层综合评判

首先由一层一级 F 综合评判矩阵(或多级 F 综合评判矩阵)得到二层 F 综合评判的单因素类评判矩阵 R 为:

$$R = \begin{bmatrix} B_1 \\ B_2 \\ \vdots \\ B_s \end{bmatrix} = \begin{bmatrix} A_1 \circ R_1 \\ A_2 \circ R_2 \\ \vdots \\ A_s \circ R_s \end{bmatrix} = \begin{bmatrix} b_{11} & b_{12} & \cdots & b_{1p} \\ b_{21} & b_{22} & \cdots & b_{2p} \\ \vdots & \vdots & & \vdots \\ b_{s1} & b_{s2} & \cdots & b_{sp} \end{bmatrix} = (b_1, b_2, \cdots, b_p)$$

设在二层综合 F 评判中采用 F 综合评判模型 M($\cdot$, +),于是,二层 F 综合评判矩阵 B 为

$$B = A \times R = (a_1, a_2, \cdots, a_s) \times \begin{bmatrix} b_{11} & b_{12} & \cdots & b_{1p} \\ b_{21} & b_{22} & \cdots & b_{2p} \\ \vdots & \vdots & & \vdots \\ b_{s1} & b_{s2} & \cdots & b_{sp} \end{bmatrix} = (b_1, b_2, \cdots, b_p)$$

二层 F 综合评判示意图如图 4-2 所示. 每一层的 F 综合评判可以采用上面介绍过的模

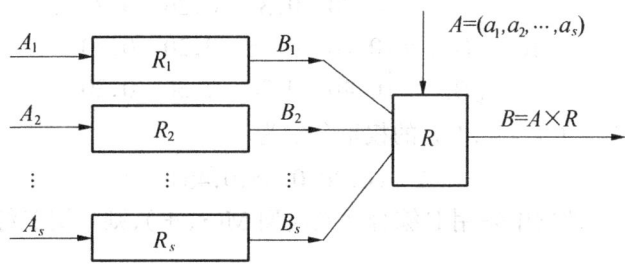

图 4-2 二层 F 综合评判示意图

型,若各子因素集所含因素还较多,则可将它再划分,于是有三层模型,有三层 F 综合评判.

例3 用二层 F 综合评判求解例 2 出现的问题.

解 因素集
$$U = \{U_1, U_2, U_3\}$$

按评判专家、客户、质检员分成三个评判小组,它们分别负责三项因素的评判,即

$$U_1 = \{u_1, u_2, u_3\} \quad (专家组)$$
$$U_2 = \{u_4, u_5, u_6\} \quad (客户组)$$
$$U_3 = \{u_7, u_8, u_9\} \quad (质检员组)$$

评语集
$$V = \{v_1, v_2, v_3, v_4\}$$

其中,$v_1 = $ 一等品,$v_2 = $ 二等品,$v_3 = $ 次品,$v_4 = $ 废品.

第一层权重向量
$$A_1 = (0.30, 0.42, 0.28) \quad (专家组)$$
$$A_2 = (0.20, 0.50, 0.30) \quad (客户组)$$
$$A_3 = (0.30, 0.30, 0.40) \quad (质检员组)$$

第一层评价矩阵
$$R_1 = \begin{bmatrix} 0.36 & 0.24 & 0.13 & 0.27 \\ 0.20 & 0.32 & 0.25 & 0.23 \\ 0.40 & 0.22 & 0.26 & 0.12 \end{bmatrix}$$

$$R_2 = \begin{bmatrix} 0.30 & 0.28 & 0.24 & 0.18 \\ 0.26 & 0.36 & 0.12 & 0.20 \\ 0.22 & 0.42 & 0.16 & 0.10 \end{bmatrix}$$

$$R_3 = \begin{bmatrix} 0.38 & 0.24 & 0.08 & 0.20 \\ 0.34 & 0.25 & 0.30 & 0.11 \\ 0.40 & 0.28 & 0.30 & 0.18 \end{bmatrix}$$

设在一层 F 综合评判中采用评判模型 $M(\wedge, \vee)$,则对三类因素的 F 综合评判矩阵为:

$$B_1 = A_1 \circ R_1 = (0.30, 0.32, 0.26, 0.27)$$
$$B_2 = A_2 \circ R_2 = (0.26, 0.36, 0.20, 0.20)$$
$$B_3 = A_3 \circ R_3 = (0.40, 0.28, 0.30, 0.20)$$

第二层评判矩阵:将一级评判结果拼接起来得到单因素类评判矩阵:

$$R = \begin{bmatrix} B_1 \\ B_2 \\ B_3 \end{bmatrix} = \begin{bmatrix} 0.30 & 0.32 & 0.26 & 0.27 \\ 0.26 & 0.36 & 0.20 & 0.20 \\ 0.40 & 0.28 & 0.30 & 0.20 \end{bmatrix}$$

而对因素集 $U = \{U_1, U_2, U_3\}$ 的权重分配为

$$A = (0.20, 0.35, 0.45)$$

设在二层综合 F 评判中采用 F 综合评判模型 $M(\cdot, +)$,则二层 F 综合评判矩阵为

$$B = A \times R = (0.20, 0.35, 0.45) \times \begin{bmatrix} 0.30 & 0.32 & 0.26 & 0.27 \\ 0.26 & 0.36 & 0.20 & 0.20 \\ 0.40 & 0.28 & 0.30 & 0.20 \end{bmatrix} = (0.33, 0.32, 0.26, 0.21)$$

按最大隶属度原则,因为 $B(v_1) = 0.33 = \max\{0.33, 0.32, 0.26, 0.21\}$,所以该产品属于一等品.

从例 3 的最后结果可见,多层次 F 综合评判反映了客观事物因素之间的不同层次,它可以避免当因素过多时,因素重要程度 F 子集难以分配的弊端.

4.4* F 关系方程

设论域 $U = \{u_1, \cdots, u_n\}$, $V = \{v_1, \cdots, v_m\}$, $W = \{w_1, \cdots, w_l\}$. F 关系方程的形式有两种:

(1) 给定 F 矩阵 $A \in \mu_{m \times l}$, $B \in \mu_{n \times l}$,求 F 矩阵 $X \in \mu_{n \times m}$,使满足

$$X \circ A = B \tag{4.2}$$

即

$$\begin{bmatrix} x_{11} & x_{12} & \cdots & x_{1m} \\ x_{21} & x_{22} & \cdots & x_{2m} \\ \vdots & \vdots & & \vdots \\ x_{n1} & x_{n2} & \cdots & x_{nm} \end{bmatrix} \circ \begin{bmatrix} a_{11} & a_{12} & \cdots & a_{1l} \\ a_{21} & a_{22} & \cdots & a_{2l} \\ \vdots & \vdots & & \vdots \\ a_{m1} & a_{m2} & \cdots & a_{ml} \end{bmatrix} = \begin{bmatrix} b_{11} & b_{12} & \cdots & b_{1l} \\ b_{21} & b_{22} & \cdots & b_{2l} \\ \vdots & \vdots & & \vdots \\ b_{n1} & b_{n2} & \cdots & b_{nl} \end{bmatrix} \tag{4.3}$$

(2) 给定 F 矩阵 $A \in \mu_{n \times m}$, $B \in \mu_{n \times l}$,求 F 矩阵 $X \in \mu_{m \times l}$,使满足

$$A \circ X = B \tag{4.4}$$

这个方程两端转置得

$$X^T \circ A^T = B^T \tag{4.5}$$

这是属于式(4.2)那种形式的,所以仅就方程的求解而言,式(4.4)和式(4.2)实际上是一样的. 可知式(4.2)与下列方程组

$$\begin{cases} (x_{11}, x_{12}, \cdots, x_{1m}) \circ A = (b_{11}, b_{12}, \cdots, b_{1l}) \\ (x_{21}, x_{22}, \cdots, x_{2m}) \circ A = (b_{21}, b_{22}, \cdots, b_{2l}) \\ \quad\quad\quad\quad\quad\quad\quad \vdots \\ (x_{n1}, x_{n2}, \cdots, x_{nm}) \circ A = (b_{n1}, b_{n2}, \cdots, b_{nl}) \end{cases} \tag{4.6}$$

同解.

由此可见,只要把下面形式的求解问题讨论清楚了,那么上述诸方程的求解问题就迎刃而解. 因此,下面只讨论这个方程.

$$(x_1, x_2, \cdots, x_n) \circ \begin{bmatrix} a_{11} & a_{12} & \cdots & a_{1m} \\ a_{21} & a_{22} & \cdots & a_{2m} \\ \vdots & \vdots & & \vdots \\ a_{n1} & a_{n2} & \cdots & a_{nm} \end{bmatrix} = (b_1, b_2, \cdots, b_m) \tag{4.7}$$

按矩阵合成运算,式(4.7)可化为下面等式,称为 F 线性方程组:

$$\begin{cases} (a_{11} \wedge x_1) \vee (a_{21} \wedge x_2) \vee \cdots \vee (a_{n1} \wedge x_n) = b_1 \\ (a_{12} \wedge x_1) \vee (a_{22} \wedge x_2) \vee \cdots \vee (a_{n2} \wedge x_n) = b_2 \\ \quad\quad\quad\quad\quad\quad\quad \vdots \\ (a_{1m} \wedge x_1) \vee (a_{2m} \wedge x_2) \vee \cdots \vee (a_{nm} \wedge x_n) = b_m \end{cases} \tag{4.8}$$

定理 1 $X = (x_1, x_2, \cdots, x_n)$ 是方程组(4.8)的解的充要条件是：
$a_{ij} \wedge x_i \leqslant b_j$，且 $\forall j, \exists i_0$ 满足

$$a_{i_0 j} \wedge x_{i_0} = b_j, \quad i = 1, 2, \cdots, n, \quad j = 1, 2, \cdots, m$$

证 充分性 若 $\forall j, \exists i_0$，使

$$a_{ij} \wedge x_i \leqslant a_{i_0 j} \wedge x_{i_0} = b_j$$

那么

$$(a_{1j} \wedge x_1) \vee (a_{2j} \wedge x_2) \vee \cdots \vee (a_{nj} \wedge x_n) = b_j, \quad j = 1, 2, \cdots, m$$

即

$$X = (x_1, x_2, \cdots, x_n)$$

是方程组(4.8)的解．

必要性 若 $X = (x_1, x_2, \cdots, x_n)$ 是方程组(4.8)的解，则有

$$a_{ij} \wedge x_i \leqslant b_j, \quad i = 1, \cdots, n, \quad j = 1, \cdots, m$$

否则，若有 i, j 使

$$a_{ij} \wedge x_i > b_j$$

则

$$(a_{1j} \wedge x_1) \vee (a_{2j} \wedge x_2) \vee \cdots \vee (a_{nj} \wedge x_n) > b_j$$

与假设矛盾．故定理第一个条件成立．

现在证明第二个条件成立．

假定方程组(4.8)有解，且有

$$a_{ij} \wedge x_i \leqslant b_j, \quad i = 1, 2, \cdots, n, \quad j = 1, 2, \cdots, m$$

则 $\forall j, \exists i_0$ 使 $a_{i_0 j} \wedge x_{i_0} = b_j$．否则，

① 若 $\forall j, \exists i_0$，有 $a_{i_0 j} \wedge x_{i_0} > b_j$，已证为不可能；

② 若 $\forall j$，不存在 i_0，使 $a_{i_0 j} \wedge x_{i_0} = b_j$，则

$$(a_{1j} \wedge x_1) \vee (a_{2j} \wedge x_2) \vee \cdots \vee (a_{nj} \wedge x_n) < b_j$$

因而 $X = (x_1, x_2, \cdots, x_n)$ 不是方程组(4.8)的解，与假设矛盾．

推论 $(a_1 \wedge x_1) \vee (a_2 \wedge x_2) \vee \cdots \vee (a_n \wedge x_n) = b$ 有解的充要条件是

$$a_i \wedge x_i \leqslant b \text{ 且 } \exists i_0, \text{使 } a_{i_0} \wedge x_{i_0} = b, \quad i = 1, 2, \cdots, n$$

所以，若要求解方程组(4.8)，则必须求解方程

$$x \wedge a = b$$

和不等式

$$x \wedge a \leqslant b$$

先求解方程

$$x \wedge a = b, \quad 0 \leqslant a \leqslant 1, \quad 0 \leqslant b \leqslant 1 \tag{4.9}$$

显然，

当 $a < b$ 时，方程无解 $x = \varnothing$；

当 $a>b$ 时,方程有唯一解 $x=b$;

当 $a=b$ 时,有无穷多解 $x=[b,1]$,即 $[b,1]$ 上任一实数都是方程的解,$[b,1]$ 是解的集合.

由此可见,方程的解由 a 与 b 之间的关系所决定,引入算子 ε,方程的解可写为简洁的形式

$$x = a \,\varepsilon\, b \tag{4.10}$$

其中
$$a \,\varepsilon\, b \triangleq \begin{cases} b & \text{当 } a>b \\ [b,1] & \text{当 } a=b \\ \varnothing & \text{当 } a<b \end{cases}$$

关于不等式
$$x \wedge a \leqslant b \tag{4.11}$$

引入算子 $\hat{\varepsilon}$,它的解是

$$x = a \,\hat{\varepsilon}\, b = \begin{cases} [0,b] & \text{当 } a>b \\ [0,1] & \text{当 } a \leqslant b \end{cases} \tag{4.12}$$

现在考虑 n 元模糊线性方程
$$(x_1 \wedge a_1) \vee (x_2 \wedge a_2) \vee \cdots \vee (x_n \wedge a_n) = b \tag{4.13}$$

显然,它等价于
$$\begin{cases} x_{i_0} \wedge a_{i_0} = b & (\exists i_0) \\ x_i \wedge a_i \leqslant b & (i=1,\cdots,n) \end{cases} \tag{4.14}$$

注意到它们的解式(4.10)和式(4.12),记
$$y = (a_1 \,\varepsilon\, b, a_2 \,\varepsilon\, b, \cdots, a_n \,\varepsilon\, b)$$
$$\hat{y} = (a_1 \,\hat{\varepsilon}\, b, a_2 \,\hat{\varepsilon}\, b, \cdots, a_n \,\hat{\varepsilon}\, b)$$

由推论知,若 y 的第 i 个分量非空,则将 $\hat{y}$ 的第 i 个分量换成 y 的第 i 个分量,便得到式(4.13)的一个解向量:
$$w^{(i)} = (a_1 \,\hat{\varepsilon}\, b, \cdots, a_{i-1} \,\hat{\varepsilon}\, b, a_i \,\varepsilon\, b, a_{i+1} \,\hat{\varepsilon}\, b, \cdots, a_n \,\hat{\varepsilon}\, b)$$

而式(4.13)的解集合为
$$x = w^{(1)} \bigcup w^{(2)} \bigcup \cdots \bigcup w^{(n)}$$

易见,式(4.13)有解的充分必要条件是 y 中至少存在一个非空分量.

例 1 求解 $(x_1 \wedge 0.7) \vee (x_2 \wedge 0.5) \vee (x_3 \wedge 0.3) = 0.5$.

解 $y = (0.7 \,\varepsilon\, 0.5, 0.5 \,\varepsilon\, 0.5, 0.3 \,\varepsilon\, 0.5) = (0.5, [0.5,1], \varnothing)$
$\hat{y} = (0.7 \,\hat{\varepsilon}\, 0.5, 0.5 \,\hat{\varepsilon}\, 0.5, 0.3 \,\hat{\varepsilon}\, 0.5) = ([0,0.5], [0,1], [0,1])$

因 y 的第三个分量是空集,故 $w^{(3)} = \varnothing$,另两个分量为
$$w^{(1)} = (0.5, [0,1], [0,1])$$
$$w^{(2)} = ([0,0.5], [0.5,1], [0,1])$$

因此
$$x = (0.5, [0,1], [0,1]) \bigcup ([0,0.5], [0.5,1], [0,1])$$

解的几何意义(图 4-3):$w^{(1)}$ 是斜影部分;$w^{(2)}$ 是由实线所围的长方体;点 $A(0.5,1,1)$ 是一解,它大于其他任何解,称为最大解;点 $B(0.5,0,0)$ 也是一个解,再也找不到比它更小的解,像这样的解我们称之为极小解,极小解不一定唯一,若唯一则称为最小解;点 $C(0,0.5,0)$

也是极小解.

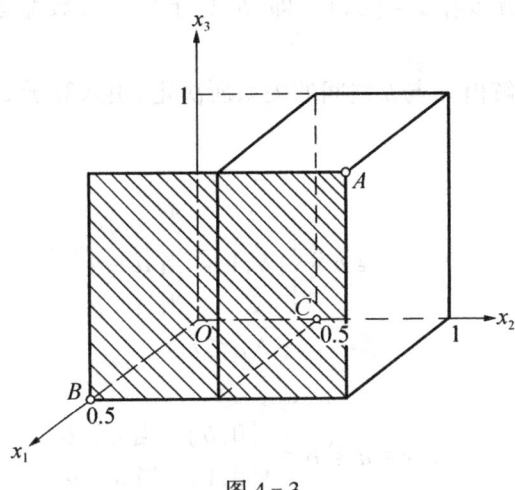

图 4-3

桑杰斯曾证明过:"对任意 F 关系方程,若有解必有最大解."一般地说,方程若有解,则可能有多个极小解.

回到方程组(4.8).注意到方程组的解集合等于多个方程的解集合的交,故不难得到它的解法.记

$$y = \begin{bmatrix} a_{11} \varepsilon b_1 & a_{12} \varepsilon b_2 & \cdots & a_{1m} \varepsilon b_m \\ a_{21} \varepsilon b_1 & a_{22} \varepsilon b_2 & \cdots & a_{2m} \varepsilon b_m \\ \vdots & \vdots & & \vdots \\ a_{n1} \varepsilon b_1 & a_{n2} \varepsilon b_2 & \cdots & a_{nm} \varepsilon b_m \end{bmatrix}$$

$$\hat{y} = \begin{bmatrix} a_{11} \hat{\varepsilon} b_1 & a_{12} \hat{\varepsilon} b_2 & \cdots & a_{1m} \hat{\varepsilon} b_m \\ a_{21} \hat{\varepsilon} b_1 & a_{22} \hat{\varepsilon} b_2 & \cdots & a_{2m} \hat{\varepsilon} b_m \\ \vdots & \vdots & & \vdots \\ a_{n1} \hat{\varepsilon} b_1 & a_{n2} \hat{\varepsilon} b_2 & \cdots & a_{nm} \hat{\varepsilon} b_m \end{bmatrix}$$

从 y 的每一列中选定一个非空元素分别取代 $\hat{y}$ 中相应位置上的元素,得一矩阵 w.将每个 w 矩阵的每一行进行集合的求交运算,得到列向量,再把它转置为行向量,便是一个部分解集合.对所有部分解集合求并,便得总的解集合.

这样的 w 矩阵共有

$$k = k_1 \times k_2 \times \cdots \times k_m$$

个,其中 k_j 表示矩阵 y 中第 j 列的非空元素的个数.

由此可见,当矩阵维数增大时,w 矩阵的个数便有可能呈指数规律增长.因而,计算工作量很大,其中大多数 w 矩阵对应着空解集或是被其他解所包含的解集,费时费力.现以下面方程为例,介绍比较简便的方法.

$$(x_1, x_2, x_3, x_4) \circ \begin{bmatrix} 0.3 & 0.5 & 0.7 & 0.9 & 0.8 \\ 0.2 & 0.4 & 0.3 & 0.6 & 0.5 \\ 0.7 & 0.4 & 0.2 & 0.1 & 0.6 \\ 0.8 & 0.9 & 0.7 & 0.2 & 0.4 \end{bmatrix} = (0.7, 0.4, 0.4, 0.3, 0.6) \quad (4.15)$$

步骤如下：
1. **按序排列**

将向量 B 写于 A 的上方：

$$B: \begin{matrix} 0.7 & 0.4 & 0.4 & 0.3 & 0.6 \end{matrix}$$

$$A: \begin{bmatrix} 0.3 & 0.5 & 0.7 & 0.9 & 0.8 \\ 0.2 & 0.4 & 0.3 & 0.6 & 0.5 \\ 0.7 & 0.4 & 0.2 & 0.1 & 0.6 \\ 0.8 & 0.9 & 0.7 & 0.2 & 0.4 \end{bmatrix}$$

然后按大小顺序更换 B 的分量，矩阵 A 的各列也作相应的更换：

$$\begin{matrix} 0.7 & 0.6 & 0.4 & 0.4 & 0.3 \end{matrix}$$

$$\begin{bmatrix} 0.3 & 0.8 & 0.5 & 0.7 & 0.9 \\ 0.2 & 0.5 & 0.4 & 0.3 & 0.6 \\ 0.7 & 0.6 & 0.4 & 0.2 & 0.1 \\ 0.8 & 0.4 & 0.9 & 0.7 & 0.2 \end{bmatrix} \tag{4.16}$$

易见，A 和 B 同时作这种变动，不改变方程的解集。当 $b_i = b_j$ 时，两者可以任意排先后顺序。

2. **上铣**

用 b_j"上铣第 j 列"。这句话的意思是：

若 $a_{ij} > b_j$，则将 a_{ij} 变成 b_j；若 $a_{ij} \leqslant b_j$，则将 a_{ij} 变成空白。

这一步骤将式(4.16)变为

$$\begin{bmatrix} & 0.6 & 0.4 & 0.4 & 0.3 \\ & & & & 0.3 \\ & & & & \\ 0.7 & & 0.4 & 0.4 & \end{bmatrix} \tag{4.17}$$

3. **求解的上界**

对上铣后的矩阵各行求下确界，记于右端，称为"解的上界"。约定：空集的下确界等于 1。对本例，是将式(4.17)各行求下确界：

$$\begin{bmatrix} & 0.6 & 0.4 & 0.4 & 0.3 \\ & & & & 0.3 \\ & & & & \\ 0.7 & & 0.4 & 0.4 & \end{bmatrix} \begin{matrix} 0.3 \\ 0.3 \\ 1 \\ 0.4 \end{matrix} \tag{4.18}$$

4. **平铣**

所谓"平铣"，就是对任一 j 列：当 $a_{ij} \geqslant b_j$ 时，将 a_{ij} 换为 b_j；当 $a_{ij} < b_j$ 时，将 a_{ij} 换为空白。从"上铣"矩阵改为"平铣"矩阵，只需在使 $a_{ij} = b_j$ 的那些空格上添上 b_j 即可。

对本例，本步骤意味着将式(4.18)变换为

$$\begin{bmatrix} & 0.6 & 0.4 & 0.4 & 0.3 \\ & & 0.4 & & 0.3 \\ 0.7 & 0.6 & 0.4 & & \\ 0.7 & & 0.4 & 0.4 & \end{bmatrix} \begin{matrix} 0.3 \\ 0.3 \\ 1 \\ 0.4 \end{matrix} \tag{4.19}$$

5. 划去大于上界的元素

在所得的矩阵中，逐行划去该行中大于上界（即右端下确界）的元素，即将式(4.19)化为

$$\begin{pmatrix} & & & 0.3 \\ & & & 0.3 \\ 0.7 & 0.6 & 0.4 & \\ & & 0.4 & 0.4 \end{pmatrix} \begin{matrix} 0.3 \\ 0.3 \\ 1 \\ 0.4 \end{matrix} \tag{4.20}$$

6. 判别

原方程有解的充要条件是：上一步所得矩阵的每一列都有未被划去的元素. 本例满足，故有解.

7. 求解

从所得矩阵中，每一列选定一个非空白且未被划去的元素，对这些被选元素逐行取上确界. 约定：空集的上确界为0. 这样得到的一组解称为拟极小解.

例如，在式(4.20)中，按下面方式指定被选元素，则可得一拟极小解（列在右端）

$$\begin{pmatrix} & & & 0.3 \\ & & & \\ 0.7 & 0.6 & 0.4 & \\ & & 0.4 & \end{pmatrix} \begin{matrix} 0.3 \\ 0 \\ 0.7 \\ 0.4 \end{matrix}$$

所得极小解与式(4.18)得到的上界组成本例的一个局部解集：

$$x = (0.3, [0, 0.3], [0.7, 1], 0.4)$$
$$= \{(x_1, x_2, x_3, x_4) \mid x_1 = 0.3, 0 \leqslant x_2 \leqslant 0.3, 0.7 \leqslant x_3 \leqslant 1, x_4 = 0.4\}$$

所谓"拟极小解"，不一定都是极小解，需进一步"筛选". 本例拟极小解个数应为

$$1 \times 1 \times 2 \times 1 \times 2 = 4$$

它们分别是

$$L_{33341} = (0.3, 0, 0.7, 0.4)$$
$$L_{33342} = (0, 0.3, 0.7, 0.4)$$
$$L_{33441} = (0.3, 0, 0.7, 0.4)$$
$$L_{33442} = (0, 0.3, 0.7, 0.4)$$

这里，$L_{i_1 \cdots i_m}$ 表示第 $j(j=1,\cdots,m)$ 列选第 i_j 行所得出的拟极小解.

因为

$$L_{33341} = L_{33441}, \quad L_{33342} = L_{33442}$$

所以本例只有两个极小解.

通过步骤6判别，当方程有解时，则由步骤3所求出的解的上界就是方程的最大解. 本例的最大解是

$$x_{\max} = (0.3, 0.3, 1, 0.4)$$

于是，得到本例的解集为

$$x = (0.3, [0, 0.3], [0.7, 1], 0.4) \cup ([0, 0.3], 0.3, [0.7, 1], 0.4)$$

习题 4

1. 设 $U = \{u_1, u_2, u_3\}$, $V = \{v_1, v_2, v_3, v_4\}$, $R \in \mathscr{F}(U \times V)$，且

$$R = \begin{bmatrix} 0.1 & 0.3 & 0.5 & 0.9 \\ 1 & 0.7 & 0.2 & 0.3 \\ 0 & 0.2 & 0.1 & 1 \end{bmatrix}$$

求 (1) $f(u_i)$, $i=1,2,3$; (2) $R|_{v_i}$, $i=1,2,3,4$.

2. 设 $U=V$ 为实数域, $R \in \mathscr{F}(U \times V)$,
$$R(u,v) = \frac{1}{1+k(u-v)^2} \quad (k>1)$$

求 (1) $f(u)(v)$; (2) $R|_{u=0}$, $R|_{v=0}$, $R|_{u=1}$, $R|_{v=1}$.

3. 验证下列等式是否成立:

(1) $(Q \cup R)|_u = Q|_u \cup R|_u$;

(2) $(Q \cap R)|_u = Q|_u \cap R|_u$;

(3) $(Q^c)|_u = (Q|_u)^c$.

4. 设 U 为实数域, $R \in \mathscr{F}(U \times U)$, $A \in \mathscr{F}(U)$, 且
$$R(x,y) = e^{-(x-y)^2}, \quad (x,y) \in U \times U$$
$$A(x) = e^{-\frac{1}{4}x^2}$$

求 $T_R(A)(y)$.

5. 设 $U = \{u_1, u_2, u_3\}$, $V = \{v_1, v_2, v_3, v_4\}$, 且
$$R = \begin{bmatrix} 1 & 0 & 1 & 0 \\ 0 & 1 & 0 & 0 \\ 0 & 0 & 1 & 1 \end{bmatrix}, \quad R \in \mathscr{F}(U \times V)$$
$$A = \{u_1, u_3\}, \quad B = \frac{0.5}{u_1} + \frac{0.3}{u_2}$$

求 $T_R(A), T_R(B)$.

6. 设 $U = \{u_1, u_2, u_3\}$, $V = \{v_1, v_2, v_3, v_4\}$, 且
$$R = \begin{bmatrix} 0.2 & 0.7 & 0 & 0.1 \\ 0 & 1 & 0.3 & 0.2 \\ 0.4 & 0.5 & 0 & 0.6 \end{bmatrix}, \quad R \in \mathscr{F}(U \times V)$$
$$A = \{u_1, u_2\}, \quad B = \frac{0.1}{u_1} + \frac{0.3}{u_2} + \frac{0.7}{u_3}$$

求 $T_R(A), T_R(B)$.

7. 设 $U = \{u_1, u_2, u_3\}$, $V = \{v_1, v_2, v_3, v_4\}$
$$f: U \longrightarrow \mathscr{F}(V)$$
$$f(u_1) = (0.5, 0.2, 0, 1), \quad f(u_2) = (1, 0.3, 0.5, 0), \quad f(u_3) = (0.7, 0.1, 0.2, 0.9)$$
$$A = \{u_1, u_2\}, \quad B = \frac{0.9}{u_1} + \frac{0.3}{u_2} + \frac{1}{u_3}$$

求 $T_f(A), T_f(B)$.

8. 设 R 是从 U 到 V 的普通关系, T_R 是由 R 导出的 F 变换, $A \in \mathscr{P}(U)$. 证明 $T_R(A) \in \mathscr{P}(V)$ (即 T_R 将 U 上的普通子集变换为 V 上的普通子集).

9. 设 T 是由 F 关系导出的 F 变换,则 $\forall A^{(t)} \in \mathscr{F}(U)$ $t \in I$, I 为指标集,有

(1) $T(\bigcup\limits_{t \in I} A^{(t)}) = \bigcup\limits_{t \in I} T(A^{(t)})$;

(2) $T(\bigcap\limits_{t \in I} A^{(t)}) \subseteq \bigcap\limits_{t \in I} T(A^{(t)})$;

(3) 若 $A \subseteq B$,则 $T(A) \subseteq T(B)$.

10. 设 f 是从 U 到 V 的 F 变换,则当 A 是 U 中的普通子集时,有
$$f(A)(v) = \bigvee_{u \in A} f(u)(v) \quad (v \in V)$$

注:对单元素子集 $\{u\}$,约定把 $f(\{u\})$ 简写为 $f(u)$.

11. 设 T 是从 U 到 V 的 F 变换,A 是 U 上的普通子集,则
$$T(A)(v) = \bigvee_{u \in A} T(u, v) \quad (v \in V)$$

12. 设 T 是 U 到 V 的 F 线性变换,试证明:当
$$\alpha_\gamma \leq \beta_\gamma, \quad A^{(\gamma)} \subseteq B^{(\gamma)} \quad (\gamma \in \Gamma)$$
时,有
$$T(\bigcup_{\gamma \in \Gamma} \alpha_\gamma A^{(\gamma)}) \subseteq T(\bigcup_{\gamma \in \Gamma} \beta_\gamma B^{(\gamma)})$$

其中 $\alpha_\gamma, \beta_\gamma \in [0,1]$, $A^{(\gamma)}, B^{(\gamma)} \in \mathscr{F}(U)$.

13. 对某产品质量作综合评判,考虑由四种因素 $U = \{u_1, u_2, u_3, u_4\}$ 来评价产品,将质量分为四等
$$V = \{\text{I}, \text{II}, \text{III}, \text{IV}\}$$
设单因素评判是 F 映射:
$$f: U \longrightarrow \mathscr{F}(V)$$
$$f(u_1) = (0.3, 0.6, 0.1, 0), \quad f(u_2) = (0, 0.2, 0.5, 0.3)$$
$$f(u_3) = (0.5, 0.3, 0.1, 0.1), \quad f(u_4) = (0.1, 0.3, 0.2, 0.4)$$
及有两种因素权重分配:
$$A_1 = (0.5, 0.2, 0.2, 0.1), \quad A_2 = (0.2, 0.4, 0.1, 0.3)$$
试按两种权重评价产品分别相对地属于哪一级.

14. 在上例中,若产品综合评价为
$$B = (0.1, 0.2, 0.4, 0.3)$$
试从下面四种权重分配中选出最符合作该评价的一种(按格贴近度计算):
$$A_1 = (0.3, 0.5, 0.1, 0.1), \quad A_2 = (0.3, 0.4, 0.2, 0.1)$$
$$A_3 = (0.2, 0.3, 0.2, 0.3), \quad A_4 = (0.2, 0.4, 0.1, 0.3)$$

15. 解方程 $(x_1 \wedge 0.6) \vee (x_2 \wedge 0.7) \vee (x_3 \wedge 0.5) \vee (x_4 \wedge 0.3) = 0.5$.

16. 判断下列方程是否有解,若有解则求它的解.

(1) $(x_1, x_2, x_3) \circ \begin{bmatrix} 0.3 & 0.5 & 0.2 \\ 0.1 & 0.3 & 0.4 \\ 0 & 0.6 & 0.1 \end{bmatrix} = (0.2, 0.5, 0.2)$

(2) $(x_1, x_2, x_3, x_4) \circ \begin{bmatrix} 0.3 & 0.6 & 0.7 & 0.9 & 0.6 \\ 0.2 & 0.3 & 0.2 & 0.5 & 0.4 \\ 0.6 & 0.4 & 0.1 & 0.2 & 0.8 \\ 0.7 & 0.5 & 0.7 & 0.1 & 0.4 \end{bmatrix} = (0.7, 0.4, 0.4, 0.3, 0.6)$

5 扩张原理与 F 数

上一章介绍的 F 变换将论域 U 上的 F 集 A 变换到论域 V 上的 F 集 B,这个变换实质上是由 U 到 V 的 F 关系 R 确定的. 由此, 自然会联想到, 是否可以通过别的函数, 将论域 U 上的 F 集与论域 V 上的 F 集对应呢? 扎德给出的扩张原理便可达到此目的. 扩张原理是 F 数学三个基本原理之一, 是一个很重要的原理. 本章首先介绍它的定义及其性质, 然后再以它作为理论工具来讨论 F 数.

5.1 扩张原理

设有映射
$$f: U \longrightarrow V$$
$$u \longmapsto v = f(u)$$
由它可以诱导出一个新映射, 仍记作 f,
$$f: \mathscr{P}(U) \longrightarrow \mathscr{P}(V)$$
$$A \longmapsto B = f(A)$$
其中
$$f(A) \triangleq \{v \mid \exists u \in A, 使 f(u) = v, v \in V\}$$

对单元素集 $\{u\}$, 约定为 $f(\{u\})$, 简化为 $f(u)$.

这个新的映射是从 $\mathscr{P}(U)$ 到 $\mathscr{P}(V)$ 的一个普通集合间的映射. $B = f(A)$ 叫做集合 A 在 f 之下的像.

像集 $f(A)$ 用特征函数表示为
$$f(A)(v) = \begin{cases} \bigvee_{f(u)=v} A(u) & f^{-1}(v) \neq \varnothing \\ 0 & f^{-1}(v) = \varnothing \end{cases}$$

例 1 设 $U = \{-3, -2, -1, 1, 2, 3\}$, $V = \{1, 2, \cdots, 9\}$, 且
$$f: U \longrightarrow V$$
$$u \longmapsto u^2 = v$$
由 f 诱导出的一个新的映射

是
$$f: \mathscr{P}(U) \longrightarrow \mathscr{P}(V)$$
$$\{1\} \longmapsto \{1\}, \quad \{1,2\} \longmapsto \{1,4\}$$
$$\{2\} \longmapsto \{4\}, \quad \{2,3\} \longmapsto \{4,9\}$$
$$\{3\} \longmapsto \{9\}, \quad \{1,3\} \longmapsto \{1,9\}$$

记 $A = \{1,3\}$, 则 $f(A) = \{1,9\}$.

其特征函数为
$$f(A)(1) = \bigvee_{u^2=1} A(u) = A(-1) \vee A(1) = 0 \vee 1 = 1$$

$$f(A)(9) = \bigvee_{u^2=9} A(u) = A(-3) \vee A(3) = 0 \vee 1 = 1$$

由映射 f 还可诱导出另一映射,记作 f^{-1},即
$$f^{-1}: \mathscr{P}(V) \longrightarrow \mathscr{P}(U)$$
$$B \longmapsto f^{-1}(B)$$

其中
$$f^{-1}(B) \triangleq \{u \mid u \in U, \exists v \in B, \text{使 } v = f(u)\}$$

注意: $f^{-1}(B)$ 是 B 的逆像集,但 f^{-1} 不是逆映射,见附录及图 5-1.

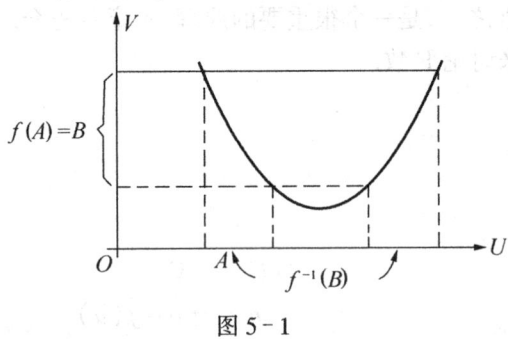

图 5-1

例如,在例 1 中,记 $B = \{1, 9\}$,则
$$A^* = f^{-1}(B) = \{-3, -1, 1, 3\}$$

因为 $v = 1$ 时, $f(-1) = (-1)^2 = 1$ 及 $f(1) = 1^2 = 1$; $v = 9$ 时,则有 $9 = (-3)^2$ 和 $9 = 3^2$. 可见,逆像集 A^* 与原像 A 不同.

新映射 f^{-1} 用特征函数表示如下:
$\forall u \in U$,
$$f^{-1}(B)(u) = B(v), \quad v = f(u)$$

对于 F 集合 A 来说,自然会提出这样的问题: 在一个普通映射 $f: U \longrightarrow V$ 下, A 的像是什么? 若已知 $B \in \mathscr{F}(V)$,它在 U 上对应的 F 集又是怎样? 也就是说,一个普通映射能否诱导到 F 集之间的映射,问题的关键在于如何确定这些 F 集的隶属函数. 为此,有如下扩张原理.

类似普通集扩张,给出如下定义.

定义 1(扩张原理 I) 设 $f: U \longrightarrow V$,由 f 可以诱导出两个映射:
$$f: \mathscr{F}(U) \longrightarrow \mathscr{F}(V), \quad f^{-1}: \mathscr{F}(V) \longrightarrow \mathscr{F}(U)$$
$$A \longmapsto f(A) \qquad\qquad B \longmapsto f^{-1}(B)$$

它们的隶属函数分别为
$$f(A)(v) = \begin{cases} \bigvee_{f(u)=v} A(u) & f^{-1}(v) \neq \varnothing \\ 0 & f^{-1}(v) = \varnothing \end{cases}$$

和
$$f^{-1}(B)(u) = B(v), \quad v = f(u)$$

称 $f(A)$ 为 A 在 f 之下的像, $f^{-1}(B)$ 为 B 的逆像.

例 2 设 $U = \{1, 2, \cdots, 6\}$, $V = \{a, b, c, d\}$,且

$$f(u) = \begin{cases} a & u = 1,2,3 \\ b & u = 4,5 \\ c & u = 6 \end{cases}$$

$$A = 1/1 + 0.9/3 + 0.4/5 + 0.2/6$$

求 $B = f(A)$ 及 $f^{-1}(B)$.

解 根据扩张原理 I, 有

$$f(A)(a) = \bigvee_{f(u)=a} A(u) = A(1) \vee A(2) \vee A(3) = 1 \vee 0 \vee 0.9 = 1$$

类似地, 得

$$f(A)(b) = 0.4, \quad f(A)(c) = 0.2$$

由于 $f^{-1}(d) = \emptyset$, 所以 $f(A)(d) = 0$, 于是

$$B = 1/a + 0.4/b + 0.2/c$$

结果见图 5-2.

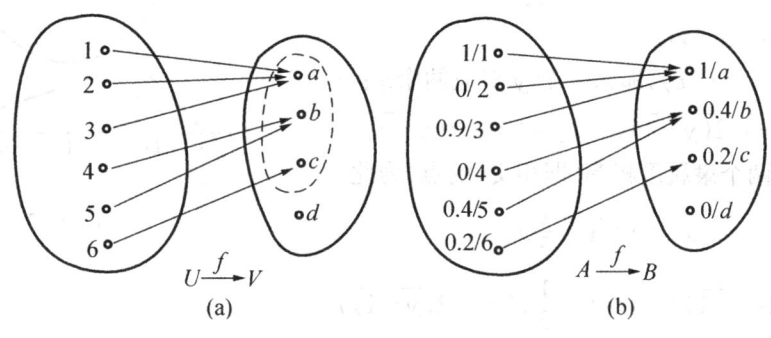

图 5-2

由此可见, 求扩张 F 集 $f(A)$, 可用如下办法:

当 V 为有限论域时, 可根据扩张原理算出 V 上各点对 $f(A)$ 的隶属度, 然后再按照 F 集表示法写出 $f(A)$.

类似地求 $f^{-1}(B)$.

根据扩张原理 I, $f^{-1}(B)(u) = B(f(u))$, 由此得

$$f^{-1}(B)(1) = B(f(1)) = B(a) = 1$$
$$f^{-1}(B)(2) = B(f(2)) = B(a) = 1$$
$$f^{-1}(B)(3) = B(f(3)) = B(a) = 1$$

同理 $f^{-1}(B)(4) = B(b) = 0.4, \quad f^{-1}(B)(5) = B(b) = 0.4$
$$f^{-1}(B)(6) = B(c) = 0.2$$

因此

$$f^{-1}(B) = 1/1 + 1/2 + 1/3 + 4.4/4 + 0.4/5 + 0.2/6$$

结果见图 5-3.

对无限论域, 情况比较复杂, 请看下例.

例 3 设 R 为实数域, 映射 $f: R \longrightarrow R$, 且 $f(x) = 1 + \frac{1}{2}(x-1)^2$, 及

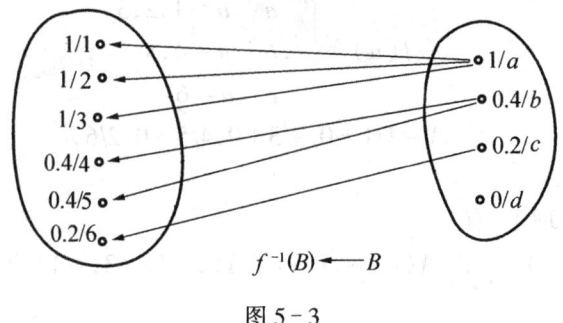

图 5-3

$$A(x) = \begin{cases} x+1 & -1 \leqslant x \leqslant 0 \\ 1 - \frac{1}{3}x & 0 < x \leqslant 3 \\ 0 & \text{其他} \end{cases}$$

求 $f(A)$(见图 5-4).

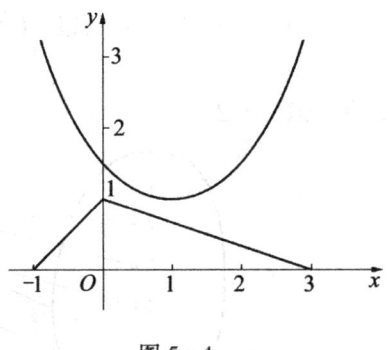

图 5-4

解 令 $y = f(x)$,那么一个 y 对应两个 x:
$$x_1 = 1 - \sqrt{2(y-1)}, \quad x_2 = 1 + \sqrt{2(y-1)}.$$
先考虑两个隶属度相等(即相交)的点,为此

令 $\qquad x_1 + 1 = 1 - \frac{1}{3}x_1$

即 $(1 - \sqrt{2(y-1)}) + 1 = 1 - \frac{1}{3}(1 - \sqrt{2(y-1)})$

解得 $\qquad y = \frac{3}{2}$

然后求 $f(A)$.

当 $1 \leqslant y \leqslant \frac{3}{2}$ 时,不难验证: $A(x_1) \geqslant A(x_2)$. 故

$$f(A)(y) = \bigvee_{f(x)=y} A(x) = A(x_1) \vee A(x_2) = A(x_1)$$
$$= 1 - \frac{1}{3}(1 - \sqrt{2(y-1)}) = \frac{2}{3} + \frac{1}{3}\sqrt{2(y-1)}$$

当 $\frac{3}{2} < y \leqslant 3$ 时,由于 $x_1 + 1 \geqslant 1 - \frac{1}{3}x_2$,即 $A(x_1) \geqslant A(x_2)$,故

$$f(A)(y) = \bigvee_{f(x)=y} A(x) = A(x_1) = x_1 + 1 = 2 - \sqrt{2(y-1)}$$

于是,

$$f(A)(y) = \begin{cases} \frac{2}{3} + \frac{1}{3}\sqrt{2(y-1)} & 1 \leqslant y \leqslant \frac{3}{2} \\ 2 - \sqrt{2(y-1)} & \frac{3}{2} < y \leqslant 3 \\ 0 & \text{其他} \end{cases}$$

例 4 设论域 X, Y 为实数域,映射
$$f: X \longrightarrow Y$$

$$x \longmapsto y = f(x) = 1 + \sin x$$

$$A(x) = \begin{cases} \dfrac{x}{2} & 0 < x \leqslant 2 \\ 3 - x & 2 < x < 3 \end{cases}$$

求 $f(A)$,见图 5-5.

解 $y = 1 + \sin x$ 在 $(0,3)$ 上对应两个 x 值:

在 $\left(0, \dfrac{\pi}{2}\right]$ 上, $x_1 = \arcsin(y-1)$;

在 $\left(\dfrac{\pi}{2}, 3\right]$ 上, $x_2 = \pi - \arcsin(y-1)$.

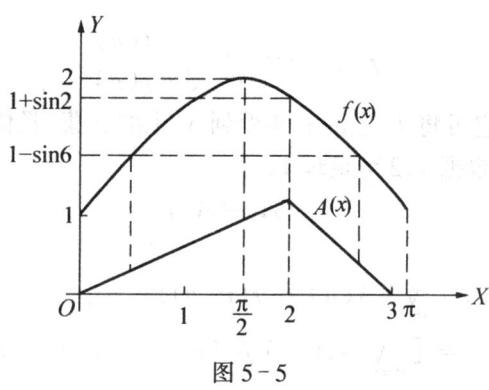

图 5-5

先考虑下式

$$A(x_1) - A(x_2) = \left[\dfrac{1}{2}\arcsin(y-1)\right] - [3 - (\pi - \arcsin(y-1))]$$

$$= (\pi - 3) - \dfrac{1}{2}\arcsin(y-1)$$

令 $(\pi - 3) - \dfrac{1}{2}\arcsin(y-1) = 0$,解得 $y = 1 - \sin 6$.

注意到在 $\left[0, \dfrac{\pi}{2}\right]$ 上,$\arcsin x$ 为增函数. 因此,当 $y < 1 - \sin 6$ 时,

$$A(x_1) - A(x_2) = (\pi - 3) - \dfrac{1}{2}\arcsin(y-1) > 0$$

即 $A(x_1) > A(x_2)$. 于是根据扩张原理 I,有

当 $1 \leqslant y < 1 - \sin 6$ 时,

$$f(A)(y) = \bigvee_{f(x) = y} A(x) = A(x_1) \vee A(x_2) = A(x_1) = \dfrac{1}{2}\arcsin(y-1)$$

当 $1 - \sin 6 \leqslant y < 1 + \sin 2$ 时,$A(x_1) \leqslant A(x_2)$,故

$$f(A)(y) = \bigvee_{y = 1 + \sin x} A(x) = A(x_1) \vee A(x_2) = A(x_2) = 3 - (\pi - \arcsin(y-1))$$

当 $1 + \sin 2 < y \leqslant 2$ 时,$A(x_2) > A(x_1)$,所以

$$f(A)(y) = A(x_1) \vee A(x_2) = A(x_2) = \dfrac{1}{2}x_2 = \dfrac{1}{2}(\pi - \arcsin(y-1))$$

于是

$$f(A)(y) = \begin{cases} \dfrac{1}{2}\arcsin(y-1) & 1 < y \leqslant 1-\sin 6 \\ 3-\pi+\arcsin(y-1) & 1-\sin 6 < y \leqslant 1+\sin 2 \\ \dfrac{1}{2}[\pi-\arcsin(y-1)] & 1+\sin 2 < y \leqslant 2 \\ 0 & \text{其他} \end{cases}$$

扩张原理 I 也可以从 F 变换推得.

事实上,扩张原理 I 是一 F 变换,这个变换就是由映射

$$f: U \longrightarrow V$$

确定的普通关系

$$f(u,v) = \begin{cases} 1 & v = f(u) \\ 0 & v \neq f(u) \end{cases}$$

导出的. 由上一章已知,它可将 U 上的 F 集变到 V 上的 F 集. 具体做法如下:

由于 f 是 F 变换及根据 4.2 节定理 1,得

$$f(A) = A \circ f$$

于是

$$\begin{aligned} f(A)(v) &= \bigvee_{u \in U}(A(u) \wedge f(u,v)) \\ &= [\bigvee_{f(u)=v}(A(u) \wedge 1)] \vee [\bigvee_{f(u) \neq v}(A(u) \wedge 0)] \\ &= \bigvee_{f(u)=v} A(u) \end{aligned}$$

这就是扩张原理 I 的结果.

同样, f^{-1} 表示从 V 到 U 的普通关系

$$f^{-1}(v,u) = \begin{cases} 1 & v = f(u) \\ 0 & v \neq f(u) \end{cases}$$

并将它看成 F 变换,于是

$$f^{-1}(B) = B \circ f^{-1}$$

那么

$$\begin{aligned} f^{-1}(B)(u) &= \bigvee_{v \in V}(B(v) \wedge f^{-1}(v,u)) \\ &= [\bigvee_{f(u)=v}(B(v) \wedge 1)] \vee [\bigvee_{f(u) \neq v}(B(v) \wedge 0)] \\ &= \bigvee_{f(u)=v} B(v) \end{aligned}$$

这里 $v = f(u)$ 由 u 唯一确定,故有

$$f^{-1}(B)(u) = B(v), \quad v = f(u)$$

这是扩张原理 I 的另一结果.

扩张原理还可以用截集的形式表示,并且具有下面性质.

定理 1 设 $f: U \longrightarrow V, A \in \mathscr{F}(U), B \in \mathscr{F}(V)$,则 $\forall \lambda \in [0,1]$,有

$$f(A)_\lambda = f(A_\lambda)$$

$$f^{-1}(B)_\lambda = f^{-1}(B_\lambda)$$

$$f^{-1}(B)_{\dot\lambda} = f^{-1}(B_{\dot\lambda})$$

这里 $f(A)_\lambda$ 是 $(f(A))_\lambda$ 的简写.

证 仅证第一式,其余留作习题.
$$v \in f(A)_\lambda \Longleftrightarrow f(A)(v) > \lambda \Longleftrightarrow \bigvee_{f(u)=v} A(u) > \lambda$$
$$\Longleftrightarrow \exists u \in U, 满足 f(u) = v, 使 A(u) > \lambda$$
$$\Longleftrightarrow \exists u \in U, 满足 f(u) = v, 使 u \in A_\lambda$$
$$\Longleftrightarrow v \in f(A_\lambda)$$

所以
$$f(A)_\lambda = f(A_\lambda)$$

根据分解定理 I,得

推论 设 $f:U \longrightarrow V, A \in \mathscr{F}(U), B \in \mathscr{F}(V)$,则
$$f(A) = \bigcup_{\lambda \in [0,1)} \lambda f(A_\lambda)$$
$$f^{-1}(B) = \bigcup_{\lambda \in [0,1]} \lambda f^{-1}(B_\lambda)$$
$$f^{-1}(B) = \bigcup_{\lambda \in [0,1)} \lambda f^{-1}(B_\lambda)$$

这是扩张原理 I 的另一描述方法.

注意,等式
$$f(A)^\lambda = f(A^\lambda)$$
不一定成立. 因为按照定理1的证明方法,"$\bigvee_{f(u)=v} A(u) \geqslant \lambda$" 与 "$\exists u \in U, 满足 f(u) = v, 使 A(u) \geqslant \lambda$"不一定等价. 例如,若 $\bigvee_{n=1}^{\infty}\left(1 - \frac{1}{n}\right) = 1$,则不存在 n,使 $A(n) = 1 - \frac{1}{n} \geqslant 1$. 关于这个等式有下面定理.

定理2 设 $f:U \longrightarrow V, A \in \mathscr{F}(U)$,则 $\forall \lambda \in [0,1], f(A)^\lambda = f(A^\lambda)$ 成立的充分必要条件是: $\forall v \in f(U), \exists u_0 \in f^{-1}(v)$,使
$$f(A)(v) = A(u_0)$$

证 充分性 $\forall v \in f(U)$,有
$$v \in f(A)^\lambda \Longleftrightarrow f(A)(v) \geqslant \lambda$$
$$\Longleftrightarrow \exists u_0 \in f^{-1}(v), 使 A(u_0) = f(A)(v) \geqslant \lambda$$
$$\Longleftrightarrow \exists u_0 \in U, 使 u_0 \in A^\lambda 且 f(u_0) = v$$
$$\Longleftrightarrow v \in f(A^\lambda)$$

所以 $f(A)^\lambda = f(A^\lambda)$.

必要性 $\forall v \in f(U), 令 f(A)(v) = \lambda$,那么,
$$v \in f(A)^\lambda = f(A^\lambda) \Longleftrightarrow \exists u_0 \in U, 使 u_0 \in A^\lambda 且 f(u_0) = v$$
从而
$$A(u_0) \geqslant \lambda = f(A)(v) = \bigvee_{f(u)=v} A(u) \geqslant A(u_0)$$
所以
$$f(A)(v) = A(u_0)$$

定理3 设 $f:U \longrightarrow V, A, A' \in \mathscr{F}(U)$,则
(1) $f(A) = \varnothing \Longleftrightarrow A = \varnothing$;
(2) $A \subseteq A' \Longrightarrow f(A) \subseteq f(A')$;
(3) $f(\bigcup_{t \in T} A^{(t)}) = \bigcup_{t \in T} f(A^{(t)})$, $A^{(t)} \in \mathscr{F}(U), t \in T$;

(4) $f(\bigcap_{t\in T} A^{(t)}) \subseteq \bigcap_{t\in T} f(A^{(t)})$, $A^{(t)} \in \mathscr{F}(U), t \in T$.

证 (1) 设 $f(A) = \emptyset$, $\forall u_0 \in U$ 且 $f(u_0) = v_0$,则
$$A(u_0) \leqslant \bigvee_{f(u)=v_0} A(u) = f(A)(v_0) = 0$$

所以 $A(u_0) = 0$,故 $A = \emptyset$.

反之,若 $A = \emptyset$,则 $\forall u \in U, A(u) = 0$,从而 $\forall v \in V$,有
$$f(A)(v) = \bigvee_{f(u)=v} A(u) = 0$$

所以 $f(A) = \emptyset$.

(2) $A \subseteq A' \Longrightarrow \forall u \in U, A(u) \leqslant A'(u)$
$\Longrightarrow \forall v \in f(U), \bigvee_{f(u)=v} A(u) \leqslant \bigvee_{f(u)=v} A'(u)$
$\Longrightarrow \forall v \in f(U), f(A)(v) \leqslant f(A')(v)$
$\Longrightarrow f(A) \subseteq f(A')$

(3) 若 $v \bar\in f(U)$,则
$$f(A^{(t)})(v) = 0, \quad f(\bigcup_{t\in T} A^{(t)})(v) = 0$$

等式显然成立.

若 $\forall v \in f(U)$, $f(\bigcup_{t\in T} A^{(t)})(v) = \bigvee_{f(u)=v}(\bigcup_{t\in T} A^{(t)})(u)$
$= \bigvee_{t\in T}(\bigvee_{f(u)=v} A^{(t)}(u)) = \bigvee_{t\in T} f(A^{(t)})(v)$
$= (\bigcup_{t\in T} f(A^{(t)}))(v)$

所以
$$f(\bigcup_{t\in T} A^{(t)}) = \bigcup_{t\in T} f(A^{(t)})$$

(4) 只考虑 $v \in f(U)$ 的情况,有
$$f(\bigcap_{t\in T} A^{(t)})(v) = \bigvee_{f(u)=v}[\bigwedge_{t\in T} A^{(t)}(u)]$$
$$\leqslant \bigwedge_{t\in T}[\bigvee_{f(u)=v} A^{(t)}(u)] = \bigwedge_{t\in T} f(A^{(t)})(v)$$
$$= [\bigcap_{t\in T} f(A^{(t)})](v)$$

所以
$$f[\bigcap_{t\in T} A(t)] \subseteq \bigcap_{t\in T} f(A^{(t)})$$

定理 4 设 $f: U \longrightarrow V, B, B' \in \mathscr{F}(V)$,则
(1) $f^{-1}(\emptyset) = \emptyset$;
(2) 若 f 为满射,且 $f^{-1}(B) = \emptyset$,则 $B = \emptyset$;
(3) $B \subseteq B'$,则 $f^{-1}(B) \subseteq f^{-1}(B')$;
(4) $f^{-1}(\bigcup_{t\in T} B^{(t)}) = \bigcup_{t\in T} f^{-1}(B^{(t)})$;
(5) $f^{-1}(\bigcap_{t\in T} B^{(t)}) = \bigcap_{t\in T} f^{-1}(B^{(t)})$;
(6) $(f^{-1}(B))^c = f^{-1}(B^c)$.

与定理 3 证明类似,留作习题.

应用集合套的观点,可以给出扩张原理 I 的等价定义.

设 $f: U \longrightarrow V, A \in \mathscr{F}(U), \forall \lambda \in [0,1]$,按普通映射(见附录),当 $\lambda_1 < \lambda_2$ 时,

$$A_{\lambda_1} \supseteq A_{\lambda_2} \Longrightarrow f(A_{\lambda_1}) \supseteq f(A_{\lambda_2})$$

因此，$\{f(A_\lambda) | \lambda \in [0,1]\}$ 是 V 中的一个集合套，按照表现定理 I，它唯一确定一个 F 集

$$D = \bigcup_{\lambda \in [0,1]} \lambda f(A_\lambda)$$

而且
$$f(A)_\lambda \subseteq f(A_\lambda) \subseteq f(A)_\lambda$$

由此得
$$\bigcup_\lambda \lambda f(A)_\lambda \subseteq \bigcup_\lambda \lambda f(A_\lambda) \subseteq \bigcup_\lambda \lambda f(A)_\lambda$$

按分解定理 I 得
$$f(A) \subseteq D \subseteq f(A)$$

故 $D = f(A)$，即 $f(A) = \bigcup_{\lambda \in [0,1]} \lambda f(A_\lambda)$.

由此可见，可给出扩张原理 I 的另一定义.

定义 2 设 $f: U \longrightarrow V$，则 f 可诱导出新映射：
$$f: \mathscr{F}(U) \longrightarrow \mathscr{F}(V)$$
$$A \longmapsto f(A) = \bigcup_{\lambda \in [0,1]} \lambda f(A_\lambda)$$
$$f^{-1}: \mathscr{F}(V) \longrightarrow \mathscr{F}(U)$$
$$B \longmapsto f^{-1}(B) = \bigcup_{\lambda \in [0,1]} \lambda f^{-1}(B_\lambda)$$

5.2 多元扩张原理

设有映射
$$f: U_1 \times U_2 \times \cdots \times U_n \longrightarrow V$$
$$(u_1, u_2, \cdots, u_n) \longrightarrow v$$

由它诱导出一个新的映射
$$f: \mathscr{P}(U_1) \times \mathscr{P}(U_2) \times \cdots \times \mathscr{P}(U_n) \longrightarrow \mathscr{P}(V)$$
$$(A_1, A_2, \cdots, A_n) \longmapsto f(A_1, A_2, \cdots, A_n)$$

其中 $f(A_1, A_2, \cdots, A_n) \triangleq \{v | v = f(u_1, u_2, \cdots, u_n), u_i \in A_i, i = 1, 2, \cdots, n\}$.

为了将这一普通扩张推广到模糊扩张，先介绍二元直积映射，其与 n 元直积映射类似.

定义 1 设 $A_i \in \mathscr{F}(U_i), i = 1, 2$，则 A_1, A_2 的直积映射
$$\times : \mathscr{F}(U_1) \times \mathscr{F}(U_2) \longrightarrow \mathscr{F}(U_1 \times U_2)$$
$$(A_1, A_2) \longmapsto A_1 \times A_2$$

其隶属函数为
$$(A_1 \times A_2)(u_1, u_2) = A_1(u_1) \wedge A_2(u_2)$$

该式右边取"$\wedge$"，表明 u_1, u_2 要在同一水平上分别属于 A_1, A_2.

定义 2（扩张原理 II） 设映射
$$f: U_1 \times U_2 \times \cdots \times U_n \longrightarrow V$$

由 f 诱导出映射
$$f: \mathscr{F}(U_1) \times \mathscr{F}(U_2) \times \cdots \times \mathscr{F}(U_n) \longrightarrow \mathscr{F}(V)$$

其隶属函数为

$$f(A_1,A_2,\cdots,A_n)(v)=\begin{cases}\bigvee_{f(u_1,u_2,\cdots,u_n)=v}(\bigwedge_{i=1}^n A_i(u_i)) & f^{-1}(v)\neq\varnothing \\ 0 & f^{-1}(v)=\varnothing\end{cases}$$

例1 设 $U=\{0,1,2,\cdots,n\}$, $f:U\times U\longrightarrow U$

$$A_1=\text{"近似于1"}\stackrel{\text{记}}{=}\underset{\sim}{1}=0.1/0+0.9/1+0.1/2$$

$$A_2=\text{"近似于2"}\stackrel{\text{记}}{=}\underset{\sim}{2}=0.2/1+0.8/2+0.2/3$$

取 f 为实数运算"+",则

$$f(u_1,u_2)=u_1+u_2=u, \quad f(A_1,A_2)=A_1+A_2=A$$

根据扩张原理Ⅱ,有

$$(A_1+A_2)(u)=\bigvee_{u_1+u_2=u}(A_1(u_1)\wedge A_2(u_2))$$

于是有

$$(\underset{\sim}{1}+\underset{\sim}{2})(u)=\bigvee_{u_1+u_2=u}(\underset{\sim}{1}(u_1)\wedge\underset{\sim}{2}(u_2))$$

注意:u_1、u_2 分别取 U 中的元素,隶属度为 0 的不用取,那么元素 u 是 1,2,3,4,5.

$$(\underset{\sim}{1}+\underset{\sim}{2})(1)=\bigvee_{0+1=1}(\underset{\sim}{1}(0)\wedge\underset{\sim}{2}(1))=\vee(0.1\wedge 0.2)=0.1$$

$$(\underset{\sim}{1}+\underset{\sim}{2})(2)=\bigvee_{u_1+u_2=2}(\underset{\sim}{1}(u_1)\wedge\underset{\sim}{2}(u_2))=(\underset{\sim}{1}(0)\wedge\underset{\sim}{2}(2))\vee(\underset{\sim}{1}(1)\wedge\underset{\sim}{2}(1))$$

$$=(0.1\wedge 0.8)\vee(0.9\wedge 0.2)=0.2$$

类似地 $(\underset{\sim}{1}+\underset{\sim}{2})(3)=0.8$, $(\underset{\sim}{1}+\underset{\sim}{2})(4)=0.2$, $(\underset{\sim}{1}+\underset{\sim}{2})(5)=0.1$

于是

$$\underset{\sim}{1}+\underset{\sim}{2}=0.1/1+0.2/2+0.8/3+0.2/4+0.1/5=\underset{\sim}{3}$$

多元扩张 F 集的截集有下述性质.

定理1 设 $A_i\in\mathscr{F}(U_i)$, $i=1,2,\cdots,n$, $\lambda\in[0,1]$,则

$$f(A_1,A_2,\cdots,A_n)_\lambda=f((A_1)_\lambda,(A_2)_\lambda,\cdots,(A_n)_\lambda) \tag{5.1}$$

的充要条件是 $\forall v\in V$, $\exists(u_1,u_2,\cdots,u_n)\in f^{-1}(v)$,且

$$f(A_1,A_2,\cdots,A_n)(v)=\bigwedge_{i=1}^n A_i(u_i) \tag{5.2}$$

证 必要性 设 $\forall v\in V$, $f(A_1,A_2,\cdots,A_n)(v)=\lambda$,则 $v\in f(A_1,A_2,\cdots,A_n)_\lambda$,由式 (5.1)及普通扩张,知

$$v\in f((A_1)_\lambda,(A_2)_\lambda,\cdots,(A_n)_\lambda)$$

$$\Longleftrightarrow(\exists u_i\in(A_i)_\lambda, i=1,2,\cdots,n,\text{且}f(u_1,u_2,\cdots,u_n)=v)$$

由此可见

$$\lambda\leqslant\bigwedge_{i=1}^n A_i(u_i)\leqslant\bigvee_{f(u_1,\cdots,u_n)=v}(\bigwedge_{i=1}^n A_i(u_i))=f(A_1,\cdots,A_n)(v)=\lambda$$

因此

$$f(A_1,A_2,\cdots,A_n)(v)=\bigwedge_{i=1}^n A_i(u_i), f(u_1,u_2,\cdots,u_n)=v$$

充分性(证式(5.1)成立) $\forall v\in V$,有

$$v\in f(A_1,\cdots,A_n)_\lambda\Longleftrightarrow f(A_1,\cdots,A_n)(v)\geqslant\lambda$$

$$\Leftrightarrow \exists (u_1,\cdots,u_n) \in f^{-1}(v), \text{且} \bigwedge_{i=1}^{n} A_i(u_i) \geqslant \lambda$$
$$\Leftrightarrow f(u_1,\cdots,u_n) = v \text{且} A_i(u_i) \geqslant \lambda, i=1,\cdots,n$$
$$\Leftrightarrow f(u_1,\cdots,u_n) = v \text{且} u_i \in (A_i)_\lambda, i=1,\cdots,n$$
$$\Leftrightarrow v \in f((A_1)_\lambda,\cdots,(A_n)_\lambda)$$

从例1可见,扩张原理将整数运算扩展到F整数运算.事实上,还可以将实数的代数运算扩展到实数域上的F数的代数运算.

5.3 凸 F 集

所谓集合 A(非F集)是凸的,是指对于任意两点 $x,y \in A$ 及 $\forall \lambda \in [0,1]$,联结 x,y 的线段上的点 $z = \lambda x + (1-\lambda)y$ 都包含于 A 中,如图5-6所示.

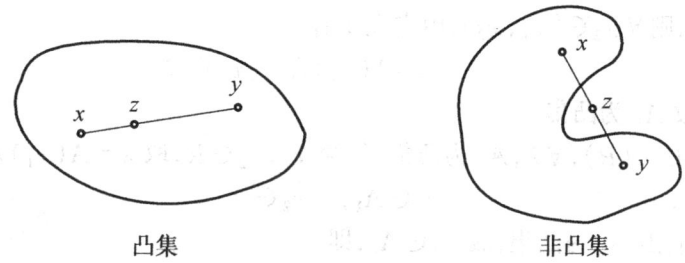

图 5-6

容易证明:若 A,B 均为凸集,则 $A \cap B$ 也为凸集.

所谓凸F集,定义如下:

定义1 设 R 是实数域,$A \in \mathscr{F}(R)$,若 $\forall x_1,x_2,x_3 \in R$,且 $x_1 > x_2 > x_3$,均有
$$A(x_2) \geqslant A(x_1) \wedge A(x_3)$$
则称 A 是凸F集(见图5-7).

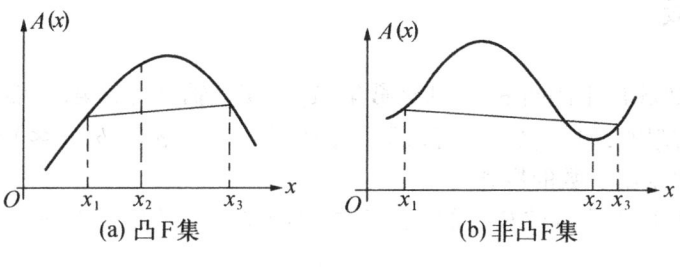

图 5-7

例1 设F集 A 的隶属函数为
$$A(x) = \begin{cases} 0 & x < 0 \\ e^x & x \geqslant 0 \end{cases}$$

不妨假定 $x_1 < x < x_2$,分三种情况讨论它的凸性,见图5-8.

(1) 当 $x_1 < 0, x_2 < 0$ 时,

$$A(x) = A(x_1) \wedge A(x_2) \equiv 0$$

(2) 当 $x_1 < 0, x_2 \geqslant 0$ 时,
$$A(x) \geqslant A(x_1) \wedge A(x_2) \equiv 0$$

(3) 当 $x_1 \geqslant 0, x_2 > 0$ 时,因 $A(x) = \mathrm{e}^{-x}$ 是减函数,故有
$$x_1 < x < x_2, \quad \mathrm{e}^{-x_1} > \mathrm{e}^{-x} > \mathrm{e}^{-x_2}$$
即
$$A(x) \geqslant A(x_1) \wedge A(x_2)$$

因此,A 为凸集.

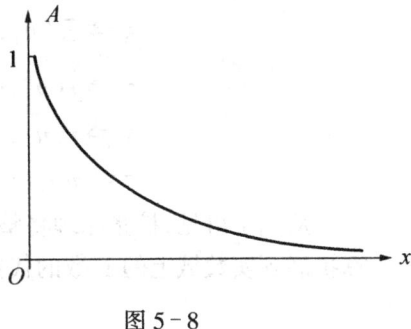

图 5-8

定理 1 A 为凸 F 集,当且仅当 $\forall \lambda \in [0,1]$,截集 A_λ 为凸集.

证 设 A 为凸 F 集,$\forall \lambda \in [0,1]$,若 $x_1, x_2 \in A_\lambda$,即
$$A(x_1) \geqslant \lambda, \quad A(x_2) \geqslant \lambda$$

不妨设 $x_1 < x_2$,则 $\forall x_3 \in [x_1, x_2]$,由定义 1 有
$$A(x_3) \geqslant A(x_1) \wedge A(x_2) \geqslant \lambda$$

所以 $x_3 \in A_\lambda$,故 A_λ 为凸集.

反之,设 $A \in \mathscr{F}(R)$,$\forall \lambda, A_\lambda$ 为凸集.任给 $x_1, x_2 \in R$,取 $\lambda = A(x_1) \wedge A(x_2)$,则
$$x_1 \in A_\lambda, \quad x_2 \in A_\lambda$$

$\forall x_3 \in [x_1, x_2]$,因 A_λ 为凸集,故 $x_3 \in A_\lambda$,即
$$A(x_3) \geqslant \lambda = A(x_1) \wedge A(x_2)$$

所以,A 为凸 F 集.

推论 凸 F 集的截集必为区间;截集为区间的 F 集必为凸集.

定理 2 若 A、B 是凸集,则 $A \cap B$ 也是凸集.

证 由 1.4 节截集的性质知,$A \cap B$ 的截集是 A_λ 与 B_λ 的交集.而 A_λ 与 B_λ 均为凸集,故它们的交集是凸集,即 $A \cap B$ 的截集是凸集,由定理 1 知 $A \cap B$ 也是凸集.

5.4 F 数

若 A 是实数域 R 上的凸 F 集,那么截集 A_λ 是实数轴上的凸集.显然,A_λ 是一区间,这个区间可以是有限的,如 $[a, b]$;也可以是无限的,如 $(-\infty, a]$、$[b, +\infty)$ 或 $(-\infty, +\infty)$.

由凸 F 集可给出 F 数的概念.

定义 1 设 A 是实数域 R 上的正规 F 集,且 $\forall \lambda \in (0,1]$,$A_\lambda$ 均为一闭区间,即
$$A_\lambda = [a_\lambda, b_\lambda]$$

则称 A 为一个 F 实数,简称 F 数.F 数全体记为 $\tilde{R}$.

若 $A \in \tilde{R}$ 且 A_1 为单点集,即 $A_1 = \{a\}$,则称 A 为严格 F 数.

若 $A \in \tilde{R}$ 且 $\mathrm{Supp}A$ 有界,则称 A 为有限 F 数.

若 $A \in \tilde{R}$ 且 $\forall \lambda \in (0,1]$,$A_\lambda$ 有界,则称 A 为有界 F 数.

例如,设 $A(n) = \dfrac{1}{n}$(n 为自然数),那么 $\forall \lambda \in (0,1]$,$A_\lambda$ 为无界.

5 扩张原理与 F 数

若 $A \in \tilde{R}$ 且 $\text{Supp} A$ 所含都是正实数,则称 A 为正 F 数.

若 $A \in \tilde{R}$ 且 $\text{Supp} A$ 所含都是负实数,则称 A 为负 F 数.

命题 1 F 数是凸 F 集.(由 5.3 节定理 1 推论易知)

例 1 设 A 为三角 F 集

$$A(x) = \begin{cases} \dfrac{1}{\sigma}x + \dfrac{\sigma - a}{\sigma} & 当 a - \sigma \leqslant x \leqslant a \\ -\dfrac{1}{\sigma}x + \dfrac{\sigma + a}{\sigma} & 当 a < x \leqslant a + \sigma \\ 0 & 其他 \end{cases}$$

证明 A 是严格 F 数(a, σ 为参数)

证 (1) A 是正规的. 令 $A(x) = 1$,即 $\dfrac{1}{\sigma}x + \dfrac{\sigma - a}{\sigma} = 1$ 得 $x = a$. 故 $\text{Ker} A = \{a\} \neq \varnothing$.

(2) A_λ 是闭区间. 令 $A(x) \geqslant \lambda$,即令 $\dfrac{1}{\sigma}x + \dfrac{\sigma - a}{\sigma} \geqslant \lambda$,得 $x \geqslant a - (1 - \lambda)\sigma$,而由 $-\dfrac{1}{\sigma}x + \dfrac{\sigma + a}{\sigma} \geqslant \lambda$,得 $x \leqslant a + (1 - \lambda)\sigma$. 于是

$$A_\lambda = [(a - (1 - \lambda)\sigma), (a + (1 - \lambda)\sigma)]$$

(3) $A_1 = \{a\}$ 是单点集.

所以 A 是严格 F 数.

定理 1 设 A 为有界 F 数的充分必要条件是存在区间 $[a, b]$,使得

$$A(x) = \begin{cases} 1 & 当 a \leqslant x \leqslant b \\ L(x) & 当 x < a \\ R(x) & 当 x > b \end{cases}$$

其中 $L(x)$ 为增函数,右连续,$0 \leqslant L(x) < 1$,且 $\lim\limits_{x \to -\infty} L(x) = 0$. $R(x)$ 为减函数,左连续,$0 \leqslant R(x) < 1$,且 $\lim\limits_{x \to +\infty} R(x) = 0$.

证 略.

定理说明,一个有界 F 数可由 $A_1 = [a, b]$ 及 $L(x)$、$R(x)$ 唯一确定,记

$$A = ([a_A, b_A], L_A, R_A)$$

下面应用扩张原理 II 来讨论 F 数的运算.

设 R 为实数域,映射 $* : R \times R \longrightarrow R$ 是一个实数域上的二元运算,由这个映射诱导出的新映射

$$* : \mathscr{F}(R) \times \mathscr{F}(R) \longrightarrow \mathscr{F}(R)$$

便是实数域 R 上的二元 F 集的代数运算.

于是,由扩张原理 II 容易得下面定理.

定理 2 设 $*$ 是实数域 R 上的二元运算,$A, B \in \tilde{R}$,则

$$A * B = \int_R \bigvee_{x * y = z} (A(x) \wedge B(y)) \Big/ z$$

或

$$(A * B)(z) = \bigvee_{x * y = z} (A(x) \wedge B(y))$$

这个定理给出了两个 F 集的运算方法. 当 * 表示实数 +、−、×、÷ 运算时,有

$$(A + B)(z) = \bigvee_{x+y=z} (A(x) \wedge B(y))$$

$$(A - B)(z) = \bigvee_{x-y=z} (A(x) \wedge B(y))$$

$$(A \times B)(z) = \bigvee_{x \times y=z} (A(x) \wedge B(y))$$

$$(A \div B)(z) = \bigvee_{x \div y=z} (A(x) \wedge B(y)) \quad (y \neq 0)$$

定理 2 说明,两个 F 数作某种运算,是它们的元素作某种运算,而相应的隶属度则取小运算. 为了方便,有时将实数域离散来处理. 这时除用上述四个式子外,还可用下式.

$$A * B = \sum_x \frac{\bigvee_{x_1 * x_2 = x}(A(x_1) \wedge B(x_2))}{x}$$

例 2 设论域为整数集,F 数为

$$\underset{\sim}{2} = \frac{0.4}{1} + \frac{1}{2} + \frac{0.7}{3}, \qquad \underset{\sim}{3} = \frac{0.5}{2} + \frac{1}{3} + \frac{0.6}{4}$$

求 $\underset{\sim}{2}+\underset{\sim}{3}, \underset{\sim}{2}-\underset{\sim}{3}, \underset{\sim}{2}\times\underset{\sim}{3}$.

解 本题以 $\underset{\sim}{2}-\underset{\sim}{3}$ 为例,其余请读者完成. 这时下面运算式中的 x_1 取 1,2,3,x_2 取 2,3,4.

$$\underset{\sim}{2}-\underset{\sim}{3} = \sum_x \frac{\bigvee_{x_1-x_2=x}(\underset{\sim}{2}(x_1) \wedge \underset{\sim}{3}(x_2))}{x}$$

$$= \frac{0.4 \wedge 0.6}{1-4} + \frac{(0.4 \wedge 1) \vee (1 \wedge 0.6)}{(1-3) \text{或}(2-4)} + \frac{(0.4 \wedge 0.5) \vee (1 \wedge 1) \vee (0.7 \wedge 0.6)}{(1-2) \text{或}(2-3) \text{或}(3-4)} +$$

$$\frac{(1 \wedge 0.5) \vee (0.7 \wedge 1)}{(2-2) \text{或}(3-3)} + \frac{0.7 \wedge 0.5}{3-2}$$

$$= \frac{0.4}{-3} + \frac{0.6}{-2} + \frac{1}{-1} + \frac{0.7}{0} + \frac{0.5}{1}$$

其他结果是

$$\underset{\sim}{2}+\underset{\sim}{3} = \frac{0.4}{3} + \frac{0.5}{4} + \frac{1}{5} + \frac{0.7}{6} + \frac{0.6}{7}$$

$$\underset{\sim}{2}\times\underset{\sim}{3} = \frac{0.4}{2} + \frac{0.4}{3} + \frac{0.5}{4} + \frac{1}{6} + \frac{0.6}{8} + \frac{0.7}{9} + \frac{0.6}{12}$$

当论域为无限时,由 $x+y=z$ 得 $y=z-x$. 于是,F 数的加法运算为

$$(A+B)(z) = \bigvee_x (A(x) \wedge B(z-x))$$

这时 $A(x)$ 和 $B(z-x)$ 均为 x 的函数(z 为参数),便于运算.

类似可得

$$(A-B)(z) = \bigvee_x (A(x) \wedge B(x-z))$$

$$(A \times B)(z) = \bigvee_x \left(A(x) \wedge B\left(\frac{z}{x}\right)\right)$$

$$(A \div B)(z) = \bigvee_x \left(A(x) \wedge B\left(\frac{x}{z}\right)\right)$$

例 3 设 $\underset{\sim}{2} = \int_1^2 \frac{x-1}{x} + \int_2^3 \frac{3-x}{x}$,求 $\underset{\sim}{2}+\underset{\sim}{2}$.

解 $\underset{\sim}{2}$ 又可表示为

$$\underset{\sim}{2}(x) = \begin{cases} x-1 & \text{当 } 1 \leqslant x \leqslant 2 \\ 3-x & \text{当 } 2 \leqslant x \leqslant 3 \end{cases}$$

$$\underset{\sim}{2}(z-x) = \begin{cases} (z-x)-1 & \text{当 } z-2 \leqslant x \leqslant z-1 \\ 3-(z-x) & \text{当 } z-3 \leqslant x < z-2 \end{cases}$$

其中 $\underset{\sim}{2}(z-x)$ 是由 $\underset{\sim}{2}(x)$ 变量代换所得. 按上述加法公式:

当 $1 \leqslant x \leqslant 2$ 时,

$$(\underset{\sim}{2}+\underset{\sim}{2})(z) = \bigvee_x (\underset{\sim}{2}(x) \wedge \underset{\sim}{2}(z-x))$$
$$= \bigvee_x ((x-1) \wedge (z-x-1)) = x_0 - 1$$

即 $\qquad (\underset{\sim}{2}+\underset{\sim}{2})(z) = x_0 - 1, \quad 1 \leqslant x_0 \leqslant 2$

现在求 x_0. 令 $x-1 = z-x-1$, 得 $x_0 = \dfrac{z}{2}$, 代入上式, 得

$$(\underset{\sim}{2}+\underset{\sim}{2})(z) = \frac{z}{2} - 1, \quad 2 \leqslant z \leqslant 4$$

当 $2 < x \leqslant 3$ 时,

$$(\underset{\sim}{2}+\underset{\sim}{2})(z) = \bigvee_x (\underset{\sim}{2}(x) \wedge \underset{\sim}{2}(z-x))$$
$$= \bigvee_x ((3-x) \wedge (3-z+x)) = 3 - x_0$$

即 $\qquad (\underset{\sim}{2}+\underset{\sim}{2})(z) = 3 - x_0, \quad 2 < x_0 \leqslant 3$

令 $3-x = 3-z+x$, 得 $x_0 = \dfrac{z}{2}$, 代入上式, 得

$$(\underset{\sim}{2}+\underset{\sim}{2})(z) = 3 - \frac{z}{2}, \quad 4 < z \leqslant 6$$

于是(见图 5-9),

$$(\underset{\sim}{2}+\underset{\sim}{2})(z) = \begin{cases} \dfrac{z}{2}-1 & \text{当 } 2 \leqslant z \leqslant 4 \\ 3-\dfrac{z}{2} & \text{当 } 4 < z \leqslant 6 \end{cases}$$

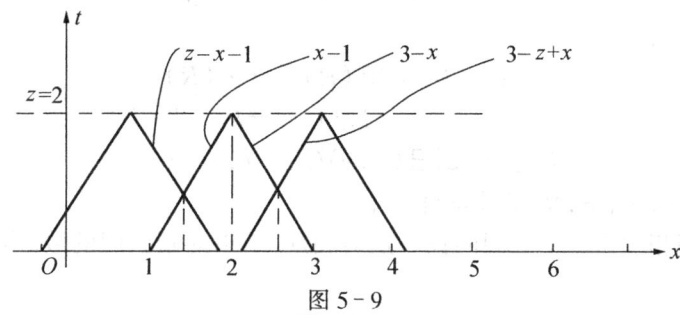

图 5-9

例 4 设 $\underset{\sim}{3} = \int_2^3 \dfrac{x-2}{x} + \int_3^4 \dfrac{4-x}{x}$, $\underset{\sim}{4} = \int_3^4 \dfrac{x-3}{x} + \int_4^5 \dfrac{5-x}{x}$, 求 $\underset{\sim}{3}+\underset{\sim}{4}$.

解 $\underset{\sim}{3}(x) = \begin{cases} x-2 & 2 \leqslant x \leqslant 3 \\ 4-x & 3 \leqslant x \leqslant 4 \end{cases}$, $\qquad \underset{\sim}{4}(x) = \begin{cases} x-3 & 3 \leqslant x \leqslant 4 \\ 5-x & 4 \leqslant x \leqslant 5 \end{cases}$

$$\underset{\sim}{4}(z-x) = \begin{cases} z-x-3 & z-4 \leqslant x \leqslant z-3 \\ 5-z+x & z-5 \leqslant x \leqslant z-4 \end{cases}$$

$$(\underset{\sim}{3}+\underset{\sim}{4})(z) = \bigvee_x (\underset{\sim}{3}(x) \wedge \underset{\sim}{4}(z-x)) = \underset{\sim}{3}(x_0)$$

求交点 x_0,因斜率不同,两直线才有交点.

当 $2 \leqslant x \leqslant 3$ 时,由 $\underset{\sim}{3}(x) = \underset{\sim}{4}(z-x)$,得 $x-2 = z-x-3$,从而解得 $x_0 = \dfrac{z-1}{2}$,将 x_0 代入函数 $\underset{\sim}{3}(x)$ 中,得

$$(\underset{\sim}{3}+\underset{\sim}{4})(z) = \dfrac{z-1}{2} - 2, \quad 2 \leqslant \dfrac{z-1}{2} \leqslant 3$$

即

$$(\underset{\sim}{3}+\underset{\sim}{4})(z) = \dfrac{z-5}{2}, \quad 5 \leqslant z \leqslant 7$$

当 $3 \leqslant x \leqslant 4$ 时,同理得

$$(\underset{\sim}{3}+\underset{\sim}{4})(z) = \dfrac{9-z}{2}, \quad 7 \leqslant z \leqslant 9$$

综述可得

$$(\underset{\sim}{3}+\underset{\sim}{4})(z) = \begin{cases} \dfrac{z-5}{2}, & 5 \leqslant z \leqslant 7 \\ \dfrac{9-z}{2}, & 7 \leqslant z \leqslant 9 \end{cases}$$

5.5 区 间 数

5.5.1 区间运算

设 R 为实数域,$\mathscr{P}(R)$ 是全体区间的集.

定义 1 设有映射

$$*: R \times R \longrightarrow R$$
$$(x,y) \longmapsto z = x * y$$

扩张到区间之间的映射

$$*: \mathscr{P}(R) \times \mathscr{P}(R) \longrightarrow \mathscr{P}(R)$$
$$(I,J) \longmapsto k = I * J$$

其中 $\quad I * J = \{z \mid \exists (x,y) \in I \times J, x * y = z\}$

$*$ 可取 $+, -, \times, \div, \vee, \wedge$ 中的任一个.

即两个区间相加是两个区间的任一点对相加,结果为新区间的数.由此得到下面的结论.

定理 1 设 I, J 是两区间,$*$ 是二元运算,那么 $I * J$ 仍是一个区间.

例 1 证明 $[a,b] + [c,d] = [a+c, b+d]$.

证 设 $a \leqslant x \leqslant b, c \leqslant y \leqslant d$,且 $x + y = z$,则由 $c \leqslant z - x \leqslant d$ 得 $x + c \leqslant z \leqslant x + d$.

因为 $\qquad a + c \leqslant x + c, \quad x + d \leqslant b + d$

所以 $\qquad a + c \leqslant z \leqslant b + d$

于是 $$[a,b]+[c,d]=[a+c,b+d]$$

例2 证明 $[a,b]\vee[c,d]=[a\vee c,b\vee d]$.

证 设 $a\leq x\leq b, c\leq y\leq d, x+y=z$,下面考虑 z 所在区间.因为
$$\min z = \wedge(x\vee y)=(\wedge x)\vee(\wedge y)=a\vee c$$
$$\max z = \vee(x\vee y)=(\vee x)\vee(\vee y)=b\vee d$$

所以
$$[a,b]\vee[c,d]=[a\vee c,b\vee d]$$

其他运算类似.

5.5.2 区间数运算

所谓区间数是指实数轴上的一个闭区间.按 F 数的定义,知它是一个特殊的 F 数,由 F 数运算法则,得区间数的运算公式.

设 $[a,b],[c,d]$ 是实数域中的闭区间,那么
$$[a,b](x)=\begin{cases}1 & x\in[a,b]\\0 & \text{其他}\end{cases},\quad [c,d](y)=\begin{cases}1 & y\in[c,d]\\0 & \text{其他}\end{cases}$$

1. 区间数加法

$$([a,b]+[c,d])(z)=\bigvee_{x+y=z}([a,b](x)\wedge[c,d](y))=\bigvee_{x\in R}([a,b](x)\wedge[c,d](z-x))$$
$$=\begin{cases}1 & x\in[a,b]\text{且}(z-x)\in[c,d]\\0 & \text{其他}\end{cases}=\begin{cases}1 & z\in[a+c,b+d]\\0 & \text{其他}\end{cases}$$

所以 $$([a,b]+[c,d])(z)=[a+c,b+d](z)$$
即 $$[a,b]+[c,d]=[a+c,b+d]$$

2. 区间数减法

$$([a,b]-[c,d])(z)=\bigvee_{x-y=z}([a,b](x)\wedge[c,d](y))=\bigvee_{x\in R}([a,b](x)\wedge[c,d](x-z))$$
$$=\begin{cases}1 & x\in[a,b]\text{且}(x-z)\in[c,d]\\0 & \text{其他}\end{cases}=\begin{cases}1 & z\in[a-d,b-c]\\0 & \text{其他}\end{cases}$$

所以 $$([a,b]-[c,d])(z)=[a-d,b-c](z)$$
于是 $$[a,b]-[c,d]=[a-d,b-c]$$

例如,$[0,1]-[0,1]=[-1,1]$.

3. 区间数乘法

先考虑 $a>0,c>0$ 的情形.

$$([a,b]\times[c,d])(z)=\bigvee_{xy=z}([a,b](x)\wedge[c,d](y))=\bigvee_{x\in R}\left([a,b](x)\wedge[c,d]\left(\frac{z}{x}\right)\right)$$
$$=\begin{cases}1 & x\in[a,b]\text{且}\frac{z}{x}\in[c,d]\\0 & \text{其他}\end{cases}$$
$$=\begin{cases}1 & z\in[ac,bd]\\0 & \text{其他}\end{cases}$$

所以
$$([a,b]\times[c,d])(z)=[ac,bd](z)$$

于是
$$[a,b] \times [c,d] = [ac, bd] \quad a>0, c>0$$

一般情形,
$$[a,b] \times [c,d] = [p,q]$$

其中
$$p = \min\{ac, bc, ad, bd\}, \quad q = \max\{ac, bc, ad, bd\}$$

4. 区间数除法

对于 F 集 A, 定义它的倒数 F 集 $\frac{1}{A}$ 为

$$\frac{1}{A}(y) = \bigvee_{y=\frac{1}{x}} A(x) = A\left(\frac{1}{y}\right) \quad y \neq 0$$

当除数 $[c,d]$ 不包含零的闭区间时,区间数的除法可以转化为区间数的乘法. 因为由上式可得

$$\frac{1}{[c,d]} = \left[\frac{1}{d}, \frac{1}{c}\right] \quad 0 \overline{\in} [c,d]$$

所以
$$[a,b] \div [c,d] = [a,b] \times \left[\frac{1}{d}, \frac{1}{c}\right] \quad 0 \overline{\in} [c,d]$$

例如, $[2,3] \div [2,3] = [2,3] \times \left[\frac{1}{3}, \frac{1}{2}\right]$.

根据 F 数的定义,截集 A_λ 也是一区间数,它有下面的运算性质.

定理 2 设 R 为实数域, $f: R \times R \longrightarrow R$, $A_i (i=1,2)$ 为有界 F 数,则 $\forall \lambda \in (0,1]$,

$$f(A_1, A_2)_\lambda = f((A_1)_\lambda, (A_2)_\lambda)$$

证明留作习题.

由此定理得到下面的具体的二元运算.

定理 3 设 I, J 是两个有界 F 数, $\alpha > 0$, 则 $\forall \lambda \in (0,1]$, 有

(1) $(I+J)_\lambda = I_\lambda + J_\lambda$;   (2) $(I-J)_\lambda = I_\lambda - J_\lambda$;

(3) $(I \cdot J)_\lambda = I_\lambda \cdot J_\lambda$;   (4) $(I \div J)_\lambda = I_\lambda \div J_\lambda$;

(5) $(\alpha \cdot I)_\lambda = \alpha \cdot I_\lambda$.

为了说明截集运算的实际意义,现举例如下.

例 3 假如某一工程任务可分为两个阶段:第一阶段 6~8 天可完成,其完成任务的可能性分布为 F 数

$$I = \frac{0.8}{6} + \frac{1}{7} + \frac{0.2}{8}$$

第二阶段 9~12 天可完成,用 F 数表示为

$$J = \frac{0.3}{9} + \frac{1}{10} + \frac{0.9}{11} + \frac{0.4}{12}$$

问最可能完成这一工程任务的时间?

解
$$(I+J) = \frac{0.3}{15} + \frac{0.8}{16} + \frac{1}{17} + \frac{0.9}{18} + \frac{0.4}{19} + \frac{0.2}{20}$$

取 $\lambda = 0.8$, 这时由定理 2, 有 $(I+J)_{0.8} = I_{0.8} + J_{0.8}$

即
$$[16,18]=[6,7]+[10,11]$$
完成这一任务最可能的时间是 16~18 天,这是两个阶段中最可能完成任务的时间的和.

例 4 在 1.7 节例 4 中,已知企业对资源的软需求与预算约束有关,现在用截集来描述它们的关系.设系统中共有 n 个企业,第 i 个企业对资源 s 的软需求为 $I_i \in \tilde{R}$.那么,整个系统对 s 的软需求为
$$I_1 + I_2 + \cdots + I_n \in \tilde{R}$$
用 $\lambda(\in (0,1])$ 表示一个预算约束水平,那么在 λ 水平上整个系统对 s 的需求集为
$$(I_1 + I_2 + \cdots + I_n)_\lambda = (I_1)_\lambda + (I_2)_\lambda + \cdots + (I_n)_\lambda$$
即整个系统的需求集是每个企业在同一水平上的需求集之和.

由上述例子可见,区间数运算是符合实际情况的.

习题 5

1. 设 $U = \{a,b,c,d,e,f\}, V = \{x,y,z\}$,
$$f(u) = v = \begin{cases} x & u = a,d,e,f \\ y & u = b,c \end{cases}$$
$$A = \frac{0.1}{a} + \frac{0.4}{b} + \frac{1}{c} + \frac{0.6}{d} + \frac{0.3}{e}, \quad A' = \frac{1}{a} + \frac{0.8}{b} + \frac{0.5}{c} + \frac{0.2}{f}$$
求 $f(A), f^{-1}(f(A)), f(A^c), f(A \cup A'), f(\{a,b\}), f(\{b,c\}), f(A)_{0.6}$.

2. 设 $f: R \longrightarrow R$(实数域),$f(x) = \frac{1}{2}x$,且
$$A(x) = \begin{cases} x-1 & \text{当 } 1 < x \leq 2 \\ 3-x & \text{当 } 2 < x < 3 \\ 0 & \text{其他} \end{cases}$$
求 $f(A)$.

3. 设 $f: R \longrightarrow R$(实数域),$f(x) = 1 + \frac{1}{2}(x+1)^2$,且
$$A(x) = \begin{cases} 1 + \frac{1}{3}x & \text{当 } -3 < x \leq 0 \\ 1-x & \text{当 } 0 < x < 1 \\ 0 & \text{其他} \end{cases}$$
求 $f(A)$.

4. 设 $f: U \longrightarrow V, B \in \mathscr{F}(V)$,证明 $\forall \lambda \in [0,1]$,有
$$f^{-1}(B)_\lambda = f^{-1}(B_\lambda), \quad f^{-1}(B)_{\underline{\lambda}} = f^{-1}(B_{\underline{\lambda}})$$

5. 设 $f: U \longrightarrow V, A \in \mathscr{F}(U), B \in \mathscr{F}(V)$,证明
$$f(A) = \bigcup_{\lambda \in [0,1]} \lambda f(A_\lambda), \quad f^{-1}(B) = \bigcup_{\lambda \in [0,1]} \lambda f^{-1}(B_\lambda)$$

6. 设 $f: U \longrightarrow V$,证明当 $A_1, A_2 \in \mathscr{F}(U)$ 时,
(1) $f(A_1 \cup A_2) = f(A_1) \cup f(A_2)$; (2) $f(A_1 \cap A_2) \subseteq f(A_1) \cap f(A_2)$.

7. 设 $f: U \longrightarrow V, B, B' \in \mathscr{F}(V)$,证明
(1) $f^{-1}(\varnothing) = \varnothing$; (2) 若 f 为满射,且 $f^{-1}(B) = \varnothing$,则 $B = \varnothing$;

(3) $B \subseteq B'$, 则 $f^{-1}(B) \subseteq f^{-1}(B')$; (4) $f^{-1}(\bigcup_{t \in T}(B^{(t)})) = \bigcup_{t \in T} f^{-1}(B^{(t)})$;

(5) $f^{-1}(\bigcap_{t \in T}(B^{(t)})) = \bigcap_{t \in T} f^{-1}(B^{(t)})$; (6) $(f^{-1}(B))^c = f^{-1}(B^c)$.

8. 设 $f: U \longrightarrow V, v = f(u), A \in \mathscr{F}(U), B \in \mathscr{F}(V)$, 证明

$$(\bigcup_{\lambda \in [0,1]} \lambda f(A_\lambda))(v) = \bigvee_{f(u)=v} A(u) \quad (\bigcup_{\lambda \in [0,1]} \lambda f^{-1}(B_\lambda))(u) = B(f(u))$$

此题说明 5.1 节和 5.2 节两个扩张原理定义等价.

9. 设 $f: U \longrightarrow V, A \in \mathscr{F}(U), B \in \mathscr{F}(V)$, 则

(1) $f(f^{-1}(B)) \subseteq B$; (2) $f^{-1}(f(A)) \supseteq A$.

10. 设 $f: U_1 \times U_2 \longrightarrow V$, 证明

$$f(A_1 \cup A_2, B_1 \cup B_2) = f(A_1, B_1) \cup f(A_1, B_2) \cup f(A_2, B_1) \cup f(A_2, B_2)$$

这里 $A_i, B_i (i=1,2)$ 是 F 集(也可以是普通集).

11. 计算下列区间数:

(1) $[3,9] + [7,10]$; (2) $[6,15] \div [2,8]$;

(3) $([3,9] + [6,9]) \cdot [-1,4]$; (4) $([2,6] - [-1,4]) \cdot ([6,9] - [-4,-2])$;

(5) $[-2,3] \vee [5,6]$; (6) $[4,7] \wedge [-2,9]$.

12. 规定区间数的偏序 "$\leqslant$":

$$[a^-, a^+] \leqslant [b^-, b^+] \Leftrightarrow [a^-, a^+] \vee [b^-, b^+] = [b^-, b^+]$$

试比较下列区间数的大小:

(1) $[0,3]$ 与 $[1,4]$; (2) $[-4,6]$ 与 $[2,3] \cdot [-2,1]$;

(3) $[2,3] \cdot [-2,2]$ 与 $[-2,4] \cdot [-2,1]$.

13. 设 $\underline{a} = [a^-, a^+], \underline{b} = [b^-, b^+], \underline{c} = [c^-, c^+]$ 为区间数,证明

(1) $\underline{a} + \underline{b} = \underline{b} + \underline{a}$; (2) $(\underline{a} + \underline{b}) + \underline{c} = \underline{a} + (\underline{b} + \underline{c})$; (3) $0 + \underline{a} = \underline{a}$ ($0 = [0,0]$);

(4) $\underline{a} \cdot \underline{b} = \underline{b} \cdot \underline{a}$; (5) $1 \cdot \underline{a} = \underline{a}$ ($1 = [1,1]$).

这里 $\underline{a}$、$\underline{b}$、$\underline{c}$ 为有界 F 数一样成立.

14. 设 R 为实数域, $f: R \times R \longrightarrow R, A_i (i=1,2)$ 为有界 F 数, 则 $\forall \lambda \in (0,1]$,

$$f(A_1, A_2)_\lambda = f((A_1)_\lambda, (A_2)_\lambda).$$

15. 设 $\underline{2} = \frac{0.4}{1} + \frac{1}{2} + \frac{0.7}{3}$, $\underline{3} = \frac{0.5}{2} + \frac{1}{3} + \frac{0.6}{4}$, 求 $\underline{2} + \underline{3}, \underline{2} \times \underline{3}$.

16. 设 A 是 F 数, 则

(1) A 是 F 凸的.

(2) 若 $A(x_0) = 1$, 则当 $x < x_0$ 时, $A(x)$ 不减; 当 $x > x_0$ 时, $A(x)$ 不增.

17. 设 $\underline{2} = \int_1^2 \frac{x-1}{x} + \int_2^3 \frac{3-x}{x}$, $\underline{3} = \int_2^3 \frac{x-2}{x} + \int_3^4 \frac{4-x}{x}$, 求 $\underline{2} + \underline{3}$ 和 $\underline{2} - \underline{3}$.

6 F 逻 辑

逻辑是研究人们思维形式和思维规律的科学.由于思维本身具有模糊性的特点,因此在研究复杂的大系统(如航天系统、生态系统、人脑系统、社会经济系统等)的过程中,有必要将二值逻辑推广为多值逻辑、F 逻辑.

本章首先介绍二值逻辑的基本概念,然后叙述 F 逻辑的基本知识与最小化问题,并简要介绍 F 逻辑函数的电路实现.

6.1 二值逻辑

在二值逻辑中,将能分辨其真假的陈述句,称为命题.换句话说,在逻辑系统中,一个命题只能是真或假,即非真即假,非假即真,二者必居其一.例如:

(1) 台湾是中国领土的一部分.
(2) 今天下午可能下雨.
(3) 三角形的三内角之和小于 180°.
(4) 二加三.

以上四个语句中,(1)是真的,(3)是假的,它们都是命题.(2)、(4)都不是命题.因为(2)没有肯定什么,只说"可能"怎样,而(4)是不完整的句子.

命题常用大写的拉丁字母 $A, B, \cdots, P, Q, \cdots$ 表示.而一个命题的真或假,叫做它的真值,记作 T.通常用数字 1 代表真,数字 0 代表假.例如,上面的语句(1)表示为命题 A,语句(3)表示为命题 B,则它们的真值为

$$T(A)=1, \quad T(B)=0$$

一个语句,如果不能进一步分解成更简单的语句,且又是一个命题,则称此命题为原始命题(或叫原子命题、单命题).若干个单命题通过命题联结词连接起来而构成的新命题,叫做复合命题.常用的命题联结词(亦称命题的运算)有以下五种.

1. 合取

合取记为"∧".它是自然语言中"并且"、"既……又……"的逻辑抽象.例如:

P:他很努力.
Q:他很幸运.
A:他很努力且很幸运.

此时,命题 A 又可由命题 P、Q 表示为

$$A = P \wedge Q$$

并称 A 为命题 P、Q 的合取式命题.称"$P \wedge Q$"为 P 与 Q 的合取式,而 P、Q 分别叫此合取式的合取项.

合取式的取值情况见表 6-1.

表 6-1 "合取"的真值表

P	Q	$P \wedge Q$
1	0	0
1	1	1
0	0	0
0	1	0

2. 析取

析取记为"∨". 它类似日常用语中的"或者",但"∨"表示两者至少有其一的意思. 例如:

P:他爱好数学.

Q:他爱好文学.

B:他爱好数学,或者爱好文学.

此时,命题 B 也可表示为

$$B = P \vee Q$$

称命题 B 为 P 与 Q 的析取式命题,并称"$P \vee Q$"为 P 与 Q 的析取式,而 P、Q 分别叫此析取式的析取项.

析取式的取值情况见表 6-2.

表 6-2 "析取"的真值表

P	Q	$P \vee Q$
1	1	1
1	0	1
0	1	1
0	0	0

表 6-3 "取否"的真值表

P	$\bar{P}$
1	0
0	1

3. 取否

取否记作"‾". 它相当于日常用语中的"非". 一般命题 P 的否定记为"$\bar{P}$". 例如:

P:他懂英语.

$\bar{P}$:他不懂英语.

命题 $\bar{P}$ 的真值由 P 的真值确定,见表 6-3.

4. 蕴含

蕴含记作"→". 它是自然语言"如果……则……"的逻辑抽象. 例如:

P:你去教室.

Q:我留在宿舍.

A:如果你去教室,那么我留在宿舍.

此时,命题 A 也可记为

$$P \to Q$$

称 A 为 P 与 Q 的蕴含式命题. "$P \to Q$"(读作"如果 P 则 Q")称为"P 蕴含 Q". 其中 P 称为 $P \to Q$ 的前件,而 Q 称为 $P \to Q$ 的后件. 其取值情况见表 6-4.

表 6-4 "蕴含"的真值表

P	Q	$P \to Q$
1	1	1
1	0	0
0	1	1
0	0	1

由真值表可见,前件假,则"$P \to Q$"为真. 例如:

(1)如果地球会飞,则地球存在.

(2)如果地球会飞,则地球有翅膀.

5. 等价

等价记为"↔". 它表示"当且仅当"的意思. 例如:

P:m 是偶数.

Q:m^2 是偶数.

C:m^2 是偶数当且仅当 m 是偶数.

表 6-5 "等价"的真值表

P	Q	$P \leftrightarrow Q$
1	1	1
1	0	0
0	1	0
0	0	1

这时,也记命题 C 为"$P \leftrightarrow Q$"(读作"P 当且仅当 Q").并且,将命题 C 称为 P 与 Q 的等价式命题,其真值表如表 6-5 所示.

在命题运算中,以上五个联结词的含义由其真值表唯一确定,并非由其日常用语的含义确定.

在逻辑系统的研究中,我们只关心命题的真假值,而并不关心其内容含义.而且,上面的各种命题运算,实际上就是对命题真值的运算.因此说,一个命题可以看成是以 $\{0,1\}$ 为其变域的变元,称为命题变元.它们仍用大写字母表示.

此外,由命题变元、命题联结词、圆括号按下述法则(称为递归定义)所组成的字符串,称为命题公式,简称为公式.

(1) 0,1 是命题公式.

(2) 命题变元是命题公式.

(3) 如果 P 是命题公式,则 $\overline{P}$ 是命题公式.

(4) 如果 P 和 Q 是命题公式,则
$$(P \vee Q), (P \wedge Q), (P \rightarrow Q), (P \leftrightarrow Q)$$
都是命题公式.

(5) 有限次使用上述法则所得的结果是命题公式.

例如,设 A, B, C, D 分别表示"上午不下雨"、"我去打球"、"我在家读书"、"我在家写字"等命题,那么命题公式
$$(A \rightarrow B) \wedge (\overline{A} \rightarrow (C \vee D))$$
表示"如果上午不下雨,我去打球,否则在家读书或写字"命题.

注意:式中"$\wedge$"表示两个蕴含关系均要同时考虑,一个都不能少.

在一个命题公式中,以上五个命题联结词,其运算的先后次序规定为:
$$\overline{}, \wedge, \vee, \rightarrow, \leftrightarrow$$

公式中,所有命题变元的一组确定的取值,称为公式的一组真值指派.一个含有 n 个命题变元的公式,共有 2^n 组不同的真值指派.对于每组真值指派,公式都有一个确定的真值.例如,公式 $\overline{(P \rightarrow Q)} \wedge P$ 的真值表见表 6-6.

表 6-6 $\overline{(P \rightarrow Q)} \wedge P$ 的真值表

P	Q	$P \rightarrow Q$	$\overline{(P \rightarrow Q)}$	$\overline{(P \rightarrow Q)} \wedge P$
1	1	1	0	0
1	0	0	1	1
0	1	1	0	0
0	0	1	0	0

一个公式,若对它所含的命题变元的任何一组真值指派,公式的取值恒为真,则称该公式为永真公式.永真公式常用"1"表示.反之,若对它所含的命题变元的任何一组真值指派,公式的取值恒为假,则称该公式为永假公式.永假公式常用"0"表示.

设两个命题公式 P 和 Q 中,出现的全部命题变元为 $P_1, P_2, \cdots, P_n$.若对于 $P_1, P_2, \cdots, P_n$ 的任何一组真值指派,公式 P 和 Q 的取值都相同,则称公式 P 和 Q 为等值的公式,记为 $P = Q$.利用真值表,很容易证明:

$$P \rightarrow Q = \overline{P} \vee Q$$
$$P \leftrightarrow Q = (P \wedge Q) \vee (\overline{P} \wedge \overline{Q})$$

由此可见,在前面的五个联结词中,$\overline{}$,$\vee$,$\wedge$ 是三个最基本的联结词.

设 S 表示所有命题的集合,则 $\overline{}$ 及 $\wedge$,$\vee$ 可以分别看作是 S 上的一元运算和二元运算,则集 S 与这三种运算构成一个代数系 $(S;\vee,\wedge,\overline{})$. 利用真值表可以证明:代数系 $(S;\vee,\wedge,\overline{})$,是一个布尔代数,称它为命题代数.

6.2 F 命题公式

在二值逻辑中,命题就是可分辨真假的句子.然而,在现实生活中,常会遇到另一类型的句子,它们既不是绝对的真,也不是绝对的假.例如:

(1) 他是个高个子.
(2) 今天天气好.
(3) 这个数比 1 大得多.

在这些句子中,"高个子"、"天气好"、"大得多"都是模糊概念.一个身高 1.76 米的人,能说他是标准的高个子吗?显然这是不太合适的.就以上节曾引用过的命题"他懂英语"来说吧,仔细想想,怎样判断一个人完全懂英语或完全不懂英语呢?张三学了三年英语,那么对他应作何种结论?诸如此类问题,若只用 0,1 两个数来刻画命题的真值,就显得过于简单化了.于是,引入下面的定义.

定义 1 一个具有模糊性的陈述句,称为模糊命题.模糊命题用大写字母 $A,B,C,\cdots$,$P,Q,\cdots$ 表示.模糊命题也简记为 F 命题.

上面列出的三个句子都是 F 命题.F 命题利用逻辑运算符号"$\wedge$(合取)"、"$\vee$(析取)"、"$\overline{}$(取否)",按下面的递归定义,构成新的 F 命题,称为 F 命题公式(简称 F 公式).

(1) 数字 0 和 1 是 F 公式.
(2) F 命题 P 是 F 公式.
(3) 若 P 为 F 公式,则 $\overline{P}$ 也是 F 公式.
(4) 若 P 和 Q 是 F 公式,则 $P \vee Q$,$P \wedge Q$ 都是 F 公式.
(5) 有限次使用上述规则所得结果是 F 公式.例如:

$$\text{F 公式} \quad A = (P \wedge Q) \vee (\overline{P} \wedge Q) \vee (P \wedge \overline{Q})$$
$$\text{F 公式} \quad B = 1 \wedge (P \wedge Q)$$

对于 F 命题,一般没有绝对的真和假,只能问它的真假程度如何.一个用来度量一个命题的真假程度的数值,称为该命题的真值.它符合下面定义.

定义 2 设 F 命题的集合为 $\mathscr{F}$,$\forall P, Q \in \mathscr{F}$,若映射 $T:\mathscr{F} \longrightarrow [0,1]$ 满足:

(1) $T(P \vee Q) = T(P) \vee T(Q)$.
(2) $T(P \wedge Q) = T(P) \wedge T(Q)$.
(3) $T(\overline{P}) = 1 - T(P)$.

则称映射 T 为 $\mathscr{F}$ 上的真值函数,$T(P)$ 称为 F 命题 P 的真值.

当给定 F 命题 P 以具体的真值时,称为给 F 命题 P 赋值.

对于两个 F 公式 A 和 B,当且仅当对 A,B 中所含 F 命题的一切赋值都有
$$T(A)\equiv T(B)$$
时,称 A,B 为等值公式,并写成
$$A = B$$

在逻辑系统中,由于命题运算实际上是命题真值的运算,为方便计,以后常将 F 命题与其真值等同看待,并引进如下定义.

定义 3 一个 F 命题可以看成是在闭区间 $[0,1]$ 上取值的变量,称为 F 命题变量,简称为 F 变量,常以小写字母 $x,y,\cdots$ 表示,或以带下标的字母 $x_1,x_2,\cdots$ 表示. 其中对 F 变量 $x,y \in [0,1]$,规定如下运算:

(1) 合取 "$\wedge$". 例如,x 与 y 的合取式记为 "$x \wedge y$",且
$$x \wedge y \triangleq \min(x,y)$$

(2) 析取 "$\vee$". 例如,x 与 y 的析取式记为 "$x \vee y$",且
$$x \vee y \triangleq \max(x,y)$$

(3) 取否 "¯". 例如,x 的取否记为 "$\bar{x}$",且
$$\bar{x} = 1 - x$$

称 $\bar{x}$ 与 x 互补,$\bar{x}$ 是 x 的补元. 反之,x 是 $\bar{x}$ 的补元.

引入 F 变量后,前面的 F 公式又可写为
$$A = (x \wedge y) \vee (\bar{x} \wedge y) \vee (x \wedge \bar{y})$$
$$B = 1 \wedge (x \wedge y)$$

定义 4 设 A 为 F 公式,若对 A 中所含变量的一切赋值,均有
$$T(A) \geq \lambda, \quad \lambda \in [0,1]$$
则称 A 是 F-λ 真公式.

特别地,当 $\lambda = \dfrac{1}{2}$ 时,称上面的 F 公式 A 为 F 真公式. 此时也称公式 A 是 "相容" 的. 若对 A 中所含变量的一切赋值,均有
$$T(A) \leq \dfrac{1}{2}$$
则称 F 公式 A 是 F 假公式. 这时称公式 A 为 "不相容" 的.

例 1 证明 $P = x \vee \bar{x}$ 是 F 真公式.

证 因
$$T(P) = T(x \vee \bar{x}) = T(x) \vee T(\bar{x}) = T(x) \vee (1 - T(x))$$
所以
$$T(P) = \begin{cases} T(x) & \text{当 } T(x) \geq \dfrac{1}{2} \\ 1 - T(x) & \text{当 } T(x) < \dfrac{1}{2} \end{cases}$$
即 $\forall x \in [0,1]^n$,均有 $T(P) \geq \dfrac{1}{2}$.

例 2 证明 $P = x \wedge \bar{x}$ 是 F 假公式.

请读者自行完成.

注意:还存在既不是 F 真也不是 F 假的公式.

根据 F 变量的运算定义,不难得知,F 变量与 F 集具有完全相同的运算性质. 因此

$$(\mathscr{F}, \vee, \wedge, ^-) \text{ 与 } (\mathscr{F}(U), \cup, \cap, c)$$

是相同的代数,因为它们都符合德·莫根律,所以称它们为德·莫根代数. 由于 $\mathscr{F}$ 的真值函数和 $\mathscr{F}(U)$ 的隶属函数都在 $[0,1]$ 上取值,于是

$$([0,1], \vee, \wedge, ^-)$$

也是德·莫根代数. 但它们都不是布尔代数,这是因为补余律不成立. 例如:

$$0.7 \vee \overline{0.7} = 0.7 \vee 0.3 = 0.7 \neq 1$$
$$0.7 \wedge \overline{0.7} = 0.7 \wedge 0.3 = 0.3 \neq 0$$

补余律表示非此即彼的特性,德·莫根代数没有补余律,意味着具有亦此亦彼的特性.

根据二值逻辑及普通集合的运算,代数系

$$(\{0,1\}, \vee, \wedge, ^-) \text{ 与 } (P(U), \cup, \cap, c)$$

都是布尔代数.

6.3 F 逻辑函数的概念

上面介绍的 F 命题公式,也是 n 个 F 变量的函数,即有映射

$$f: [0,1]^n \longrightarrow [0,1]$$

称此映射为 F 逻辑函数,记为

$$f(x_1, x_2, \cdots, x_n) = f(x), \quad x \in [0,1]^n$$

为了方便,常将"$\vee$"用"$+$"代替,"$\wedge$"用"$\cdot$"代替甚至省去"$\cdot$". 例如,$f(x,y) = \bar{x} \wedge y \vee x$ 写为 $f(x,y) = \bar{x} \cdot y + x$,也可表示为 $f(x,y) = \bar{x}y + x$.

把变量 x 及 $\bar{x}$ 都叫做字,用 L 表示,或用 $L_1, L_2, \cdots, L_p$ 表示. 由于 F 变量可取 1 和 0,所以 1 和 0 也叫做字. 把字的析取式 $L_1 + L_2 + \cdots + L_p$ 叫做子句,记为 C;字的合取式 $L_1 \cdot L_2 \cdot \cdots \cdot L_p$ 叫做字组,记为 Φ. 例如:

子句 $C = \bar{x} + \bar{y} + x$;   字组 $\Phi = \bar{x} \cdot \bar{y} \cdot x$ 或 $\Phi = \bar{x} \bar{y} x$

注意:因 $x = 1 \cdot x$,所以 x 可认为是 1 和 x 的字组.

定理 1 (1)子句 C 为 F 真的充分必要条件是它包含变量对 $(x_i, \bar{x}_i)$;

(2)字组 Φ 是 F 假的充分必要条件是它含有变量对 $(x_i, \bar{x}_i)$.

证 (1)若 C 含有变量对 $(x_i, \bar{x}_i)$,由于它具有形式 $C = L_1 + L_2 + \cdots + L_p$,所以有

$$T(C) = \max_{1 \leq j \leq p} T(L_j) \geq T(x_i + \bar{x}_i) \geq \frac{1}{2}$$

即子句 C 为 F 真.

反之,若 C 为 F 真,则不含任何变量对 $(x_i, \bar{x}_i)$. 由于 $C = L_1 + L_2 + \cdots + L_p$,所以如果对一切 L_j 分别赋予真值,使

$$T(L_j) < \frac{1}{2}, \quad j = 1, 2, \cdots, p$$

必有

$$T(C) = \max_{1 \leq j \leq p} T(L_j) < \frac{1}{2}$$

它与假设子句 C 为 F 真相矛盾,所以若 C 为 F 真,则它必须包含变量对 $(x_i, \bar{x}_i)$.

(2)如果字组 Φ 含有变量对 $(x_i, \bar{x}_i)$,由于 Φ 具有形式 $\Phi = L_1 \cdot L_2 \cdot \cdots \cdot L_m$,所以有
$$T(\Phi) = \min_{1 \leqslant j \leqslant m} T(L_j) \leqslant T(x_i \cdot \bar{x}_i) \leqslant \frac{1}{2}$$
故 Φ 为 F 假公式. 其逆,留给读者完成.

定义 1 若 F 逻辑函数 $f(x_1, x_2, \cdots, x_n)$ 能表示成字组 $\Phi_j (j=1,2,\cdots,p)$ 的析取式,即
$$f(x_1, x_2, \cdots, x_n) = \Phi_1 + \Phi_2 + \cdots + \Phi_p$$
则称该式为 $f(x_1, x_2, \cdots, x_n)$ 的析取范式.

若 $f(x_1, x_2, \cdots, x_n)$ 能表示成子句 $C_j (j=1,2,\cdots,p)$ 的合取式,即
$$f(x_1, x_2, \cdots, x_n) = C_1 \cdot C_2 \cdot \cdots \cdot C_p$$
则称该式为 $f(x_1, x_2, \cdots, x_n)$ 的合取范式.

有时省去 $x_1, \cdots, x_n$,将 $f(x_1, \cdots, x_n)$ 写为 f.

定理 2 (1)析取范式 $f = \Phi_1 + \Phi_2 + \cdots + \Phi_p$ 是 F 假的充分必要条件是所有字组 Φ_j 为 F 假.

(2)合取范式 $f = C_1 \cdot C_2 \cdot \cdots \cdot C_p$ 是 F 真的充分必要条件是所有子句 C_j 为 F 真.

证 当 f 为析取范式时,由于 $T(f) = \max_{1 \leqslant j \leqslant p} T(\Phi_j)$,因此
$$T(f) \leqslant \frac{1}{2} \Longleftrightarrow T(\Phi_j) \leqslant \frac{1}{2}$$
这就是说,范式 f 是 F 假的充分必要条件是所有字组 Φ_j 为 F 假.

定理的后半部分留给读者完成.

在二值逻辑中,利用分配律和德·莫根律,可以证明每个公式均可展开为合取范式和析取范式. 由于 F 逻辑的运算同样服从分配律和德·莫根律,所以不难看出,任何 F 逻辑函数也能展开为合取范式或析取范式. 由此,可得到关于 F 逻辑和二值逻辑的关系如下.

定理 3 F 公式 $P \in \mathscr{F}$ 为 F 真的充分必要条件是公式 P 在二值逻辑中永真,公式 P 为 F 假的充分必要条件是 P 在二值逻辑中永假.

证 首先,假定 P 是 F 真公式,于是对 P 中一切变量的所有赋值均有
$$T(P) \geqslant \frac{1}{2} \tag{6.1}$$

特别地,当 P 中的变量均取 $0,1$ 两值时,由式(6.1)恒有
$$T(P) = 1$$
即公式 P 在二值逻辑中永真.

反之,若 P 在二值逻辑中永真,不妨先假定 P 是一个子句 $P = L_1 + L_2 + \cdots + L_p$,此时每个 $T(L_j) \in \{0,1\}$ $(j=1,2,\cdots,p)$,于是有 $T(P) = 1$.

考虑到变量 x_i 可以全为 0,所以在 $L_1, L_2, \cdots, L_p$ 中必存在 $L_k = x_i, L_j = \bar{x}_i$,使 $x_i + \bar{x}_i = 1$. 这就是说,公式 P 含有变量对 $(x_i, \bar{x}_i)$,根据定理 1 知,P 必为 F 真. 由于此结论对所有子句都成立,故当 P 不是一个子句而是合取范式 $P = C_1 \cdot C_2 \cdot \cdots \cdot C_s$ 时,因 $T(P) = 1$,从而对于每个子句 C_i 均有 $T(C_i) = 1$. 此前推得每个 C_i 为 F 真,故由定理 2 可知,若 P 在二值逻辑中永真,则必为 F 真.

定理的后半部分由对偶律即得.

例 1 设 F 公式
$$P_1 = (x_1 + \bar{x}_2) \cdot x_1 \cdot (x_2 + \bar{x}_3), \quad P_2 = (x_1 + \bar{x}_1 + x_2) \cdot (x_2 + \bar{x}_2 + x_3)$$
问 P_1, P_2 是 F 真公式吗?

解 公式 P_1 是合取范式,其中子句分别为
$$C_1 = x_1 + \bar{x}_2, \quad C_2 = x_1, \quad C_3 = x_2 + \bar{x}_3$$
由于 C_1, C_2, C_3 中都不含变量对 $(x_i, \bar{x}_i)$,故公式 P_1 不是 F 真.

公式 P_2 也是合取范式,其中子句 $C_1 = x_1 + \bar{x}_1 + x_2$ 中含有变量对 $(x_1, \bar{x}_1)$,子句 $C_2 = x_2 + \bar{x}_2 + x_3$ 中含有变量对 $(x_2, \bar{x}_2)$,故由定理 1、定理 2 可知,P_2 是 F 真公式.

6.4 F 逻辑函数的范式

本节以析取范式为例,研究 F 逻辑函数.对于合取范式可以进行对偶地讨论.

6.4.1 析取范式的项

为了讨论方便,本节把 $[0,1]^n$ 上的变量叫做元,对于 F 逻辑函数 $f(x_1, x_2, \cdots, x_n)$,当 $x \in [0,1]^n$ 给定时,$f(x)$ 的真值 $T(f(x))$ 取 $f(x)$ 的值本身.即
$$T(f(x)) = f(x) = f(x_1, x_2, \cdots, x_n)$$
下面先引入几个术语.

定义 1 在字组中,不存在补元的字,叫单字.

例如在 $x_1 \bar{x}_1 \bar{x}_2 x_4$ 中,$\bar{x}_2$ 和 x_4 是单字,x_1 和 $\bar{x}_1$ 则不是单字.(这里运算"·"已经略去)

定义 2 (1)由单字构成的字组,叫单项.

(2)至少含一互补对 $(x_i, \bar{x}_i)$ 的字组,叫互补项.

(3)含有所有变量的互补项,叫互补最小项.

一般用 α, β, γ 表示项.

例如,在 $[0,1]^4$ 上的项:$\alpha = x_1 \bar{x}_2 x_4$ 是单项;$\beta = x_1 \bar{x}_1 \bar{x}_2 x_4$ 是互补项;$\gamma = x_1 \bar{x}_1 \bar{x}_2 x_3 x_4$ 是互补最小项.

定理 1 $f = \alpha_1 + \cdots + \alpha_m$ 为 F 真的充要条件是 $\forall x \in [0,1]^n$,总有两项满足
$$\alpha_i = 1 - \alpha_j \quad (1 \leq i, j \leq m)$$
这时称 α_i 与 α_j 两项广义互补(简称互补).

证 设 $f = \alpha_1 + \cdots + \alpha_m$ 是 F 真,若 $\forall i, j (i \neq j, 1 \leq i, j \leq m), \alpha_i \neq 1 - \alpha_j$,即 α_i 与 α_j 不互补.那么,给变量 x 赋值,使所有
$$\alpha_i < \frac{1}{2} \quad (i = 1, \cdots, m)$$
从而 $f < \frac{1}{2}$.这与 f 是 F 真矛盾.

反之,若对 x 任意赋值,总有两项满足

$$\alpha_i = 1 - \alpha_j \quad (1 \leq i, j \leq m)$$

则 $\forall x, f \geq \frac{1}{2}$，因此 f 为 F 真.

例 1 证明下面 F 逻辑函数为 F 真.

(1) $f_1 = \bar{x}_1 + x_1 x_2 + x_1 \bar{x}_2$； (2) $f_2 = x_1 x_2 + \bar{x}_1 x_2 + x_1 \bar{x}_2 + \bar{x}_1 \bar{x}_2$.

注：设 α_i 表示第 i 项.

证 (1) x_2 和 $\bar{x}_2$ 中，只要有一个(不妨设 x_2)大于 x_1，这时 α_1 与 α_2 互补；如果 x_2 和 $\bar{x}_2$ 都比 x_1 小，则 α_2 与 α_3 互补. 即无论变量如何取值，总有两项互补. 根据定理 1，f_1 为 F 真.

(2) 当 $x_1 \geq x_2$ 时，$x_1, x_2 \in [0,1]$.

若 $x_2 \geq \bar{x}_2$，则 $x_1 x_2 = 1 - x_1 \bar{x}_2$，即 $\alpha_1 = 1 - \alpha_3$.

若 $\bar{x}_2 > x_2$ 且 $x_1 \geq \bar{x}_2 > x_2$，则 $\alpha_1 = 1 - \alpha_3$.

若 $\bar{x}_2 > x_2$ 且 $\bar{x}_2 \geq x_1 \geq x_2$，则 $\bar{x}_2 \geq \bar{x}_1 \geq x_2$，从而 $x_1 \bar{x}_2 = 1 - \bar{x}_1 \bar{x}_2$，即 $\alpha_3 = 1 - \alpha_4$.

当 $x_2 > x_1$ 时，类似上述讨论，总有两项互补，所以 $\forall x_1, x_2 \in [0,1]$，$f$ 为 F 真.

定理 2 对变量 x 任意赋值，均有

$$\alpha(x_i + x_i') = \alpha \quad (x_i \text{ 和 } x_i' \text{ 都不在 } \alpha \text{ 中})$$

的充要条件是 α 是互补项，且 x_i 与 x_i' 是互补对.

证 若对变量 x 任意赋值，均有

$$\alpha(x_i + x_i') = \alpha \tag{6.2}$$

其中 x_i 和 x_i' 不在 α 中出现，但 α 不是互补项，即 α 不含任何互补对. 那么，如果给变量 x 赋值，使

$$\alpha > \frac{1}{2}, \quad x_i + x_i' = \frac{1}{2} \tag{6.3}$$

这时，式(6.2)不成立，所以 α 必是互补项.

若 x_i 与 x_i' 不是互补对，那么如果给变量 x 赋值，使

$$\alpha = \frac{1}{2}, \quad x_i + x_i' < \frac{1}{2} \tag{6.4}$$

这也与式(6.2)矛盾.

充分性的证明留给读者.

此定理说明，如果两个互补项彼此有一单字互补，其余的字相同，则删去这互补的两个单字而不改变互补项的真值. 从而，两个互补项可合并为字数较少的一个.

反之，一个互补项可添加任一变元与其补元的析取，也不改变互补项的真值. 从而，互补项可化为互补最小项.

例如，在 $[0,1]^3$ 上的项

$$x_1 x_2 \bar{x}_2 = x_1 x_2 \bar{x}_2 (x_3 + \bar{x}_3) = x_1 x_2 \bar{x}_2 x_3 + x_1 x_2 \bar{x}_2 \bar{x}_3$$

推论 1 设 α 为互补项，则 $T(\alpha) \leq \frac{1}{2}$.

推论 2 设字组 $\alpha_i (i=1, \cdots, s)$ 不在 α 中出现，那么

$$\alpha(\alpha_1 + \cdots + \alpha_s) = \alpha \tag{6.5}$$

成立的充要条件是 α 为互补项,且 $\alpha_1 + \cdots + \alpha_s$ 为 F 真.

例如,在 $[0,1]^5$ 上,有
$$x_2 \bar{x}_2 x_3 (x_1 x_4 + x_1 + \bar{x}_1 + \bar{x}_1 \bar{x}_4 x_5) = x_2 \bar{x}_2 x_3$$

定义 3 设 α 和 β 均为项,若 $\forall x \in [0,1]^n$,有
$$\alpha(x) \leqslant \beta(x) \quad (\text{简写为 } \alpha \leqslant \beta)$$
则称 α 含于 β(或 β 包含 α).

若 α 含于 β 且 $\exists x \in [0,1]^n$,有
$$\alpha(x) < \beta(x) \quad (\text{简写为 } \alpha < \beta)$$
则称 α 真含于 β.

定理 3 设 α 和 β 均是 $[0,1]^n$ 上的项.

(1) α 含于 β 当且仅当 β 中的字一定出现在 α 中;

(2) α 真含于 β 当且仅当 β 中的字一定在 α 中出现,且 α 中至少有一字不在 β 中出现;

(3) 若 α 含于 β,则 $\alpha + \beta = \beta, \alpha \cdot \beta = \alpha$.

证 (1) 设 α 含于 β 且在 β 中存在一字不出现在 α 中. 令
$$x_i = \begin{cases} 0 & \text{当 } x_i \text{ 不在 } \alpha \text{ 中} \\ 1 & \text{当 } \bar{x}_i \text{ 不在 } \alpha \text{ 中} \\ \frac{1}{2} & \text{当 } x_j \text{ 不在 } \alpha \text{ 中} \quad (j \neq i) \end{cases}$$

于是,对变量组 $(x_1, \cdots, x_n)$,
$$\alpha(x_1, \cdots, x_n) \geqslant \frac{1}{2}, \quad \beta(x_1, \cdots, x_n) = 0$$
这与 α 含于 $\beta(\alpha(x) \leqslant \beta(x))$ 矛盾.

反之,若 β 中的字一定在 α 中出现,显然 $\forall x \in [0,1]^n, \alpha(x) \leqslant \beta(x)$,所以 α 含于 β.

类似证明(2)、(3).

例如,设 $\alpha = x_1 x_2 x_3, \beta = x_1 x_2$,则 $\alpha + \beta = \beta$. 这里,α 真含于 β.

6.4.2 简单析取式的互素项

定义 4 设 F 逻辑函数 $f = \alpha_1 + \cdots + \alpha_m$,若 α_i 不含于 $\alpha_j (i \neq j, 1 \leqslant i, j \leqslant m)$,则称 f 为简单析取式.

例 2 化函数 $f = x_1 x_2 \bar{x}_3 + x_1 \bar{x}_1 x_4 + x_1 \bar{x}_1 x_2 x_3 x_4 + x_1 \bar{x}_4$ 为简单析取式.

解 根据定理3,有
$$x_1 \bar{x}_1 x_2 x_3 x_4 < x_1 \bar{x}_1 x_4$$
$$x_1 \bar{x}_1 x_4 + x_1 \bar{x}_1 x_2 x_3 x_4 = x_1 \bar{x}_1 x_4$$
所以
$$f = x_1 x_2 \bar{x}_3 + x_1 \bar{x}_1 x_4 + x_1 \bar{x}_4$$
这就是简单析取式.

定义 5 设 α, β 均是简单析取式的项,若存在 γ,使 α 真含于 γ 且 $\alpha + \beta = \gamma + \beta$,则称 α 与 β 并不互素. 否则,称 α 与 β 互素.

注意:α 与 β 并不互素只是对 α 来说的,即 α 可以化简. 否则,称 α 与 β 互素.

例 3 试指出函数 $f = x_1 x_2 \bar{x}_3 + x_1 \bar{x}_1 x_4 + x_1 \bar{x}_4$ 中的并不互素项.

解 由于 $x_1\bar{x}_1\bar{x}_4 \leqslant x_1\bar{x}_4$,所以在 f 中的项

$$x_1\bar{x}_1x_4 + x_1\bar{x}_4 = x_1\bar{x}_1x_4 + x_1\bar{x}_4 + x_1\bar{x}_1\bar{x}_4$$
$$= x_1\bar{x}_1(x_4 + \bar{x}_4) + x_1\bar{x}_4 = x_1\bar{x}_1 + x_1\bar{x}_4$$

故 $x_1\bar{x}_1x_4$ 与 $x_1\bar{x}_4$ 是并不互素项.

显然,$x_1\bar{x}_1$ 与 $x_1\bar{x}_4$ 互素.一般有:

定理 4 设 α,β 均是简单析取式的项,若存在 γ,使 α 真含于 γ,且恒有 $\alpha + \beta = \gamma + \beta$,则 γ 与 β 互素.

证 设 α 真含于 γ,且 $\alpha + \beta = \gamma + \beta$ 恒成立,但 γ 与 β 并不互素,则存在 γ',使 γ 真含于 $\gamma'(\gamma' \neq \gamma)$,且恒有 $\gamma + \beta = \gamma' + \beta$,于是恒有

$$\alpha + \beta = \gamma + \beta = \gamma' + \beta \tag{6.6}$$

这里,$\alpha \leqslant \gamma \leqslant \gamma'$,且 α 中至少有一字不在 γ 中出现,而 γ 中也至少有一字不在 γ' 中出现.那么,当 $\alpha > \beta$ 时,使 $\gamma(x) = \gamma'(x)$ 的一组值 x 不一定有 $\alpha(x) = \gamma(x)$,因此式(6.6)不一定恒成立.所以,γ 与 β 互素.

定理 5 设 α 是简单析取式的单项,则 α 与其他各项互素.

证 设在简单析取式中,存在一项 β,使 α 与 β 并不互素.由定义 5 知,存在异于 α 的 γ 项,恒有

$$\alpha \leqslant \gamma \tag{6.7}$$

且

$$\alpha + \beta = \gamma + \beta \tag{6.8}$$

又由定理 4 得 γ 与 β 互素,从而 γ 不含于 β.

因为 α 是单项,由式(6.7)即知 γ 亦为单项.因此,存在 $x_0 \in [0,1]^n$,使 $\gamma(x_0) = 1$,但不一定有

$$\alpha(x_0) = 1, \quad \beta(x_0) = 1$$

这与式(6.8)矛盾.因此,不存在这样的 β 项,使 α 与 β 并不互素.这就证明了 α 与其他各项互素.

6.5 F 逻辑函数的最小化

本节就析取范式的形式,研究 F 逻辑函数的化简问题.

定义 1 F 逻辑函数的析取范式,若满足下面条件:

(1) 没有更少项的其他等值形式;

(2) 没有项数相同而总字数较少的其他等值形式.

则称这样的析取式为该函数的最简式.

按照此定义和 6.4 节定理 5,知道简单析取式中的单项就是最简式中的项.因此,在进行逻辑函数化简时,只需考虑简单析取式中的互补项即可.

定理 1 在简单析取式 $f = \alpha + \beta_1 + \cdots + \beta_s$ 中,互补项 α 中的单字 x_i(或 $\bar{x}_i$)可删去的充要条件是:

(1) 存在 β 项且它有单字与 α 的 x_i(或 $\bar{x}_i$)互补,且

(2) β 中除互补的单字外,其余字均出现在 α 中.

证 **必要性** 设 $\alpha = \gamma x_i$ 且 x_i 可删去,则
$$f = \alpha + \beta_1 + \cdots + \beta_s = \gamma + \beta_1 + \cdots + \beta_s$$
因 α 为互补项,x_i 为单字,故 γ 也是互补项.于是
$$\gamma + \beta_1 + \cdots + \beta_s = \gamma(x_i + \bar{x}_i) + \beta_1 + \cdots + \beta_s$$
即
$$f = \alpha + \gamma \bar{x}_i + \beta_1 + \cdots + \beta_s$$
显然,$\gamma \bar{x}_i$ 含于某项,不妨设为 $\beta(\beta \leqslant \alpha + \beta_1 + \cdots + \beta_s)$,即 β 中的字均在 $\gamma \bar{x}_i$ 中.又知 β 中至少有一字(记 x_i')不在 α 中(否则 α 被 β 消去),令 $\beta = \beta' x_i'$,那么 $\beta' x_i'$ 中的字均在 $\gamma \bar{x}_i$ 中.因 x_i' 不在 α 中,即不在 γ 中,所以 x_i' 就是 $\bar{x}_i$,且 β' 在 γ 中(即除 $\bar{x}_i$ 外,β 其余字均在 α 中).由 $\alpha = \gamma x_i$,知 x_i 不在 γ 中,故不在 β' 中,所以 $\bar{x}_i$ 是单字.

充分性 设存在 β 项且它有单字,与互补项 α 中的单字互补,不妨令 $\alpha = \alpha' x_i, \beta = \beta' \bar{x}_i$. 如果 β' 中的字均在 α' 中,则 $\alpha' \bar{x}_i \leqslant \beta' \bar{x}_i$. 于是有
$$\alpha + \beta = \alpha + \beta' \bar{x}_i + \alpha' \bar{x}_i \tag{6.9}$$
而由 α 是互补项知,α' 也是互补项.依 6.4 节定理 2,式(6.9)又可写为
$$\alpha + \beta = \alpha'(x_i + \bar{x}_i) + \beta' \bar{x}_i = \alpha' + \beta$$
其中,α' 是 α 删去 x_i 后的项.

推论 1 在简单析取式中,互补项 α 中的单字 x_i 与互补项 β 中的单字 x_i' 均可删去的充要条件是:x_i 与 x_i' 互补,且除 x_i 与 x_i' 外,α 与 β 中的字相同.

推论 2 在简单析取式中,若互补项 α 中的单字与另一项 β 中的单字不互补,则 α 与 β 互素.

例 1 设 F 逻辑函数 $f = x_2 \bar{x}_2 x_3 + x_1 x_2 x_3 + x_2 \bar{x}_4 + x_1 \bar{x}_1 x_2 x_4$,试求 f 的最简式.

解 由于单项必在最简式中,故化简时只需考虑互补项.

互补项 $x_2 \bar{x}_2 x_3$ 中的单字 x_3 与其他各项的单字不互补.由推论 2 知,该项与其余各项互素,故它是最简式的项.

在互补项 $x_1 \bar{x}_1 x_2 x_4$ 中,由于单字 x_4 与第三项中的单字 $\bar{x}_4$ 互补,并且它又含有第三项中其余的字 x_2,由定理 1 可知,该项中的 x_4 可删去.于是,所求最简式为
$$f = x_2 \bar{x}_2 x_3 + x_1 x_2 x_3 + x_2 \bar{x}_4 + x_1 \bar{x}_1 x_2$$

定理 2 在简单析取式中,互补项 γ 可删去的充要条件是:总有两项彼此有单字(或字组)互补,且这些项除互补的字外,其余的字均出现在 γ 中.

证 **必要性** 设互补项 γ 可略去,其余的项表示为 $\alpha_1, \alpha_2, \cdots, \alpha_m$,则
$$\gamma \leqslant \alpha_1 + \alpha_2 + \cdots + \alpha_m \tag{6.10}$$
由于 γ 是简单析取式中的项,所以 γ 不含于其他各项,即每一项至少有一字不在 γ 中出现.用 α_i' 表示 α_i 不在 γ 中出现的字构成的字组,那么
$$\alpha_1 + \alpha_2 + \cdots + \alpha_m \geqslant (\alpha_1' + \alpha_2' + \cdots + \alpha_m')\gamma \tag{6.11}$$
要使式(6.10)成立,则式(6.11)右边的合取式中的两个只能取 γ,得
$$(\alpha_1' + \alpha_2' + \cdots + \alpha_m')\gamma = \gamma \tag{6.12}$$
所以 $\alpha_1' + \alpha_2' + \cdots + \alpha_m'$ 为 F 真,故 $\alpha_1', \alpha_2', \cdots, \alpha_m'$ 中有两项满足

$$\alpha_i' = 1 - \alpha_j'$$

即 $\alpha_1, \alpha_2, \cdots, \alpha_m$ 中总有两项彼此有单字(或字组)互补,且这些项除互补的字外,其余均在 γ 中.

充分性 只要将上述证明反推,便可得到结果.

为了方便,用 α_i 表示第 i 项,$i = 1,2,\cdots,n$.

例 2 求 $f = x_2 x_3 + x_1 \bar{x}_2 \bar{x}_3 + x_1 \bar{x}_1 x_3 \bar{x}_3 x_4$ 的最简式.

解 α_1 与 α_2 彼此有互补的单字(x_2 与 $\bar{x}_2$),且其余字 $x_1 x_3 \bar{x}_3$ 均出现在 α_3 中,根据定理 2,α_3 可被删去,于是得到最简式

$$f = x_2 x_3 + x_1 \bar{x}_2 \bar{x}_3$$

例 3 求 $f = x_3 \bar{x}_1 + x_1 x_2 + x_1 \bar{x}_2 + x_3 x_4 \bar{x}_4$ 的最简式.

解 由前面知道,$\bar{x}_1 + x_1 x_2 + x_1 \bar{x}_2$ 总有两项互补,又易见对于原式前 3 项,除这些互补的字 $x_1, \bar{x}_1, x_2, \bar{x}_2$ 外,其余字 x_3 出现在互补项 α_4 中,所以 α_4 可被删去,得最简式

$$f = x_3 \bar{x}_1 + x_1 x_2 + x_1 \bar{x}_2$$

注意:若除互补的字外,其余字不全出现在互补项中,这时可根据 6.4 节定理 2,将互补项乘以缺字的互补对的析取式.

例 4 求 $f = x_1 x_2 x_4 + x_2 x_3 \bar{x}_4 + x_1 \bar{x}_1 x_2 + x_1 \bar{x}_3$ 的最简式.

解 α_1 与 α_2 有互补对($x_4, \bar{x}_4$),但其余字中 x_3 不在互补项 α_3 出现,这时将 α_3 乘以 $(x_3 + \bar{x}_3)$,得

$$x_1 \bar{x}_1 x_2 = x_1 \bar{x}_1 x_2 (x_3 + \bar{x}_3) = x_1 \bar{x}_1 x_2 x_3 + x_1 \bar{x}_1 x_2 \bar{x}_3$$

按定理 2,上式右端第一项 $x_1 \bar{x}_1 x_2 x_3$ 被原式的 α_1 和 α_2 删去,而第二项 $x_1 \bar{x}_1 x_2 \bar{x}_3$ 又含于 α_4,故也可被删去,即 α_3 被删去.于是,得最简式

$$f = x_1 x_2 x_4 + x_2 x_3 \bar{x}_4 + x_1 \bar{x}_3$$

综上所述,化简方法总结如下:

(1)求简单析取式.即将 F 逻辑函数化为析取式,再略去含于其他项的项.

(2)若互补项 α 中的单字 x_i(或 $\bar{x}_i$)与 β 中的单字互补,且 β 中除互补的字外其余字均在 α 中,便将 α 中的 x_i(或 $\bar{x}_i$)去掉;若 α 和 β 除互补字外,其余字相同,则可删去这一互补对(如定理 1).

(3)若式中总有两项有单字(或字组)互补,且这些项除互补的字外,其余字均出现在另一互补项 γ 中,则 γ 可以删去(如定理 2).

(4)若除互补的字外,其余字中还有字不在互补项 α(或 γ)中,则将 α(或 γ)乘以缺字的互补对的析取式(如例 4),再按上述方法化简(注意,若此方法不能化简,则说明原来的项已经是最简).

删去所有可删去的字和项,便得最简式.

例 5 设 F 逻辑函数为 $f = z\{[\overline{\bar{y}(y + \bar{x})}] + \bar{z} y x \bar{x}\} + \bar{z} \bar{y}(yx\bar{x} + z)$,求最简式.

解 首先将原式化为析取范式

$$f = yz + x\bar{y}z + x\bar{x}yz\bar{z} + x\bar{x}y\bar{y}\bar{z} + \bar{y}z\bar{z}$$

然后求简单析取式,略去含于 α_1 的互补项 α_3,得

$$f = yz + x\bar{y}z + x\bar{x}y\bar{y}\,\bar{z} + \bar{y}z\bar{z}$$

再按方法(2),互补项 α_3 中的单字 $\bar{z}$ 和互补项 α_4 中的单字 $\bar{y}$ 都可删去,最后得最简式

$$f = yz + x\bar{y}z + x\bar{x}y\bar{y} + z\bar{z}$$

例6 求下列函数的最简式

$$f = x_1x_2\bar{x}_3\bar{x}_4 + \bar{x}_1\bar{x}_2x_3 + \bar{x}_1x_3\bar{x}_5 + x_2x_3x_5 + x_1\bar{x}_1x_2x_4$$

解 α_5 为互补项,它的单字 x_4 在 α_1 中有互补的单字 $\bar{x}_4$,但 α_1 其余字中 $\bar{x}_3$ 不出现在 α_5 中,按方法(4),需将 α_5 乘以缺字的析取式 $(x_3 + \bar{x}_3)$,得

$$x_1\bar{x}_1x_2x_4 = x_1\bar{x}_1x_2x_4(x_3 + \bar{x}_3)$$
$$= x_1\bar{x}_1x_2x_4x_3 + \underline{x_1\bar{x}_1x_2x_4\bar{x}_3}$$

此式代回原式,按方法(3),第一项会被原式的 α_3 和 α_4 删去;按方法(2),第二项的单字 x_4 被 α_1 删去,于是

$$f = x_1x_2\bar{x}_3\bar{x}_4 + \bar{x}_1\bar{x}_2x_3 + \bar{x}_1x_3\bar{x}_5 + x_2x_3x_5 + \underline{x_1\bar{x}_1x_2\bar{x}_3}$$

此式的 α_5 又可添加互补对 $(x_5 + \bar{x}_5)$,即

$$x_1\bar{x}_1x_2\bar{x}_3 = x_1\bar{x}_1x_2\bar{x}_3(x_5 + \bar{x}_5)$$
$$= x_1\bar{x}_1x_2\bar{x}_3x_5 + x_1\bar{x}_1x_2\bar{x}_3\bar{x}_5$$

这里,两项的单字 $\bar{x}_3$ 按方法(2),分别被 α_3 和 α_4 删去.又根据推论1,$x_5,\bar{x}_5$ 也可删去.于是

$$f = x_1x_2\bar{x}_3\bar{x}_4 + \bar{x}_1\bar{x}_2x_3 + \bar{x}_1x_3\bar{x}_5 + x_2x_3x_5 + x_1\bar{x}_1x_2$$

例7 化简下式

$$f = x_1x_2 + \bar{x}_1x_2 + \bar{x}_1\bar{x}_2 + x_1\bar{x}_2 + x_3\bar{x}_3x_1x_4$$

解 这里前四项有互补对 $(x_1,\bar{x}_1)$ 和 $(x_2,\bar{x}_2)$,其余字只有"1".显然,"1"在互补项中.按方法(3),互补项 α_5 可删去,得最简式

$$f = x_1x_2 + \bar{x}_1x_2 + \bar{x}_1\bar{x}_2 + x_1\bar{x}_2$$

注意:①最简式可能不只一个;②如果有两个字可删去,则先去掉不影响另一个字的字,或者做记号表示可去掉的字也可.

例8 化简 $f = \bar{x}_2\bar{x}_4 + x_1x_2x_3 + x_1\bar{x}_2\bar{x}_3x_4 + x_1\bar{x}_1\bar{x}_2x_3x_4$.

解

$$f = \underline{\bar{x}_2\bar{x}_4} + x_1x_2x_3 + x_1\bar{x}_2\bar{x}_3x_4 + x_1\bar{x}_1\bar{x}_2x_3\underline{x_4}$$
$$= \bar{x}_2\bar{x}_4 + \underline{x_1x_2x_3} + x_1\bar{x}_2\bar{x}_3x_4 + x_1\bar{x}_1\underline{\bar{x}_2}\underline{x_3}\underline{x_4}$$
$$= \bar{x}_2\bar{x}_4 + x_1x_2x_3 + x_1\bar{x}_2\bar{x}_3x_4 + x_1\bar{x}_1x_3$$

注:①这里 x_4 下边加"__",表示可删去,项 $\bar{x}_2\bar{x}_4$ 下边加"__",表示 x_4 的互补字 $\bar{x}_4$ 所在的项.

②例8还有另一结果:$f = \bar{x}_2\bar{x}_4 + x_1x_2x_3 + x_1\bar{x}_2\bar{x}_3x_4 + x_1\bar{x}\bar{x}_2$.

③例8第1项的 $\bar{x}_4$,不可认为是第4项的缺字,因为不符合6.4节定理2的条件.

6.6 F逻辑函数的分析

由于二值逻辑函数只取"1-0"值,所以,在实际应用中能确切地指出系统的"是-否"或"真-伪"状态.而F逻辑函数在[0,1]上取值,例如若知道一个F逻辑函数 $f(x,y)=0.8$,这并没有什么决定性的意义,因此在实际处理中会有很多困难.为了弥补这个缺憾,在闭区间[0,1]上把F逻辑函数分成有限个类,采用多值逻辑的方法来处理F逻辑问题.

一般地,设区间[0,1]分为 n 个类:

第一类 $a_1 \leqslant x \leqslant 1$;

第二类 $a_2 \leqslant x < a_1$;

$\vdots$ $\vdots$

第 n 类 $0 \leqslant x < a_{n-1}$.

这里,$0 < a_{n-1} < \cdots < a_2 < a_1 < 1$.

一个F函数可以按它在区间[0,1]上所取的值,等同于这 n 个类中的一个类.对各个类,还可以赋予适当的意义.例如,$n=3$ 时,有一个对象 x:若在第一类,则属于该集合;若在第三类,则 x 不属于该集合;若在第二类,则它的资格不能确定.

下面,先举例说明 $n=2,n=3$ 的简单情形.

(1) $n=2$ 的情形

第一类 $a_1 < x \leqslant 1$;

第二类 $0 < x \leqslant a_1$.

这里,虽然分成两个类,但 x 决不是二元变量.

例1 设F逻辑函数 $f(x,y,z) = x\bar{y}z + \bar{x}\,\bar{y} + \bar{x}y\bar{z}$,此处已将"·"略去.问当 $f(x,y,z) \geqslant a_1$ 时,变量 x,y,z 应在什么范围内取值?

解 由函数的表达式知,它可分解为

$$x\bar{y}z \geqslant a_1 \quad \text{或} \quad \bar{x}\,\bar{y} \geqslant a_1 \quad \text{或} \quad \bar{x}y\bar{z} \geqslant a_1$$

然后对每项再分解.如 $x\bar{y}z \geqslant a_1$ 又可分解为

$$x \geqslant a_1 \text{ 且 } \bar{y} \geqslant a_1 \text{ 且 } z \geqslant a_1$$

而 $\bar{y} \geqslant a_1$ 可改写为 $y \leqslant 1-a_1$.

对其余两项亦作同样处理.最后可使得

$$f(x,y,z) = x\,\bar{y}z + \bar{x}\,\bar{y} + \bar{x}y\,\bar{z} \geqslant a_1$$

的 x,y,z 是

$$\begin{cases} x \geqslant a_1 \\ \text{且 } y \leqslant 1-a_1 \\ \text{且 } z \geqslant a_1 \end{cases} \text{或} \begin{cases} x \leqslant 1-a_1 \\ \text{且 } y \leqslant 1-a_1 \end{cases} \text{或} \begin{cases} x \leqslant 1-a_1 \\ \text{且 } y \geqslant a_1 \\ \text{且 } z \leqslant 1-a_1 \end{cases}$$

反之,若已知变量的范围,利用这一分析方法,也可求出原来的F逻辑函数.

例2 当变量 x,y,z 满足

$$\begin{cases} x \geq a_1 \\ \text{且 } z \leq 1-a_1 \end{cases} \text{或} \begin{cases} x \geq a_1 \\ \text{且 } y \geq a_1 \\ \text{且 } z \leq 1-a_1 \text{ 或 } z \geq a_1 \end{cases}$$

时,试求属于第一类的 F 逻辑函数 $f(x,y,z)$.

解 本例即要求
$$f(x,y,z) \geq a_1$$

根据上述方法反推,可得
$$f(x,y,z) = x\bar{z} + xy(\bar{z}+z).$$

注意: $x\bar{x}y$ 只限于 $a_1 < 0.5$ 时才比 a_1 大.

例 3 当变量 x,y,z 满足

$$\begin{cases} x \geq b_1 \\ \text{且 } y \leq b_2 \end{cases} \text{或} \begin{cases} x \leq b_3 \\ \text{且 } y \geq b_4 \end{cases} \text{或} \begin{cases} x \geq b_5 \\ \text{且 } y \geq b_6 \\ \text{且 } z \leq b_7 \end{cases}$$

时,求使 $f(x,y,z) \geq a_1$ 的函数 $f(x,y,z)$.

解 本题与前例的区别在于: x,y,z 的取值范围与边界值 a_1 不一定有关系,即 $b_1, b_2, \cdots, b_7$ 可取 $[0,1]$ 上的任意值,但可以乘以适当的因子 $\omega_i (i=1,2,\cdots,7)$,使 $x \geq b_m$ 类型的不等式中 b_m 与 a_1 相对应; $x \leq b_n$ (即 $\bar{x} \geq 1-b_n$) 中, $1-b_n$ 与 a_1 相对应 $(m, n = 1, 2, \cdots, 7)$. 由此可得

$$f(x,y,z) = (\omega_1 x) \cdot (\omega_2 \bar{y}) + (\omega_3 \bar{x}) \cdot (\omega_4 y) + (\omega_5 x) \cdot (\omega_6 y) \cdot (\omega_7 \bar{z})$$

其中, $\omega_1, \omega_2, \cdots, \omega_7$ 分别为对各变量所乘的因子,它们满足

$$\begin{cases} b_1 \omega_1 = a_1 \\ (1-b_2)\omega_2 = a_1 \\ (1-b_3)\omega_3 = a_1 \\ b_4 \omega_4 = a_1 \\ b_5 \omega_5 = a_1 \\ b_6 \omega_6 = a_1 \\ (1-b_7)\omega_7 = a_1 \end{cases} \text{即} \begin{cases} \omega_1 = a_1/b_1 \\ \omega_2 = a_1/(1-b_2) \\ \omega_3 = a_1/(1-b_3) \\ \omega_4 = a_1/b_4 \\ \omega_5 = a_1/b_5 \\ \omega_6 = a_1/b_6 \\ \omega_7 = a_1/(1-b_7) \end{cases}$$

以上函数都是以析取范式的形式给出的,对于合取范式亦可作类似讨论.

(2) $n=3$ 的情形

第一类 $a_1 \leq x \leq 1$;

第二类 $a_2 \leq x < a_1$;

第三类 $0 \leq x < a_2$.

这里,虽然把区间 $[0,1]$ 分成了三类,但是 x 并不是三元变量.

例 4 设 F 逻辑函数为 $f(x,y,z) = \bar{x}\bar{y} + xy\bar{z}$,求 $a_2 \leq f(x,y,z) < a_1$ 时变量 x,y,z 的取值范围.

解 首先,要使 $f(x,y,z)$ 满足

即
$$a_2 \leqslant f(x,y,z)$$
$$a_2 \leqslant \bar{x}\,\bar{y} + xy\bar{z}$$

这时,x,y,z 的范围是

$$\begin{cases} \bar{x} \geqslant a_2 \\ \text{且}\ \bar{y} \geqslant a_2 \end{cases} \text{或} \begin{cases} x \geqslant a_2 \\ \text{且}\ y \geqslant a_2 \\ \text{且}\ \bar{z} \geqslant a_2 \end{cases}$$

现将 $\bar{x} \geqslant a_2$ 改写为 $x \leqslant 1 - a_2$,其余类似地改写.于是,上面的变量取值范围可改写为

$$\begin{cases} x \leqslant 1 - a_2 \\ \text{且}\ y \leqslant 1 - a_2 \end{cases} \text{或} \begin{cases} x \geqslant a_2 \\ \text{且}\ y \geqslant a_2 \\ \text{且}\ z \leqslant 1 - a_2 \end{cases} \tag{1}$$

用同样的方法,对于另一端

$$f(x,y,z) < a_1$$

即满足

$$\bar{x}\,\bar{y} + xy\bar{z} < a_1$$

的 x,y,z 应取

$$\begin{cases} x > 1 - a_1 \\ \text{或}\ y > 1 - a_1 \end{cases} \text{且} \begin{cases} x < a_1 \\ \text{或}\ y < a_1 \\ \text{或}\ z > 1 - a_1 \end{cases} \tag{2}$$

这里得到了(1)、(2)两组式子所表示的取值范围.而且,这两组式子是存在着"对偶"关系的.即在第(1)组里,将 a_2 改写为 a_1,"或者"改写为"并且","并且"改写为"或者",不等号改向(等号不必改),即可得第(2)组.此外,在第(1)组里,"并且"、"或者"分别对着 F 逻辑函数里的"逻辑积(min)"及"逻辑和(max)".在第(2)组里,"并且"、"或者"分别对偶地对应着"逻辑和"及"逻辑积".这是一个规律.

类似于 $n = 2$ 的情形,亦可考虑:已知变量的取值范围,确定函数的表达式.

更一般地,若 $[0,1]$ 分成 n 个类,当函数 f 在"第 m 类"时,即当函数满足

$$a_m \leqslant f < a_{m-1}$$

时,只要将上面的 a_2 换成 a_m,a_1 换成 a_{m-1},则可用相同的方法进行讨论.

6.7* F 逻辑函数的电路实现

在 F 逻辑中,最基本的运算是:
(1) 逻辑和(析取) $x + y$(或 $x \vee y$)$= \max(x,y)$.
(2) 逻辑积(合取) $x \cdot y$(或 $x \wedge y$)$= \min(x,y)$.
(3) 否定(补) $\bar{x} = 1 - x$.

F 逻辑函数就是对 F 变量施行上述三个基本运算的结果.在实际应用中,希望将一个函

数关系用某个电路表示出来,这就是F逻辑函数的电路实现问题.其中,最基本的自然是用电子元件来实现上述三种运算.与二值逻辑的情况一样,可以用二极管、晶体三极管来简单地实现(见图6-1、图6-2和图6-3).

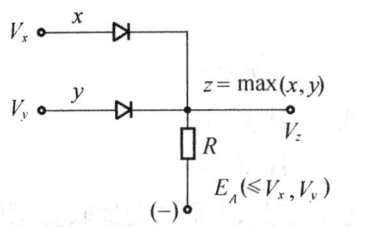
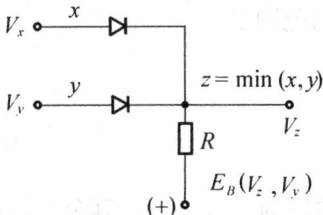

图6-1　逻辑和(max)回路　　　图6-2　逻辑积(min)回路

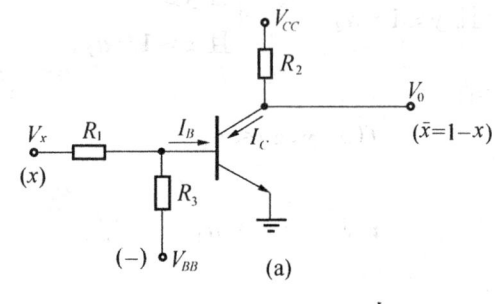

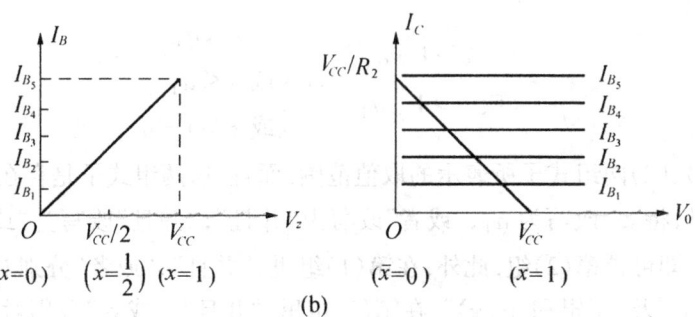

图6-3　否定($\bar{\ }$)回路

逻辑否定的运算可以用图6-3所示的晶体管反相器来实现.

从图中可看出,$V_z = 0$ 相当于 $x = 0$,输出电压 $V_0 = V_{cc} - V_z$ 等价于 $\bar{x} = 1 - x$.

对于一个给定的F逻辑函数,可以采用二值逻辑的做法,用记号 $\oplus$,$\odot$,$\ominus$ 分别表示图6-1、图6-2和图6-3中的三个电路.最后,采用一个鉴别电路,将F逻辑函数的真值分类.

例1　设F逻辑函数为(6.6节例1)
$$f(x,y,z) = x\bar{y}z + \bar{x}\,\bar{y} + \bar{x}y\bar{z}$$
对应的逻辑电路如图6-4所示.

例2　6.6节中例3所给出的函数
$$f(x,y,z) = (\omega_1 x)\cdot(\omega_2 \bar{y}) + (\omega_3 \bar{x})\cdot(\omega_4 y) + (\omega_5 x)\cdot(\omega_6 y)\cdot(\omega_7 \bar{z})$$
式中 $\omega_i(i=1,2,\cdots,7)$ 是为得到 a_1 电平而给各F变量所加的乘法因子.其电路实现如图6-5所示.

例3　设变量 x,y,z 满足两组条件:

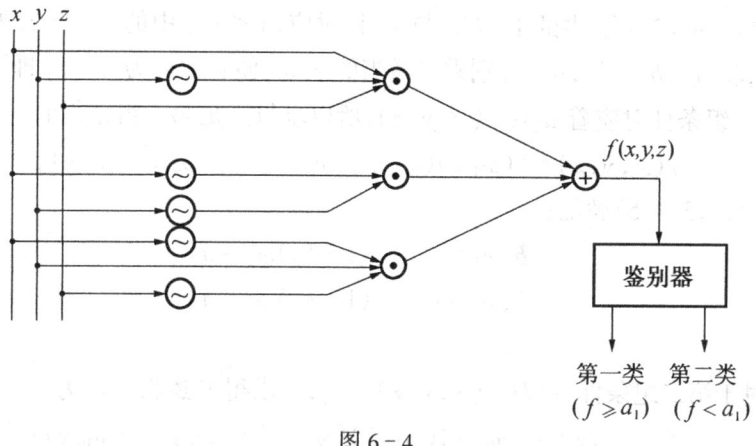

图 6-4

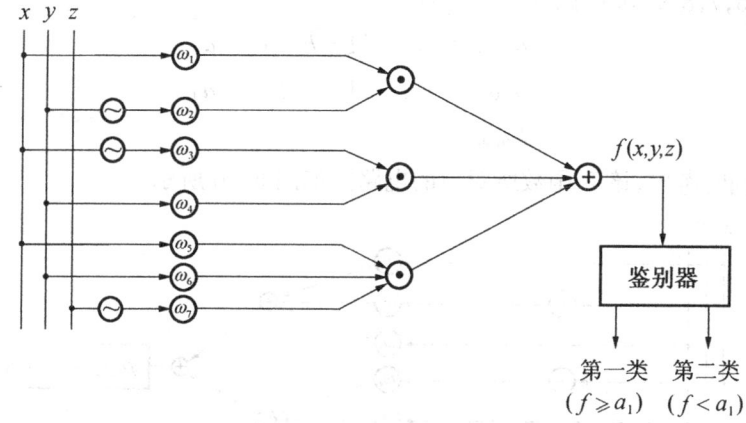

图 6-5

$$\text{第一组} = \begin{cases} x \geqslant b_1 \\ \text{且 } y \leqslant b_2 \\ \text{且 } z \geqslant b_3 \end{cases} \text{或} \begin{cases} x \leqslant b_4 \\ \text{且 } y \geqslant b_5 \end{cases}$$

及

$$\text{第二组} = \begin{cases} x < b_6 \\ \text{或 } y > b_7 \\ \text{或 } z > b_8 \end{cases} \text{且} \begin{cases} x > b_9 \\ \text{或 } y < b_{10} \end{cases}$$

试求满足

$$a_2 \leqslant f(x,y,z) < a_1$$

的 F 逻辑函数 $f(x,y,z)$，并以电路表示它. 其中：

第一组表示函数满足 $a_2 \leqslant f(x,y,z)$ 的 x,y,z 的条件.

第二组表示函数满足 $f(x,y,z) < a_1$ 的 x,y,z 的条件.

解 这里 F 变量 x,y,z 的取值范围与 a_1,a_2 无关，即 b_k 可取 $[0,1]$ 中的任意值，其中 $k=1,2,\cdots,10$.

一般地，在第一组中，由于 $x \geqslant b_m$ 中的 b_m 与 a_2 相对应，$x \leqslant b_n$ 中的 $1-b_n$ 与 a_2 相对

应,而在第二组中 $x>b'_m$ 中的 $1-b'_m$ 与 a_1 相对应,$x<b'_n$ 中的 b'_n 与 a_1 相对应,故仿照以前的办法,将 b_m,b_n,b'_m,b'_n 分别乘以适当的值 ω_i,使它们成为 a_2,a_1 即可.

由于第一组条件对应着 $a_2 \leqslant f(x,y,z)$,所以求得满足第一组条件的 F 逻辑函数为
$$f(x,y,z)=[(\omega_1 x)(\omega_2 \bar{y})(\omega_3 z)]+[(\omega_4 \bar{x})(\omega_5 y)]$$

其中 $\omega_i(i=1,2,3,4,5)$ 满足:
$$b_1\omega_1=a_2, \quad (1-b_2)\omega_2=a_2$$
$$b_3\omega_3=a_2, \quad (1-b_4)\omega_4=a_2$$
$$b_5\omega_5=a_2$$

同样,对于第二组条件,以及 $f(x,y,z)<a_1$,可求得 F 逻辑函数为
$$f(x,y,z)=[(\omega_6 x)(\omega_7 \bar{y})(\omega_8 z)]+[(\omega_9 \bar{x})(\omega_{10} y)]$$

其中 $\omega_i(i=6,7,8,9,10)$ 满足:
$$b_6\omega_6=a_1, \quad (1-b_7)\omega_7=a_1$$
$$b_8\omega_8=a_1, \quad (1-b_9)\omega_9=a_1$$
$$b_{10}\omega_{10}=a_1$$

两部分同时考虑,该 F 函数所对应的电路图如图 6-6 所示.

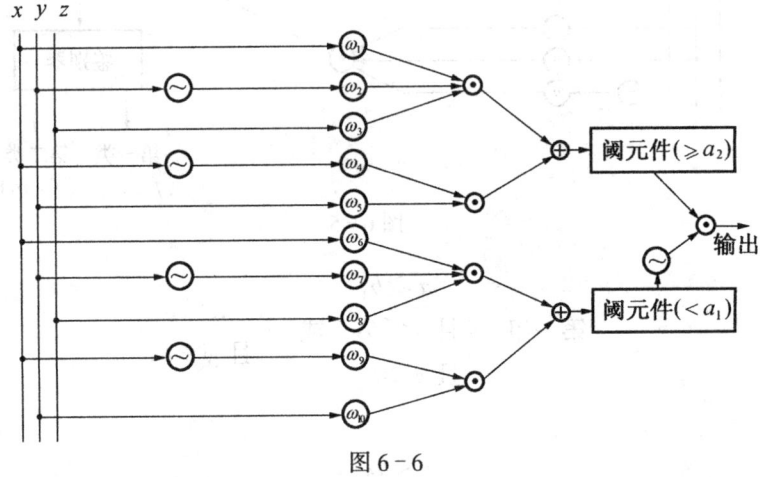

图 6-6

只有当 F 变量 x,y,z 同时满足第一、第二两组条件,即当
$$a_2 \leqslant f(x,y,z) < a_1$$
时,这个电路才能得到输出.

类的选择可通过阈元件控制,阈值可通过人工控制或程序控制作出改变.

例 3 中第一组、第二组的条件本质上是对偶的,因而根据条件得到同样的 F 逻辑函数.若不是两组对偶条件,类似的方法可得不同的函数 f_1 和 f_2,第一组条件使 $a_2 \leqslant f_1$,第二组条件使 $f_2<a_1$.

上述表示逻辑的三种基本运算的电路,还可作如下改进.

如采用具有反馈的 F 逻辑反相器(图 6-7)代替前面的晶体管反相器,用具有反馈的半波整流器(图 6-8)代替简单的二极管,将会使整个电路性能得到较大改善.

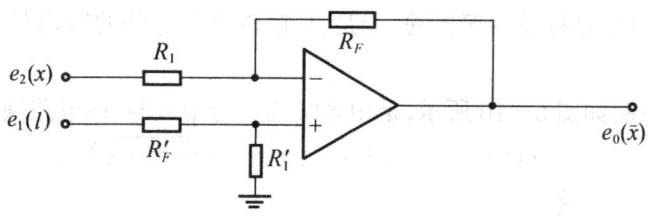

图 6-7　F 逻辑反相器

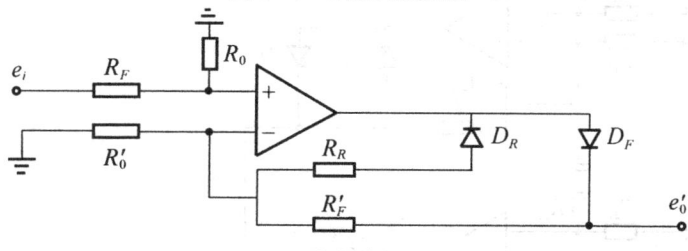

图 6-8　半波整流器

有了上面的两个电路后，便可利用它们构成"逻辑或门"电路及"逻辑与门"电路.

F 逻辑或门电路是由若干个半波整流电路并联而成的，见图 6-9. 在图 6-9 中，x_1，x_2，$\cdots$，x_N 是输入端，y 是输出端. 通过选择电阻的值，整流器的增益可以改变. 图中这些整流器的"或"输出线取这些整流器输出的最大值. 有最大输出的整流电路中的二极管 D_F 将

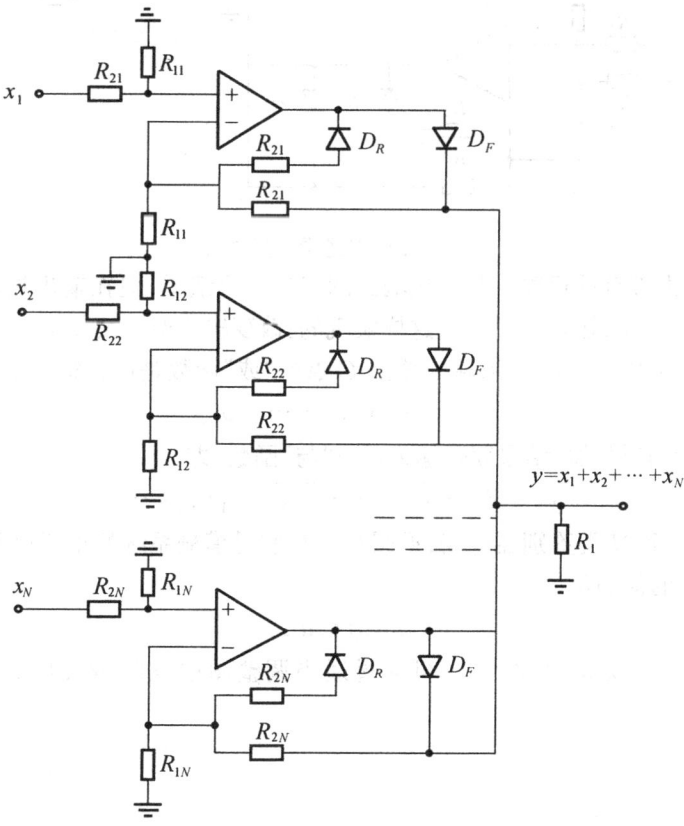

图 6-9　F 逻辑或门电路

导通；所有其他的 D_F 是被反相偏置的．于是，F 逻辑或门电路的输出是这些整流器有效输出的最大值．

F 逻辑与门电路如图 6-10 所示，是用来实现 F 与函数的．该电路满足关系式

$$x_1 \cdot x_2 \cdot \cdots \cdot x_N = \overline{(\bar{x}_1 + \bar{x}_2 + \cdots + \bar{x}_N)}$$

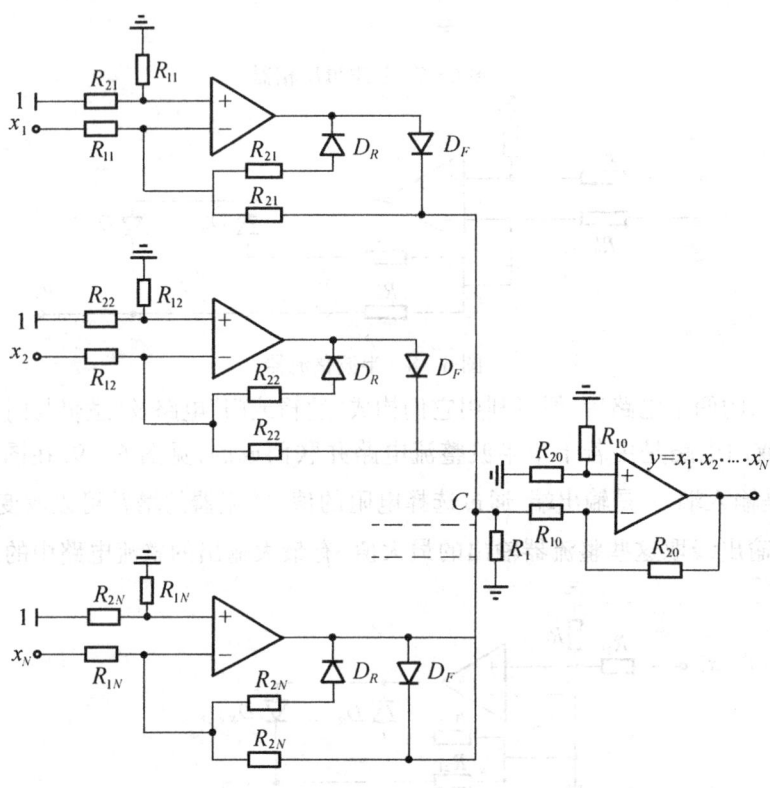

图 6-10 F 逻辑与门电路

该电路主要由带有反相输入和反相输出的 F"或"门组成，但在输出端加了一个 F 逻辑反相器．在每个通道中，输入的反相是这样实现的：改变输入端到反相端，并将一个等于逻辑值 1 的参考电平应用于非反相端．输出线上 C 点的"或"函数是反相输入 F"或"函数，即

$$\bar{y} = \bar{x}_1 + \bar{x}_2 + \cdots + \bar{x}_N$$

再经过 C 点后置的反相器，结果就是输入的 F"与"函数，即

$$y = \overline{\bar{y}} = \overline{\bar{x}_1 + \bar{x}_2 + \cdots + \bar{x}_N} = x_1 \cdot x_2 \cdot \cdots \cdot x_N$$

最后，介绍一个 N 类鉴别器电路，见图 6-11．它是模糊系统的重要单元，其功能是要求当 F 逻辑函数 f 的值满足

$$a_i \leqslant f < a_{i-1}$$

时，有信号输出，否则无信号输出．这可通过适当调整图中电阻 $R_1, R_2, \cdots, R_N$ 的值来实现．

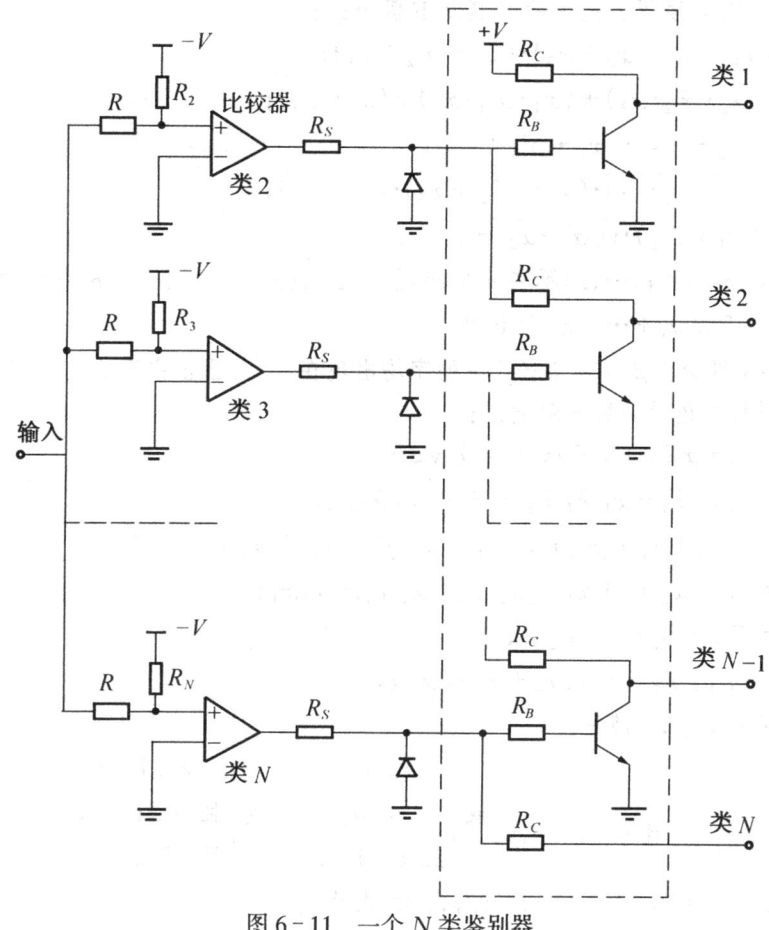

图 6-11 一个 N 类鉴别器

习题 6

1. 设命题 P：李明在学习，Q：李明在唱歌，R：李明在房里。试用 P、Q、R 表示下面命题

(1) 李明在学习或在唱歌；　(2) 李明在房里，并不学习；

(3) 李明没有唱歌，正在学习；　(4) 如果李明在学习，那么他就不唱歌。

2. 下列表达式中，给 P、Q 指派真值 1，R、S 指派真值 0。求下列命题真值。

(1) $P \vee (Q \wedge R)$；　(2) $P \wedge (Q \wedge R) \vee \overline{(P \vee Q) \wedge (R \vee S)}$；

(3) $(\overline{(P \wedge Q)} \vee \overline{R}) \vee ((Q \leftrightarrow \overline{P}) \rightarrow (R \vee \overline{S}))$；　(4) $(P \vee (Q \rightarrow (R \wedge \overline{P}))) \leftrightarrow (Q \vee S)$。

3. 证明 F 公式 $P = x \wedge \overline{x}$ 为 F 假 ($x \in [0,1]$)。

4. 证明当字组 Φ 不相容时，Φ 含有变量对 $(x_i, \overline{x}_i)$。

5. 证明 $P = C_1 C_2 \cdots C_m$ 是 F 真的充要条件为一切子句 $C_i (i=1,\cdots,m)$ 是 F 真。

6. 指出下列命题公式哪些为 F 真，哪些为 F 假。

(1) $\overline{P} \vee (P \wedge (P \vee Q))$；

(2) $(\overline{Q} \wedge P) \wedge (Q \wedge \overline{P})$；

(3) $(P \wedge Q) \vee (\overline{P} \wedge Q) \vee (P \wedge \overline{Q})$。

7. 指出下面 F 逻辑公式中的 F 真及 F 假公式:

(1) $P_1 = x_1 \cdot (\bar{x}_1 + x_2 + x_3) \cdot (x_2 + \bar{x}_2 + x_1)$;

(2) $P_2 = (x_2 \cdot \bar{x}_2 \cdot x_3) + (x_1 \cdot \bar{x}_1 \cdot x_2) + (x_3 \cdot \bar{x}_3)$;

(3) $P_3 = (x_2 + \bar{x}_2) \cdot (x_1 + \bar{x}_1 + x_2)$;

(4) $P_4 = \overline{(x_1 \cdot \bar{x}_1 \cdot x_2) \cdot (x_2 + \bar{x}_2 + x_3)} \cdot \overline{(x_3 \cdot \bar{x}_3)}$;

(5) $P_5 = (x_1 + \bar{x}_1) \cdot (\overline{(\bar{x}_1 \cdot x_2)} + x_1 + x_2)$.

8. 设字组 $a_i (i=1,\cdots,s)$ 不在 α 中出现, 那么 $\alpha(\alpha_1 + \cdots + \alpha_s) = \alpha$ 成立的充要条件是: ①α 为互补项, 且②$\alpha_1 + \cdots + \alpha_s$ 为 F 真.

9. 证明: α 真含于 β 当且仅当 β 中的字均出现在 α 中, 且 α 中至少有一字不在 β 中.

10. 求下列 F 逻辑函数的最简式:

$f_1 = yz + x\bar{y}z + x\bar{x}y\bar{y}\bar{z} + \bar{x}\bar{y}z\bar{z}$;

$f_2 = x_1 x_3 \bar{x}_1 + x_1 \bar{x}_1 \bar{x}_3 \bar{x}_4 + x_1 \bar{x}_1 \bar{x}_3 x_4$;

$f_3 = x_2 x_3 + x_1 \bar{x}_2 x_3 + x_1 \bar{x}_1 x_2 \bar{x}_2 \bar{x}_3 + x_1 \bar{x}_1 \bar{x}_2 x_3 \bar{x}_3$;

$f_4 = x_1 \bar{x}_1 x_2 \bar{x}_3 + x_1 \bar{x}_1 x_2 \bar{x}_4 + x_1 \bar{x}_1 x_2 x_3 x_4$;

$f_5 = \bar{y}\bar{z} + xyz + x\bar{x}\bar{y}z$;

$f_6 = x_1 \bar{x}_2 \bar{x}_3 + x_2 x_3 x_4 + x_1 x_3 \bar{x}_3 x_4$.

11. 设变量 x, y, z 满足:

$$\begin{cases} x \geq a_1 \\ \text{且 } y \leq 1-a_1 \end{cases} \text{ 或 } \begin{cases} x \geq a_1 \\ \text{且 } y \geq a_1 \\ \text{且 } z \leq 1-a_1 \end{cases} \text{ 或 } \begin{cases} x \leq 1-a_1 \\ \text{且 } y \leq 1-a_1 \\ \text{且 } z \geq a_1 \end{cases}$$

时, 求使 $f(x,y,z) \geq a_1$ 的函数 $f(x,y,z)$ 的表达式.

7 F语言与F推理

随着科学技术的发展,人们希望机器能模拟人脑思维,从而提高计算机的智能,让机器更多地代替人的工作.但是,在人的思维中,存在大量反映F性的语言和推理,所以关于F语言和F推理的研究是一个重要的课题.

所谓F语言,这里又称自然语言.本章用F集理论从词义和文法的角度对自然语言进行描述,即用数学语言来表现自然语言,将自然语言形式化,使它转化为计算机能接受的算法语言.

7.1 F语言的定义

在普通的形式语言理论中,语言是定义为有限字母组成的序列的集合.但是,这个定义不能表达自然语言.所谓语言是具有某种机能的系统,这种机能把单词的序列和用这些序列叙述的对象集合或者构成概念的集合对应起来.自然语言的重要特点是具有F性,所以我们定义的语言应具有体现F性的机能,为此,引入F语言的定义.

定义1 F语言 L 是用四元组
$$L = (U, T, E, N)$$
表示的系统.这里:

(1) U 是论域.

(2) T 是表现 U 中F子集名称的词或术语的集合,T 称为术语集合.

例1 设 $U = [1, 100]$ 年龄论域,则
$$T = \{儿童,少年,年轻,青年,\cdots\}$$
并用 a 表示术语"年轻".显然,"年轻"是 U 上的F子集,用 A 表示.隶属函数由下式给出:
$$A(u) = \begin{cases} 1 & \text{当 } 1 \leqslant u \leqslant 25 \\ \left[1 + \left(\frac{u-25}{5}\right)^2\right]^{-1} & \text{当 } 25 < u \leqslant 100 \end{cases}$$
当 $u = 30$ 时,$A(u) = 0.5$.

例2 设 U 是所有"花"的集合,$b(\in T)$ 为术语"红色",它是 U 上F子集,用 B 表示.用 u_1 表示"红玫瑰",则 u_1 是红色花的隶属度为
$$B(u_1) = 0.9$$

(3) E 是由表示术语的字母和符号及它们的各种联结构成的集合.联结方式不同,就得到 E 中不同的元素,它们属于 T 的程度也不同,T 是 E 上的F集.其特征可用下面的隶属函数表示:
$$T : E \longrightarrow [0, 1]$$

若假定 E 是 $A = \{a, b, +\}$ 上有限序列的全体,那么对于 T,几个有代表性的序列的隶属函数为

$$T(a+b)=1 \qquad T(a+b+b)=1$$
$$T(+a)=0.8 \qquad T(+a+b)=0.8$$
$$T(++a)=0.1 \qquad T(a++b)=0.1$$

这里 $T(x)$ 是 x 的形式合理性或文法正确性的度量. 又如,设 T 为单词和句子的 F 集合,则有

$$T(\text{我吃饭})=1 \qquad T(\text{饭我吃})=0.8$$
$$T(\text{我我吃饭})=0.8 \qquad T(\text{吃我饭})=0$$
$$T(\text{饭饭})=0.4 \qquad T(\text{饭吃我})=0$$

在这种 F 语言定义中,没有必要清楚地定义某术语 x 是属于 T 还是不属于 T,即使有不分明状态也是可以的,现实生活中也是允许的. 如有口吃的人就会说"我我吃饭",虽不太符合语法,但意思是清楚的. 又如学说话的小孩把"吃饭"说成"饭饭",用 F 语言表达了清楚的意思.

(4) N 是从 E(特别是 T 的支集)到 U 的 F 关系,称为命名关系. 其 F 关系为

$$N:\mathrm{Supp}(T)\times U \longrightarrow [0,1]$$

它是一个二元函数,即对于 $x\in \mathrm{Supp}(T), y\in U$,关系程度 $N(x,y)\in [0,1]$.

例如在例 1 中,"年轻"(a) 与"年龄"(u) 的关系表示为

$$N(a,u)=A(u)$$

这里 A 相应于"年轻"的 F 集合. 当 $u=30$ 时,有

$$N(a,30)=A(30)=0.5$$

当 $u=35$ 时,由例 1 得 $A(35)=0.2$,即有

$$N(a,35)=0.2$$

又如,设 U 为成年男子的身长(单位:cm),x 为单词"高个子",则有

$$N(x,155)=0.1, \quad N(x,163)=0.3$$
$$N(x,177)=0.8, \quad N(x,190)=1$$

这里给出了 F 语言的定义. 至于其构成规则(即语法规则),我们将在后面继续研究.

7.2 F 词与 F 算子

7.2.1 词 义

上一节根据 F 语言的定义,给出了表示命名关系 N 的特征的隶属函数

$$N:\mathrm{Supp}(T)\times U \longrightarrow [0,1]$$

那么,$N(a,u)$ 表示了 T 中的词 a 与 U 中对象 u 之间关系的程度. 按照这个意义,可以给出词义的如下定义.

定义 1 所谓 T 中单词 a 的词义,是 U 中的 F 子集 A,且对于固定的 a,有

$$A(u)=N(a,u) \quad u\in U$$

这里 $N(a,u)$ 表示对象 u 与 a 的关系程度. a 对应在 U 上的 F 集用 a 的大写字母 A 表示.

例 1 设 U 是物体的集合,T 为白、灰、黄、红和黑等表示单词的集合. 这些单词的词义就是 U 的 F 子集. 例如,单词"红"表示 U 上的 F 集,[红](u) 是说明 U 中各"物"属于"红

色"的程度([字]表示字所对应的集合).

例2 设年龄论域 $U=[1,100]$,词集合为 $T=\{$年轻,中年,老年$\}$,那么 T 中单词的词义给出如下:

$$[年轻](u)=\begin{cases}1 & 当\ u\leqslant 25\\ \left[1+\left(\dfrac{u-25}{5}\right)^2\right]^{-1} & 当\ u>25\end{cases}$$

$$[中年](u)=\begin{cases}0 & 当\ 1\leqslant u\leqslant 35\\ \left[1+\left(\dfrac{u-45}{5}\right)^2\right]^{-1} & 当\ 35<u\leqslant 45\\ \left[1+\left(\dfrac{u-45}{5}\right)^2\right]^{-1} & 当\ 45<u\end{cases}$$

$$[老年](u)=\begin{cases}0 & 当\ u\leqslant 50\\ \left[1+\left(\dfrac{u-50}{5}\right)^{-2}\right]^{-1} & 当\ 50<u\end{cases}$$

例3 设 U 是自然数集,写出"几个"这个 F 词的词义.

$$"几个"=\frac{0.4}{3}+\frac{0.8}{4}+\frac{1}{5}+\frac{0.8}{6}+\frac{0.4}{7}+\frac{0.2}{8}$$

单词通过"或"、"且"连接起来,或者在单词前面加"非",变成词组.例如:

$$[欧亚]=[欧或亚]=[欧]\vee[亚]$$
$$[白马]=[马且白]=[马]\wedge[白]$$
$$[非金属]=\overline{[金属]}$$

例4 设 U 为年龄论域,

$$T=\{不年轻,非中年,不老,中老年,不年轻也不老\}$$

写出各词的词义.

显然,这些词是由单词通过"或"、"且"、"非"连起来的词组.按照 F 集的运算,便可写出它们的词义($\forall u\in U$).

$[不年轻](u)=1-[年轻](u)$

$[非中年](u)=1-[中年](u)$

$[中老年](u)=[中年](u)\vee[老年](u)$

$[不年轻也不老](u)=(1-[年轻](u))\wedge(1-[老年](u))$

显然,这些词组的词义也是 U 上的 F 子集.

若 $A(u)=N(a,u)=0$,称 a 为无词义.

7.2.2 F 算 子

前面用算子"$\vee,\wedge,\overline{}$"将单词连起来构成 F 词组,称"$\vee,\wedge,\overline{}$"为 F 算子.下面介绍另一些 F 算子.

1. 语气算子

自然语言中,有些词如"很"、"有点"、"极"、"略"、"非常"、"比较"、"微"、"特别"……把这些词缀在一个单词前面(如"很老"、"比较老"、"极老"……)便调整了该词词义的肯定程度,将原来的单词变为一个新的词.因此,上面那些词可以分别看做一种算子,叫做语气算子.
加了语气算子后的词的词义定义如下:

$[很老] \triangleq [老]^2$ $[极老] \triangleq [老]^4$

$[相当老] \triangleq [老]^{1.25}$ $[比较老] \triangleq [老]^{0.75}$

$[有点老] \triangleq [老]^{0.5}$ $[稍微有点老] \triangleq [老]^{0.25}$

若用 A 表示相应单词的 F 集,则有

很 $A \triangleq A^2$ 极 $A \triangleq A^4$

相当 $A \triangleq A^{1.25}$ 比较 $A \triangleq A^{0.75}$

有点 $A \triangleq A^{0.5}$ 稍微有点 $A \triangleq A^{0.25}$

因此,语气算子是一个变换(λ 为正实数)

$$H_\lambda : \mathscr{F}(U) \longrightarrow \mathscr{F}(U)$$

即 $H_\lambda A = A^\lambda$ 或 $(H_\lambda A)(u) = A^\lambda(u) = [A(u)]^\lambda$

当 $\lambda > 1$ 时,H_λ 叫集中化算子;当 $\lambda < 1$ 时,H_λ 叫散漫化算子.按上面定义的意义,H_2 叫"很",H_4 叫"极",$H_{0.5}$ 叫"有点",$H_{0.25}$ 叫"稍微有点",等等.例如:

$$H_2[老](u) = \begin{cases} 0 & \text{当 } 0 \leqslant u \leqslant 50 \\ \left[1 + \left(\dfrac{u-50}{5}\right)^{-2}\right]^{-2} & \text{当 } 50 < u \leqslant 200 \end{cases}$$

$$H_4[老](u) = \begin{cases} 0 & \text{当 } 0 \leqslant u \leqslant 50 \\ \left[1 + \left(\dfrac{u-50}{5}\right)^{-2}\right]^{-4} & \text{当 } 50 < u \leqslant 200 \end{cases}$$

$$H_{\frac{1}{2}}[老](u) = \begin{cases} 0 & \text{当 } 0 \leqslant u \leqslant 50 \\ \left[1 + \left(\dfrac{u-50}{5}\right)^{-2}\right]^{-\frac{1}{2}} & \text{当 } 50 < u \leqslant 200 \end{cases}$$

$$H_{\frac{1}{4}}[老](u) = \begin{cases} 0 & \text{当 } 0 \leqslant u \leqslant 50 \\ \left[1 + \left(\dfrac{u-50}{5}\right)^{-2}\right]^{-\frac{1}{4}} & \text{当 } 50 < u \leqslant 200 \end{cases}$$

其中,$[极老] = [很很老] = H_2(H_2[老]) = ([老]^2)^2 = [老]^4$.

2. F 化算子

"大约"、"好像"、"近似于"等词也是一种算子,它们缀在一个单词前面,把该词的意义 F 化,称为 F 化算子.

F 化算子将一个不 F 的词变为 F 的词,所以 F 化算子的作用相当于 F 变换

$$F : \mathscr{F}(U) \longrightarrow \mathscr{F}(U)$$

$$F(A)(u) \triangleq (E \circ A)(u) = \bigvee_{v \in U} (A(v) \wedge E(u,v))$$

这里,$E \in \mathscr{F}(U \times U)$ 是 U 上的一个相似关系.当 $U = (-\infty, +\infty)$,常取

$$E(u,v) = \begin{cases} e^{-(u-v)^2} & \text{当 } |u-v| < \delta \\ 0 & \text{当 } |u-v| \geqslant \delta \end{cases}$$

这里,δ 是参数.

例如,设 $A(u)=\begin{cases} 1 & \text{当 } u=3 \\ 0 & \text{当 } u\neq 3 \end{cases}$,则

$$F(A)(u)=\bigvee_{v\in U}(A(v)\wedge E(u,v))=E(u,3)$$

$$=\begin{cases} \mathrm{e}^{-(u-3)^2} & \text{当 }|u-3|<\delta \\ 0 & \text{当 }|u-3|\geq \delta \end{cases}$$

可见(图 7-1),当 A 对应的词是 3 时,$F(A)$ 对应的词叫做"大约 3".

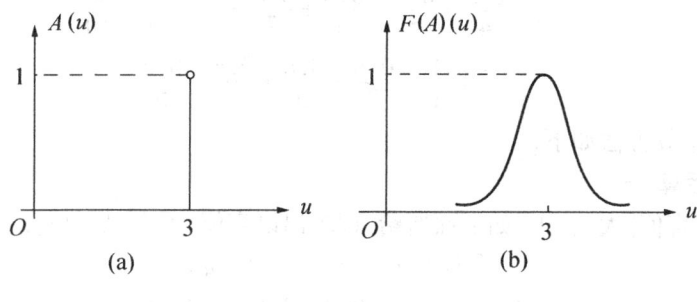

图 7-1

3. 判定化算子

"偏向"、"倾向于"、"多半是"等词也是一种算子,化 F 为肯定,在 F 中给出粗糙的判断,叫做判定化算子,记

$$P_a\left(0<a\leq \frac{1}{2}\right)$$

$$(P_a A)(u)\triangleq d_a[A(u)]$$

其中,d_a 是定义在 $[0,1]$ 上的实函数:

$$d_a(x)=\begin{cases} 0 & \text{当 } x\leq a \\ \dfrac{1}{2} & \text{当 } a<x\leq 1-a \\ 1 & \text{当 } 1-a<x \end{cases}$$

显然,当隶属度 $A(u)\leq a$ 和 $A(u)>1-a$ 时,判定是肯定的.而当 $a<A(u)\leq 1-a$ 时,$A(u)$ 取 $\dfrac{1}{2}$,即更加模糊.a 是根据实际问题的要求来确定的.若取 $a=\dfrac{1}{2}$,这时

$$d_{\frac{1}{2}}(x)=\begin{cases} 0 & \text{当 } x\leq \dfrac{1}{2} \\ 1 & \text{当 } x>\dfrac{1}{2} \end{cases}$$

一般判断 $P_{\frac{1}{2}}$ 只能是倾向性的,不能那样肯定.故 $P_{\frac{1}{2}}$ 称为"倾向".例如

$$[\text{倾向年轻}](u)=P_{\frac{1}{2}}[\text{年轻}](u)=d_{\frac{1}{2}}([\text{年轻}](u))$$

注意:$[\text{年轻}](30)=\dfrac{1}{2}$,所以

$$[\text{倾向年轻}](u)=\begin{cases} 1 & u<30 \\ 0 & u\geq 30 \end{cases}$$

7.2.3 语言值

自然语言中,有一类词的词义是表示数量的,如"大"、"小"、"多"、"少"、"轻"、"重"、"长"、"短"……以及由它们按上述方法扩大的词汇,如"很大"、"不大"、"非常小"、"不长也不短"、"偏大"……都叫做语言值.它们都是口语化的数量.

例如,设 $U = \{1, 2, \cdots, 10\}$,在论域 U 上定义:

$$[大] = \frac{0.2}{4} + \frac{0.4}{5} + \frac{0.6}{6} + \frac{0.8}{7} + \frac{1}{8} + \frac{1}{9} + \frac{1}{10}$$

$$[小] = \frac{1}{1} + \frac{0.8}{2} + \frac{0.6}{3} + \frac{0.4}{4} + \frac{0.2}{5}$$

语言值的运算方法如下.

1. F 逻辑运算

例如,设语言值[大]、[小]如上面所给,试求出语言值[不大也不小].

因为
$$[不大](u) = 1 - [大](u)$$

所以
$$[不大] = \frac{1}{1} + \frac{1}{2} + \frac{1}{3} + \frac{0.8}{4} + \frac{0.6}{5} + \frac{0.4}{6} + \frac{0.2}{7}$$

$$[不小] = \frac{0.2}{2} + \frac{0.4}{3} + \frac{0.6}{4} + \frac{0.8}{5} + \frac{1}{6} + \frac{1}{7} + \frac{1}{8} + \frac{1}{9} + \frac{1}{10}$$

$$[不大也不小] = [不大] \wedge [不小]$$
$$= \frac{0.2}{2} + \frac{0.4}{3} + \frac{0.6}{4} + \frac{0.6}{5} + \frac{0.4}{6} + \frac{0.2}{7}$$

2. F 算子运算

由 $(H_\lambda A)(u) = [A(u)]^\lambda$ 可得

$$[很大] = H_2[大]$$
$$= \frac{0.2^2}{4} + \frac{0.4^2}{5} + \frac{0.6^2}{6} + \frac{0.8^2}{7} + \frac{1^2}{8} + \frac{1^2}{9} + \frac{1^2}{10}$$
$$= \frac{0.04}{4} + \frac{0.16}{5} + \frac{0.36}{6} + \frac{0.64}{7} + \frac{1}{8} + \frac{1}{9} + \frac{1}{10}$$

$$[略小] = H_{\frac{1}{2}}[小]$$
$$= \frac{1^{\frac{1}{2}}}{1} + \frac{0.8^{\frac{1}{2}}}{2} + \frac{0.6^{\frac{1}{2}}}{3} + \frac{0.4^{\frac{1}{2}}}{4} + \frac{0.2^{\frac{1}{2}}}{5}$$
$$= \frac{1}{1} + \frac{0.89}{2} + \frac{0.77}{3} + \frac{0.63}{4} + \frac{0.45}{5}$$

而由
$$(P_{\frac{1}{2}} A)(u) = d_{\frac{1}{2}}[A(u)] = \begin{cases} 0 & A(u) \leq \frac{1}{2} \\ 1 & A(u) > \frac{1}{2} \end{cases}$$

得
$$[倾向大] = \frac{1}{6} + \frac{1}{7} + \frac{1}{8} + \frac{1}{9} + \frac{1}{10}$$

$$[倾向小] = \frac{1}{1} + \frac{1}{2} + \frac{1}{3}$$

又如,A 对应 5,$F(A)$ 对应"大约 5",也是语言值(F 是模糊化算子).

3. 语言值的四则运算

设 α, β 是两个语言值，按扩张原理，有如下的四则运算公式：

$$(\alpha + \beta)(z) = \bigvee_{x+y=z} (\alpha(x) \wedge \beta(y))$$

$$(\alpha - \beta)(z) = \bigvee_{x-y=z} (\alpha(x) \wedge \beta(y))$$

$$(\alpha \times \beta)(z) = \bigvee_{x \times y=z} (\alpha(x) \wedge \beta(y))$$

$$(\alpha \div \beta)(z) = \bigvee_{x \div y=z} (\alpha(x) \wedge \beta(y))$$

或表示为

$$\alpha * \beta = \int_{z \in U} \bigvee_{x*y=z} (\alpha(x) \wedge \beta(y))/x*y$$

其中，"$*$"表示算子"$+,-,\times,\div$"。

例如，设 $\alpha = \dfrac{1}{1} + \dfrac{0.8}{2} + \dfrac{0.2}{3}$, $\beta = \dfrac{0.2}{2} + \dfrac{0.8}{3} + \dfrac{1}{4}$，按上述公式，有

$$\alpha + \beta = \dfrac{1 \wedge 0.2}{1+2} + \dfrac{1 \wedge 0.8}{1+3} + \dfrac{1 \wedge 1}{1+4} +$$

$$\dfrac{0.8 \wedge 0.2}{2+2} + \dfrac{0.8 \wedge 0.8}{2+3} + \dfrac{0.8 \wedge 1}{2+4} +$$

$$\dfrac{0.2 \wedge 0.2}{3+2} + \dfrac{0.2 \wedge 0.8}{3+3} + \dfrac{0.2 \wedge 1}{3+4}$$

式中用虚线连起来的项，元素相同，隶属度取最大，于是

$$\alpha + \beta = \dfrac{0.2}{3} + \dfrac{0.8}{4} + \dfrac{1}{5} + \dfrac{0.8}{6} + \dfrac{0.2}{7}$$

$$\alpha - \beta = \dfrac{1 \wedge 0.2}{1-2} + \dfrac{1 \wedge 0.8}{1-3} + \dfrac{1 \wedge 1}{1-4} +$$

$$\dfrac{0.8 \wedge 0.2}{2-2} + \dfrac{0.8 \wedge 0.8}{2-3} + \dfrac{0.8 \wedge 1}{2-4} +$$

$$\dfrac{0.2 \wedge 0.2}{3-2} + \dfrac{0.2 \wedge 0.8}{3-3} + \dfrac{0.2 \wedge 1}{3-4}$$

$$= \dfrac{1}{-3} + \dfrac{0.8}{-2} + \dfrac{0.8}{-1} + \dfrac{0.2}{0} + \dfrac{0.2}{1}$$

$$\alpha \times \beta = \dfrac{1 \wedge 0.2}{1 \times 2} + \dfrac{1 \wedge 0.8}{1 \times 3} + \dfrac{1 \wedge 1}{1 \times 4} + \dfrac{0.8 \wedge 0.2}{2 \times 2} + \dfrac{0.8 \wedge 0.8}{2 \times 3} + \dfrac{0.8 \wedge 1}{2 \times 4} +$$

$$\dfrac{0.2 \wedge 0.2}{3 \times 2} + \dfrac{0.2 \wedge 0.8}{3 \times 3} + \dfrac{0.2 \wedge 1}{3 \times 4}$$

$$= \dfrac{0.2}{2} + \dfrac{0.8}{3} + \dfrac{1}{4} + \dfrac{0.8}{6} + \dfrac{0.8}{8} + \dfrac{0.2}{9} + \dfrac{0.2}{12}$$

同理，有

$$\alpha \div \beta = \dfrac{1}{1/4} + \dfrac{0.8}{1/3} + \dfrac{0.8}{1/2} + \dfrac{0.8}{2/3} + \dfrac{0.2}{3/4} + \dfrac{0.2}{1} + \dfrac{0.2}{3/2}$$

上面应用数学语言描述词义并介绍了构成新词的数学方法. 下面将从数学角度讲文法, 先考虑普通文法, 然后再介绍 F 文法.

7.3 普通文法

从结构上看, 一个句子是由一些词排成(可重复排列)的有穷序列. 设词的集合为 T, 而 T 中的词的排列全体记为 T^*.

例如, $T=\{a,b\}$, 则
$$T^* = \{\varepsilon, a, b, aa, ab, ba, aaa, abb, \cdots\}$$
其中, ε 是空序列, T^* 是无穷集合. 并不是词的任意排列都能成一句话, 即 T^* 中的元素不一定都能代表一句话. 例如, "我是人"是句子, 而"是人我"就不是句子. 因此, 句子只是 T^* 中的一个子集. 可见, 组成句子有一定法则, 这就是句法(又称文法). 为了找到这个法则, 先来分析一下句子的结构.

在自然语言中, 一句话可按如下方式构成

[主]　　[谓]　　[宾]
　↓　　　↓　　　↓
　我　　　打　　　狗

它是按"主—谓—宾"的顺序排列的. 在这一格式上按要求填上各部分的词, 如主语可以填上名词、代词. 名词可填上人、马、车、书等. 代词可填上我、你、他等. 填充的过程像一棵树生长一样, 见图 7-2.

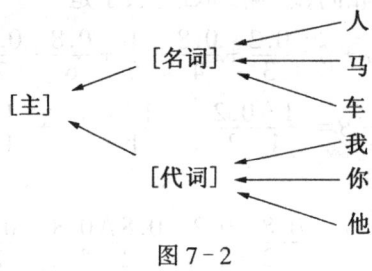

图 7-2

采用这种逐级填空的方式, 按语法规则可以生成各种各样的话. 例如:

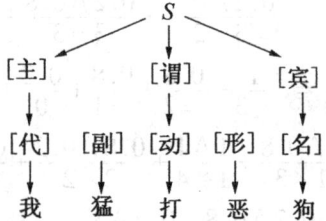

其中: S 是生长点, 即起始符号; 带方括号的字是过渡符号, 它表示句子的成分或词类等, 是一个抽象体; 最后落在话上的, 是那些不带方括号的字, 如我、猛、打、恶、狗, 称为终极符号. 按照以上分析, 可以给出普通文法的定义.

定义 1 一个普通文法, 是指四元组
$$G = (V_T, V_N, S, P)$$

其中,V_T 是终极符号集;V_N 是过渡符号集;S 是起始符号;P 是规则集.且要求 $V_T \cap V_N = \emptyset$,则
$$P \subseteq \{(\alpha \to \beta) | \alpha, \beta \in (V_T \cup V_N)\}$$

例 1 机器描述等腰三角形的文法:
$$G = (V_T, V_N, S, P)$$

其中,$V_T = \{a, b, c\}$ 即三边的集;$V_N = \{A, B\}$;

$$P = \{\underset{p_1}{S \to aAc}, \underset{p_2}{A \to aAc}, \underset{p_3}{A \to bB}, \underset{p_4}{B \to bB}, \underset{p_5}{B \to b}\}.$$

按照这个文法,可编造出一系列描述等腰三角形的话,生成方法如图 7-3 所示.顺次取出图 7-3 所示的终极符号,便得到一句话"$a\,a\,b\,b\,b\,c\,c$".若 a,b,c 分别表示三角形各边的单位长,且 $a = c$,则文法生成的句子描述了一个等腰三角形.

也可以按图 7-4 所示的方法生成.顺次取出终极符号,便得另一句话"$a\,a\,a\,b\,b\,b\,b\,c\,c\,c$".

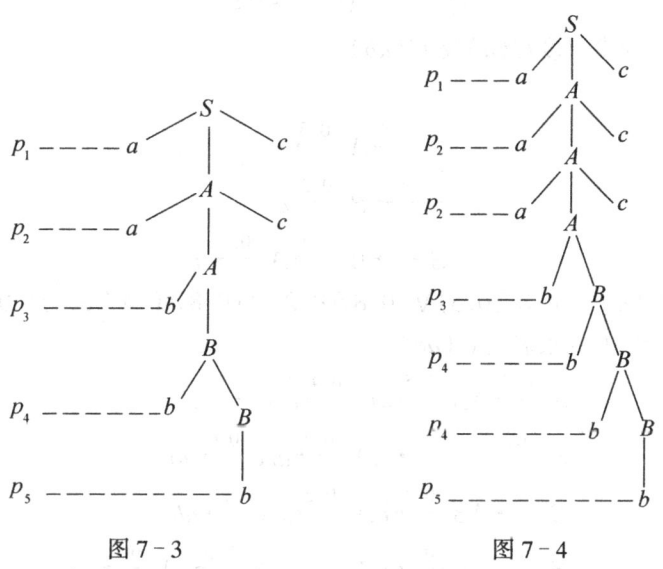

图 7-3   图 7-4

依此类推,按上述规则可得到一系列字符串,表示如下:
$$\{a^n b^m c^n\} \quad n \geqslant 2, m \geqslant 3$$

7.4 F 文 法

F 语言的文法,是将普通语言的文法 F 化.

定义 1 一个 F 文法,是指五元组
$$FG = (V_T, V_N, S, P, f)$$

其中,V_T 是终极符号集;V_N 是过渡符号集;S 是起始符号;P 是规则集;f 是映射
$$f: P \longrightarrow [0, 1]$$

如果 $(\alpha \to \beta) \in P, f(\alpha \to \beta) \xlongequal{记} \rho \in [0,1]$,或写为 $\alpha \xrightarrow{\rho} \beta$,这是一个生成规则,由 F 文法

生成的话,是 T^* 的 F 子集,记为 G. 每一个句子对 G 都有一定的隶属度,计算法则如下:

设 x 是一个句子,即 $x \in T^*$,那么一定存在 $\alpha_1, \alpha_2, \cdots, \alpha_{n-1}$,使得

$$S \xrightarrow{\rho_1} \alpha_1 \xrightarrow{\rho_2} \alpha_2 \xrightarrow{\rho_3} \cdots \xrightarrow{\rho_{n-1}} \alpha_{n-1} \xrightarrow{\rho_n} x$$

称 $(S, \alpha_1, \alpha_2, \cdots, \alpha_{n-1}, x)$ 为一条导出链. 称 x 为导出句(或终止串),则

$$G(x) \triangleq \bigvee_i (\rho_1^{(i)} \wedge \rho_2^{(i)} \wedge \cdots \wedge \rho_n^{(i)})$$

其中 $\rho_1^{(i)} \wedge \rho_2^{(i)} \wedge \cdots \wedge \rho_n^{(i)}$ 为第 i 条导出链的强度,把最大的强度作为导出句 x 的隶属度 $G(x)$.

例1 在 $FG = (V_T, V_N, S, P, f)$ 中,$V_T = \{a, b\}$,$V_N = \{A, B\}$,P 给出如下:

$$S \xrightarrow{0.5} AB \quad A \xrightarrow{0.5} a \quad B \xrightarrow{0.4} A$$
$$S \xrightarrow{0.8} A \quad A \xrightarrow{0.6} b \quad B \xrightarrow{0.2} a$$
$$S \xrightarrow{0.8} B \quad AB \xrightarrow{0.4} BA$$

求导出句 a 及 ab 的隶属度 $G(a)$ 及 $G(ab)$.

解

$$S \xrightarrow{0.8} A \xrightarrow{0.5} a$$
$$S \xrightarrow{0.8} B \xrightarrow{0.2} a$$
$$S \xrightarrow{0.8} B \xrightarrow{0.4} A \xrightarrow{0.5} a$$

$$G(a) = (0.8 \wedge 0.5) \vee (0.8 \wedge 0.2) \vee (0.8 \wedge 0.4 \wedge 0.5) = 0.5$$

下面求导出句 ab 的隶属度 $G(ab)$:

$$S \xrightarrow{0.5} AB \xrightarrow{0.5} aB \xrightarrow{0.4} aA \xrightarrow{0.6} ab$$
$$S \xrightarrow{0.5} AB \xrightarrow{0.4} AA \xrightarrow{0.5} aA \xrightarrow{0.6} ab$$
$$S \xrightarrow{0.5} AB \xrightarrow{0.4} BA \xrightarrow{0.2} aA \xrightarrow{0.6} ab$$
$$S \xrightarrow{0.5} AB \xrightarrow{0.4} BA \xrightarrow{0.4} AA \xrightarrow{0.5} aA \xrightarrow{0.6} ab$$

$$G(ab) = 0.4 \vee 0.4 \vee 0.2 \vee 0.4 = 0.4$$

显然,要计算 F 子集 G,工作量比较大,下面介绍代数方法,可以简化上述计算. 先引入记号:

(1) 如果 $\alpha \xrightarrow{\rho} \beta$,则记 $\alpha = \rho\beta$.

(2) 如果 $\alpha \xrightarrow{\rho_1} \beta_1, \alpha \xrightarrow{\rho_2} \beta_2, \cdots, \alpha \xrightarrow{\rho_k} \beta_k$,则记 $\alpha = \rho_1\beta_1 + \rho_2\beta_2 + \cdots + \rho_k\beta_k$. 这里,"+"表示"$\vee$".

(3) 如果 $\alpha \xrightarrow{\rho_1} \beta_1, \beta_1 \xrightarrow{\rho_2} \beta_2$,则 $\alpha = \rho_1\beta_1 = \rho_1(\rho_2\beta_2) = (\rho_1 \wedge \rho_2)\beta_2$.

例2 将例1的生成式用代数形式表达,则有

$$S = 0.5AB + 0.8A + 0.8B \tag{1}$$
$$A = 0.5a + 0.6b \tag{2}$$
$$B = 0.4A + 0.2a \tag{3}$$

$$AB = 0.4BA \tag{4}$$

现在应用 F 文法,求出它的导出句的 F 集 G.

解 将(2)式代入(3)式,得

$$B = 0.4(0.5a + 0.6b) + 0.2a$$
$$= (0.4 \wedge 0.5)a + (0.4 \wedge 0.6)b + 0.2a = 0.4a + 0.4b$$

将 A 和 B 代入(4)式,得

$$AB = 0.4BA = 0.4(0.4a + 0.4b)(0.5a + 0.6b)$$
$$= 0.4(0.4aa + 0.4ab + 0.4ba + 0.4bb) = 0.4aa + 0.4ab + 0.4ba + 0.4bb$$

将 A, B 和 AB 代入(1)式,有

$$S = 0.5(0.4aa + 0.4ab + 0.4ba + 0.4bb) + 0.8(0.5a + 0.6b) + 0.8(0.4a + 0.4b)$$
$$= 0.4aa + 0.4ab + 0.4ba + 0.4bb + 0.5a + 0.6b$$

即

$$G = \{(0.4, aa), (0.4, ab), (0.4, ba), (0.4, bb), (0.5, a), (0.6, b)\}$$

这就是按所给文法产生的导出句所构成的 F 集. 若 G 是由所有规则产生的,则它包含所有导出句.

注意:① $ab \neq ba$,② $AB = 0.4BA$ 不可改为 $AB = 0.3BA$,否则矛盾.

例 3 设 $V_T = \{$年轻,老,又,很,不$\}$,$V_N = \{A, B, C, O, Y\}$,

$$P = \{S \xrightarrow{p_1} A, A \xrightarrow{p_2} B, A \xrightarrow{p_3} A \text{ 与 } B, B \xrightarrow{p_4} \text{不 } C, O \xrightarrow{p_5} \text{很 } O, Y \xrightarrow{p_6} \text{很 } Y,$$
$$C \xrightarrow{p_7} O, C \xrightarrow{p_8} Y, O \xrightarrow{p_9} \text{老}, Y \xrightarrow{p_{10}} \text{年轻}\}$$

试推出"不很年轻又不非常非常老"这句话.

注意:"非常"对应"很","非"对应"不","与"对应"又".

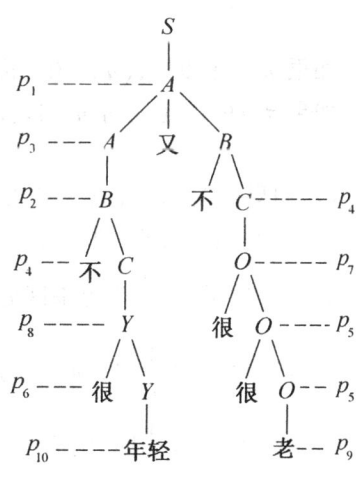

图 7-5

解 $S \xrightarrow{p_1} A$

$\xrightarrow{p_3} A$ 又 B

$\xrightarrow{p_2} B$ 又 B

$\xrightarrow{p_4}$ 不 C 又不 C

$\xrightarrow{p_7 \cdot p_8}$ 不 Y 又不 O

$\xrightarrow{p_5 \cdot p_6}$ 不很 Y 又不很 O

$\xrightarrow{p_{10} \cdot p_5}$ 不很年轻又不很很 O

$\xrightarrow{p_9}$ 不很年轻又不非常非常老

顺次取出图 7-5 中的终极符号,便得"不很年轻又不非常非常老"这句话,记 x,且有

$$G(x) = (1 - [\text{年轻}]^2(u)) \wedge (1 - [\text{老}]^4(u))$$

按照 F 文法可生成 F 语言,应用 F 语言可进行 F 推理. 下面来讨论这个问题.

7.5 判断句和推理句及逻辑推理

在经典的二值逻辑中,用精确的数学方法描述推理过程,推理的前提和结论都是精确的. 然而,在现实中存在大量的 F 现象,需要人们根据 F 的前提作出合乎逻辑的结论. 例如,在医疗诊断、侦察破案、预报预测等决策问题中,人们常常会采用近似推理方法来处理. 近似推理也是 F 推理,本节就来讨论 F 推理问题. 在此之前,先介绍在推理中常用的一个句型——判断句.

7.5.1 判断句

设 U 为语言对象的集,T 为表示概念的词(或词组)的集.

句型"u 是 a"称为判断句,记作 (a). 其中,$u \in U, a \in T$. 例如,"李明是学生";"张华是年轻人".

注意:"u 不是 a"也是判断句,不过可转为"u 是 a"的句型.

显然,对有些句子可用真假(两个真值)来描述它. 而对有些判断句只用二值就不能完全表示它的含义了,这时要用 F 集.

前面已知,u 与 a 的关系 $N(a,u)$ 可用 U 上的(与 a 相对应的)F 集 A 来表示,即

$$N(a,u) = A(u)$$

换句话说,"u 是 a"的真假程度可用 $A(u)$ 表示,即把 u 对 A 的隶属度 $A(u)$ 作为 (a) 的真值,记 $(a)(u) = A(u)$,A 称为 (a) 的集合表示,或为 (a) 的真域.

(1) 如果 (a) 的真域 A 是普通集合,这时 $A(u)$ 只取 $0,1$ 两个值:

如果 $u \in A$(即 $A(u) = 1$),称 (a) 对 u 真,$(a)(u) = 1$. 即

$$(a) 对 u 真 \Longleftrightarrow u \in A$$

如果 $u \notin A$(即 $A(u) = 0$),称 (a) 对 u 假,$(a)(u) = 0$.

如果 $\forall u \in U$,(a) 对 u 均真,称 (a) 为"恒真命题". 即

$$(a) 恒真 \Longleftrightarrow A = U$$

(2) 如果 (a) 的真域 A 是 F 集,这时 $A(u)$ 在 $0 \sim 1$ 之间取值. 例如,"健康人"对应的是一个 F 集[健康人],若[健康人]$(u) = 0.9$,那么"u 是健康人"的真值为 0.9.

对于 F 情况,取 $\frac{1}{2}$ 为界来区分 F 真假.

① 当 $(a)(u) > \frac{1}{2}$ 时,则称 (a) 对 u 为 F 真;

② 当 $(a)(u) < \frac{1}{2}$ 时,则称 (a) 对 u 为 F 假;

③ 若 $\forall u \in U$,$(a)(u) > \frac{1}{2}$,则称 (a) 为 F 真;

④ 若 $\forall u \in U$,$(a)(u) < \frac{1}{2}$,则称 (a) 为 F 假.

下面介绍关于判断句的逻辑运算.

判断句通过逻辑运算可以得到新的判断句. 例如,

$(a) \vee (b)$ 即 "u 是 a" 或 "u 是 b".

$(a) \wedge (b)$ 即 "u 是 a" 且 "u 是 b".

$\overline{(a)}$ 即 "u 不是 a".

如果 (a) 表示"明天是晴天";(b) 表示"明天是多云".那么,$(a) \vee (b)$ 表示"明天是晴天或多云";$(a) \wedge (b)$ 表示"明天是晴天且多云";$\overline{(a)}$ 表示"明天不是晴天". $(a) \vee (b)$,$(a) \wedge (b)$,$\overline{(a)}$ 的集合表示分别为 $A \cup B, A \cap B, A^c$.

7.5.2 推 理 句

句型"若 u 是 a,则 u 是 b"称为推理句,简记为"$(a) \rightarrow (b)$".或称"若(a)则(b)"为条件命题.

例 1 "若 u 是正三角形,则 u 是等腰三角形"是推理句.

例 2 "若 u 是学生,则 u 是小说迷"也是推理句.

1. 普通推理句

在推理句 $(a) \rightarrow (b)$ 中,能分辨真假的推理句,称为普通推理句.

正像判断句可能判断错误一样,推理句也不一定正确.上述例 1 是几何定理,推理永远正确.而例 2 则不然,因为学生不一定都是小说迷,故例 2 不是恒真推理句.

若推理句 $(a) \rightarrow (b)$ 永真,则称它是一个定理.如例 1 就是一个定理.

恒真推理句(即定理)作为推理的依据,有如下性质:

设 A,B,C 分别是 $(a),(b),(c)$ 的真域,则

① $(a) \rightarrow (b)$ 是定理 $\Longleftrightarrow A \subseteq B$

② $(a) \rightarrow (b)$ 是定理, $(b) \rightarrow (c)$ 是定理 $\Longrightarrow (a) \rightarrow (c)$ 也是定理,它的集合表示是
$$A \subseteq B, \quad B \subseteq C \Longrightarrow A \subseteq C$$

③ 肯定前件的假言推理(MP)(三段论):

$(a) \rightarrow (b)$ 是定理, (a) 对 u 真 $\Longrightarrow (b)$ 对 u 真,它的集合表示是
$$A \subseteq B, u \in A \Longrightarrow u \in B$$

④ 否定后件的假言推理(MT):

$(a) \rightarrow (b)$ 是定理, (b) 对 u 假 $\Longrightarrow (a)$ 对 u 假,它的集合表示是
$$A \subseteq B, u \overline{\in} B \Longrightarrow u \overline{\in} A$$

上述性质的合理性很明显,请读者自行证明.这些性质是逻辑推理规则.

由 6.1 节可知,$((a) \rightarrow (b))$ 对 u 真当且仅当或者 (a) 与 (b) 对 u 都真,或者 (a) 对 u 都假.因此,$(a) \rightarrow (b)$ 的集合表示是

$$\begin{aligned}A \rightarrow B &= \{u | (a) \wedge (b) \text{ 对 } u \text{ 真或} \overline{(a)} \text{ 对 } u \text{ 真}\} \\ &= \{u | (a) \wedge (b) \text{ 对 } u \text{ 真}\} \cup \{u | \overline{(a)} \text{ 对 } u \text{ 真}\} \\ &= (A \cap B) \cup A^c = (A \cup A^c) \cap (B \cup A^c) \\ &= A^c \cup B \xrightarrow{\text{或}} (A \cap B^c)^c\end{aligned}$$

这个表示式说明推理句也是一个判断句,即
$$(a) \rightarrow (b) \text{ 对 } u \text{ 真} \Longleftrightarrow \overline{\overline{(a)} \wedge \overline{(b)}} \text{ 对 } u \text{ 真}$$

例 3 "u 不是不迷小说的学生"是判断句.

若"u 是学生"记(a),"u 是小说迷"记(b),则上式左边表示例 2,右边表示例 3. 对小说迷的学生,例 2(推理句)与例 3(判断句)等价.

2. F 推理句

在推理句$(a)\to(b)$中,若 a 和 b 的概念是 F 的,则称为 F 推理句.

例如,"若 u 是晴天",则"u 是暖和的",这里"晴天"、"缓和"概念模糊,所以是 F 推理句.

F 推理句的真值不像普通推理句的真值只取 0 或 1 两个值,而是取$[0,1]$中的值,即说明多大程度的真. 那么,怎样定义它的真值呢?与普通推理句对照,可有两种不同的定义:

$$(a)\to(b) \text{ 的真域} \triangleq A^c \cup B$$

或

$$(a)\to(b) \text{ 的真域} \triangleq (A\cap B)\cup A^c$$

即

$$((a)\to(b))(u) \triangleq (1-A(u))\vee B(u)$$

或

$$((a)\to(b))(u) \triangleq (A(u)\wedge B(u))\vee(1-A(u))$$

这里,A,B 分别是$(a),(b)$的真域. $((a)\to(b))(u)$表示$(a)\to(b)$对 u 的真值.

注意:在普通集合中,$(A\cap B)\cup A^c = B\cup A^c$,而在 F 集合中不一定相等.

例如,设 $A(u)=0.6, B(u)=0.8$,则

$$(A^c \cup B)(u)=(1-A(u))\vee B(u)=0.8$$
$$(A^c \cup (A\cap B))(u)=(1-A(u))\vee(A(u)\wedge B(u))=0.6$$

所以,在应用时只能选用其中一种来计算.

F 推理句$(a)\to(b)$对 u 不是绝对真或绝对假. 仍以 $\frac{1}{2}$ 为界,当$((a)\to(b))(u)>\frac{1}{2}$时,称$(a)\to(b)$对 u 为 F 真;当$((a)\to(b))(u)<\frac{1}{2}$时,称$(a)\to(b)$对 u 为 F 假. 如果 $\forall u\in U$,$(a)\to(b)$对 u 都 F 真,则称$(a)\to(b)$为 F 真,或称为 F 定理;如果 $\forall u\in U$,$(a)\to(b)$对 u 都 F 假,则称$(a)\to(b)$为 F 假.

以 F 真的推理句(即 F 定理)作为依据,可以得到如下推理规则.

定理 1 F 逻辑推理规则:

(1)(MP)

$(a)\to(b)$是 F 定理且(a)对 u 为 F 真 $\Longrightarrow (b)$对 u 为 F 真,而且

$$(b)(u)=((a)\to(b))(u)$$

(2)(MT)

$(a)\to(b)$是 F 定理且(b)对 u 为 F 假 $\Longrightarrow (a)$对 u 为 F 假,而且

$$(a)(u)=1-((a)\to(b))(u)$$

(3)合成规则

$(a)\to(b)$是 F 定理且$(b)\to(c)$是 F 定理 $\Longrightarrow (a)\to(c)$是 F 定理,而且

$$((a)\to(c))(u)\geqslant((a)\to(b))(u)\wedge((b)\to(c))(u)$$

证 设 A,B 分别为判断句$(a),(b)$的真域,而$(a)\to(b)$的真域为 $A^c\cup B$.

(1) $((a)\to(b))(u)=(1-A(u))\vee B(u)>\frac{1}{2}$,又

$$(a)(u)=A(u)>\frac{1}{2}\Longrightarrow 1-A(u)<\frac{1}{2}$$

于是 $$((a)\rightarrow(b))(u) = B(u) > \frac{1}{2}$$

因此结论成立.

(2) $((a)\rightarrow(b))(u) = (1 - A(u)) \vee B(u) > \frac{1}{2}$,又

$$(b)(u) = B(u) < \frac{1}{2}$$

于是 $$((a)\rightarrow(b))(u) = 1 - A(u) > \frac{1}{2}$$

从而,$A(u) < \frac{1}{2}$,并且$(a)(u) = A(u) = 1 - ((a)\rightarrow(b))(u)$.

(3) 设 A, B, C 分别为 $(a),(b),(c)$ 的真域,而

$$(a)\rightarrow(b), \quad (b)\rightarrow(c), \quad (a)\rightarrow(c)$$

的真域分别是 $\quad A^c \cup B, \quad B^c \cup C, \quad A^c \cup C$

已知 $$((a)\rightarrow(b))(u) = (1 - A(u)) \vee B(u) > \frac{1}{2} \tag{1}$$

$$((b)\rightarrow(c))(u) = (1 - B(u)) \vee C(u) > \frac{1}{2} \tag{2}$$

若 $1 - A(u) \geqslant B(u)$,则由(1)式得

$$((a)\rightarrow(b))(u) = 1 - A(u) > \frac{1}{2}$$

而 $$((a)\rightarrow(c))(u) = (1 - A(u)) \vee C(u) \geqslant 1 - A(u) > \frac{1}{2}$$

从而 $$((a)\rightarrow(c))(u) \geqslant ((a)\rightarrow(b))(u) > \frac{1}{2}$$

若 $B(u) \geqslant 1 - A(u)$,则由(1)式得

$$((a)\rightarrow(b))(u) = B(u) > \frac{1}{2} \Longrightarrow 1 - B(u) < \frac{1}{2}$$

由上式及(2)式得 $$((b)\rightarrow(c))(u) = C(u) > \frac{1}{2}$$

从而 $$((a)\rightarrow(c))(u) = (1 - A(u)) \vee C(u) \geqslant C(u) > \frac{1}{2}$$

综合上两式得 $$((a)\rightarrow(c))(u) \geqslant ((b)\rightarrow(c))(u) > \frac{1}{2}$$

因此结论成立.

如果采用 $(a)\rightarrow(b)$ 的真域为 $A^c \cup (A \cap B)$,同样可以证明定理1.

上面考虑的推理句,例如"如果今天是晴天,则今天是暖和的",这里"晴天"、"暖和"是在同一论域(时间)上的两个不同概念.但在日常生活和工作中,经常碰到两个以上性质完全不同的因素,例如"如果今天是晴天,则李明不在家".类似这样的推理句,只用一个论域就难以表示了,所以必须研究多个论域上的推理句问题.

7.6 在不同论域上的 F 推理句

7.6.1 普通集的情形

设 A 是论域 X 上的子集，B 是论域 Y 上的子集，在 $X \times Y$ 上的二元关系 $R \stackrel{记}{=\!=\!=} A \rightarrow B$，它是推理句"如果 x 是 a，则 y 是 b"(简称"如果(a)则(b)"，并记$(a(x)) \rightarrow (b(y))$)的集合表示，并且满足真值表 7-1. 如果将真值相同的命题演算看做相等，则有

$$(A \rightarrow B)(x,y) = (A(x) \wedge B(y)) \vee (1 - A(x))$$

表 7-1 真值表

$A(x)$	$B(y)$	$(A \rightarrow B)(x,y)$
1	1	1
1	0	0
0	1	1
0	0	1

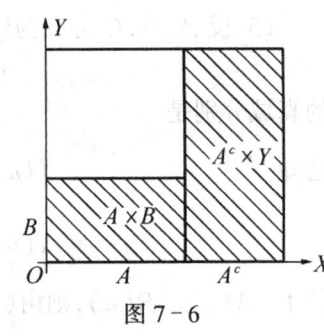

图 7-6

或
$$A \rightarrow B = \{(x,y) \mid x \in A \text{ 且 } y \in B\} \cup \{(x,y) \mid x \in A^c\}$$
$$= (A \times B) \cup (A^c \times Y)$$

在图 7-6 中，斜线部分是 $(a(x)) \rightarrow (b(y))$ 的真域 $A \rightarrow B$. 这里，A，B 分别表示 (a)，(b) 的真域，于是又有

$$A \rightarrow B = \{(x,y) \mid (a(x)) \rightarrow (b(y)) \text{ 对 } (x,y) \text{ 真}\}$$
$$= \{(x,y) \mid (a) \text{ 对 } x \text{ 真且}(b) \text{ 对 } y \text{ 真}\} \cup \{(x,y) \mid (a) \text{ 对 } x \text{ 假}\}$$

由此，有如下性质(作为推理规则)：

定理 1 $(a(x)) \rightarrow (b(y))$ 对 (x,y) 真，且 (a) 对 x 真 $\Longrightarrow (b)$ 对 y 真.

证 设 $A \rightarrow B = (A \times B) \cup (A^c \times Y)$ 是 $(a(x)) \rightarrow (b(y))$ 的真域，则

$$(x,y) \in (A \rightarrow B) \text{ 且 } x \in A \Longrightarrow x \overline{\in} A^c \Longrightarrow (x,y) \overline{\in} A^c \times Y$$
$$\Longrightarrow (x,y) \in A \times B \Longrightarrow y \in B$$

定理 2 $(a(x)) \rightarrow (b(y))$ 对 (x,y) 真，且 (b) 对 y 假 $\Longrightarrow (a)$ 对 x 假.

证 设 $A \rightarrow B = (A \times B) \cup (A^c \times Y)$ 是 $(a(x)) \rightarrow (b(y))$ 的真域，则

$$(x,y) \in (A \rightarrow B) \text{ 且 } y \overline{\in} B \Longrightarrow (x,y) \overline{\in} A \times B \Longrightarrow (x,y) \in A^c \times Y$$
$$\Longrightarrow x \in A^c \Longrightarrow x \overline{\in} A$$

定理 3 (合成规则)

$(a(x)) \rightarrow (b(y))$ 对 (x,y) 真，$(b(y)) \rightarrow (c(z))$ 对 (y,z) 真 $\Longrightarrow (a(x)) \rightarrow (c(z))$ 对 (x,z) 真.

证 设

$$A \rightarrow B = (A \times B) \cup (A^c \times Y) \text{ 是 }(a(x)) \rightarrow (b(y)) \text{ 的真域}$$
$$B \rightarrow C = (B \times C) \cup (B^c \times Z) \text{ 是 }(b(y)) \rightarrow (c(z)) \text{ 的真域}$$
$$A \rightarrow C = (A \times C) \cup (A^c \times Z) \text{ 是 }(a(x)) \rightarrow (c(z)) \text{ 的真域}$$

对 $(x,y) \in (A \to B)$,有下面两种情况:

(1) 若 $(x,y) \in A^c \times Y$,则
$$x \in A^c \Longrightarrow (x,z) \in A^c \times Z \subseteq (A \times C) \cup (A^c \times Z) = A \to C$$

(2) 若 $(x,y) \in A \times B$,则
$$x \in A, y \in B \Longrightarrow x \in A, y \in B^c \Longrightarrow x \in A, (y,z) \in B^c \times Z$$
$$\Longrightarrow x \in A, (y,z) \in B \times C \Longrightarrow x \in A, y \in B, z \in C$$
$$\Longrightarrow (x,z) \in A \times C \subseteq (A \times C) \cup (A^c \times Z) = A \to C$$

例1 设论域 X 为气温变化范围,Y 为每天供冷气的时间范围,求推理句"若气温高于32℃,则供冷时间超过12小时"的真域.

解 令判断句"气温高于32℃"、"供冷时间超过12小时"的真域分别为 A,B,即
$$A = \{x \mid x > 32℃\}, \qquad B = \{y \mid 12 < y \leqslant 24\}$$

那么,"若气温高于32℃,则供冷时间超过12小时"的真域为
$$A \to B = \{(x,y) \mid x \in A \text{ 且 } y \in B\} \cup \{(x,y) \mid x \in A^c\}$$
$$= \{(x,y) \mid x > 32 \text{ 且 } 12 < y \leqslant 24\} \cup \{(x,y) \mid x \leqslant 32\}$$

在正常供冷情况下(即定理1和定理2成立),当 $x > 32℃$(即气温高于32℃时),必有 $y \in (12,24]$,即供冷时间一定超过12小时;或者,若 $y \bar{\in} (12,24]$,即供冷时间不到12小时的话,说明 $x \leqslant 32℃$,即气温不高于32℃.针对这两种情况,推理句对 (x,y) 都为真.

7.6.2 模糊情形

设 $A \in \mathscr{F}(X), B \in \mathscr{F}(Y)$ 分别是 $(a),(b)$ 的真域.作为普通推理句的推广,F推理句 $(a(x)) \to (b(y))$ 的真域定义为 X 到 Y 上的一个F关系 $R \triangleq A \to B$,即
$$R \triangleq (A \times B) \cup (A^c \times Y)$$

其隶属函数为
$$R(x,y) \triangleq (A(x) \wedge B(y)) \vee (1 - A(x))$$

这里,(x,y) 对 R(即对 $A \to B$)的隶属度,就是F推理句 $(a(x)) \to (b(y))$ 对 (x,y) 的真值.

类似普通情形,F逻辑推理规则以推理句 $a(x) \to b(y)$ 为依据,也有如下性质.

定理4 (1) $(a(x)) \to (b(y))$ 对 (x,y) F真,且 (a) 对 x F真 $\Longrightarrow (b)$ 对 y F真,且
$$(b)(y) \geqslant [(a(x)) \to (b(y))](x,y)$$

(2) $(a(x)) \to (b(y))$ 对 (x,y) F真且 (b) 对 y F假 $\Longrightarrow (a)$ 对 x F假,且
$$(a)(x) = 1 - [(a(x)) \to (b(y))](x,y)$$

(3) (合成规则)
$(a(x)) \to (b(y))$ 对 (x,y) F真且 $(b(y)) \to (c(z))$ 对 (y,z) F真 $\Longrightarrow (a(x)) \to (c(z))$ 对 (x,z) F真,且
$$[(a(x)) \to (c(z))](x,z) \geqslant [(a(x)) \to (b(y))](x,y) \wedge [(b(y)) \to (c(z))](y,z)$$

证明类似7.5节定理1.

例2 设
$$X = \{x_1, x_2, \cdots, x_6\} = \{1.5, 1.6, 1.7, 1.8, 1.9, 2.0\}$$

表示某地区男子身高论域,单位为 m;

$$Y = \{y_1, y_2, \cdots, y_7\} = \{40, 50, 60, 70, 80, 90, 100\}$$

表示某地区男子体重论域,单位为 kg.

又设该地区对男子来说,"高"的概念的 F 集表示为

$$[高] = 0.2/1.6 + 0.7/1.7 + 0.9/1.8 + 1/1.9 + 1/2.0$$

"重"的概念表示为

$$[重] = 0.2/50 + 0.6/60 + 0.8/70 + 0.95/80 + 1/90 + 1/100$$

求 F 推理句"若 x 很高,则 y 很重"的真域 R.

解 "x 很高"的真域记作

$$A = [很高] = H_2[高]$$
$$= 0.04/1.6 + 0.49/1.7 + 0.81/1.8 + 1/1.9 + 1/2.0$$

F 向量表示为 $A = (0, 0.04, 0.49, 0.81, 1, 1)$

"y 很重"的真域记作

$$B = [很重] = H_2[重]$$
$$= 0.04/50 + 0.36/60 + 0.64/70 + 0.9/80 + 1/90 + 1/100$$

F 向量表示为 $B = (0, 0.04, 0.36, 0.64, 0.9, 1, 1)$

F 推理句的真域为

$$R = A \times B \cup A^c \times Y$$

其中,$A^c = (1, 0.96, 0.51, 0.19, 0, 0)$.

$A \times B$ 可表示为 6×7 F 矩阵

$$A \times B = \begin{bmatrix} 0 \\ 0.04 \\ 0.49 \\ 0.81 \\ 1 \\ 1 \end{bmatrix} \circ (0, 0.04, 0.36, 0.64, 0.9, 1, 1)$$

$$= \begin{bmatrix} 0 & 0 & 0 & 0 & 0 & 0 & 0 \\ 0 & 0.04 & 0.04 & 0.04 & 0.04 & 0.04 & 0.04 \\ 0 & 0.04 & 0.36 & 0.49 & 0.49 & 0.49 & 0.49 \\ 0 & 0.04 & 0.36 & 0.64 & 0.81 & 0.81 & 0.81 \\ 0 & 0.04 & 0.36 & 0.64 & 0.9 & 1 & 1 \\ 0 & 0.04 & 0.36 & 0.64 & 0.9 & 1 & 1 \end{bmatrix}$$

$A^c \times Y$ 可表示为 6×7 F 矩阵

$$A^c \times Y = \begin{bmatrix} 1 \\ 0.96 \\ 0.51 \\ 0.19 \\ 0 \\ 0 \end{bmatrix} \circ (1, 1, 1, 1, 1, 1, 1)$$

$$= \begin{bmatrix} 1 & 1 & 1 & 1 & 1 & 1 & 1 \\ 0.96 & 0.96 & 0.96 & 0.96 & 0.96 & 0.96 & 0.96 \\ 0.51 & 0.51 & 0.51 & 0.51 & 0.51 & 0.51 & 0.51 \\ 0.19 & 0.19 & 0.19 & 0.19 & 0.19 & 0.19 & 0.19 \\ 0 & 0 & 0 & 0 & 0 & 0 & 0 \\ 0 & 0 & 0 & 0 & 0 & 0 & 0 \end{bmatrix}$$

于是

$$R = (A \times B) \bigcup (A^c \times Y)$$

$$= \begin{bmatrix} 1 & 1 & 1 & 1 & 1 & 1 & 1 \\ 0.96 & 0.96 & 0.96 & 0.96 & 0.96 & 0.96 & 0.96 \\ 0.51 & 0.51 & 0.51 & 0.51 & 0.51 & 0.51 & 0.51 \\ 0.19 & 0.19 & 0.36 & 0.64 & 0.81 & 0.81 & 0.81 \\ 0 & 0.04 & 0.36 & 0.64 & 0.9 & 1 & 1 \\ 0 & 0.04 & 0.36 & 0.64 & 0.9 & 1 & 1 \end{bmatrix} \begin{matrix} x_1 \\ x_2 \\ x_3 \\ x_4 \\ x_5 \\ x_6 \end{matrix}$$

$$\quad\quad y_1 \quad y_2 \quad y_3 \quad y_4 \quad y_5 \quad y_6 \quad y_7$$

"x 很高",则 $x = 1.8$m 以上;"y 很重",则 $y = 70$kg 以上. 这时,(x,y) 对推理句"若 x 很高,则 y 很重"为 F 真. 由推理句的真域 R 也反映了这个事实. 例如, $R(x_4, y_5) = 0.81 > \frac{1}{2}$ 为 F 真.

7.7 似然推理与条件语句

在 F 控制中,常用这样的近似推理方法:以"若 x 小,则 y 大"为依据,如果 x 很小就判断 y 很大,如果 x 略小就判断 y 略大. 这种推理过程可以看作一种 F 变换,它将"x 很小"与"x 略小"的真域 A_1 与 A_2 分别变换到"y 很大"与"y 略大"的真域 B_1 与 B_2. 这种推理方法叫做似然推理.

7.7.1 似然推理规则

设 $R \in \mathscr{F}(X \times Y)$ 为"若 x 是 a,则 y 是 b"的真域,由第 4 章知道,给定从 X 到 Y 的 F 关系 R,就决定了一个从 X 到 Y 的 F 变换

$$R : \mathscr{F}(X) \longrightarrow \mathscr{F}(Y)$$
$$A' \longrightarrow B' = A' \circ R$$

其中,B' 的隶属函数为

$$B'(y) = (A' \circ R)(y) = \bigvee_{x \in X} (A'(x) \wedge R(x,y))$$

这里,F 关系 R 可看成转换器,见图 7-7. 若输入一个 F 集 A',则经 R 变换 $(A' \circ R)$ 后得输出 B'.

由此引入似然推理规则如下:

设"若 x 是 a,则 y 是 b"的真域为 R,"x 是 a'"的真域为 A',则"y 是 b'"的真域

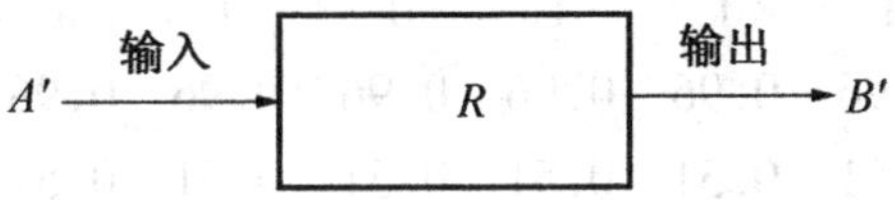

```
      输入        输出
A' ——————→ [ R ] ——————→ B'
```

图 7-7

$$B' = A' \circ R$$

即 $(a(x)) \rightarrow (b(y))$ 的真域 R，(a') 的真域 $A' \Longrightarrow (b')$ 的真域 $B' = A' \circ R$

例 1 若 x 小则 y 大，已给 x 较小，问 y 如何？设论域 $X = Y = \{1,2,3,4,5\}$，且

$$[小] = \frac{1}{1} + \frac{0.5}{2}, \qquad [较小] = \frac{1}{1} + \frac{0.4}{2} + \frac{0.2}{3}, \qquad [大] = \frac{0.5}{4} + \frac{1}{5}$$

解

$$[若\ x\ 小,则\ y\ 大](x,y) = ([小](x) \wedge [大](y)) \vee (1 - [小](x))$$

这里，$R = A \rightarrow B = [若\ x\ 小则\ y\ 大]$，算出 R 如下：

$$\begin{array}{c} \\ 1 \\ 2 \\ 3 \\ 4 \\ 5 \end{array} \begin{array}{cccccc} 1 & 2 & 3 & 4 & 5 \\ \left[\begin{array}{ccccc} 0 & 0 & 0 & 0.5 & 1 \\ 0.5 & 0.5 & 0.5 & 0.5 & 0.5 \\ 1 & 1 & 1 & 1 & 1 \\ 1 & 1 & 1 & 1 & 1 \\ 1 & 1 & 1 & 1 & 1 \end{array}\right] = R \end{array}$$

由推理规则，有

$$(1, 0.4, 0.2, 0, 0) \circ R = (0.4, 0.4, 0.4, 0.5, 1)$$

即

$$[较小] \circ [若\ x\ 小则\ y\ 大] = [较大]$$

故问题的答案是：当 x 较小时，y 为较大，则

$$[较大] = \frac{0.4}{1} + \frac{0.4}{2} + \frac{0.4}{3} + \frac{0.5}{4} + \frac{1}{5}$$

以上过程就是一种似然推理.

注意：计算 R 也可用 $R = (A \times B) \bigcup (A^c \times Y)$，见 7.6 节例 2.

7.7.2 条件语句

设 A, B, C 分别表示 $(a), (b), (c)$ 的真域，那么条件语句

"若 (a) 则 (b)，否则 (c)"

可用 $X \times Y$ 上的一个二元关系 R 表示.

1. 普通条件语句的真域

句型"如果 (a) 则 (b)，否则 (c)"，它的集合表示为

$$R = (A \longrightarrow B) \bigcap (\overline{A} \longrightarrow C)$$

其中，A 是论域 X 上的普通集合，B, C 是论域 Y 上的普通集合.

按照"如果 (a) 则 (b)"的集合表示（见 7.6 节），有

$$R = (A \longrightarrow B) \bigcap (\overline{A} \longrightarrow C)$$
$$= [(A \times B) \bigcup (\overline{A} \times Y)] \bigcap [(\overline{A} \times C) \bigcup (A \times Y)]$$

$$= [(A \times B) \cap (\overline{A} \times C)] \cup [(A \times B) \cap (A \times Y)] \cup$$
$$[(\overline{A} \times Y) \cap (\overline{A} \times C)] \cup [(\overline{A} \times Y) \cap (A \times Y)]$$
$$= \varnothing \cup (A \times B) \cup (\overline{A} \times C) \cup \varnothing$$
$$= (A \times B) \cup (\overline{A} \times C)$$

这是条件语句"如果(a)则(b)，否则(c)"的真域，见图7-8.

2. F条件语句的真域

将普通条件语句的真域推广到F情形，那么，F条件语句

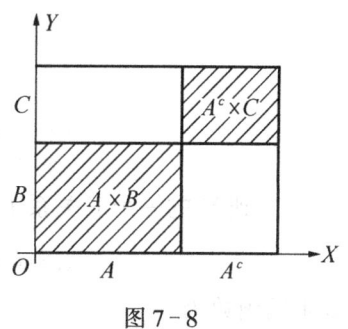

图7-8

"若(a)则(b)，否则(c)"

的真域R是$X \times Y$上的F子集（简称F集），于是有

$$R \triangleq (A \times B) \cup (\overline{A} \times C)$$

其隶属函数为

$$R(x, y) = (A(x) \wedge B(y)) \vee ((1 - A(x)) \wedge C(y))$$

把R作为转换器，输入A'，可得输出

$$B' = A' \circ R$$

这里，运算符"$\circ$"代表F关系的合成.

例2 "若x小则y大，否则y不大". 已知x很小，问y如何？设$X = Y = \{1, 2, 3\}$及

$$A = [\text{小}] = \frac{1}{1} + \frac{0.4}{2}, \quad B = [\text{大}] = \frac{0.4}{2} + \frac{1}{3}, \quad C = [\text{不大}] = \frac{1}{1} + \frac{0.6}{2}$$

解 $A' = \text{很小} = H_2(\text{小}) = \frac{1}{1} + \frac{0.16}{2}$

$$R = (A \times B) \cup (A^c \times C)$$
$$= \left[\left(\frac{1}{1} + \frac{0.4}{2}\right) \times \left(\frac{0.4}{2} + \frac{1}{3}\right)\right] \cup \left[\left(\frac{0.6}{2} + \frac{1}{3}\right) \times \left(\frac{1}{1} + \frac{0.6}{2}\right)\right]$$
$$= \left[\frac{0.4}{(1,2)} + \frac{1}{(1,3)} + \frac{0.4}{(2,2)} + \frac{0.4}{(2,3)}\right] \cup \left[\frac{0.6}{(2,1)} + \frac{0.6}{(2,2)} + \frac{1}{(3,1)} + \frac{0.6}{(3,2)}\right]$$
$$= \frac{0.4}{(1,2)} + \frac{1}{(1,3)} + \frac{0.6}{(2,1)} + \frac{0.6}{(2,2)} + \frac{0.4}{(2,3)} + \frac{1}{(3,1)} + \frac{0.6}{(3,2)}$$

于是有

$$R = \begin{bmatrix} 0 & 0.4 & 1 \\ 0.6 & 0.6 & 0.4 \\ 1 & 0.6 & 0 \end{bmatrix}$$

根据推理规则，得

$$A' \circ R = (1, 0.16, 0) \circ R = (0.16, 0.4, 1) = B'$$

即若x很小，则y很大.

7.7.3 多重条件语句

设$(a_1), (a_2), \cdots, (a_n)$的真域分别为$A_1, A_2, \cdots, A_n$；$(b_1), (b_2), \cdots, (b_n)$的真域分别为$B_1, B_2, \cdots, B_n$. 类似7.7.2节，有多重条件语句：

$$若(a_1)则(b_1)否则$$
$$若(a_2)则(b_2)否则$$
$$\vdots$$
$$若(a_n)则(b_n)$$

表示 X 到 Y 的一个 F 关系 R,
$$R \triangleq (A_1 \times B_1) \cup (A_2 \times B_2) \cup \cdots \cup (A_n \times B_n)$$
其隶属函数为
$$R(x,y) = \bigvee_{i=1}^{R} (A_i(x) \wedge B_i(y))$$
对于 F 关系 R,若给出输入 A,则有输出 B,
$$B = A \circ R$$
在实际应用中,还会遇到所谓复合条件语句,形如:
$$若(a_1)且(b_1)则(c_1)否则$$
$$若(a_2)且(b_2)则(c_2)否则$$
$$\vdots$$
$$若(a_n)且(b_n)则(c_n)$$

a_i 对应 $A_i \in \mathscr{F}(X)$, b_i 对应 $B_i \in \mathscr{F}(Y)$, c_i 对应 $C_i \in \mathscr{F}(Z)(i=1,2,\cdots,n)$. 这个语句是 $X \times Y \times Z$ 上的一个三元关系 R,
$$R \triangleq \bigcup_{i=1}^{n}(A_i \times B_i \times C_i)$$

其隶属函数为
$$R(x,y,z) = \bigvee_{i=1}^{n}(A_i(x) \wedge B_i(y) \wedge C_i(z))$$

在系统中,当输入两个量 A,B,输出一个量 C 时,它们的关系就可用这种语句.

7.8* F 推理的应用举例

7.8.1 F 推理的若干性质

"如果……,则……"的 F 控制,是 F 推理的最简单的形式. 在实际问题中的 F 推理一般都比较复杂,不过可根据 F 推理模型,将复杂模型通过逻辑运算转化为简单模型.

设 A 表示"x 是 a"的真域,B 表示"y 是 b"的真域,那么"如果 x 是 a,则 y 是 b"的 F 推理 $(a(x) \longrightarrow b(y))$ 的真域为 $A \longrightarrow B$,用 $(A \longrightarrow B)(x,y)$ 表示 F 推理 $(a(x) \longrightarrow b(y))$ 的真假程度,或称为真值.

定义1 设 $A \in \mathscr{F}(X), B \in \mathscr{F}(Y), (x,y) \in X \times Y, \alpha \in [0,1]$.

(1) 若 $A(x) \geqslant \alpha$,则称 F 集 A 对 x 为 F-α 真.

(2) 若 $(A \longrightarrow B)(x,y) \geqslant \alpha$,则称 F 推理 $A \longrightarrow B$ 对 (x,y) 为 F-α 真.

(3) 若 $(A \longrightarrow B)(x,y) \geqslant \dfrac{1}{2}$,则称 F 推理 $A \longrightarrow B$ 对 (x,y) 为 F 真;

若 $\forall (x,y) \in X \times Y, (A \longrightarrow B)(x,y) \geq \dfrac{1}{2}$，则称 F 推理 $A \longrightarrow B$ 为 F 真.

F 推理采用如下算法：
$$(A \longrightarrow B)(x,y) = (1 - A(x)) \vee B(y) \tag{7.1}$$

定理 1 若 $A_1 \longrightarrow B_1$ 和 $A_2 \longrightarrow B_2$ 对 (x,y) 均为 F-α 真，则

(1) $A_1 \cup A_2 \longrightarrow B_1 \cup B_2$ 对 (x,y) 为 F-α 真；

(2) $A_1 \cap A_2 \longrightarrow B_1 \cap B_2$ 对 (x,y) 为 F-α 真.

证 (1) 根据算式(7.1)，得

$$\begin{aligned}(A_1 \cup A_2 \longrightarrow B_1 \cup B_2)(x,y) &= [1 - (A_1 \cup A_2)(x)] \vee (B_1 \cup B_2)(y) \\ &= [1 - (A_1(x) \vee A_2(x))] \vee B_1(y) \vee B_2(y) \\ &= [(1 - A_1(x)) \wedge (1 - A_2(x))] \vee B_1(y) \vee B_2(y) \\ &= [A_1^c(x) \vee B_1(y) \vee B_2(y)] \wedge [A_2^c(x) \vee B_1(y) \vee B_2(y)] \\ &\geq [A_1^c(x) \vee B_1(y)] \wedge [A_2^c(x) \vee B_2(y)]\end{aligned}$$

因为 $A_1 \longrightarrow B_1$ 和 $A_2 \longrightarrow B_2$ 对 (x,y) 均为 F-α 真，所以
$$A_1^c(x) \vee B_1(y) \geq \alpha, \quad A_2^c(x) \vee B_2(y) \geq \alpha$$

于是
$$(A_1 \cup A_2 \longrightarrow B_1 \cup B_2)(x,y) \geq \alpha \wedge \alpha = \alpha$$

故 $A_1 \cup A_2 \longrightarrow B_1 \cup B_2$ 对 (x,y) 为 F-α 真.

定理 2 若 $A_1 \longrightarrow B$ 和 $A_2 \longrightarrow B$ 均对 (x,y) 为 F-α 真，则

(1) $(A_1 \cup A_2) \longrightarrow B$ 对 (x,y) 为 F-α 真，且
$$(A_1 \cup A_2) \longrightarrow B = (A_1 \longrightarrow B) \cap (A_2 \longrightarrow B)$$

(2) $(A_1 \cap A_2) \longrightarrow B$ 对 (x,y) 为 F-α 真，且
$$(A_1 \cap A_2) \longrightarrow B = (A_1 \longrightarrow B) \cup (A_2 \longrightarrow B)$$

证 根据算式(7.1)，得

$$\begin{aligned}(A_1 \cup A_2 \longrightarrow B)(x,y) &= [1 - (A_1 \cup A_2)(x)] \vee B(y) \\ &= [1 - (A_1(x) \vee A_2(x))] \vee B(y) \\ &= [(1 - A_1(x)) \wedge (1 - A_2(x))] \vee B(y) \\ &= [(1 - A_1(x)) \vee B(y)] \wedge [(1 - A_2(x)) \vee B(y)] \\ &= (A_1 \longrightarrow B)(x,y) \wedge (A_2 \longrightarrow B)(x,y) \\ &\geq \alpha \wedge \alpha = \alpha\end{aligned}$$

故 $A_1 \cup A_2 \longrightarrow B$ 对 (x,y) 为 F-α 真.

又由上述证明，得
$$(A_1 \cup A_2 \longrightarrow B)(x,y) = [(A_1 \longrightarrow B) \cap (A_2 \longrightarrow B)](x,y)$$

即
$$A_1 \cup A_2 \longrightarrow B = (A_1 \longrightarrow B) \cap (A_2 \longrightarrow B)$$

类似方法证明结论(2)成立.

上面两个定理可推广到有限个并(交)的情形，并且还可采用其他算法证明(见参考文献

42,43).

7.8.2 F推理模型

设$(x,y)\in X\times Y$,那么 F 推理 $A \longrightarrow B$ 是从 X 到 Y 的二元关系,记为 R,即 $R = A \longrightarrow B$.一般地,它可分为如下情形.

1. 最简推理模型

"如果 x 是 a,则 y 是 b."这个推理的真域为 $A \longrightarrow B$,根据式(7.1)的算法,x 与 y 的关系程度

$$R(x,y) = (1 - A(x)) \vee B(y)$$

2. 条件语句的推理模型

"如果 x 是 a,则 y 是 b,否则 y 是 c."这个推理对 $A \longrightarrow B$ 和 $A^c \longrightarrow C$ 在某一程度上都要成立,所以推理模型可表示为

$$R = (A \longrightarrow B) \cap (A^c \longrightarrow C)$$

根据 7.7 节,有

$$R = A \times B \cup A^c \times C$$

其真值为

$$R(x,y) = (A(x) \wedge B(y)) \vee [(1 - A(x)) \wedge C(y)]$$

3. 多重条件语句的推理模型

如果 x 是 a_1,则 y 是 b_1,否则

如果 x 是 a_2,则 y 是 b_2,否则

$\vdots$

如果 x 是 a_n,则 y 是 b_n.

按照推理模型 2 的思想,这个推理模型可表示为

$$R = (A_1 \longrightarrow B_1) \cap (A_2 \longrightarrow B_2) \cap \cdots \cap (A_n \longrightarrow B_n)$$
$$= (A_1 \times B_1) \cup (A_2 \times B_2) \cup \cdots \cup (A_n \times B_n)$$

其真值为

$$R(x,y) = \bigvee_{i=1}^{n} (A_i(x) \wedge B_i(y))$$

4. 复合条件语句的推理模型

如果 x 是 a_1 且 x 是 b_1,则 y 是 c_1,否则

如果 x 是 a_2 且 x 是 b_2,则 y 是 c_2,否则

$\vdots$

如果 x 是 a_n 且 x 是 b_n,则 y 是 c_n.

按照前面的做法,该推理模型可表示为

$$R = [(A_1 \cap B_1) \longrightarrow C_1] \cap [(A_2 \cap B_2) \longrightarrow C_2] \cap \cdots \cap [(A_n \cap B_n) \longrightarrow C_n]$$
$$= [(A_1 \cap B_1) \times C_1] \cup [(A_2 \cap B_2) \times C_2] \cup \cdots \cup [(A_n \cap B_n) \times C_n]$$

其真值为

$$R(x,y) = \bigvee_{i=1}^{n} [A_i(x) \wedge B_i(x) \wedge C_i(y)]$$

5. 多个F集交集的推理模型

如果 x 是 a_1 且 x 是 a_2 且…且 x 是 a_n,则 y 是 B.其推理模型为

$$R = (A_1 \cap A_2 \cap \cdots \cap A_n) \longrightarrow B$$

根据定理 2,有

$$R = (A_1 \longrightarrow B) \cup (A_2 \longrightarrow B) \cup \cdots \cup (A_n \longrightarrow B)$$

其真值为

$$R(x,y) = \bigvee_{i=1}^{n} [(1 - A_i(x)) \vee B(y)]$$

6. 多重复合条件语句推理模型

如果 x 是 a_{11} 且 … 且 x 是 a_{1n},则 y 是 B_1,否则

如果 x 是 a_{21} 且 … 且 x 是 a_{2n},则 y 是 B_2,否则

$$\vdots$$

如果 x 是 a_{m1} 且 … 且 x 是 a_{mn},则 y 是 B_m.

其推理模型为

$$R = [(A_{11} \cap A_{12} \cap \cdots \cap A_{1n}) \longrightarrow B_1] \cap$$
$$[(A_{21} \cap A_{22} \cap \cdots \cap A_{2n}) \longrightarrow B_2] \cap$$
$$\vdots$$
$$[(A_{m1} \cap A_{m2} \cap \cdots \cap A_{mn}) \longrightarrow B_m]$$

再按定理 2,上式写为

$$R = [(A_{11} \longrightarrow B_1) \cup (A_{12} \longrightarrow B_1) \cup \cdots \cup (A_{1n} \longrightarrow B_1)] \cap$$
$$[(A_{21} \longrightarrow B_2) \cup (A_{22} \longrightarrow B_2) \cup \cdots \cup (A_{2n} \longrightarrow B_2)] \cap$$
$$\vdots$$
$$[(A_{m1} \longrightarrow B_m) \cup (A_{m2} \longrightarrow B_m) \cup \cdots \cup (A_{mn} \longrightarrow B_m)]$$

其真值为

$$R(x,y) = \bigwedge_{i=1}^{m} [\bigvee_{j=1}^{n} (1 - A_{ij}(x)) \vee B_i(y)]$$

7.8.3 F推理模型的应用

这里主要简述推理模型在用 Mos-DYL 集成电路实现 F 逻辑功能时的应用情况.复杂的推理模型可由简单的推理模型的并交运算得到.对电路来说,采用 Mos-DYL 工艺做成逻辑运算的基本电路,再分不同情况,把基本电路按一定规则连接起来,构成所需的复杂的F推理电路.由于 Mos-DYL 电路可集成在同一芯片上,且在实现并交运算时速度很高,因此,利用上述方法构成的F推理电路,将是一种高速的甚至可能实现仿人工智能化控制的F推理电路.

7.8.4 作用关系理论

在社会关系中,存在各种各样的二元关系.例如,一个组织中的个体之间、位置之间和任务之间,均存在着不同程度的影响关系,即有一定的作用关系.显然,这些关系中有许多具有一定的F性.这里,结合F推理来讨论作用关系理论,为此给出组织的如下定义.

定义 2 一个组织是有限集合四元组
$$(S,P,T,R)$$
表示的系统,其中,

$S=\{s_1,s_2,\cdots,s_m\}$ 是组织中所有个体的集合;

$P=\{p_1,p_2,\cdots,p_n\}$ 是组织中的位置的集合;

$T=\{t_1,t_2,\cdots,t_k\}$ 是在某一时期内组织要实施的所有任务的集合;

$R=\{R_1,R_2,\cdots,R_l\}$ 是在 S,P 和 T 中的元素之间的关系的集合.

一般表示集合 R 中的关系,对时间来说是独立的. 在 R 所含的关系中,有各种作用关系. 设 R_1 表示个体之间的关系,那么它就是从 $S\times S$ 到闭区间 $[0,1]$ 的映射,即
$$R_1:S\times S\longrightarrow [0,1]$$
例如,$R_1(s_i,s_j)=\lambda(\lambda\in[0,1]$,下同)表示个体 s_i 对 s_j 的影响程度为 λ. 若 $\lambda=0.9$,则说明 s_i 强烈影响 s_j;若 $\lambda=0.2$,则说明 s_i 对 s_j 直接影响很小.

若 R_2 表示个体对位置的关系,通常可定为一个一对一的个体与位置的对应. 然而,改革开放后社会化的生产关系与组织关系已经发生了很大的变化. 例如,许多企业的决策机构由股东组成,而一个个体也可以控制多个企业(或公司),所以个体对位置的作用关系可用映射
$$R_2:S\times P\longrightarrow [0,1]$$
来描述. 至于组织中的命令关系,以国有企业的改造为例,有的国有企业实行个体(或集体)承包,有的实行股份制,这使命令关系变得模糊,所以可用映射
$$R_3:P\times P\longrightarrow [0,1]$$
表示. 例如,$R_3(p_i,p_j)=1$ 意味着 p_i 是 p_j 的顶头上司,即命令关系成立;若 $R_3(p_i,p_j)=0.7$,则说明 p_i 不完全是 p_j 的顶头上司,即命令关系部分成立;若 $R_3(p_i,p_j)=0$,则 p_i 不是 p_j 的顶头上司,命令关系不成立.
$$\text{映射 } R_4:P\times T\longrightarrow [0,1]$$
表示任务分派关系,它把位置及其所直接负责的任务联系在一起. 如果任务是大家合作的,即位置 p_i 负责任务 t_j 的一部分,可表示为 $R_4(p_i,t_j)=\lambda$.

而对任务来说,一个任务对另一个任务会有不同程度的影响,构成从 $T\times T$ 到闭区间 $[0,1]$ 的映射,用 R_5 表示,即
$$R_5:T\times T\longrightarrow [0,1]$$
它定义了任务在时间上的相对顺序关系及影响关系. 例如,$R_5(t_i,t_j)=\lambda$,说明任务 t_i 对任务 t_j 的影响程度为 λ,$\lambda=0.8$ 说明任务 t_i 对任务 t_j 起着决定性的影响,$\lambda=0$ 说明任务 t_i 对任务 t_j 没有影响.

上面介绍的作用关系可统一表示为 $X\times Y$ 上的二元关系,记为 R,即映射
$$R:X\times Y\longrightarrow [0,1]$$
设 A 是 X 上的 F 集,B 是 Y 上的 F 集,则作用关系 R 可表示为 $A\longrightarrow B$,即可用"如果……则……"的推理来讨论作用关系. 把这种推理称为集合 A 对集合 B 的作用关系(或控制关系). 称 $R(x,y)$ 为 x 对 y 的作用程度,或称作用关系 R 对 (x,y) 的真值. 扎德给出这种真

值的算法为
$$(A \longrightarrow B)(x,y) = [A(x) \wedge B(y)] \vee [1 - A(x)]$$
应用这个算法,可以得到控制关系的一些性质和逻辑运算.

我们还可给出 F 推理真值的另外一些算法,并由它推出 F 推理模型.

总之,作用关系理论为研究社会科学提供了一种数学方法.

习题 7

1. 设 E 是由 $A = \{绩,不,成,好\}$ 上的元素构成的序列全体,写出几个序列对 T(术语集合)的隶属度.

2. 设 U 为整数集 $\{1,2,\cdots,9\}$,试写出"小"、"大"、"不大也不小"和"大或小"的词义.

3. 设 $[年轻](u) = \begin{cases} 1 & u \leq 25 \\ \left[1 + \left(\dfrac{u-25}{5}\right)^2\right]^{-1} & u > 25 \end{cases}$

求"很年轻"、"极年轻"、"比较年轻"、"不年轻"等词的词义.

4. 设论域 $U = \{1,2,3,4,5,6\}$,且
$$[大] = 0.2/4 + 0.8/5 + 1/6, \quad [小] = 1/1 + 0.8/2 + 0.2/3$$
试用 F 集表示 [很大],[不很小],[偏向大](参数 $a = \dfrac{1}{2}$),[极小],[不大也不小].

5. 设 $N(x,y)$ 是 X 上的 F 相似关系,取
$$N(x,y) = \begin{cases} \dfrac{1}{\sqrt{2\pi}\sigma} e^{-\frac{(x-y)^2}{2\sigma^2}} & 当 |x-y| < \delta \\ 0 & 当 |x-y| \geq \delta \end{cases}$$
这里 σ, δ 是正常数.求 $F(A)$(A 为普通集,表示 5 的词义).

6. 设 $[老](u) = \begin{cases} 0 & 0 \leq u \leq 50 \\ \left[1 + \left(\dfrac{u-50}{5}\right)^{-2}\right]^{-1} & 50 < u \leq 100 \end{cases}$

求 [倾向年老] 的隶属函数.

7. 设论域 $U = \{1,2,3,4,5\}$,且
$$[轻] = \dfrac{1}{1} + \dfrac{0.8}{2} + \dfrac{0.6}{3} + \dfrac{0.4}{4} + \dfrac{0.2}{5} \quad [重] = \dfrac{0.2}{1} + \dfrac{0.4}{2} + \dfrac{0.6}{3} + \dfrac{0.8}{4} + \dfrac{1}{5}$$
求语言值"不很轻"、"不很重"和"不轻也不重".

8. 设
$$\alpha = \dfrac{1}{1} + \dfrac{0.6}{2} + \dfrac{0.2}{3}, \quad \beta = \dfrac{0.2}{1} + \dfrac{0.6}{2} + \dfrac{1}{3}$$
求 $\alpha + \beta, \alpha - \beta, \alpha \times \beta, \alpha \div \beta$.

9. 设 $V_T = \{a,b\}$,$V_N = \{A,B,C\}$,S 是起始符号.生成规则如下:

$$S \xrightarrow[p_1]{1} AB \qquad A \xrightarrow[p_2]{0.9} aAB \qquad A \xrightarrow[p_3]{1} a$$

$$A \xrightarrow[p_4]{0.5} aB \qquad A \xrightarrow[p_5]{0.2} B \qquad A \xrightarrow[p_6]{0.5} aC$$

$$B \xrightarrow[p_7]{1} b \qquad C \xrightarrow[p_8]{0.5} a \qquad C \xrightarrow[p_9]{0.2} aa$$

求:(1)导出句构成的 F 集 G(用代数方法);

(2)写出终止串"ab"和"$aaabbb$"的隶属度.

10. 设 $(a) \longrightarrow (b)$ 的真域为 $A^c \cup (A \cap B)$,证明:

(1)$(a) \to (b)$ 是 F 定理且(a)对 uF 真 $\Longrightarrow (b)$对 uF 真,且
$$(b)(u) \geqslant ((a) \to (b))(u)$$

(2)$(a) \to (b)$ 是 F 定理且(b)对 uF 假 $\Longrightarrow (a)$对 uF 假,且
$$(a)(u) = 1 - ((a) \to (b))(u)$$

(3)$(a) \to (b)$ 是 F 定理且$(b) \to (c)$ 是 F 定理 $\Longrightarrow (a) \to (c)$ 是 F 定理,且
$$((a) \to (c))(u) \geqslant ((a) \to (b))(u) \wedge ((b) \to (c))(u)$$

其中,A,B 分别为$(a),(b)$的真域.

11. 设 $X = Y = \{1,2,3,4,5\}$,且
$$[轻] = 1/1 + 0.8/2 + 0.3/3 + 0.1/4, \quad [重] = 0.1/2 + 0.3/3 + 0.8/4 + 1/5$$

且 $R = (A \times B) \cup (A^c \times Y)$ 作为 $(a(x)) \to (b(y))$ 的真域. 求:

(1)"若 x 很重,则 y 很轻",已知 x 重,试问 y 如何?

(2)"若 x 重,则 y 轻",已知 x 很重,问 y 如何?

(3)"若 x 重,则 y 轻,否则 y 不很轻",已知 x 轻,问 y 如何?

12. 设系统输入是 F 集 A,输出为 F 集 B. A 与 B 之间的关系为"若 A 则 B",表达成
$$R \triangleq A \times B \triangleq A^T \circ B \quad (\text{"$\circ$"是合成运算})$$

把 R 作为转换器,若输入 A',求输出 B'. 设:
$$A = \{(1,x_1),(0.5,x_2),(0.1,x_3)\}$$
$$B = \{(0.1,y_1),(0.6,y_2),(1,y_3)\}$$
$$A' = \{(0.5,x_1),(0.9,x_2),(0.4,x_3)\}$$

8 F 控 制

现代控制理论已在工业控制和空间飞行等许多方面的应用取得了成功,其原理是建立在精确的数学模型上的.但在现实中,多数系统极其复杂,很难用精确的数学模型来描述.譬如,在冶金、化工、人文、经济、医学、心理等系统中,有许多是时变的、非线性的复杂系统,要获得其精密的数学模型是极困难的.也就是说,应用现代控制理论是难以实现控制的.但是,有经验的操作人员凭借其实践积累的经验,察言观色,采取适当的对策就容易实现控制.为了使机器能够模拟人的做法,必须把人的控制经验定量化,即数学化,这便产生了F控制的理论.

上一章介绍的F推理是F控制的基本理论,本章在此基础上将介绍F控制的基本原理和实现方法以及应用的例子.

8.1 F 控制的概念

为了便于理解F控制的原理,先讲一个简单的例子,即关于水位的F控制.设有一个储水容器,具有可变的水位 x,另有一调节阀 a 可以向内注水或向外排水(见图8-1).试设计一个控制器,通过 a 将水位控制在 0 点附近.

假定对水位变化原因不详,按照人们的经验,有一些大概的控制原则.例如:

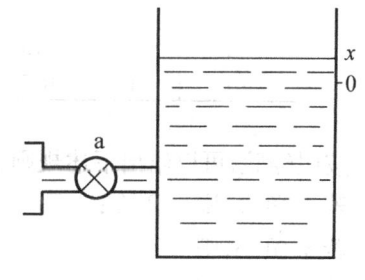

图 8-1

若水面高于 0 点,则排水,差值越大,排水越快.
若水面低于 0 点,则注入水,差值越大,注入越快.
根据以上经验,可采取如下做法.

1. 确定误差 x

x 是水位对 0 点的偏差,为了方便,将它分为 7 级:$\{-3,-2,-1,0,1,2,3\}$.于是,有误差论域

$$X=\{-3,-2,-1,0,1,2,3\}$$

控制量取 5 个语言值:

	A_1	A_2	A_3	A_4	A_5
含义:	正大	正小	0	负小	负大

$A_i(i=1,2,3,4,5)$ 是论域 X 上的 F 集.

2. 将误差 x F 化

为了用F语言来反映误差 x 的变化,可按实际情况适当规定F集 A_i 的隶属度,例如不妨按表8-1定义.

3. F 控制规则的确定

当观测到一个误差,按经验须调节阀门排水(或注水),就有一控制量 y.为了方便,将 y 分为 9 级:$\{-4,-3,-2,-1,0,1,2,3,4\}$.于是,有论域

$$Y = \{-4, -3, -2, -1, 0, 1, 2, 3, 4\}$$

表 8-1

论域 F 集	-3	-2	-1	0	1	2	3
A_1						0.5	1
A_2					1	0.5	
A_3			0.5	1	0.5		
A_4		0.5	1				
A_5	1	0.5					

注：凡空白处均为 0.

控制量取 5 个语言值：

$$\begin{array}{ccccc} B_1 & B_2 & B_3 & B_4 & B_5 \end{array}$$

含义： 正大 正小 0 负小 负大

都是论域 Y 上的 F 集. 其隶属函数定义如表 8-2 所示.

表 8-2

论域 F 集	-4	-3	-2	-1	0	1	2	3	4
B_1								0.5	1
B_2						0.5	1	0.5	
B_3				0.5	1	0.5			
B_4		0.5	1	0.5					
B_5	1	0.5							

按照经验，可以给出下述规则：

若 x 负大，则 y 正大；

若 x 负小，则 y 正小；

若 x 为零，则 y 为零；

若 x 正小，则 y 负小；

若 x 正大，则 y 负大.

或列表(表 8-3)如下：

表 8-3

若	A_5	A_4	A_3	A_2	A_1
则	B_1	B_2	B_3	B_4	B_5

这是多重条件语句，它可表示从 X 到 Y 的 F 关系 R：

$$R = A_5 \times B_1 \cup A_4 \times B_2 \cup A_3 \times B_3 \cup A_2 \times B_4 \cup A_1 \times B_5$$

其中，

$$A_5 \times B_1 = A_5^\mathrm{T} \circ B_1 = \begin{bmatrix} 0 & 0 & 0 & 0 & 0 & 0 & 0 & 0.5 & 1 \\ 0 & 0 & 0 & 0 & 0 & 0 & 0 & 0.5 & 0.5 \\ 0 & 0 & 0 & 0 & 0 & 0 & 0 & 0 & 0 \\ 0 & 0 & 0 & 0 & 0 & 0 & 0 & 0 & 0 \\ 0 & 0 & 0 & 0 & 0 & 0 & 0 & 0 & 0 \\ 0 & 0 & 0 & 0 & 0 & 0 & 0 & 0 & 0 \\ 0 & 0 & 0 & 0 & 0 & 0 & 0 & 0 & 0 \end{bmatrix}$$

$$A_4 \times B_2 = A_4^\mathrm{T} \circ B_2 = \begin{bmatrix} 0 & 0 & 0 & 0 & 0 & 0 & 0 & 0 \\ 0 & 0 & 0 & 0 & 0 & 0.5 & 0.5 & 0.5 & 0 \\ 0 & 0 & 0 & 0 & 0 & 0.5 & 1 & 0.5 & 0 \\ 0 & 0 & 0 & 0 & 0 & 0 & 0 & 0 & 0 \\ 0 & 0 & 0 & 0 & 0 & 0 & 0 & 0 & 0 \\ 0 & 0 & 0 & 0 & 0 & 0 & 0 & 0 & 0 \\ 0 & 0 & 0 & 0 & 0 & 0 & 0 & 0 & 0 \end{bmatrix}$$

$$A_3 \times B_3 = A_3^\mathrm{T} \circ B_3 = \begin{bmatrix} 0 & 0 & 0 & 0 & 0 & 0 & 0 & 0 \\ 0 & 0 & 0 & 0 & 0 & 0 & 0 & 0 \\ 0 & 0 & 0 & 0.5 & 0.5 & 0.5 & 0 & 0 & 0 \\ 0 & 0 & 0 & 0.5 & 1 & 0.5 & 0 & 0 & 0 \\ 0 & 0 & 0 & 0.5 & 0.5 & 0.5 & 0 & 0 & 0 \\ 0 & 0 & 0 & 0 & 0 & 0 & 0 & 0 \\ 0 & 0 & 0 & 0 & 0 & 0 & 0 & 0 \end{bmatrix}$$

$$A_2 \times B_4 = A_2^\mathrm{T} \circ B_4 = \begin{bmatrix} 0 & 0 & 0 & 0 & 0 & 0 & 0 & 0 & 0 \\ 0 & 0 & 0 & 0 & 0 & 0 & 0 & 0 & 0 \\ 0 & 0 & 0 & 0 & 0 & 0 & 0 & 0 & 0 \\ 0 & 0 & 0 & 0 & 0 & 0 & 0 & 0 & 0 \\ 0 & 0.5 & 1 & 0.5 & 0 & 0 & 0 & 0 & 0 \\ 0 & 0.5 & 0.5 & 0.5 & 0 & 0 & 0 & 0 & 0 \\ 0 & 0 & 0 & 0 & 0 & 0 & 0 & 0 & 0 \end{bmatrix}$$

$$A_1 \times B_5 = A_1^\mathrm{T} \circ B_5 = \begin{bmatrix} 0 & 0 & 0 & 0 & 0 & 0 & 0 & 0 \\ 0 & 0 & 0 & 0 & 0 & 0 & 0 & 0 \\ 0 & 0 & 0 & 0 & 0 & 0 & 0 & 0 \\ 0 & 0 & 0 & 0 & 0 & 0 & 0 & 0 \\ 0 & 0 & 0 & 0 & 0 & 0 & 0 & 0 \\ 0.5 & 0.5 & 0 & 0 & 0 & 0 & 0 & 0 & 0 \\ 1 & 0.5 & 0 & 0 & 0 & 0 & 0 & 0 & 0 \end{bmatrix}$$

上面 5 个矩阵求"并",即对应元素取最大值得

$$R = \begin{bmatrix} 0 & 0 & 0 & 0 & 0 & 0 & 0 & 0.5 & 1 \\ 0 & 0 & 0 & 0 & 0 & 0.5 & 0.5 & 0.5 & 0.5 \\ 0 & 0 & 0 & 0.5 & 0.5 & 0.5 & 1 & 0.5 & 0 \\ 0 & 0 & 0 & 0.5 & 1 & 0.5 & 0 & 0 & 0 \\ 0 & 0.5 & 1 & 0.5 & 0.5 & 0.5 & 0 & 0 & 0 \\ 0.5 & 0.5 & 0.5 & 0.5 & 0 & 0 & 0 & 0 & 0 \\ 1 & 0.5 & 0 & 0 & 0 & 0 & 0 & 0 & 0 \end{bmatrix}$$

对于观测到的某一误差 x 相应的语言值 A，作为输入经 R 响应（即合成运算），得输出 B（即控制量）：

$$B = A \circ R$$

例如，设 $A = A_5 = (1, 0.5, 0, 0, 0, 0, 0)$，则

$$B = (1, 0.5, 0, 0, 0, 0, 0) \circ \begin{bmatrix} 0 & 0 & 0 & 0 & 0 & 0 & 0 & 0.5 & 1 \\ 0 & 0 & 0 & 0 & 0 & 0.5 & 0.5 & 0.5 & 0.5 \\ 0 & 0 & 0 & 0.5 & 0.5 & 0.5 & 1 & 0.5 & 0 \\ 0 & 0 & 0 & 0.5 & 1 & 0.5 & 0 & 0 & 0 \\ 0 & 0.5 & 1 & 0.5 & 0.5 & 0.5 & 0 & 0 & 0 \\ 0.5 & 0.5 & 0.5 & 0.5 & 0 & 0 & 0 & 0 & 0 \\ 1 & 0.5 & 0 & 0 & 0 & 0 & 0 & 0 & 0 \end{bmatrix}$$

$$= (0, 0, 0, 0, 0, 0.5, 0.5, 0.5, 1)$$

即 $B = 0/(-4) + 0/(-3) + 0/(-2) + 0/(-1) + 0/0 + 0.5/1 + 0.5/2 + 0.5/3 + 1/4$

控制量 B 是一个 F 集，为了便于采取行动，将 F 集化为确定值，即明确注入几级的水（或减少的级别）．所以，还要做下一步的工作．

4．决定控制量的确切值

F 集 B 含有各个级别，应选哪一级来调节水量，这就要进行判决．为了方便，按最大隶属原则，应选控制量为 4 级，即

$$y = 4$$

F 控制的框图如图 8-2 所示．

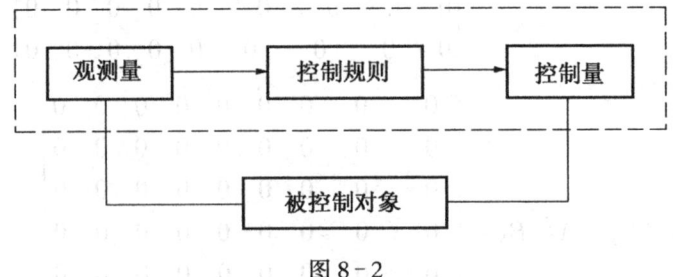

图 8-2

用一定的办法对被控制对象逐次地进行观测，控制规则对每次获得的观测量做出响应，将得到的控制量施于被控制对象上，如此循环往复，使被控制过程合乎预期要求．

下面再举一例，介绍 Kickert 等对 F 控制器的试验．他们的控制对象是一个热交换装置，如图 8-3 所示．

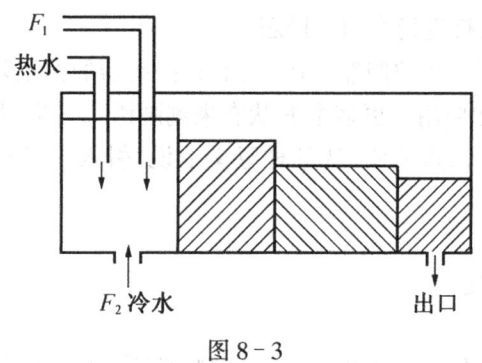

图 8-3

水柜由几个隔开的水槽组成,冷水由第一个水槽注入,经加热后由最后一个水槽流出,通过调整热水流量 F_1 和冷水流量 F_2 来控制水槽的水温.试验了三种不同控制规则的 F 控制,得到了一些有趣的结果.

第一个 F 控制器是由水温误差 x 及其变化率 $\dot{x}$ 来决定冷热水的流量.水温误差 x 是语言变量,取值的 F 状态有"小"、"较小"、"很小".流量 F_1 的 F 状态有"很大"、"很小",流量 F_2 也用"很大"、"很小"来描述.下面考虑由两个量——水温误差 x 和 x 的变化率 $\dot{x}$ 所引起的控制,控制规则如下(这里考虑的误差 x 是降低部分):

若 x 不小,则 F_1 很大,F_2 很小;

若 x 小,则 F_1 很小,F_2 处于稳态;

若 x 很小,则 F_2 处于稳态,且

    若 x 的变化率小,则 F_1 减少量小,

    若 x 的变化率中,则 F_1 减少量中,

    若 x 的变化率大,则 F_1 减少量大.

这里,"处于稳态"是指流量与前一时刻相比不变,即无须调整.

为了调整方便,将各 F 状态定义为连续型的隶属函数.

第二个 F 控制器的结构比较简单,它仅根据水温误差 x 决定流量,但它把 x 的状态刻画得较细致.除采用上述 F 状态外,这里还采用 F 语言值较小、稍小、极小等 F 状态.F 控制规则为:

若 x 不小,则 F_1 很大,F_2 很小;

若 x 较小,则 F_1 很小,F_2 稳态;

若 x 小,则 F_1 增加量大,F_2 稳态;

若 x 稍小,则 F_1 增加量中,F_2 稳态;

若 x 极小,则 F_1 增加量小,F_2 稳态.

第三个 F 控制器与前面两个不同,它假设热水流量 F_1 的稳态值是已知的,从而该系统静态的流量-温度特性也是已知的.在这个条件下,引入新的 F 状态"接近稳态"、"很接近稳态"来描述热水流量 F_1,控制规则为:

若 x 不小,则 F_1 很大,F_2 很小;

若 x 小,则 F_1 接近稳态,F_2 稳态;

若 x 很小,则 F_1 很接近稳态,F_2 稳态.

这三个试验与经典的 PI 控制器相比,三个 F 控制器的控制效果都不错.令人感兴趣的是,第二个 F 控制器虽然使用了更多个 F 状态来刻画语言变量,其控制规则也比较复杂,但控制特性并不比另两个好.这表明,从某种意义上说,引入过多的 F 状态是不必要的.第三个 F 控制器的特性最好.

8.2 F 控制原理

从上面的例子可见,要对一系统进行 F 控制,必须有如下四个计算步骤:
(1) 确定现时误差和误差变化率;
(2) 把误差和误差变化率的确切值变成 F 状态作为输入量;
(3) 由 F 控制规则(即合成算法)计算出 F 控制量;
(4) 将由(3)算出的 F 控制量转化为确切的值加到对象上去.
其框图如图 8-4 所示.

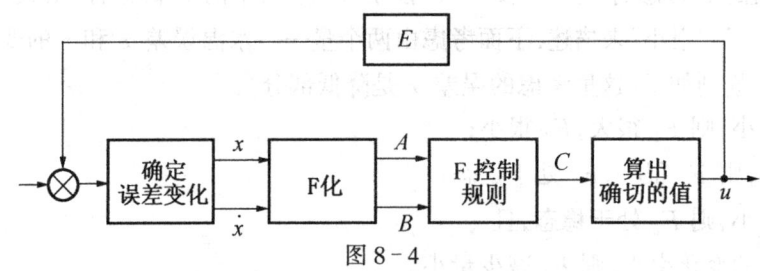

图 8-4

x—误差;$\dot{x}$—误差变化率;A—x 经 F 化处理后的量;
B—$\dot{x}$ 经 F 化处理后的量;C—F 控制量;u—控制量的确切值

下面对这 4 个部分分别介绍.

1. 确定误差和误差变化率

用一定的手段观测误差 x 和误差变化率 $\dot{x}$ 的值,为了方便将它们分成若干等级,比如分成 11 级,其代号为:$(-5,-4,-3,-2,-1,-0,+0,1,2,3,4,5)$,于是有误差论域
$$X=\{-5,-4,-3,-2,-1,-0,+0,1,2,3,4,5\}$$
取 8 个语言值:

	A_1	A_2	A_3	A_4	A_5	A_6	A_7	A_8
含义:	正大	正中	正小	正零	负零	负小	负中	负大
记号:	PB	PM	PS	PZ	NZ	NS	NM	NB

$A_i(i=1,2,\cdots,8)$ 是论域 X 上的 F 集.

同理,设"误差变化率"的语言值是:

	B_1	B_2	B_3	B_4	B_5	B_6	B_7
含义:	正大	正中	正小	零	负小	负中	负大
记号:	PB	PM	PS	Z	NS	NM	NB

它们是论域 $Y=\{-5,-4,-3,-2,-1,0,1,2,3,4,5\}$ 上的 F 集.

2. 将误差 x 和误差变化率 $\dot{x}$ F化

上一步给出了 x 和 $\dot{x}$ 的语言值 A_i 和 B_i，它们都是F集，可以根据实际问题给予不同的定义. 如上面调整水温问题，为了调整方便，给出连续的隶属函数. 这里，给F集 A_i 定义，如表8-4所示.

表8-4

论域 F集	-5	-4	-3	-2	-1	-0	+0	1	2	3	4	5
A_1									0.1	0.4	0.8	1
A_2								0.2	0.1	1	0.7	0.2
A_3					0.5	0.8	1	0.5	0.1			
A_4					1	0.6	0.1					
A_5			0.2	0.6	1							
A_6		0.1	0.5	1	0.8							
A_7	0.5	1	0.7	0.2								
A_8	1	0.8	0.4	0.1								

注：空白处均为0.

表8-5给出了F集 $B_i (i=1,2,\cdots,7)$ 的定义.

表8-5

论域 F集	-5	-4	-3	-2	-1	0	1	2	3	4	5
B_1								0.1	0.4	0.8	1
B_2								0.7	1	0.7	0.2
B_3							0.9	1	0.7	0.2	
B_4					0.5	1	0.5				
B_5		0.2	0.7	1	0.5						
B_6	0.2	0.7	1	0.7							
B_7	1	0.8	0.4	0.1							

注：空白处均为0.

3. F控制规则(合成算法)

F控制规则是条件语句的应用，若输入一个F集，应用条件语句便可得一个输出的F集. 这就是所谓的控制量，记为 C.

设控制量取7个语言值：

	C_1	C_2	C_3	C_4	C_5	C_6	C_7
含义：	正大	正中	正小	零	负小	负中	负大
记号：	PB	PM	PS	Z	NS	NM	NB

它们都是论域(假设)

$$Z = \{-6,-5,-4,-3,-2,-1,0,1,2,3,4,5,6\}$$

上的F集，其隶属函数定义如表8-6所示.

表 8-6

论域 F 集	-6	-5	-4	-3	-2	-1	0	1	2	3	4	5	6
C_1										0.1	0.4	0.8	1
C_2									0.2	0.7	1	0.7	0.2
C_3							0.4	0.8	1	0.4	0.1		
C_4						0.5	1	0.5					
C_5			0.1	0.4	1	0.8	0.4						
C_6	0.2	0.7	1	0.7	0.2								
C_7	1	0.8	0.4	0.1									

注:空白处均为0.

一般地,F 控制规则用下列复合条件语句表示

$$\text{若 } A_i \text{ 且 } B_j \text{ 则 } C_k \tag{8.1}$$

$$(i=1,2,\cdots,8; j=1,2,\cdots,7; k=1,2,\cdots,7)$$

每一条语句对应一个 F 关系,即

$$R_l = A_i \times B_j \times C_k \tag{8.2}$$

总的 F 关系为

$$R = \bigcup_l R_l \tag{8.3}$$

故 F 控制规则又称为 F 关系.

例如,考虑通过调节输入锅炉热量来控制锅炉汽压的问题.压力误差、误差变化率、控制量等的语言值的取法与上述相同.结合实践经验与技术知识,按复合条件语句形成控制规则,如表 8-7 所示.

表 8-7

A \ B	NB	NM	NS	Z	PS	PM	PB
NB	PB	PB	PB	PM	PM	Z	Z
NM	PB	PB	PB	PM	PM	Z	Z
NS	PM	PM	PM	PM	Z	NB	NB
NZ	PM	PM	PM	PS	Z	NS	NM
PZ	PM	PM	PM	PS	Z	NS	NM
PS	PS	PS	PS	Z	NM	NM	NM
PM	Z	Z	Z	NM	NB	NB	NB
PB	Z	Z	Z	NM	NB	NB	NB

按式(8.1),表 8-6 可以写出许多条规则,例如:

若 $A=$ NB 且 $B=$ NB,则 $C=$ PB.
若 $A=$ NB 且 $B=$ NM,则 $C=$ PB.
若 $A=$ NS 且 $B=$ NB,则 $C=$ PM.

每一条规则对应式(8.2)的一种算法,得 R_l,然后求"并"得该系统的 F 关系 R,即

$$R = \bigcup_l R_l$$

对于某一误差测量值 A' 和误差变化值 B',与 R 合成运算,便得相应的控制量 C:

$$C = (A' \times B') \circ R$$

这里 C 是一个 F 集,还需要把它转化为确切值,方能加到对象上去. 这是下一步的工作.

4. 决定 F 控制量 C 的确切值

F 控制量 C 包含各种信息,应选哪一个加到对象上去呢?这就要进行 F 判决. 下面介绍三种方法.

(1) 最大隶属度法. 这是选取隶属度最大的论域元素 z_0 为判决结果,即选取的 z_0 使

$$C(z_0) = \bigvee_{z \in Z} C(z)$$

例如,

$$C = 0.5/(-3) + 0.7/(-2) + 0/(-1) + 0/1 + 0.3/2 + 0.5/3 + 0.7/4 + 1/5$$

则元素 5 的隶属度最大,故 5 作为判决输出.

(2) 中位数法. 最大隶属度法只考虑主要的信息,若要兼顾其他信息,则可选取中位数法,即将隶属函数曲线与横坐标所围成的面积平均分为两部分,将所对应论域元素 z_0 作为输出判决,选取的 z_0 使

$$\sum_{z_{\min}}^{z_0} C(z) = \sum_{z_0}^{z_{\max}} C(z)$$

例如,

$$C = 0.3/(-5) + 0.4/(-4) + 0.5/(-3) + 0.7/(-2) + 0.8/(-1) + 1/0 + 0.7/1 + 0.6/2 + 0.4/3$$

所求面积为

$$S = 0.3 + 0.4 + 0.5 + 0.7 + 0.8 + 1 + 0.7 + 0.6 + 0.4 = 5.4$$

把面积分为两部分的点落在 -1 与 0 之间,为了方便,取它们的中点 $z_0 = -0.5$ 作为判决结果.

这个方法能全面考虑,但没有突出主要信息.

(3) 加权平均法. 其权系数可根据设计要求和经验来选取,为了方便,取隶属度作为权系数,于是有

$$z_0 = \frac{\sum_i C(z_i) \times z_i}{\sum_i C(z_i)}$$

例如,在(2)中所给的 F 集,采取加权平均法,便有 $z_0 = \dfrac{-3.7}{5.4} = -0.68$. 这个方法注意突出主要信息,也兼顾其他信息.

以上方法各有优缺点. 譬如,最大隶属原则虽只突出主要因素,缺乏全面考虑,但它应用方便,故也常常被采用.

8.3 自组织 F 控制器简介

F 控制器的设计依赖于实践经验. 但是,有时人们对过程认识不足,或者总结不出完整经验,这样,F 控制器势必粗糙、不完善,以致影响控制效果. 此外,即使控制规则很完善,但由于过程不断变化,也会使控制与实际不符. 因此,人们着手研究这样的控制器:它能在运行

中自动修改、调整控制,使系统性能不断改善,直到达到预定的效果.这就是所谓的自组织 F 控制器.

可以通过改变系统的增益系数和控制规则来改善控制器的性能.这里只介绍修改控制规则的问题.

改变控制规则的途径有如下三条:

(1) 增加语言变量;
(2) 改变 F 集的隶属度;
(3) 修改 F 控制状态表.

因为第一种方法相当于重新设计一个控制器,所以一般不采用这种方法;第二种方法要修改 F 集的从属函数,这种方法比较困难,因为人们难以了解控制性能与从属函数之间的关系;通常采用修改 F 控制状态表的方法来改善性能,仅当用这种方法不能使性能继续改善时才采用其他办法.下面介绍修改 F 控制状态表的做法.

设误差 E、误差变化率 R 和控制量 C 三个语言变量均可取 7 个语言值:

"正大" "正中" "正小" "零" "负小" "负中" "负大"

为方便起见,定义它们分别代表:

"3" "2" "1" "0" "-1" "-2" "-3"

于是,一个最简单的控制规则可用表 8-8 加以概括.

表 8-8

E \ C \ R	-3	-2	-1	0	1	2	3
-3	-3	-3	-2	-2	-1	-1	0
-2	-3	-2	-2	-1	-1	0	1
-1	-2	-2	-1	-1	0	1	1
0	-2	-1	-1	0	1	1	2
1	-1	-1	0	1	1	2	2
2	-1	0	1	1	2	2	3
3	0	1	1	2	2	3	3

表 8-8 可用下式表示:

$$C = \left\langle \frac{E+R}{2} \right\rangle$$

此处,$\langle a \rangle$ 表示一个与 a 同号而其绝对值等于 $|a|$(4 舍 5 入)的整数.如:$\langle 0 \rangle = 0$;$\langle -0.5 \rangle = -1$;$\langle -0.2 \rangle = 0$;$\langle -1.4 \rangle = -1$;$\langle -2.6 \rangle = -3$.

现给出一种带修正因子的控制规则:

$$C = \langle aE + (1-a)R \rangle$$

其中参数 $a \in [0,1]$.

当 $a = 0.5$ 时,控制规则如表 8-8 所示;
当 $a = 0.2$ 时,控制规则如表 8-9 所示;
当 $a = 0.7$ 时,控制规则如表 8-10 所示.

表 8-9

E\C R	-3	-2	-1	0	1	2	3
-3	-3	-2	-1	-1	0	1	2
-2	-3	-2	-1	0	0	1	2
-1	-3	-2	-1	0	1	1	2
0	-2	-2	-1	0	1	2	2
1	-2	-1	-1	0	1	2	3
2	-2	-1	0	0	1	2	3
3	-2	-1	0	1	1	2	3

表 8-10

E\C R	-3	-2	-1	0	1	2	3
-3	-3	-3	-2	-2	-2	-2	-1
-2	-2	-2	-2	-1	-1	-1	-1
-1	-2	-1	-1	-1	0	0	0
0	-1	-1	0	0	0	1	1
1	0	0	0	1	1	1	2
2	1	1	1	1	2	2	2
3	1	2	2	2	2	3	3

由这三个表可见,通过调整参数 a,就可对控制规则进行修正,而且在每一张表中每行每列都是单调增加的.用 a 作为参数不仅方便,而且包含着深刻的物理意义,即 a 值的大小直接意味着对误差和误差变化率的加权程度.这恰好反映了人们进行控制活动时的思维特点.例如,当被控对象的阶次较高时,对误差变化率的加权值应大于对误差的加权值,即 a 取较小值;反之,a 取较大值.此外,用这种方法所得的控制规则反映了人脑推理过程的连续性、单值性和正则性等特点.这样,就可以克服单凭经验选取控制规则的缺点,还可以避免以往控制规则定义中的空档或跳变现象.所以,这种带参数的控制规则的修正具有重要意义.这里仅对自组织 F 控制器作粗浅介绍,有兴趣的读者请查阅参考文献 23,25,27.

8.4* F 控制应用实例

例 1 模糊控制器控制自动驾驶仪.

1. 航向变化期间的控制算法

设计模糊控制器,首先,要详细地观察和询问人工控制的过程,选择合适的输入信息和输出控制量,画出模糊控制状态.应当指出,这一过程是带有一定的主观性和片面性的.其次,根据状态图写出模糊条件语句,编写出控制算法和程序.然后,将程序送到模型机上进行试算调整,修正控制算法和程序,从而得出满意的控制程序.最后,将其送到实际系统中使用.

船舶在海洋中航行,可分两种驾驶情况:航向变化期间和航向保持期间.

下面首先讨论航向变化期间的控制.从实际出发,选择下列信息:

(1) 给定航向 ψ_c,由驾驶员给定;

(2) 实际航向 ψ_r,由电罗经给出;

(3) 航向偏转速度 $\dot{\psi}_r$,通常不是可以直接得到的,而是由电罗经或者观察固定海岸目标得到.

驾驶人员利用上述信息,并根据自己的经验给出合适的控制舵角 δ_c,使船舶回转到给定航向 ψ_c 上运行.图 8-5 示出上述信息的示意图.

依此类推,采用模糊控制器驾驶船舶亦可以利用这三个信息,即误差 $\varepsilon = \psi_c - \psi_r$、航向偏转速度 $\dot{\psi}_r$ 以及输出控制舵角 δ_c.这样,就可以画出控制框图,如图 8-6 所示.

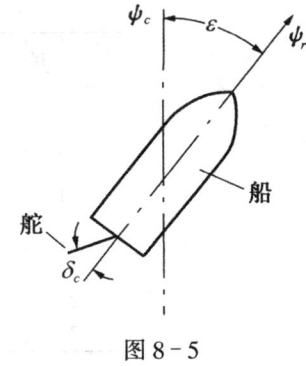

图 8-5

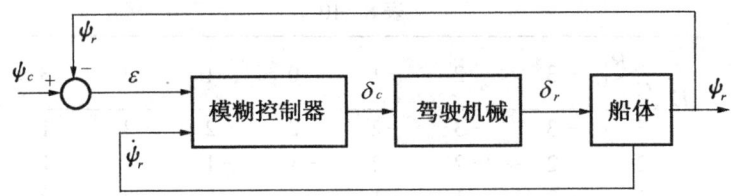

图 8-6

通常改变航向的操作分为四步:①正舵;②零舵;③反向舵;④零舵.上述四步可用图 8-7a 示出.航向误差 $\varepsilon = \psi_c - \psi_r$ 如图 8-7b 所示.

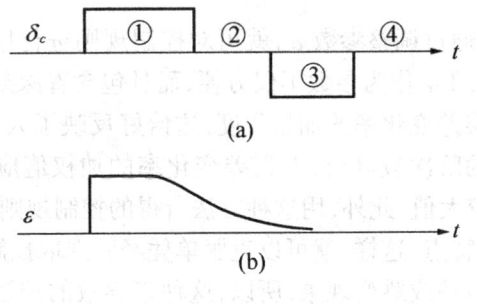

图 8-7

为简明起见,模糊信息 ε,$\dot{\psi}_r$ 及 δ_c 在数学上被限制在 5 个区域内,记为:负大(NB);负小(NS);近似零(Z);正小(PS);正大(PB).根据舵工的操作过程,可以画出模糊控制状态

$\dot{\psi}_r$ \ δ_c	ε	NB	NS	Z	PS	PB
PB		NB	NB	NB	Z	PB
PS		NB	NB	NS	PS	PB
Z		NB	NS	*	PS	PB
NS		NB	NS	PS	PB	PB
NB		NB	Z	PB	PB	PB

注:*保持航向时计算.

图 8-8

图,如图 8-8 所示.

由模糊控制状态图,可以写出航向变化期间的控制条件语句:

1. IF ε is PB and $\dot{\psi}_r$ is any THEN δ_c is PB;
2. IF ε is PS and $\dot{\psi}_r$ is NS or NB THEN δ_c is PS;
3. IF ε is PS and $\dot{\psi}_r$ is PS or Z THEN δ_c is PS;
4. IF ε is PS and $\dot{\psi}_r$ is PB THEN δ_c is Z;
5. IF ε is Z and $\dot{\psi}_r$ is NB THEN δ_c is PS;
6. IF ε is Z and $\dot{\psi}_r$ is NS THEN δ_c is PS;
7. IF ε is Z and $\dot{\psi}_r$ is PS THEN δ_c is NS;
8. IF ε is Z and $\dot{\psi}_r$ is PB THEN δ_c is NB;
9. IF ε is NS and $\dot{\psi}_r$ is NB THEN δ_c is Z;
10. IF ε is NS and $\dot{\psi}_r$ is NS or Z THEN δ_c is NS;
11. IF ε is NS and $\dot{\psi}_r$ is PS or PB THEN δ_c is NB;
12. IF ε is NB and $\dot{\psi}_r$ is any THEN δ_c is NB.

状态图中清楚地表明了不同的模糊信息 ε 和 $\dot{\psi}_r$ 所对应输出的控制量 δ_c 的大小. 例如,图 8-8 中第一行第一列的"NB"表示当误差 ε 为"负大"时,航向偏转速度 $\dot{\psi}_r$ 为任意的话,舵角控制量 δ_c 应当为"负大(NB)". 这样,就可以写出第 12 条条件语句.

依此类推,控制算法的每一条都与图 8-8 ——对应.

根据上述控制算法,可画出流程图,如图 8-9 所示.

可以写出航向改变时的模糊关系如下:

$$\underset{\sim}{R} = \bigcup_{n=1,2,\cdots,12} \{\varepsilon_n \cap (\dot{\psi}_{r_{n_1}} \cup \dot{\psi}_{r_{n_2}}) \cap \delta_{c_n}\} \tag{8.4}$$

式中:R —— 模糊关系;

ε_n —— ε is PB 或 δ_c is PS 或 ε is Z 或 ε is NS 或 ε is NB;

δ_{c_n} —— δ_c is PB 或 δ_c is PS 或 δ_c is Z 或 δ_c is NS 或 ψ_c is NB;

$\dot{\psi}_{r_{n_1}}, \dot{\psi}_{r_{n_2}}$ —— $\dot{\psi}_r$ is PB 或 $\dot{\psi}_r$ is PS 或 $\dot{\psi}_r$ is Z 或 $\dot{\psi}_r$ is NS 或 $\dot{\psi}_r$ is NB 或 ψ_r is any.

模糊关系的从属度表示为

$$\mu_{\underset{\sim}{R}}(\varepsilon,\psi_r,\delta_c) \triangleq \max_{n=1,2,\cdots,12}\{\min[\mu_{c_n}(\varepsilon),\max(\mu_{\dot{\psi}_{r_{n_1}}}(\dot{\psi}_r),\mu_{\dot{\psi}_{r_{n_2}}}(\dot{\psi}_r)),\mu_{\delta_{c_n}}(\delta_c)]\} \tag{8.5}$$

式中:$\mu_{c_n}(\varepsilon)$ —— ε_n 的从属度;

$\mu_{\dot{\psi}_{r_{n_1}}}(\dot{\psi}_r)$ —— ψ_{r_1} 的从属度;

$\mu_{\dot{\psi}_{r_{n_2}}}(\dot{\psi}_r)$ —— $\psi_{r_{n_2}}$ 的从属度;

$\mu_{\delta_{c_n}}(\delta_c)$ —— δ_{c_n} 的从属度.

上述控制算法在确定逻辑的计算机上计算时,δ_c 量化为 25 级:$-30°,-27.5°,\cdots,27.5°,30°$.

模糊变量的从属度可以定义为图 8-10 所示的 15 个.

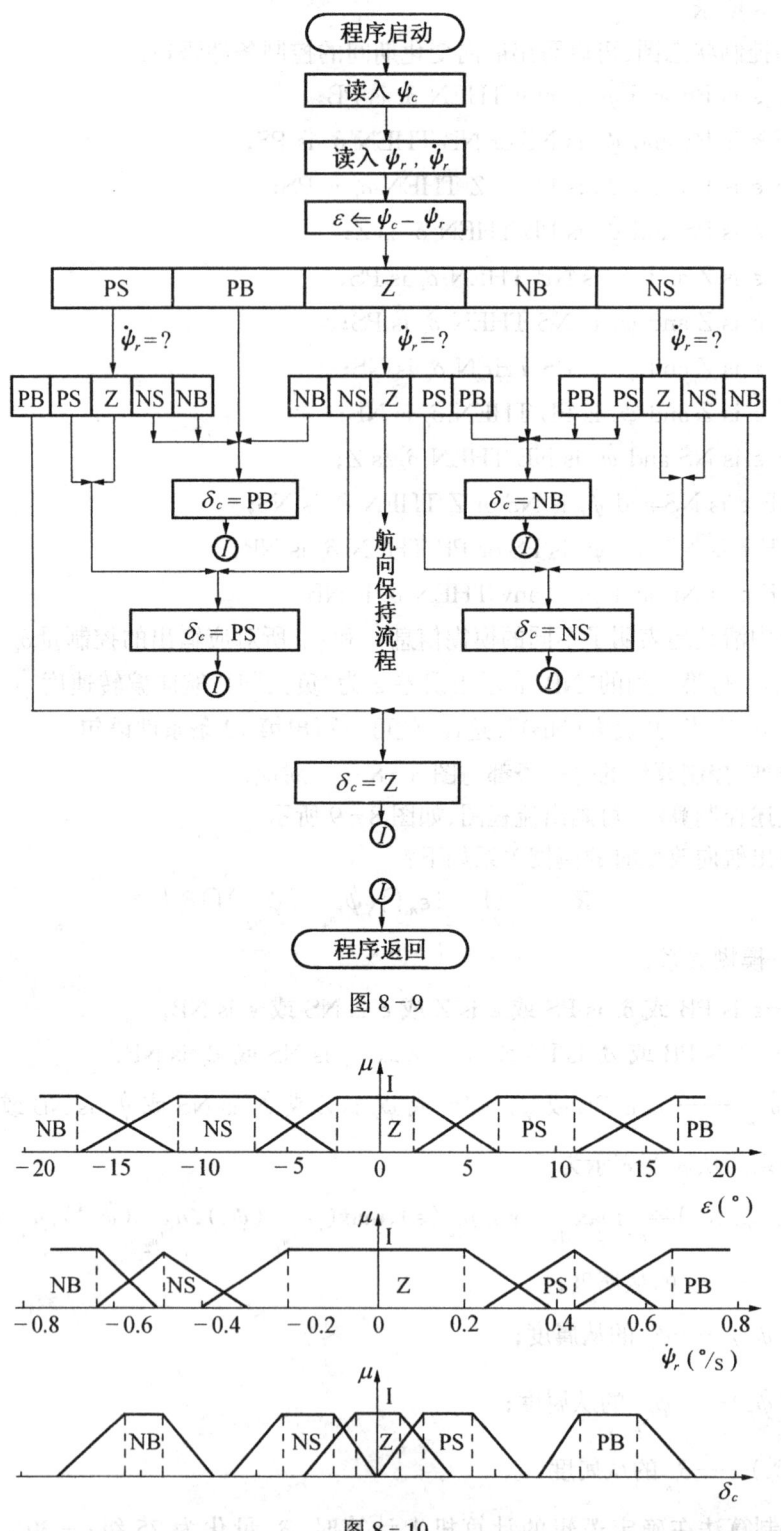

图 8-9

图 8-10

具体控制过程大致为:当某一采样时刻,获得 ψ_r 和 $\dot{\psi}_r$,算出 $\varepsilon = \psi_c - \psi_r$。$\varepsilon$ 和 $\dot{\psi}_r$ 经模糊

化运算之后送入模糊控制器计算,即 $\delta_{c_n} = (\varepsilon_n \times \dot{\psi}_{r_n}) \circ R_{\delta_{c_n}}$,再经过选择判决(通常选择从属度最大的元素),选出确切的控制量 δ_c. 图 8-11 示出一个采样周期的控制框图.

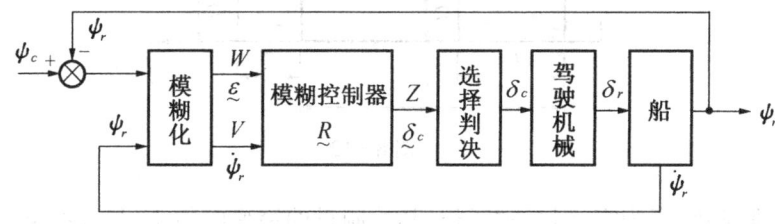

图 8-11

在选择判决时,引用决定重心的程序来选择确定的控制角度 $\delta_{c.act}$. 其计算公式为

$$\delta_{c.act} = \frac{\sum_{\delta_c = -30°}^{30°} \delta_c \cdot \mu_{\underset{\sim}{R}}(\delta_c)}{\sum_{\delta_c = -30°}^{30°} \mu_{\underset{\sim}{R}}(\delta_c)} \tag{8.6}$$

式中,$\delta_{c.act}$ 为在 $-30°\sim30°$ 之间的取值.

2. 航向保持期间的控制

航向保持对工艺有特殊要求. 由于海洋条件的影响,船舶难以保持航向不变,这时需要不断调正,才能保持船舶在一定的航向上运行. 航向保持期间,海洋对船舶产生的高频信息忽略,因其对舵的运动不起校正作用. 同时,舵运动时有机械损耗和受风浪的影响,等等. 由图 8-8 可写出航向保持期间的条件语句:

13. IF ε is Z and $\dot{\psi}_r$ is Z THEN δ_c is computed by the course deeping mode.

航向保持期间,航向偏差的积累是值得注意的. 为此,引入常规积分来考虑航向偏差积累值的校正. 这就是说,在 13 条模糊控制算法的基础上再加入常规积分环节,使得稳定误差更小,其计算公式为

$$\delta_{perm \cdot helm} = k_1 \int_0^t \varepsilon \, d\tau \tag{8.7}$$

式中 k_1 为积分常数,值很小. 当 ε 积累值超过某一确定值时,积分才起作用.

下面具体讨论第 13 条语句的计算方法.

已知航向保持期间,航向偏差 ε 并非舵工引起. 而航向改变期间,航向偏差 ε 是舵工引起的.

通常认为,当 $\left|\int_0^{T_2} \varepsilon \, dt\right| > s$ 时,应按航向改变期间处理;当 $\left|\int_0^{T_2} \varepsilon \, dt\right| < s$ 时,应按航向保持期间处理. 其中,s 为模糊控制器的参数,人工给定,如取 $s = 10$.

为了快速校正,舵角的给定采用"突变"方式,如图 8-12 所示.

图中,D——脉冲幅度;

T_1——脉冲宽度;

T_2——周期;

D——模糊变量,它的取值为:负小(NS);负非常小(NVS);负非常非常小

(NVVS);近似零(Z);正非常非常小(PVVS);正非常小(PVS);正小(PS).

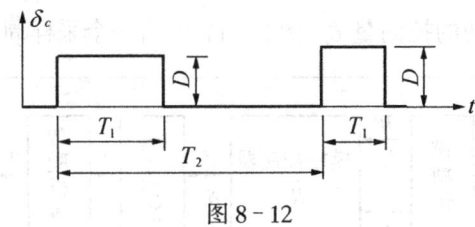

图 8-13

如果 ε 非常小,不为零,但是时间长,其控制量的突变幅值 D 和脉冲宽度 T_1 取决于 ε 的平均值.

如果 ε 不是非常小,而要求快速校正,其 D 和 T_1 亦取决于 ε 的平均值.

总之,D 和 T_1 的值取决于 ε 的平均误差值,其计算如下:

$$\varepsilon_{av} = \frac{1}{T_2} \int_0^{T_2} \varepsilon dt \tag{8.8}$$

为了计算总舵量,引入变量 c,即

$$c = k_p \cdot \varepsilon_{av} + k_d \cdot \frac{\varepsilon_{av} - \varepsilon_{av1}}{T_s} \tag{8.9}$$

式中:k_p——比例系数;

k_d——微分系数;

T_s——采样周期;

ε_{av1}——前一采样周期内的平均误差.

令 $T = T_{1\min} + ABS(c)$,则

1. IF $c<0$ and $T<T_{1\max}$ THEN D is NVVS during $T_1 = T$;
2. IF $c>0$ and $T<T_{1\max}$ THEN D is PVVS during $T_1 = T$;
3. IF $c<0$ and $T_{1\max}<T<T_{1\max2}$ THEN D is NVS during $T_1 = T_{1\max}$ and $T_1 = T_{1\max2}$;
4. IF $c>0$ and $T_{1\max}<T<T_{1\max2}$ THEN D is PVS during $T_1 = T_{1\max}$ and $T_1 = T_{1\max2}$;
5. IF $c<0$ and $T>T_{1\max2}$ THEN D is NS during $T_1 = T_{1\max}$;
6. IF $c>0$ and $T>T_{1\max2}$ THEN D is PS during $T_1 = T_{1\max}$;
7. Between the pulses D is Z.

控制器参数 $k_1,k_p,k_d,T_{1\max},T_{1\min}$ 和 $T_{1\max2}$ 调整到理想值为止,然后就不用改变了.

当模仿海洋状态时,第 13 条算法可改为

13. IF ε is Z and $\dot{\psi}_r$ is any THEN δ_c is D.

经过试验,证明这样的算法是合理的、可行的,其中 D 的计算即为前面的方法.为清楚起见,将上述控制算法的流程示于图 8-13 中.

3. 模糊控制器的性能指标

根据实际情况,取以下 5 项指标:

(1)航向变化期间的响应时间;

(2)航向变化期间和保持期间的速度损耗;

(3)航向变化期间的航向偏转速度;

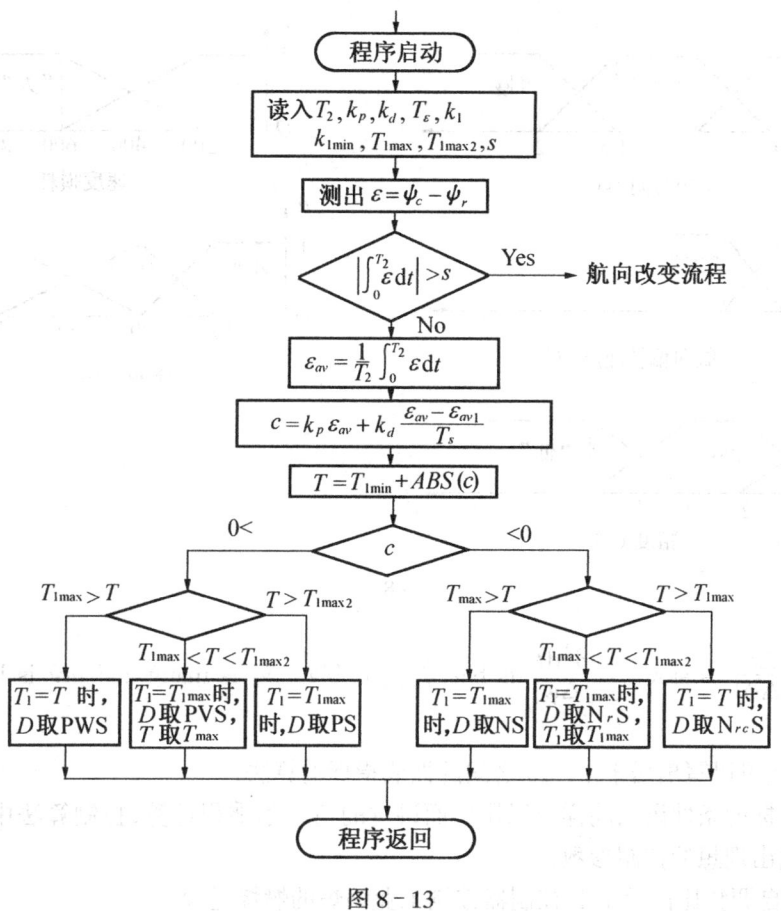

图 8-13

(4) 航向变化期间单位时间内的操舵次数;
(5) 航向保持误差,记为 ace.

如果选择 50 秒内的平均误差作为模糊变量,则

$$\varepsilon_{av} = \frac{1}{50} \int_0^{50} |\varepsilon| dt \quad (希望在 1°之内)$$

分为"小"、"中"、"高"三等.

图 8-14 示出上述 5 项模糊变量的从属度.

从指标总体而言,我们用标志 1 到 10 来表示性能的好坏(例如,1 表示"非常坏",10 表示"非常好",其他性能介于 1 和 10 之间),于是可以写出下列算法:

1. IF $\dfrac{\Delta t}{|\Delta \psi|}$ is fast, $\int \dfrac{\delta^2 dt}{|\Delta \psi|}$ is normal, $\dot{\psi}_{rmax}$ is normal, N_δ is few and ace is small, THEN a mark 10;

2. IF $\dfrac{\Delta t}{|\Delta \psi|}$ is normal, $\int \dfrac{\delta^2 dt}{|\Delta \psi|}$ is big, $\dot{\psi}_{rmax}$ is big, N_δ is normal and ace is normal, THEN a mark 5.5;

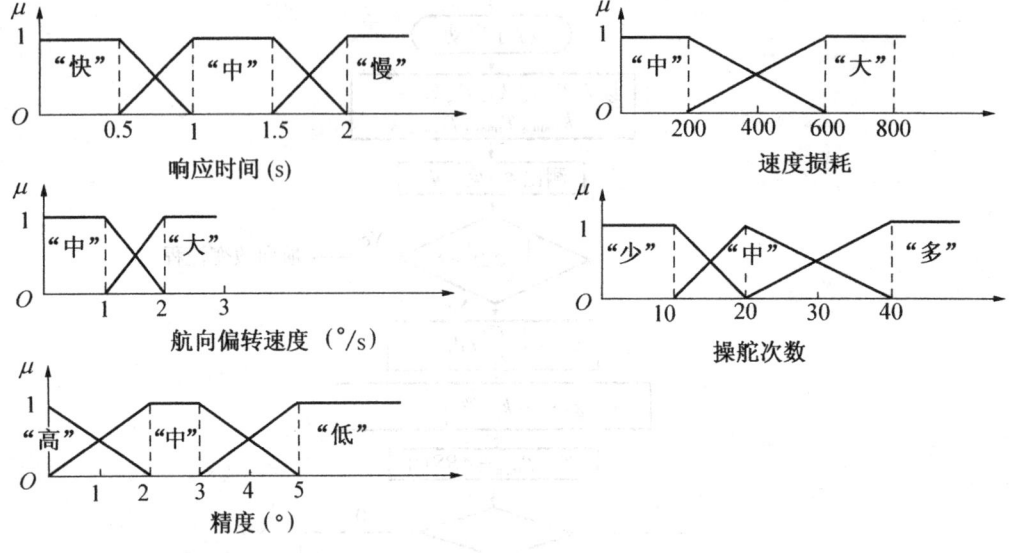

图 8-14

3. IF $\dfrac{\Delta t}{|\Delta\psi|}$ is slow, $\int\dfrac{\delta^2\mathrm{d}t}{|\Delta\psi|}$ is big, $\dot\psi_{r\max}$ is big, N_δ is many and ace is big, THEN a mark 1.

同理,还可以写出居于 1~10 之间的性能指标的算法.

性能指标的条件语句同样可以用前面讲过的笛卡尔乘积计算,控制算法中亦可用重心选择程序找出理想的控制参数.

例 2 自调整比例因子 F 控制器控制工业锅炉的燃烧过程.

1974 年,英国 E. H. Mamdani 首先根据 F 集构成 F 控制,控制锅炉和蒸汽机[25],这标志着 F 控制的诞生. 文献 16 对自调整比例因子 F 控制器进行了推理和仿真,下面将其应用到工业锅炉燃烧过程的控制[24].

1. 结构框图

工业锅炉燃烧过程 F 控制规则的自调整,担负着蒸汽压力、炉膛负压、烟气含氧量、燃油量、鼓风量的调节以及自动消除黑烟等控制,力求使燃料燃烧产生的热量与蒸汽负荷变化相适应,以保证锅炉的安全和经济运行. 其系统结构框图见文献 24,图中各回路用同一自调整比例因子 F 控制规则,只不过比例因子大小不同. 现分析其中一回路,如图 8-15 所示.

设被控制对象的输入输出关系为

$$Y(nT)=f_1[u(nT)] \tag{8.10}$$

控制器偏差输入信号的 F 集为

$$A\underset{\sim}{E}(nT)=\operatorname{int}\{A\cdot q_1[E(nT)]+0.5\} \tag{8.11}$$

控制器偏差变化率输入信号的 F 集为

$$(1-A)\cdot\underset{\sim}{C}(nT)=\operatorname{int}\{(1-A)q_2[E(nT)-(nT-T)]+0.5\} \tag{8.12}$$

控制器输出控制量为

$$\begin{aligned}u(nT)=q_3\{&\operatorname{Bint}[A\cdot q_1E(nT)+0.5]+\\ &\operatorname{Bint}[(1-A)\cdot q_2(E(nT)-E(nT-T))+0.5]\}\end{aligned} \tag{8.13}$$

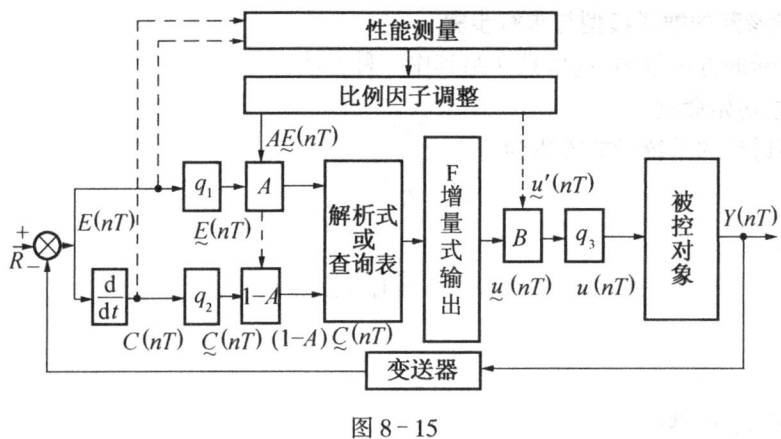

图 8-15

将式(8.13)代入(8.10)式得

$$Y(nT) = f_1\{q_3\{Bint[A \cdot q_1 E(nT) + 0.5] + Bint[(1-A) \cdot q_2(E(nT) - E(nT-T)) + 0.5]\}\} \quad (8.14)$$

偏差量为

$$E(nT) = R - Y(nT) \quad (8.15)$$

式中,q_1,q_2,q_3 为偏差信号、偏差变化率信号、输出信号的 F 化和量化;A 为介于 0~1 之间的实数,其大小意味着对偏差和偏差变化的加权程度,反映了人们进行控制活动的思维特点;$\underset{\sim}{E}(nT)$ 是偏差的 F 集;$\underset{\sim}{C}(nT)$ 是偏差变化率的 F 集;B 亦是比例因子.

当 $\underset{\sim}{E}(nT)$ "很大"时,$\underset{\sim}{u}(nT)$ 以绝对量形式给出;当 $\underset{\sim}{E}(nT)$ "不很大"时,$\underset{\sim}{u}(nT)$ 以增量形式给出.系统中烟气含氧量、鼓风量、炉膛负压等回路以增量形式给出,其算法为

$$\left.\begin{aligned}
&\text{IF } \underset{\sim}{u}(nT) > \underset{\sim}{u}(nT-T) \text{ THEN } \underset{\sim}{u}(nT) = \underset{\sim}{u}(nT-T) + k \\
&\text{IF } \underset{\sim}{u}(nT) < \underset{\sim}{u}(nT-T) \text{ THEN } \underset{\sim}{u}(nT) = \underset{\sim}{u}(nT-T) - k \\
&\text{IF } \underset{\sim}{u}(nT) = \underset{\sim}{u}(nT-T) \text{ THEN } \underset{\sim}{u}(nT) = \underset{\sim}{u}(nT-T)
\end{aligned}\right\} \quad (8.16)$$

式中 k 是可选常参量,本系统取 $k=1$.

本控制器有下列特点:

(1) 当被控对象改变时,调整 A,B 使控制规则相应调整,系统始终处在最优或接近最优状态.

(2) 当被控对象不变时,以性能指标为目标函数,以 A,B 为寻优参数,根据目标函数不断推算出新的 A,B 值,使目标函数逐步减小,从而达到调整控制规则,改善系统品质的目的.

(3) 当被控对象改变时,需建立一个自适应控制系统,稳定系统性能指标.本系统为自适应 F 控制的参数调节提供灵活、方便的手段.

(4) 论域 $E(nT)$,$C(nT)$,$u(nT)$ 的 F 分档.如果控制规则不能用解析式表示,则 F 分档受计算机内存容量限制;如果控制规则能够用解析式表示,则 F 分档受计算机字长影响.

2. 运行分析

运行分析见参考文献 24.

例 3 用模糊逻辑对柴油发电机组的故障进行诊断.

1. 故障诊断的数学模型与求解步骤

故障诊断的方法很多,这里只介绍其中一种方法.

(1)建立初始命题

对所要讨论的系统设故障集为

$$X = x_i |_{i=1,2,\cdots,m}$$

设症状集为

$$Y = y_j |_{j=1,2,\cdots,n}$$

原始命题如下:

A_i:故障 x_i 发生.

B_j:症状 y_j 出现.

$P_{ij}: A_i \to B_j$. 对于该命题采用多值逻辑:

$$|P_{ij}| \in \mu_{ct}, \mu_t^2, \mu_t, \mu_t^{\frac{1}{2}}, \mu_t^{\frac{1}{4}}, \mu_{un}$$

其中,μ_{ct} 代表"绝对真";μ_t^2 代表"很真";μ_t 代表"真";$\mu_t^{\frac{1}{2}}$ 代表"略真";$\mu_t^{\frac{1}{4}}$ 代表"微真";μ_{un} 代表"未知".

R_{ij}:也是 $A_i \to B_j$. 若用二值逻辑,如果 x_i 与 y_j 有因果关系,则 $r_{ij}=1$,即 μ_{ct};如果没有因果关系,则 $r_{ij}=0$,即 μ_{cf} 代表"绝对假".在多值逻辑中,"假"亦分为:$\mu_f^{\frac{1}{4}}$ 代表"微假";$\mu_f^{\frac{1}{2}}$ 代表"略假";μ_f 代表"假";μ_{cf} 代表"绝对假".所以,R_{ij} 就是"故障字典",它与 P_{ij} 的关系如下:若 $P_{ij}=\mu_{un}$,则 $r_{ij}=\mu_{cf}$;若 $P_{ij}>\mu_{un}$,则 $r_{ij}=\mu_{ct}$.当 $r_{ij}=\mu_{cf}$ 时,x_i 不会导致 y_j.但是,系统中的其他故障可能导致 y_j,因此 P_{ij} 不取 μ_{cf} 而取 μ_{un}.

P_j:"若症状 y_j 出现,则至少有一个与 y_j 有关的故障发生."后者的表达式为

$$\bigvee_i (A_i \wedge R_{ij})$$

所以,本命题为 $\quad P_j: B_j \longrightarrow \bigvee_i (A_i \wedge R_{ij})$

这个命题是全真命题.因此,$|P_j|=P_j \in [1,1]$,即 $P_j=1$.

在故障诊断前,预先设定 X,Y 两个集合和 P_{ij},R_{ij},P_j 三个命题,根据实测的症状 B_j,解方程求 A_i,从而判定发生了什么故障.

(2)缩小搜索范围

设已出现的症状为阳性症状,没有出现的症状为阴性症状,并定义如下:

阳性症状:$J_1 = \{j \mid |B_j| > \mu_{un}\}$;

阴性症状:$J_2 = \{j \mid |B_j| = \mu_{un}\}$.

为了排除不可能发生的故障,可根据阴性症状 J_2,利用 MT 推理 ($A \to B, \overline{B} \to \overline{A}$).

从症状 y_j 来看故障 x_i 是否发生,把命题 A_i 记为 $A_i(j)$,根据 MT 推理有

$$b \in (b_1, b_2) = (0,0), \quad r \in [r_1, 1] = [P_{ij}, 1]$$
$$|A_i(j)| = [0, (1-P_{ij})] \quad j \in J_2$$

故

$$|A_i| = j |A_i(j)| = [0, \bigwedge_{j \in J_2}(1-P_{ij})] = [a_{i_1}, a_{i_2}] = [0, a_{i_2}]$$

或
$$|\overline{A_i}| = [1-a_{i_2}, 1-a_{i_1}] = [\bigvee_{j \in J_2} P_{ij}, 1] = [\overline{a_{i_1}}, \overline{a_{i_2}}]$$

可见,根据阴性症状 J_2,利用 MT 推理得故障 x_i 发生的真值上限为
$$a_{i_2} = \bigwedge_{j \in J_2} (1 - P_{ij}) \quad (i = 1, 2, \cdots, m)$$

或者说 x_i 发生的真值上限为
$$a_{i_1} = \bigvee_{j \in J_2} P_{ij} \quad (i = 1, 2, \cdots, m)$$

规定一个指标 μ,需要检查的故障组成的集合用 I 表示,即
$$I = \{i \mid \bigwedge_{j \in J_2}(1-P_{ij}) \geq \mu\} = \{i \mid \bigvee_{j \in J_2} P_{ij} \leq (1-\mu)\}$$

假如规定 $\mu = \mu_f^{\frac{1}{4}}$,则 $(1-\mu) = \mu_t^{\frac{1}{4}}$,表示"故障 x_i 发生"(A_i) 这个命题的肯定程度大于"微偏假"的应检查,小于"微偏假"的认为不会发生而不必检查. 这样,检查范围包括"微偏假"、"不定(μ_{un})"和"全部偏真"的命题,用 I_1 表示,则
$$I_1 = \{i \mid \bigvee_{j \in J_2} P_{ij} \leq \mu_t^{\frac{1}{4}}\}$$

如果由此求得 I_1 是空集(没有一个故障需要检查),或者虽然 I_1 为非空集,但无解(找不到是哪个故障发生),这时需要降低要求,扩大搜索范围. 例如,改为 $\mu = \mu_f^{\frac{1}{2}}$(把"略偏假"也作为检查对象),即 $1-\mu = \mu_t^{\frac{1}{2}}$,由此得
$$I_2 = \{i \mid \bigvee_{j \in J_2} P_{ij} \leq \mu_t^{\frac{1}{2}}\}$$

如果 I_2 仍然是空集,或者虽然不是空集,但无解,则再次降低要求,令 $\mu = \mu_f$,即 $1-\mu = \mu_t$,得
$$I_3 = \{i \mid \bigvee_{j \in J_2} P_{ij} \leq \mu_t\}$$

在 I_1 范围内求得解的可信度较高,可以说这些故障(解)产生;若在 I_2 范围内求解,其可信度降低,只能说"很可能是这些故障产生";若在 I_3 范围内求解,则可信度再次降低,只能说"可能是这些故障产生". 若在 I_3 中仍然求不到解,再扩大范围求解,其可信度很低,已没有意义.

(3) 求解

若 $I \neq 0$(不管是 I_1, I_2, I_3),只需对 $i \in I$ 求解. 使用 MP 推理 $(A \rightarrow B)$,这时已知 $|R| = |A \rightarrow B| = [r_1, 1], |A| = [a_1, a_2]$,则
$$|B| \in [(a_1 + r_1 - 1) \vee 0, 1]$$

对应于 MP 推理中的 $R = A \rightarrow B$,用命题
$$P_j : B_j \longrightarrow \bigvee_i (A_i \wedge B_{ij})$$

表示. 因为 P_j 是全真命题,$|P_j| = [1, 1]$,故相当于 $r_1 = 1$. 已知 $|B_{ij}| = [b_{j_1}, 1]$,则
$$|\bigvee_i (A_i \wedge B_{ij})| = [(b_{j_1} + 1 - 1) \vee 0, 1] = [b_{j_1}, 1]$$

在 R_{ij} 中,若 $j \in J_1$,则 $r_{ij} = 1$;若 $j \in J_2$,则 $r_{ij} = 0$. 故只需检查 $j \in J_1$ 的范围. 因此,重写矩阵 $R_{ij} (i \in I, j \in J_1$,其余的行与列可以删去)$(I = i_1, i_2, \cdots, i_{m'}; J = j_1, j_2, \cdots, j_{n'})$:

$$R_{ij} = \begin{bmatrix} r_{11} & r_{12} & \cdots & r_{1n'} \\ r_{21} & r_{22} & \cdots & r_{2n'} \\ \vdots & \vdots & & \vdots \\ r_{m'1} & r_{m'2} & \cdots & r_{m'n'} \\ j_1 & j_2 & \cdots & j_{n'} \end{bmatrix}$$

在这个矩阵中,若所有元素 $r_{ij}=0$,则无解;若有任意一个或 n 个元素 $r_{ij}=1$,则方程可能有解.设非零元素在第 k 行,则认为可能故障 x_k 发生(注意:按经过删除后的次序决定 k).

进一步确定命题"故障 x_k 发生"的真实程度,即求其真值.对 R_{ij} 矩阵中的元素作如下代换:

若 $r_{ij}=0$,μ_{cf} 用 μ_{un} 代替;

若 $r_{ij}=1$,μ_{ct} 用 b_{j_1} 代替.

代替后的元素用 τ_{ij} 表示,则命题 A_i 的真值为

$$|A_i| = \bigvee_{j \in J_1} \tau_{ij} \quad i \in I$$

当 $i=k$ 时,有 $\bigvee_{j \in J_1} \tau_{kj} < \mu_{un}$,则认为故障 x_k 发生,命题 A_k 的真值为

$$|A_k| = \bigvee_{j \in J_1} |B_j| = \bigvee_{j \in J_1} b_{j_1}$$

(4) 无解时的处理

如果搜索范围扩大到 $I=I_3$ 仍然无解,可能是信息不够充分引起的(不考虑出现故障集以外的故障). 这时,无法确定是哪个故障发生,只能根据粗略估计提出怀疑对象和应特别注意观察的症状,以便取得更充分的信息.

为了估计怀疑对象,对 P_{ij} 进行加权检查,P_{ij} 越大的(越真)加权越大,例如:

$|P_{ij}|$: μ_{ct}, μ_t^2, μ_t, $\mu_t^{\frac{1}{2}}$, $\mu_t^{\frac{1}{4}}$, μ_{un}

加权 $T(P_{ij})$:   10,   8,   6,   4,   2,   0

$T(P_{ij})$ 称为第 j 个症状在第 i 个故障中的加权.只对 $j \in J_1$ 的各列加权,然后对每个故障 x_i 作和式:

$$L_i = \sum_{j \in J_1} T(P_{ij}) \quad (i=1,2,\cdots,m)$$

为了进一步取得信息,可提出应特别注意观测的症状,一般有:

① $j \in J_1$,且 $P_{kj} = \mu_{un}$ 的症状 y_j;

② $j \in J_1$,且 $P_{kj} > \mu_t^2$ 的症状 y_j.

2. 柴油发电机组故障诊断

由运行经验可得故障诊断表 8-11 和表 8-12.

表 8-11 原动机故障诊断表

x_i \ R_{ij} \ y_j	y_1	y_2	y_3	y_4	y_5	...	y_{17}	...	y_{24}	y_{25}
x_1	μ_{ct}					...		...		
x_2	μ_t^2					...		...		
x_3	μ_t					...		...		
x_4		μ_{ct}				...	μ_t	...	μ_t	
x_5		μ_t^2	μ_t			...		...		
⋮	⋮	⋮	⋮	⋮	⋮	...	⋮	...	⋮	⋮
x_{10}			μ_{ct}			...		...		
x_{11}		μ_t			μ_t^2	...		...		
⋮	⋮	⋮	⋮	⋮	⋮	...	⋮	...	⋮	⋮
x_{21}						...		...		
⋮	⋮	⋮	⋮	⋮	⋮	...	⋮	...	⋮	⋮
x_{33}						...		...		

表 8-12 发电机故障诊断表

x_i \ R_{ij} \ y_j	y_1	y_2	y_3	...	y_7	...	y_{11}
x_1	μ_{ct}			...		...	
x_2	μ_{ct}			...		...	
x_3	μ_{ct}			...		...	
x_4	$\mu_t^{\frac{1}{2}}$			...		...	
x_5	μ_t			...		...	
⋮	⋮	⋮	⋮	...	⋮	...	⋮
x_9		μ_t		...		...	
⋮	⋮	⋮	⋮	...	⋮	...	⋮
x_{42}		...	...	...	...	...	μ_{ct}

表 8-11 中各参数含义为：

x_1——启动空气瓶上的截止阀及主启动阀卡住；

x_2——启动空气瓶压力太低；

x_3——柴油机汽缸温度太低；

x_4——日用油柜或燃油阀故障；

x_5——燃油高压油管中有空气，未充油；

⋮

x_{10}——启动时给油量太大；

x_{11}——调速器调节不当；

x_{12}——喷油泵或油头调整不当；

⋮

x_{21}——排气阀漏；

$\vdots$

x_{33}——汽缸中有异物；

y_1——柴油机不能启动；

y_2——汽缸不发火或达不到发火转速；

y_3——个别汽缸不发火；

y_4——发火猛烈，安全阀顶开；

y_5——柴油机达不到额定转速；

$\vdots$

y_{17}——排气温度低；

$\vdots$

y_{24}——爆声；

y_{25}——汽缸有敲缸声．

表 8-12 中各参数含义为：

x_1——失去剩磁；

x_2——发电机与励磁装置间导线断路；

x_3——磁场线圈部分短路；

x_4——可控硅励磁触发装置有故障；

x_5——可控硅整流器损坏；

$\vdots$

x_9——柴油机转速太低；

$\vdots$

x_{42}——触发相位不对；

y_1——发电机不发电；

y_2——发电机电压调不上去；

y_3——发电机电压不稳；

$\vdots$

y_7——发电机过热；

$\vdots$

y_{11}——励磁电压太低，达不到额定值．

表 8-11、表 8-12 中 R_{ij} 的语言真值可取：

μ_{ct}——第 i 种故障(x_i)发生，则第 j 种症状(y_j)必然出现；

μ_t^2——第 i 种故障发生，则第 j 种症状几乎肯定出现；

μ_t——第 i 种故障发生，则第 j 种症状很可能出现；

$\mu_t^{\frac{1}{2}}$——第 i 种故障发生，则第 j 种症状出现；

$\mu_t^{\frac{1}{4}}$——第 i 种故障发生，则第 j 种症状很少出现；

μ_{um}——第 i 种故障发生,则第 j 种症状肯定不会出现.

根据表 8-11、表 8-12 分别列出下式:
$$X = [x_1, x_2, \cdots, x_m]$$
$$Y = [y_1, y_2, \cdots, y_n]^T$$

式中 m, n 分别对应表 8-11 中的 33,25 和表 8-12 中的 42,11.

$$R = \begin{bmatrix} \mu_{ct} & \mu_t^2 & \mu_t & 0 & \cdots & 0 \\ 0 & 0 & 0 & \mu_t^2 & \cdots & 0 \\ \vdots & \vdots & \vdots & \vdots & & \vdots \\ 0 & 0 & 0 & \mu_t & \cdots & \mu_t^2 \end{bmatrix}_{33 \times 25}$$

为表 8-11 的关系矩阵.

$$R = \begin{bmatrix} \mu_{ct} & \mu_{ct} & \mu_t^{\frac{1}{2}} & 0 & \cdots & 0 \\ 0 & 0 & 0 & 0 & \cdots & 0 \\ \vdots & \vdots & \vdots & \vdots & & \vdots \\ 0 & 0 & 0 & 0 & \cdots & \mu_{ct} \end{bmatrix}_{42 \times 11}$$

为表 8-12 的关系矩阵.

分析一下关系矩阵 R,可以看出症状可分为两类:一类是阳性症状;一类是阴性症状. 于是,可以利用缩小搜索范围的办法编出搜索程序,依靠计算机寻找发生故障的原因.

故障诊断的流程图见参考文献 27.

人机对话进行故障诊断的步骤:

① 根据流程图,用 BASIC 语言加汉卡编成程序,送入苹果机-Ⅱ后,计算机将在屏幕上显示出:

症状?

② 操作人员通过键盘送入观察到的症状 y_j.

③ 计算机根据送入的症状 y_j 进行诊断,并把结果在 CRT 屏幕上显示或者打印出来, 其格式:

"原因—x_i".

④ 若给不出"原因",将进一步扩大搜索. 此时,计算机提出进一步检查的建议,而操作人员可以通过键盘再次送入检查出的其他症状.

⑤ 计算机将由补充的症状信息作进一步确诊.

⑥ 当诊断无结果时,计算机将给出 3~5 个怀疑对象.

"建议检查—$x_j, \cdots$".

"复查—$y_j, \cdots$".

⑦ 把进一步复查的结果送入计算机重新进行诊断.

习题 8

1. 考虑对水温的控制.

设语言值大、中、小是论域 $X = \{1, 2, 3, 4, 5\}$ 上的 F 集. 水温误差 x 与控制量(即热量)y

有如下关系:

若 x 大,则 y 大;

若 x 中,则 y 中;

若 x 小,则 y 小.

(1)试对[大],[中],[小]F 集给出定义;(2)叙述对水温的控制过程.(设输入量 $A = $[大])

2. 设计一个炉温控制器.

炉温误差 $x \in X = \{-3,-2,-1,0,1,2,3\}$;

控制量 $y \in Y = \{-3,-2,-1,0,1,2,3\}$.

控制规则:

观察量	正大	正小	零	负小	负大
控制量	负大	负小	零	正小	正大

写出表示控制规则的 F 关系 R,并计算下面观察的 F 响应和确切响应量.

(1) $A_1 = (0.2, 1, 0.3, 0, 0, 0, 0)$; (2) $A_2 = (0.5, 1, 0.1, 0, 0, 0, 0)$.

3. 设计一个炉温控制器.

炉温误差 $x \in X = \{-3,-2,-1,0,1,2,3\}$;

误差变化率 $\dot{x} \in Y = \{-3,-2,-1,0,1,2,3\}$;

控制量 $q \in Z = \{-3,-2,-1,0,1,2,3\}$.

控制规则:

x \ $\dot{x}$	负大	负小	0	正小	正大
正大	0	负小	负小	负小	负大
正小	正小	0	负小	负小	负大
0	正小	0	0	0	负小
负小	正大	正大	正小	0	负小
负大	正大	正大	正大	正小	0

其中, $q = f(x, \dot{x})$. 如"若 x 正大且 $\dot{x}$ 负小,则 q 负小". 写出表示控制规则的 F 关系.

9* F积分与可能性理论

本章介绍的F积分是由菅野道夫创立的,他在普通的可测集上给出F测度,再利用F测度定义F积分.所以,这里首先介绍F测度的概念和性质,然后再讲F积分,最后讨论可能性测度理论.

9.1 F 测 度

在经典概率论中,所谓概率空间是指三元组$(U, \mathscr{A}, P)$,其中U是基本空间,$\mathscr{A}$是U上的σ-域,P是概率测度.有如下定义.

定义1 设$\mathscr{A} \subseteq \mathscr{P}(U)$,若满足:
(1) $U \in \mathscr{A}$;
(2) $A \in \mathscr{A} \Longrightarrow A^c \in \mathscr{A}$;
(3) $A_n \in \mathscr{A} \Longrightarrow \bigcup_{n=1}^{\infty} A_n \in \mathscr{A}$;

则称$\mathscr{A}$为σ-域,亦称为σ-代数,称$(U, \mathscr{A})$为可测空间,称A为可测集.

概率测度$P: \mathscr{A} \longrightarrow [0,1]$满足下面两个条件:
(1) $P(U) = 1$,
(2) $\forall i \neq j, A_i \cap A_j = \varnothing$,

则$P(\bigcup_{n=1}^{\infty} A_n) = \sum_{n=1}^{\infty} P(A_n)$.

若序列$\{A_n\}$满足

$$A_1 \subseteq A_2 \subseteq \cdots \subseteq A_n \subseteq \cdots$$

则称$\{A_n\}$为单调增序列,用"$A_n \nearrow$"表示.

若序列$\{A_n\}$满足

$$A_1 \supseteq A_2 \supseteq \cdots \supseteq A_n \supseteq \cdots$$

则称$\{A_n\}$为单调减序列,用"$A_n \searrow$"表示.

定义2 若映射$g: \mathscr{A} \longrightarrow [0,1]$满足条件:
(1) $g(\varnothing) = 0, g(U) = 1$,
(2) $A \subseteq B \Longrightarrow g(A) \leqslant g(B)$,
(3) $A_n \nearrow (\searrow) A \Longrightarrow \lim_{n \to \infty} g(A_n) = g(A)$ $(n \geqslant 1)$,

则称g为F测度,称$(U, \mathscr{A})$为F可测空间,称$(U, \mathscr{A}, g)$为F测度空间.

M.Sugeno对F测度作了如下解释:

设有某个元素$u \in U$,猜测u可能属于$\mathscr{A}$的某个元素A(即$A \in \mathscr{A}$,且$u \in A$).这种猜测是不确定的,是模糊的,g就是这种不确定性(F性)的一个度量.

因此,若 $A=\varnothing$,可以肯定 $u\bar{\in}A$,从而 $g(\varnothing)=0$;若 $A=U$,则必有 $u\in A$,从而 $g(U)=1$;若 $A\subseteq B$,$u\in A$ 的可能性自然比 $u\in B$ 的可能性小,故 $g(A)\leqslant g(B)$. 综上所述,$g(A)$ 表示了 $u\in A$ 的程度.

在定义 2 中,条件(1)表明 g 为有界非负性,条件(2)为单调性,条件(3)为连续性.

例 1 概率测度是一类 F 测度.

事实上,显然满足 F 测度(定义 2)中的条件(1)、条件(2).下面证明满足条件(3)(即连续性).

设 $A_1\subseteq A_2\subseteq\cdots\subseteq A_n\subseteq\cdots$,且 $A=\bigcup_{n=1}^{\infty}A_n$,则

$$A=\bigcup_{n=1}^{\infty}A_n=\lim_{N\to\infty}\left(\bigcup_{n=1}^{N}A_n\right)=\lim_{N\to\infty}A_N$$

及

$$\bigcup_{n=1}^{\infty}A_n=A_1\cup(A_2-A_1)\cup(A_3-A_2)\cup\cdots\cup(A_n-A_{n-1})\cup\cdots$$

由于 $A_1,A_2-A_1,A_3-A_2,\cdots$ 两两不相交,根据概率的可列可加性,有

$$g(A)=\lim_{N\to\infty}[g(A_1)+g(A_2-A_1)+g(A_3-A_2)+\cdots+g(A_N-A_{N-1})]$$
$$=\lim_{N\to\infty}g(A_N)$$

当 $A_n\downarrow A$ 时,可类似地证明.

例 2 考虑目测区间 $U=[0,c]$ 的长度. 设目测的区间长度为 g,并假定

$$g(U)=1,\quad A_n=\left[0,c-\frac{c}{n}\right]$$

显然,有 $A_n\subseteq A_{n+1}$,直观目测有 $g(A_n)\leqslant g(A_{n+1})$,并且 $\lim_{N\to\infty}g(A_n)=g(U)$.所以,$g$ 满足 F 测度的条件,因此 g 是 F 测度.

例 3 Dirac 测度是 F 测度.

设 $u_0\in U$ 是固定的点,$\forall A\in\mathscr{A}$,定义

$$g(A)=\begin{cases}1 & \text{当 } u_0\in A\\ 0 & \text{当 } u_0\bar{\in}A\end{cases}$$

例 4 可能性测度是 F 测度.

设 $h:U\longrightarrow[0,1]$,且 $\sup h(u)=1$,$\forall A\in\mathscr{A}$,定义

$$g(A)=\sup_{u\in A}h(u)$$

称 g 为可能性测度,称 $g(A)$ 为 A 的可能度.

可能性测度在实际问题中是常见的 F 测度,例如海底矿藏测量.设 $g(A)$ 表示在区域 A 中储藏某矿的最大可能度,u 为测量点,那么 $g(A)=\sup_{u\in A}h(u)$,且不难验证 g 符合 F 测度的条件.

定理 1 设 g 为可测空间 $(U,\mathscr{A})$ 上的 F 测度.$\forall A,B\in\mathscr{A}$,则有

(1) $g(A\cup B)\geqslant g(A)\vee g(B)$;

(2) $g(A\cap B)\leqslant g(A)\wedge g(B)$.

证. 由于 $A\cup B\supseteq A$,$A\cup B\supseteq B$,及由 g 的单调性,推得

$$g(A\cup B)\geqslant g(A),\quad g(A\cup B)\geqslant g(B)$$

于是

$$g(A\cup B)\geqslant g(A)\vee g(B)$$
由 $A\cap B\subseteq A, A\cap B\subseteq B$ 和 g 的单调性,同样可证(2).

定义 3 若 $\lambda\in(-1,+\infty), g_\lambda:\mathscr{A}\longrightarrow[0,1]$ 满足条件:
(1) $g_\lambda(U)=1$,
(2) $g_\lambda(A\cup B)=g_\lambda(A)+g_\lambda(B)+\lambda g_\lambda(A)g_\lambda(B), A\cap B=\varnothing$,
(3) $A_n\nearrow(\searrow)A\Longrightarrow\lim\limits_{n\to\infty}g_\lambda(A_n)=g_\lambda(A)$,

则称 g_λ 为 λ-F 测度或 g_λ 测度.

当 $\lambda=0$ 时,g_λ 显然满足可加性,并由连续性容易证明可列可加性成立. 故当 $\lambda=0$ 时,λ-F 测度是概率测度. 从这个意义上说,λ-F 测度是概率测度的扩张.

由定义 3 条件(2)可知,若 $A\cap B=\varnothing$,则有
$$g_\lambda(A\cup B)\geqslant g_\lambda(A)+g_\lambda(B)\quad(\lambda>0)$$
$$g_\lambda(A\cup B)\leqslant g_\lambda(A)+g_\lambda(B)\quad(-1<\lambda<0)$$

定理 2 g_λ 测度是 F 测度.

证 由于 $U\cup\varnothing=U, g_\lambda(U)=1$,由定义 3 得
$$g_\lambda(U\cup\varnothing)=g_\lambda(U)+g_\lambda(\varnothing)+\lambda g_\lambda(U)g_\lambda(\varnothing)$$
从而
$$g_\lambda(\varnothing)(1+\lambda)=0$$
其中 $(1+\lambda)\neq 0$,因此 $g_\lambda(\varnothing)=0$.

再证单调性. 设 $A\subseteq B$,则 $B=A\cup(B-A)$,于是
$$g_\lambda(B)=g_\lambda(A)+g_\lambda(B-A)+\lambda g_\lambda(A)g_\lambda(B-A)$$
$$=g_\lambda(A)+(1+\lambda g_\lambda(A))g_\lambda(B-A)\geqslant g_\lambda(A)$$

定理 3 g_λ 测度有如下性质:

(1) $g_\lambda(A^c)=\dfrac{1-g_\lambda(A)}{1+\lambda g_\lambda(A)}$;

(2) 若 $A\supseteq B$,则 $g_\lambda(A-B)=\dfrac{g_\lambda(A)-g_\lambda(B)}{1+\lambda g_\lambda(B)}$;

(3) $\forall i\neq j$ 时,$A_i\cap A_j=\varnothing$,则 $g_\lambda(\bigcup\limits_{n=1}^{\infty}A_n)=\dfrac{1}{\lambda}\left[\prod\limits_{n=1}^{\infty}(1+\lambda g_\lambda(A_n))-1\right]$.

证 (1)由于 $A\cap A^c=\varnothing$,根据定义 3 条件(2),有
$$1=g_\lambda(U)=g_\lambda(A\cup A^c)=g_\lambda(A)+g_\lambda(A^c)+\lambda g_\lambda(A)\cdot g_\lambda(A^c)$$
于是
$$g_\lambda(A^c)=\frac{1-g_\lambda(A)}{1+\lambda g_\lambda(A)}$$

(2)由于 $A=(A-B)\cup B=\varnothing$,按定义 3,得
$$g_\lambda(A)=g_\lambda(A-B)+g_\lambda(B)+\lambda g_\lambda(A-B)g_\lambda(B)$$
于是
$$g_\lambda(A-B)=\frac{g_\lambda(A)-g_\lambda(B)}{1+\lambda g_\lambda(B)}$$

(3)因 $\forall i\neq j, A_i\cap A_j=\varnothing$,由定义 3,有
$$g_\lambda(A_1\cup A_2)=g_\lambda(A_1)+g_\lambda(A_2)+\lambda g_\lambda(A_1)g_\lambda(A_2)$$

$$= \frac{1}{\lambda}\left[(1+\lambda g_\lambda(A_1))(1+\lambda g_\lambda(A_2))-1\right]$$

由数学归纳法, $\forall n \geqslant 2$, 恒有

$$g_\lambda(\bigcup_{k=1}^{n} A_k) = \frac{1}{\lambda}\left[\prod_{k=1}^{n}(1+\lambda g_\lambda(A_k))-1\right]$$

由 g_λ 的连续性, 得

$$g_\lambda(\bigcup_{k=1}^{\infty} A_k) = \frac{1}{\lambda}\left[\prod_{k=1}^{\infty}(1+\lambda g_\lambda(A_k))-1\right]$$

定理 4 $\forall A, B \in \mathscr{A}$, 则有

$$g_\lambda(A \cup B) = \frac{g_\lambda(A) + g_\lambda(B) - g_\lambda(A \cap B) + \lambda g_\lambda(A) g_\lambda(B)}{1 + \lambda g_\lambda(A \cap B)}$$

证 由于 $A \cup B = A \cup (B \cap A^c)$, $A \cap (B \cap A^c) = \varnothing$, 又由吸收律, 有

$$B = (A \cap B) \cup (B \cap A^c), \quad (A \cap B) \cap (B \cap A^c) = \varnothing$$

于是

$$g_\lambda(A \cup B) = g_\lambda(A) + g_\lambda(B \cap A^c) + \lambda g_\lambda(A) g_\lambda(B \cap A^c)$$
$$= g_\lambda(A) + (1 + \lambda g_\lambda(A)) g_\lambda(B \cap A^c) \tag{9.1}$$

$$g_\lambda(B) = g_\lambda(A \cap B) + g_\lambda(B \cap A^c) + \lambda g_\lambda(A \cap B) g_\lambda(B \cap A^c)$$
$$= g_\lambda(A \cap B) + (1 + \lambda g_\lambda(A \cap B)) g_\lambda(B \cap A^c) \tag{9.2}$$

由式(9.2), 得

$$g_\lambda(B \cap A^c) = \frac{g_\lambda(B) - g_\lambda(A \cap B)}{1 + \lambda g_\lambda(A \cap B)}$$

代入式(9.1), 得

$$g_\lambda(A \cup B) = g_\lambda(A) + (1 + \lambda g_\lambda(A)) \frac{g_\lambda(B) - g_\lambda(A \cap B)}{1 + \lambda g_\lambda(A \cap B)}$$
$$= \frac{g_\lambda(A) + g_\lambda(B) - g_\lambda(A \cap B) + \lambda g_\lambda(A) \cdot g_\lambda(B)}{1 + \lambda g_\lambda(A \cap B)}$$

下面就 $U = R$ 来说明 g_λ 的具体构造方法, 为此首先定义 F 分布函数.

定义 4 实函数 $H: R \longrightarrow [0,1]$, 若满足条件:
(1) 若 $x \leqslant y$, 则 $H(x) \leqslant H(y)$,
(2) $\lim_{x \to a^+} H(x) = H(a)$,
(3) $\lim_{x \to -\infty} H(x) = 0$, $\lim_{x \to +\infty} H(x) = 1$,

则称 $H(x)$ 为 F 分布函数.

从定义看, F 分布函数 $H(x)$ 与概率分布函数 $F(x)$ 的性质相同. 利用 F 分布函数可以定义半开区间 $(a, b]$ 的测度为

$$g_\lambda((a,b]) = \frac{H(b) - H(a)}{1 + \lambda H(a)} \quad (-1 < \lambda < +\infty) \tag{9.3}$$

现在证明这样定义的 g_λ 为 λ-F 测度.

事实上, $g_\lambda((a,b])$ 满足定义 3 条件(1)和条件(3)是明显的. 现证其满足条件(2).

设 $a < b < c$ ($a, b, c \in R$), 按式(9.3), 有

$$g_\lambda((a,b]) = \frac{H(b) - H(a)}{1 + \lambda H(a)}, \quad g_\lambda((b,c]) = \frac{H(c) - H(b)}{1 + \lambda H(b)}$$

$$g_\lambda((a,c]) = \frac{H(c) - H(a)}{1 + \lambda H(a)}$$

因为
$$g_\lambda((a,b]) + g_\lambda((b,c]) + \lambda g_\lambda((a,b]) \cdot g_\lambda((b,c])$$
$$= \frac{H(b) - H(a)}{1 + \lambda H(a)} + \frac{H(c) - H(b)}{1 + \lambda H(b)} + \lambda \frac{H(b) - H(a)}{1 + \lambda H(a)} \cdot \frac{H(c) - H(b)}{1 + \lambda H(b)}$$
$$= \frac{H(c) - H(a)}{1 + \lambda H(a)} = g_\lambda((a,c]) = g_\lambda((a,b]) \cup (b,c])$$

所以满足条件(2),从而证明了由式(9.3)定义的 g_λ 为 λ-F 测度.

容易推得 $\quad g_\lambda((-\infty, x]) = H(x)$

由于 $\lim\limits_{x \to -\infty} H(x) = 0$,从而

$$g_\lambda((-\infty, x]) = \frac{H(x) - \lim\limits_{x \to -\infty} H(x)}{1 + \lambda[\lim\limits_{x \to -\infty} H(x)]} = H(x)$$

可见,给定 $H(x)$ 就意味着对单调序列 $\{(-\infty, x]\}$ 给出了 $g_\lambda((-\infty, x])$,结果就由对一个单调序列定出的 g_λ 值决定了 σ-代数中的一切元素的 g_λ 值.

当 $U = \{x_1, x_2, \cdots, x_n\}$ 为 R 上的有限集时,设 F 分布函数为
$$H(x_1) \leqslant H(x_2) \leqslant \cdots \leqslant H(x_n) = 1$$

令 $\quad g_\lambda(x_i) = H(x_i) \quad$ (9.4)

其中 $\quad X_i = \{x_1, \cdots, x_i\}, \quad g_1 = H(x_1) \quad$ (9.5)

$$g_i = \frac{H(x_i) - H(x_{i-1})}{1 + \lambda H(x_{i-1})} \quad (2 \leqslant i \leqslant n) \quad (9.6)$$

根据定理 3,对任意 $U' \subseteq U$,有

$$g_\lambda(U) = \frac{1}{\lambda}\Big[\prod_{x_i \in U'}(1 + \lambda g_i) - 1\Big] \quad (9.7)$$

即对于有限集 U,若给定 $H(x)$,就可由式(9.5)、式(9.6)及式(9.7)确定出 U 的任意子集的 λ-F 测度. 对于 $X_i = \{x_1, \cdots, x_i\}$,有

$$g_\lambda(X_i) = \frac{1}{\lambda}\Big[\prod_{k=1}^{i}(1 + \lambda g_k) - 1\Big] = H(x_i) \quad (9.8)$$

由上述各式可见,若已知 $H(x_i), g_\lambda(x_i)$ 和 g_i 中之一,即可求出另外两个. 但应注意,若已知 g_i 求 $H(x_i)$ 时,λ 的选取要保证

$$H(X_n) = \frac{1}{\lambda}\Big[\prod_{k=1}^{n}(1 + \lambda g_k) - 1\Big] = 1$$

下面介绍几种特殊的 F 测度.

1. 信任测度

定义 5 称 $b: \mathscr{A} \longrightarrow [0,1]$ 为信任测度,若
(1) $b(\emptyset) = 0, b(U) = 1$,
(2) $b(A_1 \cup A_2) \geqslant b(A_1) + b(A_2) - b(A_1 \cap A_2)$,

由条件(2)可得 $\forall A \in \mathscr{A}, b(A) + b(A^c) \leqslant 1$. 这一事实表明,由"$x \in A$ 不大可信"这一命题,

不能得出"$x \in A^c$ 就很可信"的结论.

例5 设 $b(A) = \begin{cases} 1 & A = U \\ 0 & A \neq U \end{cases}$, 则 b 是信任测度.

例6 设 $m: \mathscr{A} \longrightarrow [0,1]$ 满足:

(1) $m(\varnothing) = 0$,

(2) $\sum\limits_{A \in \mathscr{A}} m(A) = 1$,

则 $b(B) = \sum\limits_{\substack{A \subseteq B \\ A \in \mathscr{A}}} m(A)$ 是信任测度.

2. 似然测度

定义6 称 $L: \mathscr{A} \longrightarrow [0,1]$ 为似然测度,若

(1) $L(\varnothing) = 0, L(U) = 1$,

(2) $L(A_1 \cup A_2) \leqslant L(A_1) + L(A_2) - L(A_1 \cap A_2)$,

由条件(2)推得 $L(A) + L(A^c) \geqslant 1$.

定理5 若 $b: \mathscr{A} \longrightarrow [0,1]$ 是信任测度,则
$$L(A) = 1 - b(A^c)$$
是似然测度;若 $L: \mathscr{A} \longrightarrow [0,1]$ 是似然测度,则
$$b(A) = 1 - L(A^c)$$
是信任测度.

证 $L(\varnothing) = 1 - b(\varnothing^c) = 1 - b(U) = 0, \quad L(U) = 1 - b(U^c) = 1$
$$L(A \cup B) = 1 - b((A \cup B)^c) = 1 - b(A^c \cap B^c)$$
$$\leqslant 1 + b(A^c \cup B^c) - b(A^c) - b(B^c)$$
$$= L(A) + L(B) - (1 - b((A \cap B)^c))$$
$$= L(A) + L(B) - L(A \cap B)$$

所以, L 是似然测度.定理后半部分类似证之.

3. 可能性测度与必然测度

可能性测度有如下一般定义.

定义7 若

(1) $\Pi(\varnothing) = 0, \Pi(U) = 1$,

(2) $\Pi(\bigcup\limits_{n=1}^{\infty} A_n) = \bigvee\limits_{n=1}^{\infty} \Pi(A_n)$,

则 $\Pi: \mathscr{A} \longrightarrow [0,1]$ 称为可能性测度.

例7 设 $\underset{\sim}{A} \in \mathscr{F}(U)$,且 $\bigvee\limits_{x \in U} \underset{\sim}{A}(x) = 1$,则
$$\Pi(A) = \sup_{x \in A} \underset{\sim}{A}(x)$$
是可能性测度.(注意:$\Pi(A)$ 中,A 为普通集)

定义8 设 $T: \mathscr{A} \longrightarrow [0,1]$,若

(1) $T(\varnothing) = 0, T(U) = 1$,

(2) $T(\bigcap_{n=1}^{\infty} A_n) = \bigwedge_{n=1}^{\infty} T(A_n)$,

则称 T 为必然测度.

定理 6 若 T 是必然测度,则
$$\Pi(A) = 1 - T(A^c)$$
是可能性测度. 反之,若 Π 是可能性测度,则
$$T(A) = 1 - \Pi(A^c)$$
是必然测度.

证明留给读者.

可能性测度具有如下性质:

性质 1 (单调性) $\forall A, B \in \mathscr{A}$,有
$$A \subseteq B \Longrightarrow \Pi(A) \leqslant \Pi(B)$$

证 因为 $A \subseteq B \Longrightarrow A \cup B = B$

所以 $\Pi(A) \leqslant \Pi(A) \vee \Pi(B) = \Pi(A \cup B) = \Pi(B)$

性质 2 (连续性) 设 $\{A_n\} \subset \mathscr{A}$,且 $A_1 \subseteq A_2 \subseteq \cdots \subseteq A_n \subseteq \cdots$,记 $A = \bigcup_{n=1}^{\infty} A_n$,那么
$$\lim_{n \to \infty} \Pi(A_n) = \Pi(A)$$

证 因 $A_1 \subseteq A_2 \subseteq \cdots \subseteq A_n \subseteq \cdots \Longrightarrow \Pi(A_1) \leqslant \Pi(A_2) \leqslant \cdots \leqslant \Pi(A_n) \leqslant \cdots$,所以
$$\lim_{n \to \infty} \Pi(A_n) = \bigvee_{n=1}^{\infty} \Pi(A_n) = \Pi(\bigcup_{n=1}^{\infty} A_n)$$

9.2 F 积 分

下面通过一个例子引入 F 积分的概念.

例 1 在对一个中学的评估中,令 u_1 表示学习成绩, u_2 表示思想教育, u_3 表示体育水平, u_4 表示校园环境. 用下述方法对此中学进行评价.

取 $U = \{u_1, u_2, u_3, u_4\}$ 为因素集,设评价人对各种因素的满意度为 h,即
$$h = (0.9, 0.7, 0.5, 0.3)$$

注意 h 有下面性质:

(1) $h(u_1) \geqslant h(u_2) \geqslant h(u_3) \geqslant h(u_4)$;

(2) $h_{0.9} = \{u_1\}, h_{0.7} = \{u_1, u_2\}, h_{0.5} = \{u_1, u_2, u_3\}, h_{0.3} = \{u_1, u_2, u_3, u_4\} = U$.

取单调集列 $A_i = \{u_1, \cdots, u_i\}, i = 1, 2, 3, 4$. 设评价人对 A_i 的重视度(权重)为 g,并给定
$$g(A_1) = 0.6, \quad g(A_2) = 0.8, \quad g(A_3) = 0.9, \quad g(A_4) = 1$$

则综合评价为
$$\begin{aligned}\mu &= \bigvee_{i=1}^{4} (h(u_i) \wedge g(A_i)) \\ &= (0.9 \wedge 0.6) \vee (0.7 \wedge 0.8) \vee (0.5 \wedge 0.9) \vee (0.3 \wedge 1) \\ &= 0.7\end{aligned} \tag{9.9}$$

μ 值的实际意义,可理解为人们对客体各因素的满意度和重视度之间的相容性程度. μ 值越大,表明客体的特征同人们对它的要求越接近.

所谓积分,无论是黎曼积分还是勒贝格积分都不外乎是被积函数和测度函数的一种内积,不同的只是以不同的测度为基础.式(9.9)也是一种内积,它是 F 集的隶属函数 h 与 F 测度函数 g 的一种广义内积.所以,称式(9.9)为 $h(u)$ 在 A 上关于 F 测度 g 的 F 积分.

对一般情形,有下述 F 积分的定义.

定义 1 设 $(U,\mathscr{A},g)$ 是 F 测度空间,$h:U\longrightarrow[0,1]$ 是 U 上的可测函数,$A\in\mathscr{A}$.h 在 A 上关于 g 的 F 积分定义为

$$\oint_A h(u)\circ g(\cdot) = \sup_{\lambda\in[0,1]}(\lambda\wedge g(A\cap h_\lambda)) \tag{9.10}$$

其中 $h_\lambda = \{u\mid h(u)\geqslant\lambda\}$ $(0\leqslant\lambda\leqslant1)$,$g(\cdot)$ 表示某集合的测度,$\oint$ 为 F 积分符号.

当 $A=U$ 时,$U\cap h_\lambda = h_\lambda$,故积分公式(9.10)成为

$$\oint h(u)\circ g(\cdot) = \sup_{\lambda\in[0,1]}(\lambda\wedge g(h_\lambda)) \tag{9.11}$$

当 $A=U=\{u_1,u_2,\cdots,u_n\}$ 时,积分公式成为

$$\oint h(u)\circ g(\cdot) = \bigvee_{i=1}^n (\lambda_i\wedge g(h_{\lambda_i})) \tag{9.12}$$

特别地,当 $A=U=\{u_1,u_2,\cdots,u_n\}$ 且 $h(u_1)\geqslant h(u_2)\geqslant\cdots\geqslant h(u_n)$ 时,记 $A_i = \{u_1,u_2,\cdots,u_i\}$,则积分公式为

$$\oint h(u)\circ g(\cdot) = \bigvee_{i=1}^n (h(u_i)\wedge g(A_i)) \tag{9.13}$$

若取 F 测度 g 为 λ-F 测度 g_λ,则由式(9.8)和式(9.13),有

$$\oint h(u)\circ g(\cdot) = \bigvee_{i=1}^n (h(u_i)\wedge H(u_i)) \tag{9.14}$$

因为 $h(u_i)$ 和 $H(u_i)$ 都是单调函数,所以式(9.14)应用时很方便,且可以借助几何图形直观地求出 F 积分的值.

例 2 对某中学的评价,如果例 1 中的条件 $g(A_i)$ 没有给出,而给出评价人对各因素的重视度,分别是 $g(u_1)=0.5,g(u_2)=0.2,g(u_3)=0.2,g(u_4)=0.1$.评价人对各因素的满意度为

$$h = (0.9,0.7,0.4,0.3)$$

用 F 积分式(9.14)对该中学进行评价.

解 式(9.14)中的 $H(u_i)$ 是 F 分布函数,这里表示重视度 $g(u_i)$ 的分布,它们的关系是

$$g(u_1) = H(u_1)$$
$$g(u_i) = \frac{H(u_i)-H(u_{i-1})}{1+\lambda H(u_{i-1})} \quad (2\leqslant i\leqslant n)$$

取 $\lambda=0$,则

$$H(u_i) = g(u_i)+H(u_{i-1}) \quad (2\leqslant i\leqslant n)$$

由此得

$$H(u_1)=g(u_1)=0.5,\quad H(u_2)=0.7,\quad H(u_3)=0.9,\quad H(u_4)=1$$

于是,按式(9.14)得 F 积分值为

$$\mu = \bigvee_{i=1}^{4}(h(u_i) \wedge H(u_i))$$
$$= (0.9 \wedge 0.5) \vee (0.7 \wedge 0.7) \vee (0.4 \wedge 0.9) \vee (0.3 \wedge 1) = 0.7$$
$\lambda = 0.7$ 就是对该中学的综合评价.

若评价人给出另一重视度为 $g'(u_1) = 0.2, g'(u_2) = 0.1, g'(u_3) = 0.2, g'(u_4) = 0.5$,则 $H'(u_1) = 0.2, H'(u_2) = 0.3, H'(u_3) = 0.5, H'(u_4) = 1$. 于是,得另一综合评价为
$$\mu' = (0.9 \wedge 0.2) \vee (0.7 \wedge 0.3) \vee (0.4 \wedge 0.5) \vee (0.3 \wedge 1) = 0.4$$
可见,后者的评价值显著降低. 这是由于 g' 重视度高的项目 u_4 的满意度 h 明显降低,即是不相容程度大造成的结果.

评价值也可用图形直观求得,如图 9-1 所示.

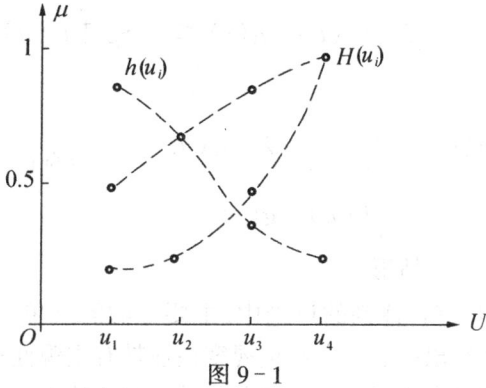

图 9-1

注意:这里的 $h(u_i)$ 恰好满足 $h(u_1) \geq h(u_2) \geq \cdots \geq h(u_n)$,否则要调换各 $h(u_i)$ 的次序,以满足这个单调条件.

F 积分有如下简单性质,它们都是 F 积分的直接结果. 这里只给结论,证明留给读者.

(1) $0 \leq \displaystyle\oint h(u) \circ g(\cdot) \leq 1$;

(2) $\forall u \in U$,若 $h_1(u) \leq h_2(u)$,则 $\displaystyle\oint_A h_1(u) \circ g(\cdot) \leq \oint_A h_2(u) \circ g(\cdot)$;

(3) 若 $A \subseteq B$,则 $\displaystyle\oint_A h(u) \circ g(\cdot) \leq \oint_B h(u) \circ g(\cdot)$;

(4) 若 $g(A) = 0$,则 $\displaystyle\oint_A h(u) \circ g(\cdot) = 0$;

(5) $\displaystyle\oint_A c \circ g(\cdot) = c \wedge g(A)$ $(0 \leq c \leq 1)$;

(6) $\displaystyle\oint_A (h_1 \vee h_2)(u) \circ g(\cdot) \geq \oint_A h_1(u) \circ g(\cdot) \vee \oint_A h_2(u) \circ g(\cdot)$;

(7) $\displaystyle\oint_A (h_1 \wedge h_2)(u) \circ g(\cdot) \leq \oint_A h_1(u) \circ g(\cdot) \wedge \oint_A h_2(u) \circ g(\cdot)$;

(8) $\displaystyle\oint_{A \cup B} h(u) \circ g(\cdot) \geq \oint_A h(u) \circ g(\cdot) \vee \oint_B h(u) \circ g(\cdot)$;

(9) $\displaystyle\oint_{A \cap B} h(u) \circ g(\cdot) \leq \oint_A h(u) \circ g(\cdot) \wedge \oint_B h(u) \circ g(\cdot)$;

(10) $\int_U (c \wedge h(u)) \circ g(\cdot) = c \wedge \int_U h(u) \circ g(\cdot)$.

定理 1 若 $h_n(u) \nearrow (\searrow) h(u)$，且 h_n, h 是 σ 上的可测函数，则
$$\lim_{n \to \infty} \int h_n(u) \circ g(\cdot) = \int h(u) \circ g(\cdot)$$

证 考虑 $h_n(u) \nearrow h(u)$ 的情形，令
$$h_\lambda^{(n)} = \{u \mid h_n(u) \geqslant \lambda\} \quad (0 \leqslant \lambda \leqslant 1)$$

由于 $h_n(u) \nearrow$ $(n=1,2,\cdots)$，从而 $h_\lambda^{(n)} \nearrow$，且 $\lim_{n \to \infty} h_\lambda^{(n)} = h_\lambda$，所以
$$\lim_{n \to \infty} g(h_\lambda^{(n)}) = g(\lim_{n \to \infty} h_\lambda^{(n)}) = g(h_\lambda)$$

根据性质(2)，有
$$\int h_1(u) \circ g(\cdot) \leqslant \int h_2(u) \circ g(\cdot) \leqslant \cdots \leqslant \int h_n(u) \circ g(\cdot) \leqslant \cdots$$

于是得
$$\lim_{n \to \infty} \int h_n(u) \circ g(\cdot) = \bigvee_{n=1}^{\infty} \bigvee_{\lambda \in [0,1]} (\lambda \wedge g(h_\lambda^{(n)})) = \bigvee_{\lambda \in [0,1]} \bigvee_{n=1}^{\infty} (\lambda \wedge g(h_\lambda^{(n)}))$$
$$= \int h(u) \circ g(\cdot)$$

类似可证明 $h_n(u) \searrow h(u)$ 的情形.

前面应用 F 积分进行综合评判的讨论中，主要考虑的是单一评价人员对客体的评价. 然而，每一个评价人员所给出的满意度和重视度往往带有主观性和片面性. 如何消除或减少这种现象，使评价结果更符合实际呢？一种办法是增加评价人员，让他们同时独立地对客体各因素给出满意度，然后取平均值，作为评价人员对客体的满意度.

例如，某一客体有 7 个因素，现要对这 7 个因素给出满意度. 6 个专家给出的满意度分别是：
$$h_1 = (0.5, 0.4, 0.5, 0.6, 0.3, 0.7, 0.5)$$
$$h_2 = (0.2, 0.5, 0.8, 1.0, 0.4, 0.6, 0.6)$$
$$h_3 = (0.4, 0.3, 0.6, 0.7, 0.2, 0.8, 0.4)$$
$$h_4 = (0.7, 0.8, 0.4, 0.5, 0.1, 0.6, 0.9)$$
$$h_5 = (0.5, 0.6, 0.5, 0.5, 0.4, 0.8, 0.6)$$
$$h_6 = (0.6, 0.6, 0.7, 0.7, 0.2, 0.5, 0.5)$$

以上 6 个向量的平均向量为
$$\frac{1}{6} \sum_{j=1}^{6} h_j = (0.48, 0.53, 0.58, 0.67, 0.27, 0.67, 0.58)$$

取这个平均的满意度来评价，便可在一定程度上减少主观性和片面性.

本章介绍的 F 积分是菅野道夫创立的，故又称菅野积分. 其用到的算子是"$\vee, \wedge$"，根据实际情况可采用其他算子，如采用"$\vee, \cdot$"代替"$\vee, \wedge$"，得到(N)F 积分[30].

9.3 可能性理论

可能性是人们经常应用的概念. 例如，"这次比赛可能取胜"、"机器可能有问题"，等等，

都是对一种结果的不确定性的估计.不过,可能性与概率是两个不同的概念.虽然如此,两者还是有许多相似之处.本节首先研究与概率分布相类似的可能性分布,然后讨论F集的可能性测度.

9.3.1 可能性分布

为了便于说明起见,首先引入一个概念——F约束.

以 U 为论域, X 是在 U 上取值的一个变量.设 F 是 U 上的F集,若 F 对 X 的取值起一种可伸缩的约束作用,则称 F 为 X 的F约束.具体可以表示为

$$X = u : F(u)$$

式中 $F(u)$ 可解释为 F 对 X 取值 u 时的约束程度.

这里要强调一点,即F集本身不是一个F约束,只有当它起的作用是对论域上的变量进行限制时,才产生了一个与F集相应的F约束.如果以 $R(X)$ 记 X 的一个F约束,那么,为了表明 F 起到了对 X 的F约束作用,记

$$R(X) = F$$

这种形式的方程称为关系赋值方程.它表明与 X 相关联的约束指定为一个F集.

例1 设 $U = \{1, 2, 3, \cdots\}$,且 F 为"小整数"F集,定义为

$$\text{"小整数"} = \frac{1}{1} + \frac{1}{2} + \frac{0.8}{3} + \frac{0.6}{4} + \frac{0.4}{5} + \frac{0.2}{6} + \cdots$$

如果 X 赋值为4,则有

$$X = 4 : 0.6$$

此式即为标以"小整数"的F约束,且表明在给 X 赋值4时,必须扩展0.4(使约束为1),才能让 X 真正取值4.

为了解释F约束与可能性之间的关系,再考虑下面的例子.

若问张三是否为年轻人,则取年龄加以考虑.设论域 U 为年龄,"年轻人"则是定义在 U 上的F集.已知张三是28岁,它对F集"年轻人"的隶属度为0.7.首先,0.7可以解释为28岁与概念"年轻人"的相容程度,然后,将0.7的含义由28岁与"年轻人"的相容程度,转化为由"张三是28岁"就确定命题"张三是年轻人"的可能性程度(0.7).

更一般地,可能性分布定义为:

定义1 设 F 是论域 U 上的F集,而 $F(u)$ 解释为 u 与标以 F 的概念的相容度.

设 X 是在 U 上取值的变量,而 F 起着与 X 相关联的F约束 $R(X)$ 的作用,则命题"X 是 F"可以表示为

$$R(X) = F$$

由此,与 X 有关的可能性分布记为 Π_X,假定它等于 $R(X)$,即

$$\Pi_X = R(X)$$

相应地,与 X 有关的可能性分布函数(或 Π_x 的可能性分布函数)用 π_X 表示,并在数值上定义等于 F 的隶属度,即

$$\forall u \in U, \quad \pi_X(u) = F(u)$$

也就是说, $X = u$ 的可能性 $\pi_X(u)$ 就假定等于 $F(u)$.

例2 设 $U = \{1, 2, \cdots, n, \cdots\}$,且"小整数"$F$ 为 U 上的F集,已知

$$F = \frac{1}{1} + \frac{1}{2} + \frac{0.8}{3} + \frac{0.6}{4} + \frac{0.4}{5} + \frac{0.2}{6}$$

那么，命题"X 是小整数"就使得变量 X 与如下的可能性分布联系在一起

$$\Pi_X = \frac{1}{1} + \frac{1}{2} + \frac{0.8}{3} + \frac{0.6}{4} + \frac{0.4}{5} + \frac{0.2}{6}$$

其中任一项，例如 $\frac{0.8}{3}$，表明"X 是3"确定命题"X 是小整数"的可能性为 0.8.

为了将可能性分布与概率分布进行区别，Zadeh 曾举出下面的例子.

例 3 考虑"Hans 吃 X 个鸡蛋当早餐". 显然，X 是在 $U = \{1, 2, \cdots, n, \cdots\}$ 中取值，我们赋予一个可能性分布，把 $\pi_X(u)$ 作为 Hans 能吃 u 个鸡蛋的相容度. 再赋一个概率分布，把 $P_X(u)$ 作为 Hans 吃 u 个鸡蛋当早餐的概率. 两个分布列表如下：

u	1	2	3	4	5	6	7	8
$\pi_X(u)$	1	1	1	1	0.8	0.6	0.4	0.2
$P_X(u)$	0.2	0.8	0.1	0	0	0	0	0

可以看到，尽管 Hans 可以吃 3 个鸡蛋当早餐的可能性是 1，而他这样做的概率却为 0.1. 所以，可能性大并不意味着概率大，概率小也并不意味着可能性小. 然而，当事件不可能发生时，它必不发生，一般说来两者有如下关系：

$$\text{概率}(大) \rightleftharpoons \text{可能性}(大)$$
$$\text{概率}(小) \rightleftharpoons \text{可能性}(小)$$

注意：上述两者的这种关系，并不是一种严谨的法则，而是由直觉体验到的近似表达式.

9.3.2 F 集的可能性测度

9.1 节介绍了非 F 集的可能性测度. 现在分析它与可能性分布的关系.

设 $A \subseteq U$ 是普通的子集，Π_X 是与变量 X 相关联的可能性分布，X 是在 U 中取值的变量，则 A 的可能性测度 $\pi(A)$ 定义为 $[0, 1]$ 中的一个数.

$$\pi(A) \triangleq \bigvee_{u \in A} \pi_X(u)$$

其中 $\pi_X(u)$ 是 Π_X 的可能性分布函数，因而这个值可以解释为 X 的取值属于 A 的可能性，并用下式表示：

$$\text{Poss}\{X \in A\} \triangleq \pi(A) \triangleq \bigvee_{u \in A} \pi_X(u) \tag{9.15}$$

当 A 为 F 集时，X 取值属于 A 是无意义的，重新定义可能性测度如下：

定义 2 设 A 是 U 上的 F 集，Π_X 是与变量 X 有关联的可能性分布，而 X 在 U 中取值，则 A 的可能性测度定义为

$$\text{Poss}\{X \text{ 是 } A\} \triangleq \pi(A) \triangleq \bigvee_{u \in U} (A(u) \wedge \pi_X(u)) \tag{9.16}$$

式中，"X 是 A"代替了式(9.15)中的"$X \in A$"，$A(u)$ 为 A 的隶属函数，$\pi_X(u)$ 为与 X 有关联的可能性分布函数.

例 4 考虑命题"X 是小整数"，设由它引入的可能性分布为

$$\Pi_X = \frac{1}{1} + \frac{1}{2} + \frac{0.8}{3} + \frac{0.6}{4} + \frac{0.4}{5} + \frac{0.2}{6}$$

若 $A = \{3,4,5\}$，则由式(9.15)得 A 的可能性测度为
$$\pi(A) = 0.8 \vee 0.6 \vee 0.4 = 0.8$$

若 A 为 F 集，例如设为"非小整数"，且有
$$A = \frac{0.2}{3} + \frac{0.4}{4} + \frac{0.6}{5} + \frac{0.8}{6} + \frac{1}{7}$$

则"非小整数"集 A 的可能性测度 $\pi(A)$ 应用式(9.16)有

$\mathrm{Poss}\{X \text{ 是非小整数}\} = \vee \{0.2 \wedge 0.8, 0.4 \wedge 0.6, 0.6 \wedge 0.4, 0.8 \wedge 0.2\} = 0.4$

F 集可能性测度有如下性质：

性质 1 设 $A, B \in \mathscr{F}(U)$，则
$$\pi(A \cup B) = \pi(A) \vee \pi(B)$$

证 由 F 集可能性测度的定义式(9.16)，有
$$\pi(A \cup B) = \bigvee_{u \in U} [(A \cup B)(u) \wedge \pi_X(u)]$$
$$= \bigvee_{u \in U} [(A(u) \vee B(u)) \wedge \pi_X(u)]$$
$$= [\bigvee_{u \in U} (A(u) \wedge \pi_X(u))] \vee [\bigvee_{u \in U} (B(u) \wedge \pi_X(u))]$$
$$= \pi(A) \vee \pi(B)$$

可见，F 集可能性测度具有 F 可加性．在概率论中的可加性是指：若 A 和 B 是两个可测集，并且 $A \cap B = \varnothing$，则
$$P(A \cup B) = P(A) + P(B)$$

这就是说，两个可加性有着本质上的不同，并且 F 可加性不要求 $A \cap B = \varnothing$．

性质 2 设 $A, B \in \mathscr{F}(U)$，则
$$\pi(A \cap B) \leqslant \pi(A) \wedge \pi(B)$$

证 由式(9.16)，有
$$\pi(A \cap B) = \bigvee_{u \in U} [(A \cap B)(u) \vee \pi_X(u)]$$
$$= \bigvee_{u \in U} [(A(u) \wedge B(u)) \vee \pi_X(u)]$$
$$= \bigvee_{u \in U} [(A(u) \vee \pi_X(u)) \wedge (B(u) \vee \pi_X(u))]$$
$$\leqslant [\bigvee_{u \in U} (A(u) \vee \pi_X(u))] \wedge [\bigvee_{u \in U} (B(u) \vee \pi_X(u))]$$
$$= \pi(A) \wedge \pi(B)$$

当 A 与 B 不相交时，此性质等号成立．而对于概率测度，则有
$$P(A \cap B) \leqslant P(A) \wedge P(B)$$

并且，若
$$P(A \cap B) = P(A) \cdot P(B)$$

则称 A 与 B 是独立的．

现在考虑 F 集的可能性测度与 F 积分的关系．在 F 积分定义中，$h(u)$ 的值域为 $[0,1]$，因此可以把它看成 F 集，g 是 F 测度．而由 9.1 节知道，可能性测度是一个 F 测度．因此，有

定理 1 设 $A \in \mathscr{F}(U)$，$\pi(\cdot)$ 是由式(9.16)定义的 F 集可能性测度，则

$$\pi(A) = \int A(u) \circ \pi(\cdot)$$

证 由式(9.11)得

$$\int A(u) \circ \pi(\cdot) = \bigvee_{\lambda \in [0,1]} (\lambda \wedge \pi(A_\lambda))$$

其中 $A_\lambda = \{u | A(u) \geq \lambda\}$. 由式(9.15), $\forall \lambda \in [0,1]$, 有

$$\pi(A_\lambda) = \bigvee_{u \in A_\lambda} \pi_X(u)$$

其中 π_X 是 X 的可能性分布函数. 因此,

$$\int A(u) \circ \pi(\cdot) = \bigvee_{\lambda \in [0,1]} \{\lambda \wedge [\bigvee_{u \in A_\lambda} \lambda \pi_X(u)]\}$$
$$= \bigvee_{\lambda \in [0,1]} \bigvee_{u \in U} \{[\lambda \wedge A_\lambda(u)] \wedge \pi_X(u)\}$$
$$= \bigvee_{u \in U} \{\bigvee_{\lambda \in [0,1]} [\lambda \wedge A_\lambda(u)] \wedge \pi_X(u)\}$$
$$= \bigvee_{u \in U} [A(u) \wedge \pi_X(u)]$$

若 $A \in \mathscr{F}(U)$, 有

$$\pi(A) = \int A(u) \circ \pi(\cdot)$$

习题 9

1. 设 g 为可测空间 $(U, \mathscr{A})$ 上的 F 测度, $\forall A, B \in \mathscr{A}$, 证明
$$g(A \cap B) \leq g(A) \wedge g(B)$$

2. 证明若 $L: \mathscr{A} \longrightarrow [0,1]$ 是似然测度, 则 $b(A) = 1 - L(A^c)$ 是信任测度.

3. 设 $A \in \mathscr{F}(U)$, 且 $\bigvee_{x \in U} A(x) = 1$, 则 $\pi(A) = \bigvee_{x \in A} A(x)$ $(A \in \mathscr{P}(U))$ 是可能性测度.

4. 若 T 是必然测度, 则 $\pi(A) = 1 - T(A^c)$ 是可能性测度. 反之, 若 π 是可能性测度, 则 $T(A) = 1 - \pi(A^c)$ 是必然测度.

5. 设有某种商品, 令 u_1 表示耐用程度, u_2 表示颜色式样, u_3 表示价格, u_4 表示对商品的印象, 评价人对商品的满意度为

$$h = \frac{0.6}{u_1} + \frac{0.7}{u_2} + \frac{0.9}{u_3} + \frac{1}{u_4}$$

对商品的重视度为

$$g(u_1) = 0.2, \quad g(u_2) = 0.1, \quad g(u_3) = 0.3, \quad g(u_4) = 0.4$$

用 F 积分方法对此商品进行评价.

6. 设 $A \in \mathscr{P}(U)$, π 是可能性测度, $\pi_X(u)$ 为可能性分布函数, 则

(1) $\pi(A) = \bigvee_{\lambda \in [0,1]} \{\lambda | A \cap (\pi_X)_\lambda \neq \varnothing\}$; (2) $\pi(A) = A \circ \pi_X$. (内积)

7. 设 $A \in \mathscr{F}(U)$, π 是可能性测度, $\pi_X(u)$ 为可能性分布函数, 则

(1) $\pi(A) = A \circ \pi_X$; (2) $\pi(A) = \vee \{\lambda | A_\lambda \cap (\pi_X)_\lambda \neq \varnothing\}$.

10 F 概率

从上一章已知,可能性分布与概率分布是两个不同的分布.概率是表示事件随机出现的统计规律,这里事件发生与否是随机不定的.但是,事件所表达的概念是明确的,譬如"抽检 100 件产品,其中有 5 件次品"、"甲队获胜"等.而有一类事件,不仅其发生与否是不定的,而且其含义也不能明确肯定.例如,"抽检 100 件产品,几乎没有次品"、"明天可能下大雨",等等.显然,这些事件是 F 事件,在它们发生之前,我们不知道确切的结果,所以它们都是随机的 F 事件.可见,模糊和随机是两个不同的概念,但由于它们都具有不确定性,所以又有联系.从而,产生了 F 概率.

本章分三种类型来讨论模糊与概率的关系:一类是事件本身是模糊的,而概率值是普通数值,称为 F 事件的概率;另一类是事件本身明确,但概率是模糊的,称为事件的 F 概率;再一类则是事件和概率都是模糊的,称为 F 事件的 F 概率.

10.1 F 事件的概率

F 事件"明天可能下大雨",如何度量它发生可能性的大小呢?这就是求 F 事件的概率的问题.这里,在经典概率的基础上,考虑 F 事件的概率.

关于经典概率空间 $(U, \mathscr{A}, p)$ 中的三元 $U, \mathscr{A}, p$ 的含义,在 9.1 节中已定义.

设单值实函数 ξ 在 σ-域上,有

$$\{u \mid \xi(u) < x\} \in \mathscr{A}$$

则称 $\xi(u)$ 为随机变量,或称 $\xi(u)$ 为可测函数.

就像随机变量 ξ 取某些值表示事件一样,也可以给出 F 事件的定义.

定义 1 给定概率空间 $(U, \mathscr{A}, p)$,其中 $\mathscr{A}$ 是 U 上的 F 子集构成的 σ-域.如果 F 子集 $A = A(u)$ 是一随机变量,则称 A 为一 F 事件.

为了给出 F 事件的概率的定义,先回顾普通概率 $p(A)$.它可表示成

$$p(A) = \int_A \mathrm{d}p \quad A \in \mathscr{A}$$

又可改写为

$$p(A) = \int_U C_A(u) \mathrm{d}p = E(C_A)$$

这里,C_A 是事件 A 的特征函数,即

$$C_A(u) = \begin{cases} 1 & \text{当 } u \in A \\ 0 & \text{当 } u \overline{\in} A \end{cases}$$

可见,A 的概率是 A 的特征函数 C_A 的数学期望 $E(C_A)$.利用这一事实,可以定义 F 事件的概率.

定义 2 在概率空间 $(U, \mathscr{A}, p)$ 上的 F 事件 A 的概率定义为

$$p(A) \triangleq \int_U A(u)\mathrm{d}p = E(A(u))$$

这里的积分是勒贝格积分,它存在则要求 $A(u)$ 可测.

若 $A(u)$ 和 $p(u)$ 是实数域上的可积函数,则 F 事件 A 的概率计算可表示如下:

$$p(A) \triangleq \int_R A(u)p(u)\mathrm{d}u$$

其中 $p(u)$ 为概率密度函数.

若 U 是有限集,$U = \{u_i \mid i = 1,2,\cdots,n\}$,$p(u_i) = p_i$ $(i = 1,2,\cdots,n)$,则有

$$p(A) \triangleq \sum_{i=1}^n A(u_i)p_i$$

例 1 向目标进行射击,直到打中为止.设每次击中目标的概率为 p,各次射击是独立的.考虑"只射击了不几次就击中目标"这一 F 事件的概率.

取射击次数作为论域 $U = \{1, 2, \cdots\}$,有

$$A = 1/1 + 0.8/2 + 0.6/3 + 0.4/4$$

则

$$p(A) = \sum_{i=1}^n A(u_i)\cdot p_i = \sum_{i=1}^n A(u_i)(1-p)^{i-1}\cdot p$$
$$= p + 0.8(1-p)\cdot p + 0.6(1-p)^2\cdot p + 0.4(1-p)^3\cdot p$$

其中,$p_i = (1-p)^{i-1}\cdot p$ 是"第 i 次才击中"的概率.

例 2 已知某产品的废品率为 0.01,现任意从中抽出 100 个进行检验,设
A 表示"所取产品几乎没有废品", B 表示"所取的产品中有 4 个左右的废品"
取论域 U 为废品个数,$U = \{0, 1, 2, \cdots, 100\}$,可见,$A, B$ 都是 U 上的 F 集,设

$$A = 1/0 + 1/1 + 0.8/2 + 0.5/3, \quad B = 0.6/2 + 1/3 + 1/4 + 1/5 + 0.6/6$$

则

$$p(A) = A(0)p_0 + A(1)p_1 + A(2)p_2 + A(3)p_3$$

其中 p_i 是取出的产品恰有 i 个废品的概率,即

$$p_i = C_{100}^i \cdot 0.01^i \cdot (1-0.01)^{100-i} \quad (i = 1, 2, \cdots, 100)$$

则

$$p(A) = 0.37 + 0.37 + 0.8 \times 0.18 + 0.5 \times 0.06 = 0.91$$

同理

$$p(B) = B(2)\cdot p_2 + B(3)\cdot p_3 + B(4)\cdot p_4 + B(5)\cdot p_5 + B(6)\cdot p_6$$
$$= 0.6 \times 0.18 + 0.06 + 0.02 + 0.003 + 0.6 \times 0.0005 = 0.2$$

例 3 某物体长度为 a,现用一仪器测量,假定无系统误差,测量的方差为 σ^2,$\sigma > 0$,则"测量结果在 a 附近"这一事件是 F 事件.若其隶属函数为

$$A(x) = \mathrm{e}^{-\frac{(x-a)^2}{b}}$$

其中 $b > 0$ 为一适当选择的参数,则

$$p(A) = \int_{-\infty}^{+\infty} A(x)\cdot p(x)\cdot \mathrm{d}x$$

其中

$$p(x) = \frac{1}{\sqrt{2\pi}\sigma}\mathrm{e}^{-\frac{(x-a)^2}{2\sigma^2}}$$

所以

$$p(A) = \frac{1}{\sqrt{2\pi}\sigma}\int_{-\infty}^{+\infty}\mathrm{e}^{-\frac{(x-a)^2}{b}}\cdot \mathrm{e}^{-\frac{(x-a)^2}{2\sigma^2}}\cdot \mathrm{d}x$$

$$= \frac{1}{\sqrt{2\pi}\sigma} \int_{-\infty}^{+\infty} e^{-\frac{(x-a)^2(2\sigma^2+b)}{2b\sigma^2}} \cdot dx = \sqrt{\frac{b}{2\sigma^2+b}}$$

这里 $\int_{-\infty}^{+\infty} e^{-\frac{t^2}{2}} dt = \sqrt{2\pi}$.

从上述例子可见,求 F 事件的概率就是计算期望值. 当事件的隶属函数已知时,问题即可解决.

由 F 事件的概率的定义,有

$$p(A) = \int_U A(u) dp \text{ 或 } p(A) = \sum A(u_i) p_i$$

可将经典概率中的许多结果推广到 F 概率中来,作为 F 概率的性质:

(1) $p(U) = 1$,即 $p(U) = \int_U dp = 1$;
(2) $0 \leqslant p(A) \leqslant 1$;
(3) $A \subseteq B, p(A) \leqslant p(B)$;
(4) $p(A^c) = 1 - p(A)$;
(5) $p(A \cup B) = p(A) + p(B) - p(A \cap B)$;
(6) $p(A \cup B) = p(A) + p(B), \quad A \cap B = \emptyset$.

注意:由(1)和(4)知 $p(\emptyset) = 0$.

这些性质由定义容易推得. 现以(4)和(5)为例,证明如下.

(4) $p(A^c) = \int_U A^c(u) dp = \int_U (1 - A(u)) dp = \int_U dp - \int_U A(u) dp = 1 - p(A)$

(5) $p(A \cup B) + p(A \cap B)$

$$= \int_U (A \cup B)(u) dp + \int_U (A \cap B)(u) dp$$

$$= \int_U (A(u) \vee B(u)) dp + \int_U (A(u) \wedge B(u)) dp$$

$$= \int_U [(A(u) \vee B(u)) + (A(u) \wedge B(u))] dp$$

$$= \int_U (A(u) + B(u)) dp = \int_U A(u) dp + \int_U B(u) dp$$

$$= p(A) + p(B)$$

于是 $p(A \cup B) = p(A) + p(B) - p(A \cap B)$

现将经典概率空间推广为 F 概率空间.

设 $(U, \mathscr{A}, p)$ 为经典概率空间,$\widetilde{\mathscr{A}}$ 为全体 F 事件的集合,显然

$$\mathscr{A} \subseteq \widetilde{\mathscr{A}}$$

且由 σ-域的定义知,$\widetilde{\mathscr{A}}$ 满足

(1) $\emptyset \in \widetilde{\mathscr{A}}, U \in \widetilde{\mathscr{A}}$;
(2) $A \in \widetilde{\mathscr{A}} \Longrightarrow A^c \in \widetilde{\mathscr{A}}$;
(3) $A_n \in \widetilde{\mathscr{A}} (n = 1, 2, \cdots) \Longrightarrow \bigcup_{n=1}^{\infty} A_n \in \widetilde{\mathscr{A}}, \bigcap_{n=1}^{\infty} A_n \in \widetilde{\mathscr{A}}$;

为此,$\widetilde{\mathscr{A}}$ 称为由 $\mathscr{A}$ 诱导出来的 F-σ 域.

上述 F 事件的概率的性质(5)推广为

$$\underset{\sim}{A_i} \cap \underset{\sim}{A_j} = \varnothing (即 \mathrm{Supp} \underset{\sim}{A_i} \cap \mathrm{Supp} \underset{\sim}{A_j} = \varnothing) \quad (i \neq j; i,j = 1,2,\cdots)$$

$$\Longrightarrow p(\bigcup_{n=1}^{\infty} \underset{\sim}{A_n}) = \sum_{n=1}^{\infty} p(\underset{\sim}{A_n})$$

其中 $\mathrm{Supp} \underset{\sim}{A} = \{u \mid A(u) > 0\}$.

三元组 $(U, \mathscr{A}, p)$ 称为由 $(U, \mathscr{A}, p)$ 诱导出来的 F 概率空间.

10.2 事件的 F 概率

上面讨论的是 F 事件的概率,但是有许多问题,事件是明确的,而概率却是 F 的.例如,问"他明天来的可能性多大？"这时,很难给出一个确切的数值答案,而习惯用"很大"、"不大"、"极小"等 F 词来描述.譬如说"他明天来的可能性为 0.9",不如说"他明天来的可能性很大"更符合实际.

可见,"明确事件"的 F 概率,不是像经典概率用 $[0,1]$ 中的数表示,而是用语言来描述.即将普通概率 F 化,用 F 语言来表示.所以,将事件的 F 概率又称为 F 语言概率,简称为语言概率.

因概率 $p \in [0,1]$,故语言概率是以 $[0,1]$ 为论域的 F 子集,它的值域称为语言概率的值空间,记为 ε.概率语言值是 ε 中的元素.

设 U 是论域,$\mathscr{A}$ 是 U 中的 σ-域,则

$$普通概率 \quad p: \mathscr{A} \longrightarrow [0,1]$$

$$语言概率 \quad p: \mathscr{A} \longrightarrow \varepsilon$$

语言概率值空间要满足两个条件：

(1) 它具有一定的语言特点；

(2) 它能适应概率运算的要求.

总之,ε 是一个 F 语言系统,在这个系统中应包含若干原始单词,对 F 算子运算封闭.即在系统中的任一概率语言值,经逻辑运算和 F 算子作用后仍在该系统中——还是概率语言值.

通常有如下几种原始单词：

(1) "p" (p 是 $[0,1]$ 中的实数)

其隶属函数定义如下：

$$"p"(x) \triangleq \delta(p,x) = \begin{cases} 1 & 当 x = p \\ 0 & 当 x \neq p \end{cases} \quad x \in [0,1]$$

(2) "很可能"

$$"很可能"(p) \triangleq \begin{cases} 0 & 当 0 \leq p \leq a \left(参数\ a > \dfrac{1}{2}\right) \\ 2\left(\dfrac{p-a}{1-a}\right)^2 & 当 a \leq p \leq \dfrac{a+1}{2} \\ 1 - 2\left(\dfrac{p-1}{1-a}\right)^2 & 当 \dfrac{a+1}{2} \leq p \leq 1 \end{cases}$$

(3) "很不可能"

通常取"很不可能"$(p) \triangleq$ "很可能"$(1-p)$.

$$\text{"很不可能"}(p) \triangleq \begin{cases} 0 & \text{当 } 0 \leqslant 1-p \leqslant a \\ 2\left(\dfrac{1-p-a}{1-a}\right)^2 & \text{当 } a \leqslant 1-p \leqslant \dfrac{a+1}{2} \\ 1-2\left(\dfrac{1-p-1}{1-a}\right)^2 & \text{当 } \dfrac{a+1}{2} \leqslant 1-p \leqslant 1 \end{cases}$$

$$= \begin{cases} 1-2\left(\dfrac{1-p-1}{1-a}\right)^2 & \text{当 } 0 \leqslant p \leqslant \dfrac{1-a}{2} \\ 2\left(\dfrac{1-p-a}{1-a}\right)^2 & \text{当 } \dfrac{1-a}{2} \leqslant p \leqslant 1-a \\ 0 & \text{当 } 1-a \leqslant p \leqslant 1 \end{cases}$$

F 概率的论域是 $[0,1]$. 在实际问题中,为方便起见常考虑离散的情况,这时可将 $[0,1]$ 换为论域 V,通常取

$$V = \{0, 0.1, 0.2, 0.3, 0.4, 0.5, 0.6, 0.7, 0.8, 0.9, 1\}$$

在论域 V 上,可定义:

"很可能" $= 0.5/0.6 + 0.7/0.7 + 0.9/0.8 + 1/0.9 + 1/1$

"很不可能" $= 0.5/(1-0.6) + 0.7/(1-0.7) + 0.9(1-0.8) + 1/(1-0.9) + 1/(1-1)$

$= 0.5/0.4 + 0.7/0.3 + 0.9/0.2 + 1/0.1 + 1/0$

例如,"很可能"$(0.7) = $ "很不可能"$(0.3) = 0.7$.

"很可能"(0.7) 中的 0.7 是 F 集"很可能"的元素,也是被 F 化的普通概率.

将逻辑运算施于这些原始单词时,便得到一系列概率语言值,例如:

"不很可能"$(p) = [(\text{"很可能"})^c](p)$

$[(\text{"很可能"}) \text{ 或 } (\text{"很不可能"})](p) = (\text{"很可能"})(p) \vee (\text{"很不可能"})(p)$

$$\text{"稍许可能"}(p) = (\text{"很可能"}(p))^{\frac{1}{2}} \triangleq \begin{cases} 0 & 0 \leqslant p \leqslant a \\ \sqrt{2}\left(\dfrac{p-a}{1-a}\right) & a \leqslant p \leqslant \dfrac{a+1}{2} \\ \sqrt{1-2\left(\dfrac{p-1}{2-a}\right)^2} & \dfrac{a+1}{2} \leqslant p \leqslant 1 \end{cases}$$

$$\text{"非常可能"}(p) = (\text{"很可能"}(p))^2 \triangleq \begin{cases} 0 & 0 \leqslant p \leqslant a \\ 4\left(\dfrac{p-a}{1-a}\right)^4 & a \leqslant p \leqslant \dfrac{a+1}{2} \\ \left[1-2\left(\dfrac{p-1}{2-a}\right)^2\right]^2 & \dfrac{a+1}{2} \leqslant p \leqslant 1 \end{cases}$$

结果如图 10-1 所示.

经过 F 化算子的作用,也可以得到一类概率语言变量. 例如:

$$\text{"差不多是"}p(x) = \begin{cases} e^{-(x-p)^2} & |x-p| \leqslant \delta \\ 0 & |x-p| > \delta \end{cases} \quad x \in [0,1]$$

结果如图 10-2 所示.

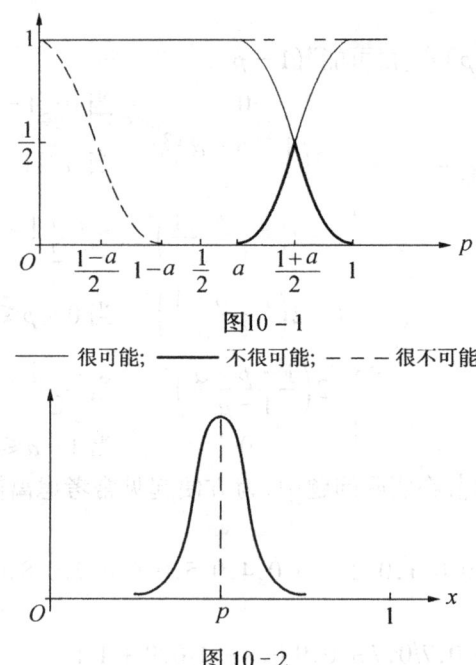

图 10-1

—— 很可能； ━━ 不很可能； ─ ─ ─ 很不可能

图 10-2

"差不多是 0" = "几乎不可能"(发生)；"差不多是 1" = "几乎一定"(发生)．

经过判定化算子作用，可以得到

$$\text{"倾向很可能"}(p) = d_{\frac{1}{2}}[\text{"很可能"}(p)] = \begin{cases} 1 & \text{当 } p \geqslant \dfrac{1+a}{2} \\ 0 & \text{当 } p < \dfrac{1+a}{2} \end{cases}$$

$$\text{"倾向很不可能"}(p) = d_{\frac{1}{2}}[\text{"很不可能"}(p)] = \begin{cases} 1 & \text{当 } p < \dfrac{1-a}{2} \\ 0 & \text{当 } p > \dfrac{1-a}{2} \end{cases}$$

这时 F 概率向普通概率转化，并且用一界限来衡量事件是否发生．

下面讨论概率语言值的四则运算问题．因为概率语言值的支集要限制在 $[0,1]$ 内，但是按第 7 章介绍的语言值的四则运算则不满足这个要求，所以运算后不再是概率语言值．例如，设

$$\alpha = \text{"很可能"} = 0.5/0.6 + 0.7/0.7 + 0.9/0.8 + 1/0.9 + 1/1$$
$$\beta = \text{"很不可能"} = 1/0 + 1/0.1 + 0.9/0.2 + 0.7/0.3 + 0.5/0.4$$

按照语言值的四则运算，应有

$$\alpha + \beta = 0.5/0.6 + 0.7/0.7 + 0.9/0.8 + 1/0.9 + 1/1 + 1/1.1 + 0.9/1.2 + 0.7/1.3 + 0.5/1.4$$

其中 $1.1, 1.2, 1.3, 1.4$ 均为 $\alpha + \beta$ 的元素，但都不在 $[0,1]$ 中，故 $\alpha + \beta$ 不再是一个语言值．为了解决这一困难，重新给概率语言值的运算法则定义如下：

定义 1 设 $\pi_i \in \varepsilon, a_i \in [0,1], i = 1, 2, \cdots, n$，则 $\{\pi_i\}$ 的线性组合被定义成为一个 F 语言值：

$$(a_1\pi_1 + a_2\pi_2 + \cdots + a_n\pi_n)(p) \triangleq \bigvee_{\substack{a_1 p_1 + \cdots + a_n p_n = p \\ p_1 + \cdots + p_n = 1}} (\pi_1(p_1) \wedge \cdots \wedge \pi_n(p_n))$$

按这个运算,不难证明 $\pi_1,\cdots,\pi_n$ 的线性组合仍将支集限制在 $[0,1]$ 内. 这就是说,概率语言值对于我们这样规定的运算是封闭的.

现在证明 $p\in[0,1]$. 因为 $p_1,p_2,\cdots,p_n$ 是论域 $[0,1]$ 上的元素,即 $p_i\in[0,1]$,按定义已知 $a_i\in[0,1]$, $i=1,2,\cdots,n$ 和 $p_1+\cdots+p_n=1$,于是有

$$0\leqslant p=\sum_{i=1}^n a_i p_i \leqslant \sum_{i=1}^n p_i = 1$$

显然,$p>1$ 时对应空集,空集的隶属度为 0.

例 1 设 $V=\{0,0.1,0.2,\cdots,0.9,1\}$,$\pi_1="0.3"=\dfrac{0.7}{0.2}+\dfrac{1}{0.3}+\dfrac{0.6}{0.4}$,$\pi_2="0.7"=\dfrac{0.7}{0.6}+\dfrac{1}{0.7}+\dfrac{0.6}{0.8}$. 求 F 语言值 $\pi=a_1\pi_1+a_2\pi_2$. 其中 $a_1,a_2\in[0,1]$.

解 按定义 1,π 的元素 p 要满足

$$a_1 p_1 + a_2 p_2 = p$$

其中 $p_1+p_2=1$. 所以,π 的元素 p 为

$$0.2a_1+0.8a_2, 0.3a_1+0.7a_2, 0.4a_1+0.6a_2$$

于是

$$\pi = \dfrac{0.7\wedge 0.6}{0.2a_1+0.8a_2} + \dfrac{1\wedge 1}{0.3a_1+0.7a_2} + \dfrac{0.6\wedge 0.7}{0.4a_1+0.6a_2}$$

$$= \dfrac{0.6}{0.2a_1+0.8a_2} + \dfrac{1}{0.3a_1+0.7a_2} + \dfrac{0.6}{0.4a_1+0.6a_2}$$

这里 a_1,a_2 是 $[0,1]$ 中的任意实数.

例 2 设 $\pi_1=$ "很可能",$\pi_2=$ "很不可能".

因为　　　　　　　　　"很可能"$(p)=$"很不可能"$(1-p)$

即　　　　　　　　　　$\pi_1(p)=\pi_2(1-p)$

于是,对于任意 $a_1\neq a_2$,有

$$(a_1\pi_1+a_2\pi_2)(p) = \bigvee_{\substack{a_1 p_1+a_2 p_2=p \\ p_1+p_2=1}}(\pi_1(p_1)\wedge\pi_2(p_2)) = \bigvee_{a_1 p_1+a_2(1-p_1)=p}(\pi_1(p_1)\wedge\pi_2(1-p_1))$$

$$= \bigvee_{a_1 p_1+a_2(1-p_1)=p}(\pi_1(p_1)\wedge\pi_1(p_1)) = \bigvee_{p_1=\frac{p-a_2}{a_1-a_2}}\pi_1(p_1)$$

$$= \begin{cases} \pi_1\left(\dfrac{p-a_2}{a_1-a_2}\right) & \text{当 } a_2\leqslant p\leqslant a_1 \\ 0 & \text{其他} \end{cases}$$

设"很可能"按上面规定的隶属度 $(a=0.8)$,有

$$\text{"很可能"}(p) = \begin{cases} 0 & \text{当 } 0\leqslant p\leqslant 0.8 \\ 2\left(\dfrac{p-0.8}{1-0.8}\right)^2 & \text{当 } 0.8\leqslant p\leqslant 0.9 \\ 1-2\left(\dfrac{p-1}{1-0.8}\right)^2 & \text{当 } 0.9\leqslant p\leqslant 1 \end{cases}$$

把它代入上式,当 $0.3\leqslant p\leqslant 0.7$ 时,有

$$(0.7\pi_1+0.3\pi_2)(p) = \pi_1\left(\dfrac{p-0.3}{0.7-0.3}\right) = \pi_1\left(\dfrac{p-0.3}{0.4}\right)$$

$$= \begin{cases} 0 & \text{当} 0 \leqslant \dfrac{p-0.3}{0.4} < 0.8 \\ 2\left[\left(\dfrac{p-0.3}{0.4}-0.8\right)\Big/0.2\right]^2 & \text{当} 0.8 \leqslant \dfrac{p-0.3}{0.4} < 0.9 \\ 1-2\left[\left(\dfrac{p-0.3}{0.4}-1\right)\Big/0.2\right]^2 & \text{当} 0.9 \leqslant \dfrac{p-0.3}{0.4} \leqslant 1 \end{cases}$$

$$= \begin{cases} 0 & \text{当} 0.3 \leqslant p < 0.62 \\ 2\left(\dfrac{p-0.62}{0.08}\right)^2 & \text{当} 0.62 \leqslant p < 0.66 \\ 1-2\left(\dfrac{p-0.7}{0.08}\right)^2 & \text{当} 0.66 \leqslant p \leqslant 0.7 \end{cases}$$

当 $p \in [0.3, 0.7]$ 时，$(0.7\pi_1 + 0.3\pi_2)(p) = 0$，故最后得

$$(0.7\text{"很可能"} + 0.3\text{"很不可能"})(p) = \begin{cases} 0 & \text{当} 0 \leqslant p < 0.62 \\ 2\left(\dfrac{p-0.62}{0.08}\right)^2 & \text{当} 0.62 \leqslant p < 0.66 \\ 1-2\left(\dfrac{p-0.7}{0.08}\right)^2 & \text{当} 0.66 \leqslant p \leqslant 0.7 \\ 0 & \text{当} 0.7 < p \leqslant 1 \end{cases}$$

按定义1求隶属度的问题，实际上是在线性约束条件：
$$a_1 p_1 + a_2 p_2 + \cdots + a_n p_n = p, \quad p_1 + p_2 + \cdots + p_n = 1$$
下求函数
$$\pi_1(p_1) \wedge \pi_2(p_2) \wedge \cdots \wedge \pi_n(p_n)$$
极大化的非线性规划问题．

最后，把定义表示成语言概率的数学模型．令
$$p(A) = \sum_{i=1}^{n} a_i \pi_i$$

其中 $a_i = A(u_i)$，$\pi_i \triangleq p(u_i)$，$u_i \in U, 1 \leqslant i \leqslant n, A \in \mathscr{A}$

易见映射 $p: \mathscr{A} \longrightarrow \varepsilon$ 具有如下性质：

(1) 有限可加性　$\forall A_1, A_2 \in \mathscr{A}, A_1 \cap A_2 = \varnothing$，则
$$p(A_1 \cup A_2) = p(A_1) + p(A_2)$$
这里 $p(A_1) + p(A_2)$ 的意思是若
$$p(A_1) = a_{11}\pi_1 + a_{12}\pi_2 + \cdots + a_{1n}\pi_n, \quad p(A_2) = a_{21}\pi_1 + a_{22}\pi_2 + \cdots + a_{2n}\pi_n$$
则
$$p(A_1) + p(A_2) = (a_{11} + a_{21})\pi_1 + (a_{12} + a_{22})\pi_2 + \cdots + (a_{1n} + a_{2n})\pi_n$$

(2) 正规性　$p(U) = 1$．

定义2　称 $(U, \mathscr{A}, \varepsilon, p)$ 为一个语言概率空间．p 叫做语言概率或 F 概率．

10.3　F 事件的语言概率

前面讨论了 F 事件的普通概率和普通事件的 F 概率（即语言概率），现在介绍 F 事件的

F 概率. 先看例子:

"明天下大雨的可能性很大."

"这是好办法,多数人会同意."

不仅如此,甚至某些命题用 F 语言叙述虽然不很确切,但有利于帮助理解. 例如,切比雪夫大数定理便可叙述为:

"在多次重复独立试验中,事件出现的概率与频率有大偏差的可能性很小."

上述例句都是"F 事件的 F 概率"的句型,用数学语言叙述如下:

设 A 为一 F 事件,即 A 为基本空间 U 的一个 F 子集,隶属函数为 $A(u_i)$(假定 U 为有限集),若其上的概率测度为 p_i(通常意义下),则由 10.1 节 F 事件的概率为

$$p(A) = A(u_1)p_1 + A(u_2)p_2 + \cdots + A(u_n)p_n$$

把普通概率 p_i 换为语言概率 π_i,则可得到 F 事件的 F 概率. 这就是:

定义 1 在语言概率空间 $(U, \mathscr{A}, \varepsilon, p)$ 上(离散),A 是 F 事件,设 $p(u_i) = \pi_i$,$i = 1, 2, \cdots, n$,则定义

$$p(A) \triangleq A(u_1)\pi_1 + A(u_2)\pi_2 + \cdots + A(u_n)\pi_n$$

为 F 事件 A 的 F 概率.

例 1 设 $U = \{a, b, c\}$ 及 $A = 0.4/a + 1/b + 0.8/c$,有

$$\pi_a = \text{"接近于 0.3"} = 0.6/0.2 + 1/0.3 + 0.6/0.4$$
$$\pi_b = \text{"接近于 0.6"} = 0.6/0.5 + 1/0.6 + 0.6/0.7$$
$$\pi_c = \text{"接近于 0.1"} = 0.6/0 + 1/0.1 + 0.6/0.2$$

则 F 事件 A 的语言概率为

$$\begin{aligned} p(A) &= 0.4\pi_a + 1\pi_b + 0.8\pi_c \\ &= 0.4(0.6/0.2 + 1/0.3 + 0.6/0.4) + 1 \times (0.6/0.5 + 1/0.6 + 0.6/0.7) + \\ &\quad 0.8(0.6/0 + 1/0.1 + 0.6/0.2) \end{aligned}$$

按 10.2 节定义的 F 语言值,此式运算要满足

$$a_1 p_1 + a_2 p_2 + a_3 p_3 = p, \quad p_1 + p_2 + p_3 = 1$$

其中,p_1, p_2, p_3 分别是 π_a, π_b, π_c;a_1, a_2, a_3 依次为 $A(a), A(b), A(c)$;p 为待求 F 语言值的元.

于是

$$\begin{aligned} p(A) &= \frac{0.6 \wedge 1 \wedge 0.6}{0.4 \times 0.2 + 1 \times 0.6 + 0.8 \times 0.2} + \frac{0.6 \wedge 0.6 \wedge 1}{0.4 \times 0.2 + 1 \times 0.7 + 0.8 \times 0.1} + \\ &\quad \frac{1 \wedge 0.6 \wedge 0.6}{0.4 \times 0.3 + 1 \times 0.5 + 0.8 \times 0.2} + \frac{1 \wedge 1 \wedge 1}{0.4 \times 0.3 + 1 \times 0.6 + 0.8 \times 0.1} + \\ &\quad \frac{1 \wedge 0.6 \wedge 0.6}{0.4 \times 0.3 + 1 \times 0.7 + 0.8 \times 0} + \frac{0.6 \wedge 0.6 \wedge 1}{0.4 \times 0.4 + 1 \times 0.5 + 0.8 \times 0.1} + \\ &\quad \frac{0.6 \wedge 1 \wedge 0.6}{0.4 \times 0.4 + 1 \times 0.6 + 0.8 \times 0} \\ &= \frac{0.6}{0.84} + \frac{0.6}{0.86} + \frac{0.6}{0.78} + \frac{1}{0.8} + \frac{0.6}{0.82} + \frac{0.6}{0.74} + \frac{0.6}{0.76} \\ &= \text{"接近于 0.8"} \end{aligned}$$

习题 10

1. 设 A, B 是 U 上的两个 F 事件，且 $A \cap B = \varnothing$，试用 F 事件概率的定义证明
$$p(A \cup B) = p(A) + p(B)$$

2. 对某地区进行普查，得慢性气管炎发病率如下：

年龄分组	患病率(%)
15 岁以下	2.8
15~25 岁	3.7
25~35 岁	5.0
35~45 岁	7.6
45~55 岁	11.0
55 岁以上	14.2

设 "青年" $= \dfrac{1}{(15\sim25)} + \dfrac{0.6}{(25\sim35)}$，"老年" $= \dfrac{1}{(55\text{ 以上})} + \dfrac{0.3}{(45\sim55)}$

试算出"青年"和"老年"患慢性气管炎的概率.

3. 向目标进行射击，直到打中为止. 设每次击中目标的概率为 p，各次射击是独立的. 求"射击约 3 次就击中目标"（记 A）的概率. 设
$$A = 0.2/1 + 0.7/2 + 1/3 + 0.7/4 + 0.1/5$$

4. 已知某产品的废品率为 0.01，今任意从中抽取 100 个进行检验，若设 A 表示"所取产品约有 2 个废品"，求 A 的概率. 其中
$$A = \dfrac{0.6}{1} + \dfrac{1}{2} + \dfrac{0.5}{3}$$

5. 若
$$\text{"很可能"}(x) = \begin{cases} 0 & \text{当 } 0 \leqslant x \leqslant 0.7 \\ 2\left(\dfrac{x-0.7}{1-0.7}\right)^2 & \text{当 } 0.7 \leqslant x \leqslant 0.8 \\ 1 - 2\left(\dfrac{x-1}{1-0.7}\right)^2 & \text{当 } 0.8 \leqslant x \leqslant 1 \end{cases}$$

求 $(0.6\text{"很可能"} + 0.3\text{"很不可能"})(x) = ?$

6. 设 $\Omega = \{\omega_1, \omega_2, \omega_3\}$，$A = 0.6/\omega_1 + 1/\omega_2 + 0.7/\omega_3$
$$\pi_{\omega_1} = \text{"大约 0.2"} = 0.7/0.1 + 1/0.2 + 0.6/0.3$$
$$\pi_{\omega_2} = \text{"大约 0.7"} = 0.6/0.6 + 1/0.7 + 0.5/0.8$$
$$\pi_{\omega_3} = \text{"大约 0.1"} = 0.5/0 + 1/0.1 + 0.4/0.2$$

试求 $p(A)$.

7. 设 A, B 为 F 事件且 $A \cap B = \varnothing$. 试用语言概率的定义证明
$$p(A \cup B) = p(A) + p(B)$$

11 F 规 划

所谓规划问题,也就是最优化问题.长期以来,最优化思想支配着人类生存和改造世界的活动,使人类社会得以不断发展.最优化问题在生活、生产和社会行为的各个方面都普遍存在,因此优化是人们普遍的思想.以前解决规划问题常用的数学方法叫线性规划,这是用线性方程来研究规划问题的方法.经典规划问题的目标函数和约束条件都是明确的.但是,在实际问题中常常碰到 F 的目标函数和约束条件,从而提出了 F 的规划问题,即用 F 集的方法来求解 F 最优化问题.

本章先回顾一下经典线性规划问题,然后介绍 F 规划.关于 F 线性规划,请参看罗承忠编的《模糊集引论》.

11.1 经典线性规划

11.1.1 线性规划的有关概念

先看下面的例子.

例 1 某工厂生产 A、B 两种产品,其情况如下表:

	A 产品 需要的工时	B 产品 需要的工时	机床每天 最大可利用工时
机床 I	2	1	10
机床 II	1	1	6
单件产品利润	1.5 元	1.0 元	—

试求出该工厂生产 A、B 两种产品的最佳方案.

解 设 x_1 为每天生产的 A 产品数,x_2 为每天生产的 B 产品数,则每天的利润可以表示为

$$s = 1.5x_1 + 1.0x_2 \quad (元) \tag{11.1}$$

所要求的最佳方案可归结为求 x_1、x_2,使利润最大,且满足约束条件

$$\begin{cases} 2x_1 + x_2 \leqslant 10 \\ x_1 + x_2 \leqslant 6 \\ x_1 \geqslant 0, x_2 \geqslant 0 \end{cases} \tag{11.2}$$

的问题.其中式(11.1)为目标函数.这里,各式均是 x_1、x_2 的线性函数.所以,这个最优化问题又称为线性规划问题.

线性规划的数学模型一般表示为

$$目标函数 \; s = c_1x_1 + c_2x_2 + \cdots + c_nx_n$$

$$\text{约束条件} \begin{cases} a_{11}x_1 + a_{12}x_2 + \cdots + a_{1n}x_n \leqslant b_1 \quad (\text{或} \geqslant b_1) \\ a_{21}x_1 + a_{22}x_2 + \cdots + a_{2n}x_n \leqslant b_2 \quad (\text{或} \geqslant b_2) \\ \quad\quad\quad\quad\quad \vdots \\ a_{m1}x_1 + a_{m2}x_2 + \cdots + a_{mn}x_n \leqslant b_m \quad (\text{或} \geqslant b_m) \\ x_1 \geqslant 0, x_2 \geqslant 0, \cdots, x_n \geqslant 0 \end{cases} \tag{11.3}$$

求一组变量$(x_1, x_2, \cdots, x_n)$满足约束条件,并且使得目标函数值最大.

用矩阵表示,记 $C = (c_1, c_2, \cdots, c_n)$,

$$A = \begin{bmatrix} a_{11} & a_{12} & \cdots & a_{1n} \\ a_{21} & a_{22} & \cdots & a_{2n} \\ \vdots & \vdots & & \vdots \\ a_{m1} & a_{m2} & \cdots & a_{mn} \end{bmatrix}, \quad x = \begin{bmatrix} x_1 \\ x_2 \\ \vdots \\ x_n \end{bmatrix}, \quad b = \begin{bmatrix} b_1 \\ b_2 \\ \vdots \\ b_m \end{bmatrix} \tag{11.4}$$

那么,线性规划模型可简写为

$$\begin{cases} \max s = Cx \\ Ax \leqslant b (\text{或} \geqslant b) \\ x \geqslant 0 \end{cases} \tag{11.5}$$

其中 $x \geqslant 0$,意味着每个分量 $x_i \geqslant 0, i = 1, 2, \cdots, n$.

为了方便求解,需将不等式化为等式.

(1)由约束条件式(11.3),若

$$a_{k1}x_1 + a_{k2}x_2 + \cdots + a_{kn}x_n \leqslant b_k$$

则可加入变量 x_{n+k},使

$$a_{k1}x_1 + a_{k2}x_2 + \cdots + a_{kn}x_n + x_{n+k} = b_k$$

(2)若

$$a_{k1}x_1 + a_{k2}x_2 + \cdots + a_{kn}x_n \geqslant b_k$$

则可加入变量 $-x_{n+k}$,使

$$a_{k1}x_1 + a_{k2}x_2 + \cdots + a_{kn}x_n - x_{n+k} = b_k$$

这里,x_{n+k} 为松弛变量,它在目标函数中的系数为零(即在目标函数中不出现).

于是,有线性规划的标准形式:

目标函数 $\quad s = c_1 x_1 + c_2 x_2 + \cdots + c_n x_n$

$$\text{约束条件} \begin{cases} a_{11}x_1 + a_{12}x_2 + \cdots + a_{1n}x_n = b_1 \\ a_{21}x_1 + a_{22}x_2 + \cdots + a_{2n}x_n = b_2 \\ \quad\quad\quad\quad\quad \vdots \\ a_{m1}x_1 + a_{m2}x_2 + \cdots + a_{mn}x_n = b_m \\ x_1 \geqslant 0, x_2 \geqslant 0, \cdots, x_n \geqslant 0 \end{cases} \tag{11.6}$$

求一组变量$(x_1, x_2, \cdots, x_n)$满足约束条件,并使目标函数值最大.

用矩阵表示是

$$\begin{cases} \max s = Cx \\ Ax = b \\ x \geqslant 0 \end{cases} \tag{11.7}$$

如果问题是求目标函数 $s = c_1x_1 + c_2x_2 + \cdots + c_nx_n$ 的最大值,若令新的目标函数
$$s' = -s = -c_1x_1 - c_2x_2 - \cdots - c_nx_n$$
则问题等价于求 s' 的最小值. 所以,线性规划的标准形式也可表示为

$$\begin{cases} \min s = Cx \\ Ax = b \\ x \geqslant 0 \end{cases} \tag{11.8}$$

关于规划问题的解给出如下定义. 记

$$P_j = \begin{bmatrix} a_{1j} \\ a_{2j} \\ \vdots \\ a_{mj} \end{bmatrix}, \quad j = 1, 2, \cdots, n; \quad x^{(0)} = \begin{bmatrix} x_1^{(0)} \\ x_2^{(0)} \\ \vdots \\ x_n^{(0)} \end{bmatrix}$$

定义 1 若 $x^{(0)}$ 满足约束条件,则称 $x^{(0)}$ 是线性规划问题的可行解.

定义 2 使目标函数达到最大值的可行解,称为最优解.

定义 3 若式(11.7)的 A 中,有 s 个列向量

$$P_{j_1}, P_{j_2}, \cdots, P_{j_s}$$

线性无关,则称这个向量组为线性规划问题的一个基. 记

$$B = (P_{j_1}, P_{j_2}, \cdots, P_{j_s})$$

基 P_{j_k} 对应的变量为 x_{j_k} ($k = 1, 2, \cdots, s$),称为基变量,或称为基础解. 记

$$x_B = (x_{j_1}, x_{j_2}, \cdots, x_{j_s})$$

其余变量称为非基变量.

定义 4 若基础解又是可行解,则称为基础可行解. 例如

$$\begin{cases} x_1 + 2x_2 + x_3 + x_4 = 5 \\ 2x_1 + 4x_2 + 2x_3 + 4x_4 = 10 \end{cases}$$

其系数矩阵

$$A = \begin{pmatrix} 1 & 2 & 1 & 1 \\ 2 & 4 & 2 & 4 \end{pmatrix}$$

其中

$$P_1 = \begin{pmatrix} 1 \\ 2 \end{pmatrix}, \quad P_2 = \begin{pmatrix} 2 \\ 4 \end{pmatrix}, \quad P_3 = \begin{pmatrix} 1 \\ 2 \end{pmatrix}, \quad P_4 = \begin{pmatrix} 1 \\ 4 \end{pmatrix}.$$

因为

$$\begin{vmatrix} 1 & 1 \\ 2 & 4 \end{vmatrix} \neq 0$$

所以 P_1 与 P_4 线性无关. 从而,P_1、P_4 是基,而对应的变量 x_1、x_4 为基变量,其余 x_2、x_3 为非基变量.

线性规划问题的解有以下性质:

(1)线性规划问题的可行解集为凸集.

一个凸集 A 中的点 x,如果不能成为 A 中任何线段的内点,即 $\forall x^{(1)}, x^{(2)} \in A$,不存在 $a \in (0, 1)$,使

$$x = ax^{(1)} + (1-a)x^{(2)}$$

则称 x 是 A 的极点.

(2)可行解集中的点 x 为极点的充分必要条件是 x 为基础可行解.

(3)线性规划问题的最优值必在某极点上达到.

上述性质的证明见有关"线性规划"的书.

根据性质(3),求线性规划问题的最优解,只需从可行解集的极点(基础可行解)中去找.

11.1.2 经典线性规划问题的解法

1. 图解法

以前面提到的两个变量的规划问题为例.即求解规划问题

$$\max s = 1.5x_1 + 1.0x_2$$

约束 $\begin{cases} 2x_1 + x_2 \leqslant 10 \\ x_1 + x_2 \leqslant 6 \\ x_1 \geqslant 0, x_2 \geqslant 0 \end{cases}$

首先由约束条件确定可行解域.它由下面四条直线围成:

$$2x_1 + x_2 = 10$$
$$x_1 + x_2 = 6$$
$$x_1 = 0, x_2 = 0$$

则图 11-1 阴影部分是可行解域.

再求目标函数的最优值.

考虑直线 $\quad s = 1.5x_1 + x_2$

当 $x_1 = 0, x_2 = 0$[即直线通过原点$(0,0)$]时, $s = 0$ 为最小.
当 s 取不同值时,得到一组互相平行的直线,这些直线越远离原点$(0,0)$, s 的值(截距)越大.根据性质(3),最优点可能是极点$(0,6)$、$(5,0)$、$(4,2)$.经过计算,$(4,2)$为最优点,即 $x_1 = 4, x_2 = 2$ 为最优解.

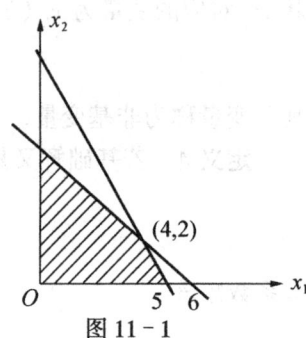

图 11-1

2. 消元法

在某些理想的情况下,图解法是非常有效的.然而,在大多数实际应用问题中,图解法却完全不能用.因为,在三维的情况下,用图解法处理已非常困难;三维以上则肯定不可能.此时,可用消元法.

还是以前面提到的规划问题为例.首先,引入松弛变量,使约束条件不等式成为等式

$$\begin{cases} 2x_1 + x_2 + x_3 = 10 \\ x_1 + x_2 + x_4 = 6 \end{cases} \tag{11.9}$$

然而,松弛变量没有相应的利润值,因此,目标函数可写为

$$s = 1.5x_1 + x_2 + 0x_3 + 0x_4 \tag{11.10}$$

在式(11.9)中,取 x_3、x_4 为基变量,则 x_1、x_2 为非基变量,即为自由未知量.令 $x_1 = 0, x_2 = 0$,得 $x_3 = 10, x_4 = 6$.此时,$s = 0$.显然,这不是最优值.这说明 x_1、x_2 作为非基变量是不合适的.

若取 x_1、x_4 作为基变量,则 x_2、x_3 为非基变量.由式(11.9)得

代入目标函数,得
$$s = 7.5 + \frac{1}{4}x_2 - \frac{3}{4}x_3 \tag{11.11}$$
这里,x_2 的系数是正数,当 x_2 增大,s 也增大,所以 s 没有最大值.

若取 x_1、x_2 为基变量,则 x_3、x_4 为非基变量.这时,由式(11.9)得
$$\begin{cases} x_1 = 4 - x_3 + x_4 \\ x_2 = 2 + x_3 - 2x_4 \end{cases} \tag{11.12}$$
代入目标函数,得
$$s = 8 - 0.5x_3 - 0.5x_4 \tag{11.13}$$
这里,非基变量 x_3、x_4 的系数均为负,而 $x_3 \geqslant 0$,$x_4 \geqslant 0$.因此,当它们均取零时,s 的值最大.由式(11.12)知,$x_1 = 4, x_2 = 2$ 为最优解.

综上所述,有的变量作为基变量所得目标值不一定是最优值.只有在目标函数中所有非基变量的系数均为负数时,这时所得的解才是最优解.

因此,将非基变量的系数及基变量的零系数称为检验数.它在下面介绍的单纯形法中很有用.

3. 单纯形法

考虑规划问题:
$$\begin{cases} \text{求} \quad \max s = Cx \\ \text{满足约束} \quad Ax = b \quad x \geqslant 0 \end{cases}$$

根据性质(3),最优解可以在基础可行解(即 A 中的基对应变量)中去找.为此,首先确定 A 中的一个基.然后,由检验数是否为负或零来判断目标值是不是最优.如果不是,则要换基,直到检验数均变为负或零为止.

结合前面的例子进行讨论如下:
$$\text{求} \quad \max s = 1.5x_1 + x_2$$
$$\text{满足约束} \begin{cases} 2x_1 + x_2 + x_3 = 10 \\ x_1 + x_2 + x_4 = 6 \\ x_1 \geqslant 0, x_2 \geqslant 0, x_3 \geqslant 0, x_4 \geqslant 0 \end{cases}$$

首先,确定约束方程的系数矩阵的一个基.考虑下表:

$$\begin{array}{cccc|c} x_1 & x_2 & x_3 & x_4 & s \\ \hline 1.5 & 1 & 0 & 0 & 0 \\ 2 & 1 & 1 & 0 & 10 \\ 1 & 1 & 0 & 1 & 6 \end{array}$$

在系数矩阵中,任两列都线性无关,故均可作为基.为方便起见,选单位向量作为基,其对应的基变量为 x_3、x_4,则 x_1、x_2 为非基变量,即为自由变量.令 $x_1 = 0, x_2 = 0$,得基础可行解 $\bar{x} = (0, 0, 10, 6)$,目标值为
$$s = 1.5x_1 + x_2 + 0x_3 + 0x_4 = 0$$

将检验数"1.5,1,0,0"和目标值"0"放在矩阵的上一行(见上表).这时,检验数1.5和1都为正,所以目标值不是最优值,故要作基变换.

试换 x_1 为基变量.问题是先用 x_3 还是先用 x_4 去换?请看下面的事实.

因为当 $x_2=0$(x_2 仍为非基变量)时,$s=1.5x_1$ 随 x_1 增大而增大,但它不能无限制地增大,它要满足

$$\begin{cases} x_3=10-2x_1\geqslant 0 \\ x_4=6-x_1\geqslant 0 \end{cases}, \quad 即 \begin{cases} x_1\leqslant \dfrac{10}{2}=5 \\ x_1\leqslant \dfrac{6}{1}=6 \end{cases}$$

因此,$x_1\leqslant\min(5,6)=5$,取最大可能值 $x_1=5$.即用 x_1 的系数去除约束值 $\left(\dfrac{10}{2}和\dfrac{6}{1}\right)$,取其中小的 $\dfrac{10}{2}$.把2称为主元素,用记号□框上.用行初等变换把主元素化为1,它所在列的其他元素化为零.

$$\begin{array}{cccc|c} x_1 & x_2 & x_3 & x_4 & s \\ \hline 1.5 & 1 & 0 & 0 & 0 \\ \hline \boxed{2} & 1 & 1 & 0 & 10 \\ 1 & 1 & 0 & 1 & 6 \end{array} \rightarrow \begin{array}{cccc|c} x_1 & x_2 & x_3 & x_4 & s \\ \hline 0 & \frac{1}{4} & -\frac{3}{4} & 0 & -7.5 \\ \hline 1 & \frac{1}{2} & \frac{1}{2} & 0 & 5 \\ 0 & \frac{1}{2} & -\frac{1}{2} & 1 & 1 \end{array}$$

由右表可见,第一、第四列为单位向量,故选为基,其对应的 x_1、x_4 为基变量.那么,x_2、x_3 为非基变量. x_2 对应的系数(检验数)$\dfrac{1}{4}$ 为正数,所以,目标值不是最大值(见式(11.11)).

换 x_2 为基变量.因为 $\dfrac{1}{\frac{1}{2}}<\dfrac{5}{\frac{1}{2}}$,所以取 x_2 对应的第二行的 $\dfrac{1}{2}$ 为主元素.类似地,经初等变换,得

$$\begin{array}{cccc|c} x_1 & x_2 & x_3 & x_4 & s \\ \hline 0 & \frac{1}{4} & -\frac{3}{4} & 0 & -7.5 \\ \hline 1 & \frac{1}{2} & \frac{1}{2} & 0 & 5 \\ 0 & \boxed{\frac{1}{2}} & -\frac{1}{2} & 1 & 1 \end{array} \rightarrow \begin{array}{cccc|c} x_1 & x_2 & x_3 & x_4 & s \\ \hline 0 & 0 & -0.5 & -0.5 & -8 \\ \hline 1 & 0 & 1 & -1 & 4 \\ 0 & 1 & -1 & 2 & 2 \end{array}$$

这时,检验数均为负数,故所得目标值为最优值.所以,令 $x_3=0$,$x_4=0$,便可由右表得到最优解 $x_1=4$,$x_2=2$.最优值为

$$s=1.5\times 4+1\times 2=8$$

表中目标值为-8,这是因为要将基变量对应的系数化为零而取相反数的原因.

上述做法是通过每次迭代陆续求出问题的解,当满足某一最佳准则时,迭代程序才停

止．这种解法叫做迭代法，又叫做单纯形法．解题过程中所使用的表称为单纯形表．

这里结合具体问题介绍单纯形法，它是解决人们所遇到的绝大多数问题的一般方法．它不仅对经典线性规划问题如此，而且对解决 F 线性规划问题也是非常有效的．为此，下面介绍它的一般理论．

11.2 F 约束下的条件极值

本节讨论求实值函数（即目标函数）$y=f(x)$ 在 F（约束）集 A 上的最优值问题．

下面首先回顾函数 $f(x)$ 在普通集合上的条件极值．

定义 1 设 $A \in \mathscr{P}(X)$，X、Y 为实数域，函数

$$f: X \longrightarrow Y$$

的极大（最大）值

$$y^* = f(x^*) = \max_{x \in A} f(x)$$

称为 f 在 A 上的条件极值．x^* 称为 f 在 A 上的条件极大点，其全体称为 f 在 A 上的条件优越集，记

$$M = \{x^* \mid f(x^*) = \max_{x \in A} f(x)\} \tag{11.14}$$

普通集 A 称为约束集．显然，$\{y^*\} = f(M)$．

如果将约束集换为 F 集，那么，如何确定函数 f 在 F 集 A 上的条件极值呢？

$\forall \lambda \in [0,1]$，F 集 A 的 λ 截集 A_λ 均为普通集，记 M_λ 为函数 f 在 A_λ 上的优越集，即

$$M_\lambda = \{x^* \mid f(x^*) = \max_{x \in A_\lambda} f(x)\} \tag{11.15}$$

例 1 在图 11-2 中，作出实值函数 $f(x)$ 和 F 集 $A(x)$ 两条曲线．

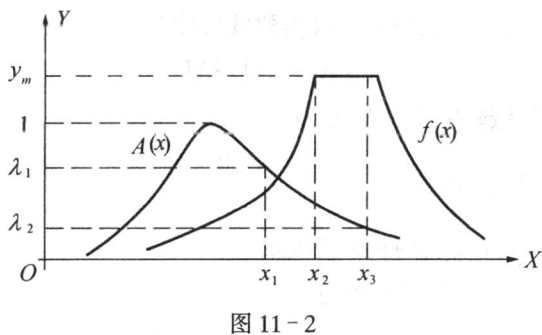

图 11-2

对给定 $\lambda_1 \in [0,1]$，则 $f(x)$ 在 A_{λ_1} 上的优越集是 $M_{\lambda_1} = \{x_1\}$．

对给定 $\lambda_2 \in [0,1]$，则 $f(x)$ 在 A_{λ_2} 上的优越集为 $M_{\lambda_2} = [x_2, x_3]$．

$f(x)$ 在 A_{λ_2} 上的条件极值是 y_m，在 A_{λ_1} 上的条件极值为 $f(x_1)$．

由式(11.15)可见，当 λ 在 $[0,1]$ 中变动时，A_λ 变化，导致 M_λ 变化．那么，M_λ 的变化规律如何呢？

引理 1 设 $\lambda_1 < \lambda_2$．

(1) 若 $A_{\lambda_2} \cap M_{\lambda_1} \neq \varnothing$，则 $M_{\lambda_2} = A_{\lambda_2} \cap M_{\lambda_1}$；

(2) 若 $A_{\lambda_2} \cap M_{\lambda_1} = \emptyset$, 则 $M_{\lambda_2} \cap M_{\lambda_1} = \emptyset$.

证 (1) 由式(11.15)知, $M_{\lambda_2} \subseteq A_{\lambda_2}$.

由于 $A_{\lambda_2} \cap M_{\lambda_1} \neq \emptyset$, 所以 $\exists x_0 \in A_{\lambda_2} \cap M_{\lambda_1}$, 即 $x_0 \in A_{\lambda_2}$, 且 $x_0 \in M_{\lambda_1}$, 亦即

$$f(x_0) = \max_{x \in A_{\lambda_1}} f(x)$$

由此及 $A_{\lambda_2} \subseteq A_{\lambda_1}$ 推得

$$\max_{x \in A_{\lambda_1}} f(x) = \max_{x \in A_{\lambda_2}} f(x) \tag{11.16}$$

故当 $x \in M_{\lambda_2}$, 必有 $x \in A_{\lambda_2}$ 和 $x \in M_{\lambda_1}$. 因此,

$$M_{\lambda_2} \subseteq A_{\lambda_2} \cap M_{\lambda_1}$$

反之, $\forall x \in A_{\lambda_2} \cap M_{\lambda_1}$, 有 $x \in A_{\lambda_2}$ 和 $x \in M_{\lambda_1}$. 又由式(11.16)得 $x \in M_{\lambda_2}$, 因此

$$M_{\lambda_2} \supseteq A_{\lambda_2} \cap M_{\lambda_1}$$

从而推得(1).

(2) 假设 $M_{\lambda_2} \cap M_{\lambda_1} \neq \emptyset$, 则 $x_0 \in M_{\lambda_1}$ 且 $x_0 \in M_{\lambda_2}$, 故 $x_0 \in A_{\lambda_2}$, 与题设矛盾.

对于 λ 的不同值, 可得到不同的优越集 M_λ, 因而不宜作为 F 集上的优越集. 因为是在 F 集合上求极值, 所以其优越集也应该是 F 集合. 为此, 取所有 M_λ 的并集, 记

$$M = \bigcup_{0 < \lambda \leqslant 1} M_\lambda \tag{11.17}$$

称 M 为 f 在 F 集 A 上的优越支集. 对一个元素 x, 如果 $x \in M$, 它可能属于很多个不同的 M_λ. 在它所属的那些 M_λ 中, 必有一个 λ 的最大值, 将这个 λ 值作为 x 的隶属度. 这样, 便得到一个新的 F 集, 记作 A_f. 于是有

定义 2 设 $A \in \mathscr{F}(X), f: X \longrightarrow Y$(实数域), 称 F 集

$$A_f = \bigcup_{0 < \lambda \leqslant 1} \lambda M_\lambda \tag{11.18}$$

为 f 在 F 集 A 上的 F 优越集. 其隶属度为

$$A_f(x) = \begin{cases} \sup\{\lambda \mid x \in M_\lambda, 0 < \lambda \leqslant 1\} & \text{当 } x \in M \\ 0 & \text{当 } x \notin M \end{cases}$$

而称 $f(A_f)$ 为 f 在 F 集 A 上(条件) F 极大值.

根据扩张原理, $f(A_f)$ 的隶属函数为

$$f(A_f)(y) = \begin{cases} \sup_{x \in f^{-1}(y)} A_f(x) & \text{当 } f^{-1}(y) \neq \emptyset \\ 0 & \text{当 } f^{-1}(y) = \emptyset \end{cases}$$

把优越支集 M 看做 F 集, 有下述定理.

定理 1 设 F 集 A、A_f 和 M 的含义如上所述, 则

$$A_f = A \cap M \tag{11.19}$$

证 由式(11.17)和式(11.18)知, $M = \text{Supp} A_f$. 所以, 只需证明当 $x \in M$ 时

$$A_f(x) = A(x)$$

$\forall x_0 \in M$, 存在 $\lambda \in (0,1]$, 使 $x_0 \in M_\lambda$. 由引理 1, 当 $\mu \geqslant \lambda$ 且 $x_0 \in A_\mu$ 时, 必有 $x_0 \in A_\mu$.

故若 $\mu \geqslant \lambda$,则
$$x_0 \in M_\mu \iff x_0 \in A_\mu$$
所以
$$A_f(x_0) = \bigvee_{0<\lambda\leqslant 1}(\lambda \wedge M_\lambda(x_0)) = \bigvee_{0<\lambda\leqslant 1}(\lambda \wedge A_\lambda(x_0)) = A(x_0)$$

这个定理告诉我们,求 F 优越集可以转化为求优越支集(普通集),这样 F 规划问题变得简单多了.定理 1 中的 M 可以扩充到 M_0 情况,记
$$\overline{M} = M \cup M_0 \quad 或 \quad \overline{M} = \bigcup_{0\leqslant\lambda\leqslant 1} M_\lambda$$
于是有
$$A_f = A \cap \overline{M}$$
在实际问题中,有时 $\overline{M}$ 比 M 更易求得(见例 2).

下面讨论一种很有用的函数.

设论域是实数轴上的一个区间 $[\alpha,\beta]$,考虑定义在 $[\alpha,\beta]$ 上的函数 $f(x)$ 及 $\alpha \leqslant a_1 \leqslant a_2 \leqslant \beta$.设 $f(x)$ 在 $[\alpha,a_1]$ 上单调增,在 $[a_1,a_2]$ 上取常数值;在 $[a_2,\beta]$ 上单调减.这样的函数形状像 Π,故称为 Π 形函数.$[a_1,a_2]$ 叫峰域.

注意:当 $a_1 = a_2$ 时,峰域只含一点;当 $\alpha = a_1$ 时,函数单调减;当 $a_2 = \beta$ 时,函数单调增.

对于 Π 形函数,有

定理 2 设 $A \in \mathscr{F}(R)$,且 $A(x)$ 和 $f(x)$ 都是 $[\alpha,\beta]$ 上的 Π 形函数,分别具有峰域 $[a_1,a_2]$ 和 $[f_1,f_2]$,则
$$\overline{M} = \begin{cases} [a_2, f_2] & 当 a_2 < f_1 \\ [f_1, f_2] & 当 [a_1,a_2] \cap [f_1,f_2] \neq \varnothing \\ [f_1, a_1] & 当 f_2 < a_1 \end{cases}$$
如图 11-3 所示.

证 不妨设在 $[a_1,a_2]$ 上,$A(x) = 1$.显然,有 $M_0 = [f_1,f_2]$ 和 $A_1 = [a_1,a_2]$.

当 $[a_1,a_2] \cap [f_1,f_2] \neq \varnothing$ 时,有 $M_0 \cap A_1 \neq \varnothing$

从而对任意 $\lambda \in [0,1]$,均有 $M_0 \cap A_\lambda \neq \varnothing$

根据引理 1,应有 $M_\lambda = M_0 \cap A_\lambda \subseteq M_0 = [f_1,f_2]$

故有 $\overline{M} = [f_1,f_2]$

当 $a_2 < f_1$ 时,有
$$M_0 \cap A_1 \neq \varnothing$$
此时有 $M_0 \cap M_1 \neq \varnothing$

因为 $f(x)$ 在 $[a_1,a_2]$ 上单调增,故 $M_1 = \{a_2\}$

同理,在 $[a_2,f_1]$ 上,有 $M_{A(x)} = \{x\}$

于是有
$$\overline{M} = [a_2,f_1] \cup [f_1,f_2] = [a_2,f_2]$$

当 $f_2 < a_1$ 时,类似证之.

定义 3 设 A_f 是 f 在 $A(\in \mathscr{F}(X))$ 上的 F 优越集,使 $A_f(x)$ 达到最大值的 x,称为最优

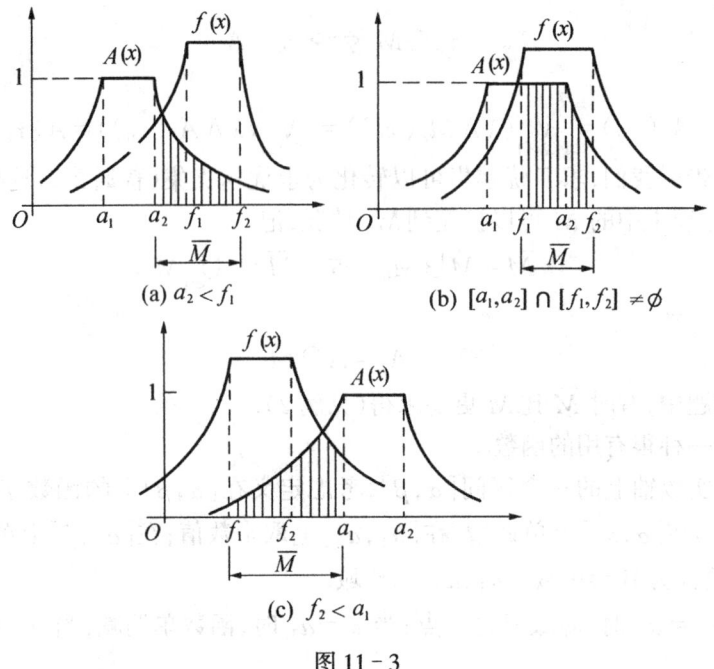

(a) $a_2 < f_1$

(b) $[a_1, a_2] \cap [f_1, f_2] \neq \emptyset$

(c) $f_2 < a_1$

图 11-3

规划值,记作 x^*,即
$$A_f(x^*) = \max A_f(x)$$

例 2 某电机效率 y 与电压 u 成正态关系
$$y = \begin{cases} e^{-\left(\frac{u-5}{2}\right)^2} & \text{当 } 0 \leqslant u \leqslant 100 \\ 0 & \text{当 } u > 100 \end{cases}$$

为获得最大效率,应取 $u = 5$.可是电压过高,又会引起漏电,威胁人身安全,为此,电压应给予限制.若限制范围无确切边界,是 F 集 $A(u)$,
$$A(u) = \begin{cases} 1 & \text{当 } 0 \leqslant u \leqslant 1 \\ \dfrac{1}{1+(u-1)^2} & \text{当 } u > 1 \end{cases}$$

试问选用何种电压才能在保证安全的情况下有尽可能大的效率?

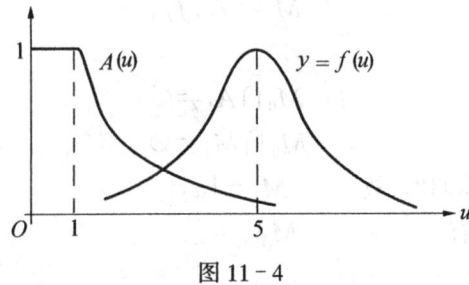

图 11-4

解 由图 11-4 可见,$A(u)$ 和 $f(u)$ 均为 Ⅱ 形函数,峰域分别为 $[a_1, a_2] = [0, 1]$ 和 $[f_1, f_2] = [5, 5]$.由定理 2 知 $\overline{M} = [1, 5]$,由定理 1 有 $A_f = A \cap \overline{M}$,因此

$$A_f(u) = A(u) \wedge \overline{M}(u)$$
$$= \begin{cases} \dfrac{1}{1+(u-1)^2} & \text{当 } 1 \leqslant u \leqslant 5 \\ 0 & \text{其他} \end{cases}$$

取 $u^* = 1$,有
$$A_f(1) = \max_u A_f(u)$$

这就是说,1 个单位电压最恰当.

11.3* 对称型的 F 规划

所谓对称型的 F 规划,是指在目标和约束具有同等重要的情况下,求最优化的问题.

设目标函数 $y = f(u)$ 有界,其上、下确界分别是 M 和 m. 由于 $f(u)$ 并不一定限制在 [0,1] 上取值,因此将 $f(u)$ 改造为 $M_f(u)$,使它在 [0,1] 上取值. 为此,令

$$M_f(u) = \frac{f(u) - m}{M - m}$$

其中 $M = \max f(u), m = \min f(u)$.

可见,函数 $M_f : U \longrightarrow [0,1]$ 是一 F 集. 它可代表目标,称为 F 目标集,又称为 f 的无条件 F 优越集.

显然,在 A_λ 上求 $f(u)$ 的问题,等价于在 A_λ 上求元素 u^*,使

$$M_f(u^*) = \max_{u \in A_\lambda} M_f(u)$$

现考虑在 F 集 A 上求 $f(u)$ 的最大值问题.

定义 1 设约束 A 和目标 M_f 都是 U 上的 F 集,如果

$$M_f(u^*) = \max_{u \in U}(M_f(u) \wedge A(u))$$

则称 u^* 是 $f(u)$ 在 F 集 A 上的极大元素(或称最优点),而称 $f(u^*)$ 是在 F 约束 A 下的最大值(或称最优值).

寻找 $f(u)$ 在 F 集 A 上的最优点的问题,又称为 F 决策问题.

定义 2 设 $A, B \in \mathscr{F}(U)$,记 $D = B \cap A$,即 $D(u) = B(u) \wedge A(u)$,称 D 为 F 决策. 若 u^* 满足 $D(u^*) = \max_{u \in U} D(u)$,则称 u^* 是最优决策.

例 1 以对称型来处理 11.2 节例 2 的问题.

目标函数 $f(u) = \begin{cases} e^{-\left(\frac{u-5}{2}\right)^2} & \text{当 } 0 \leqslant u \leqslant 100 \\ 0 & \text{当 } u > 100 \end{cases}$

约束函数 $A(u) = \begin{cases} 1 & \text{当 } 0 \leqslant u \leqslant 1 \\ \dfrac{1}{1+(u-1)^2} & \text{当 } u > 1 \end{cases}$

(1) 求 M_f.

$$f'(u) = -\frac{u-5}{2} e^{-\left(\frac{u-5}{2}\right)^2}$$

令 $f'(u)=0$,解得 $u=5$.

当 $u<5$ 时,$f'(u)>0$;当 $u>5$ 时,$f'(u)<0$.所以,5 是 $f(u)$ 的极大点,$f(5)=1$ 为最大值;$f(0)=0$ 为最小值.即 $M=1,m=0$.因此

$$M_f = \frac{f(u)}{1} = e^{-(\frac{u-5}{2})^2} \quad (0 \leqslant u \leqslant 100)$$

(2) 求最优点 u^*.

因为在 $[0,5]$ 上 $A(u)$ 单调减,$M_f(u)$ 单调增,故存在唯一的 $u^* \in [0,5]$,使

$$M_f(u^*) = A(u^*)$$

即

$$e^{-(\frac{u-5}{2})^2} = \frac{1}{1+(u-1)^2} \quad (u \in [0,5])$$

近似求解,得 $u^* = 2.68$.这是最佳电压.

易见,$M_f(1) < M_f(2.68)$.所以,11.2 节例 2 得到的最优解($u^*=1$),以对称型的标准来看,并不是最优的,前者是在最大约束($A_1 = [0,1]$)下的最优值,实际上是普通规划的解.而对称型的实质是从 $A_1 = [0,1]$ 出发,适当放宽约束,并将目标函数模糊化,从而兼顾目标和约束两个方面.这种灵活的思想方法更符合实际情况.

对于多个目标和约束的情况,有

定义 3 设 $A_i, B_i \in \mathscr{F}(U)$,记 $D = (\bigcap_{i=1}^{n} A_i) \cap (\bigcap_{i=1}^{m} B_i)$,称 D 为 U 上的 F 决策,记

$$G(D) = \{u^* | D(u^*) = \max_{u \in U} D(u)\}$$

称 $G(D)$ 为最优决策集.

如果把目标和约束看成同等重要不合适的话,可以用加权的办法.这就是所谓凸 F 决策问题.

设 $a \geqslant 0, b \geqslant 0$,且 $a+b=1$,记 $B = aA + bM_f$,即有

$$B(u) = aA(u) + bM_f(u) \quad \forall u \in U$$

若有 u^*,使得

$$B(u^*) = \max_{u \in U} B(u)$$

则称 u^* 为 f 的最优点,$f(u^*)$ 为最优值.

对于多约束 $A_1, A_2, \cdots, A_n$ 的情况,可采用

$$A = \sum_{i=1}^{n} a_i A_i \quad a_i \geqslant 0, \quad \sum_{i=1}^{n} a_i = 1$$

对于多目标 $f_1, f_2, \cdots, f_m$,先求出模糊目标集 $M_{f_1}, M_{f_2}, \cdots, M_{f_m}$,再采用

$$M_f = \sum_{i=1}^{m} b_i M_{f_i} \quad b_i \geqslant 0, \quad \sum_{i=1}^{m} b_i = 1$$

然后,对 A 和 M_f 使用上面的模型.

例如,某人买一用品的条件是:式样一般 A_1,质量上乘 A_2,尺寸适合 A_3,价格低廉.这里可将式样、质量、尺寸看为 F 约束条件,而价格看为目标函数.设有同种用品五件可供挑选,即 $U = \{1,2,3,4,5\}$,每件的单独评价如下表:

用品	1	2	3	4	5
式样	陈旧	较陈旧	新颖	较新	一般
质量	很好	较好	好	较差	一般
尺寸	合适	较合适	合适	合适	较合适
价格	40	80	100	85	70

将上表的模糊语言转换为隶属度,价格转换为模糊目标集 M_f,得到下表:

U	1	2	3	4	5
A_1	0	0.7	0.5	0.8	1.0
A_2	1	0.8	1	0.4	0.6
A_3	1	0.8	1	1	0.8
M_f	1	0.33	0	0.25	0.5

设

$$A = A_1 \cap A_2 \cap A_3 = \frac{0}{1} + \frac{0.7}{2} + \frac{0.5}{3} + \frac{0.4}{4} + \frac{0.6}{5}$$

选择 $a = 0.4, b = 0.6$,可得凸 F 判决

$$B = 0.4A + 0.6M_f$$
$$= 0.4\left(\frac{0}{1} + \frac{0.7}{2} + \frac{0.5}{3} + \frac{0.4}{4} + \frac{0.6}{5}\right) + 0.6\left(\frac{1}{1} + \frac{0.33}{2} + \frac{0}{3} + \frac{0.25}{4} + \frac{0.5}{5}\right)$$
$$= \frac{0.6}{1} + \frac{0.478}{2} + \frac{0.2}{3} + \frac{0.31}{4} + \frac{0.54}{5} \quad (\text{采用分子相同、分母相加的方法})$$

于是有

$$B(1) = \max\{0.6, 0.478, 0.2, 0.31, 0.54\}$$
$$= 0.6$$

从而可以得出这样的结论:某人买标有 1 号的用品时,可适合他的要求.

最后指出,采用 F 方法进行求解,这对许多实际问题来说是必要的.正如美国著名心理学家和管理学家西蒙所说,最优点在许多情形中是不现实的也是没有必要的,人们往往只追求满意的结果.采用 F 方法便可以根据需要,以满意准则代替最优准则.所以,F 规划对有的实际问题来说是必要的,也是好方法.

习题 11

1. 用消元法和单纯形法求解线性规划问题

$$\begin{cases} \max s = 7x_1 + 12x_2 \\ 9x_1 + 4x_2 \leqslant 360 \\ 4x_1 + 5x_2 \leqslant 200 \\ 3x_1 + 10x_2 \leqslant 300 \\ x_1 \geqslant 0, x_2 \geqslant 0 \end{cases}$$

2. 某伞厂经市场预测发现,伞的直径 u 与效益 y 有如下关系:

$$y = \begin{cases} e^{-\left(\frac{u}{2} - \frac{100}{2}\right)^2} & \text{当 } 50 \leqslant u \leqslant 100 \\ 0 & \text{其他} \end{cases}$$

该厂适合生产各种直径的伞的条件符合 F 集

$$A(u) = \begin{cases} 1 & 0 \leqslant u \leqslant 60 \\ \dfrac{1}{1+(u-60)^2} & u > 60 \end{cases}$$

试求最佳伞径.

3. 设 $U = \{x_1, x_2, x_3, x_4\}, f : U \longrightarrow R$,有
$$f(x_1) = 0, \quad f(x_2) = 3, \quad f(x_3) = -1, \quad f(x_4) = 1$$
求 f 的无条件 F 优越集.

4. 在某种食品中投放某种调味剂,设每单位食品中的含量为 x g. 经调查统计,得到爱好函数为

$$f(x) = \begin{cases} \dfrac{x}{2} e^{\left(1 - \frac{x}{10}\right)} & 0 \leqslant x \leqslant 100 \\ 0 & \text{其他} \end{cases}$$

如果对 x 没有特别限制,则最佳投放量应为 $f(x)$ 的最大值,即
$$x^* = 10(\text{g})$$

但是,随着 x 的增大,生产成本提高,因而价格提高,致使收益降低. 所以,需对 x 加以限制. 设限制为一 F 集

$$A(x) = \begin{cases} 1 & \text{当 } 0 \leqslant x \leqslant 1 \\ \dfrac{1}{1+(x-1)^2} & \text{当 } 1 < x \leqslant 100 \end{cases}$$

试用对称型 F 规划方法确定最佳投放量.

5. 设 F 线性规划

$$\widetilde{\max}\, z = x_1 + 2x_2$$
$$\text{s.t.} \begin{cases} 2x_1 + 3x_2 \lesssim 4 \\ -x_1 + 2x_2 \lesssim -1 \\ x_1, x_2 \geqslant 0 \end{cases}$$

取 $d_1 = 2, d_2 = 1$. 试用单纯形法求解.

6. 某化工厂生产 A_1、A_2 两种产品,已知制造产品 A_1 1 万瓶用原料 B_1 5 kg、B_2 300 kg、B_3 12 kg,可得利润 8000 元;制造 A_2 1 万瓶要用原料 B_1 3 kg、B_2 80 kg、B_3 4 kg,可得利润 3000 元. 该厂现有原料 B_1 500 kg、B_2 20000 kg、B_3 900 kg,问在现有条件下,生产 A_1、A_2 各多少,才能使该厂利润最大?

7. 解 F 线性规划问题,见图 11-5.

$$\begin{cases} \widetilde{\max}\, s = 2x_1 + 2x_2 \\ x_1 + x_2 \lesssim 5 \\ -x_1 + x_2 \lesssim 0 \\ 6x_1 + 2x_2 \lesssim 21 \\ x_1 \geqslant 0, x_2 \geqslant 0 \end{cases}$$

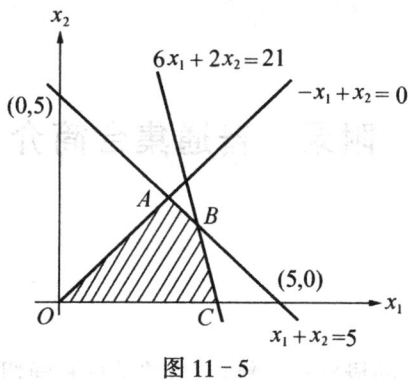

图 11-5

取弹性指标 $d_1=1, d_2=2, d_3=3$.

附录 普通集合简介

一、集合及其运算

近代数学中一个最基本的概念——集合,指的是具有确切含义的一堆东西.集合常用大写字母 $A,B,C,D,\cdots$ 表示.这堆东西中的每一个成员,叫做这个集合的元素,简称为元,常用小写字母 $a,b,c,d,x,y,\cdots$ 表示.若 x 是集合 A 的元素,用 $x\in A$ 表示,读作"x 属于 A";若 x 不是集合 A 的元素,用 $x\notin A$ 表示,读作"x 不属于 A".为简便起见,常以"$\forall x\in A$"表示"集 A 中的任意元素 x";以"$\exists x\in A$"表示"集 A 中存在一个元 x".有时,为了描述集合 A 的元素所具有的性质,将 A 记为

$$A=\{x\mid p(x)\}$$

式中,$p(x)$ 是元 x 所具有的性质.

由有限个元素构成的集合叫有限集,否则叫无穷集.一个集合的元素个数叫做这个集合的基数.

如果集合 A 的每个元素都是集合 B 的元素,则称 A 是 B 的子集,或 B 包含 A,记为 $A\subseteq B$.如果 $A\subseteq B$ 且 $B\subseteq A$,则称 A 和 B 相等,记为 $A=B$.

不含任何元素的集合叫空集,用 $\varnothing$ 表示.所论对象的全体,称为全集或论域,用 U(或 X)表示.

设 U 为全集,以 U 的所有子集为元素的集,称为 U 的幂集,记为 $\mathscr{P}(U)$.任意集 A 的最小子集是 $\varnothing$,最大子集是 A.

设 U 为全集,$A,B,C\in\mathscr{P}(U)$,则集的运算定义如下:

并集　$A\cup B\triangleq\{x\mid x\in A\text{ 或 }x\in B\}$;

交集　$A\cap B\triangleq\{x\mid x\in A\text{ 且 }x\in B\}$;

补集　$\overline{A}\triangleq\{x\mid x\notin A\text{ 且 }x\in U\}$;

差集　$A-B\triangleq\{x\mid x\in A\text{ 且 }x\notin B\}$.

上述运算可用文氏图(图1)表示.

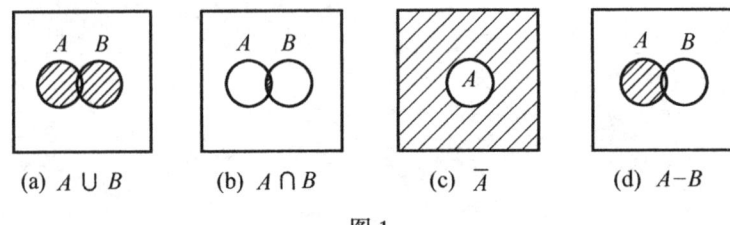

图 1

设 $A,B,C\subseteq U$,其并、交、补运算有如下性质:

① 幂等律　$A \cup A = A, A \cap A = A$；
② 交换律　$A \cup B = B \cup A, A \cap B = B \cap A$；
③ 结合律　$A \cup (B \cup C) = (A \cup B) \cup C, A \cap (B \cap C) = (A \cap B) \cap C$；
④ 吸收律　$A \cup (A \cap B) = A, A \cap (A \cup B) = A$；
⑤ 分配律　$A \cap (B \cup C) = (A \cap B) \cup (A \cap C), A \cup (B \cap C) = (A \cup B) \cap (A \cup C)$；
⑥ 复原律　$\overline{\overline{A}} = A$；
⑦ 对偶律(或德·摩尔根(De. Morgan)律)　$\overline{A \cup B} = \overline{A} \cap \overline{B}, \overline{A \cap B} = \overline{A} \cup \overline{B}$；
⑧ 互补律　$A \cup \overline{A} = U, A \cap \overline{A} = \varnothing$；
⑨ 零壹律　$A \cup U = U, A \cap U = A, A \cup \varnothing = A, A \cap \varnothing = \varnothing$.

设 A, B 为任意两集，若 $x \in A, y \in B$，将元素 x, y 搭配成元素对(x, y)，称(x, y)为 x 与 y 的序偶. 一般地，$(x, y) \neq (y, x)$. 而所有的序偶(x, y)构成的集合称为 A 与 B 的直积集(或笛卡儿乘积)，记为

$$A \times B = \{(x, y) | x \in A, y \in B\}$$

一般地，$A \times B \neq B \times A$.

设 $A_1, A_2, \cdots, A_n$ 是 n 个集合，则称

$$A_1 \times A_2 \times \cdots \times A_n = \{(x_1, x_2, \cdots, x_n) | x_i \in A_i, i = 1, 2, \cdots, n\}$$

为 $A_1, A_2, \cdots, A_n$ 的直积.

二、映射

在两个集 X, Y 之间，如果有一个法则 f，使得对 X 中每个元素 x，在 Y 中都有唯一元素 y 与之对应，则称 f 是 X 到 Y 的映射. 实际上，映射就是函数概念的推广.

对于元素来说，映射记为

$$y = f(x) \quad (\text{或 } x \xrightarrow{f} y)$$

它指出了具体的对应规则，这时称 y 是 x 在映射 f 下的像，而 x 称为 y 的一个原像.

对于集合来说，映射又可记为

$$f : X \longrightarrow Y \quad (\text{或 } X \xrightarrow{f} Y) \qquad (*)$$

并称 X 为映射 f 的定义域. 而称

$$f(X) = \{f(x) | x \in X\}$$

为映射 f 的值域. 但$(*)$式中的记号并不指明具体对应规则. 显然，$f(X) \subseteq Y$.

例1　论域 U 中的子集 A，可表示为映射

$$C_A : U \longrightarrow \{0, 1\}$$

其具体对应规则是：

$$C_A(u) = \begin{cases} 1 & \text{当 } u \in A \\ 0 & \text{当 } u \overline{\in} A \end{cases}$$

称 C_A 为 A 的特征函数(隶属函数).

由此例可见，U 的子集与其特征函数之间建立了一一对应关系. 从这种意义上说，"子集就是特征函数".

如果 $f(X) = Y$，则称 f 是 X 到 Y 上的映射，或全射(满射).

如果 $x, x' \in X$，且当 $x \neq x'$ 时
$$f(x) \neq f(x')$$
则称 f 为 X 到 Y 的一对一的映射，或称为单射．

既是全射又是单射的映射，称为全单射或双射．图 2 为全射、单射及双射的示意图．

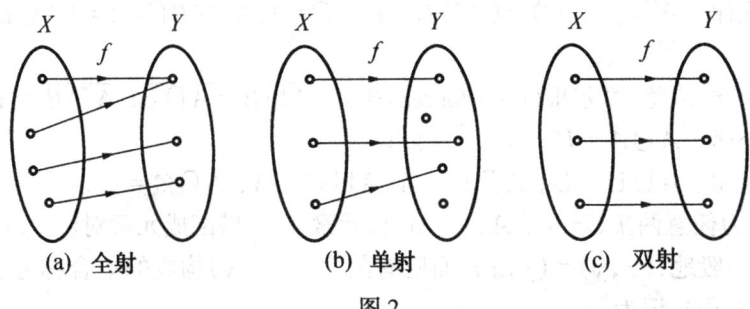

(a) 全射　　(b) 单射　　(c) 双射

图 2

对于映射 $f: X \longrightarrow Y$ 来说，令 $f^{-1}(y) = \{x | f(x) = y\}$，则称 $f^{-1}(y)$ 为由 f 确定的元素 y 的逆像．

当 $B \subset Y$ 时，令 $f^{-1}(B) = \{f^{-1}(y) | y \in B\}$，则称 $f^{-1}(B)$ 为由 f 确定的 B 的逆像集．

若 f 为双射，则由 $y = f(x)$ 确定的 Y 到 X 的映射，称为 f 的逆映射，记为 $f^{-1}: Y \longrightarrow X$．

若 $A_1, A_2 \in \mathscr{P}(X), B_1, B_2 \in \mathscr{P}(Y)$，映射 $f: X \longrightarrow Y$ 具有如下性质：

① 若 $A_1 \subseteq A_2$，则 $f(A_1) \subseteq f(A_2)$；
② $f(A_1 \cup A_2) = f(A_1) \cup f(A_2)$；
③ $f(A_1 \cap A_2) \subseteq f(A_1) \cap f(A_2)$，当 f 是单射时两边相等；
④ $f(A_1 - A_2) \supseteq f(A_1) - f(A_2)$，当 f 是单射时两边相等；
⑤ 若 $B_1 \subseteq B_2$，则 $f^{-1}(B_1) \subseteq f^{-1}(B_2)$；
⑥ $f^{-1}(B_1 \cup B_2) = f^{-1}(B_1) \cup f^{-1}(B_2)$；
⑦ $f^{-1}(B_1 \cap B_2) = f^{-1}(B_1) \cap f^{-1}(B_2)$；
⑧ $f^{-1}(\overline{B_1}) = \overline{f^{-1}(B_1)}$；
⑨ $f^{-1}(f(A_1)) \supseteq A_1$，当 f 是单射时两边相等；
⑩ $f(f^{-1}(B_1)) \subseteq B_1$，当 f 是全射时两边相等．

设 $f: X \longrightarrow Y, g: Y \longrightarrow Z$，定义映射 $h: X \longrightarrow Z$ 为
$$h(x) = g(f(x)) \quad \forall x \in X$$
称 h 为 f 与 g 的合成映射，记为 $h = g \circ f$．

显然，$(h \circ g) \circ f = h \circ (g \circ f)$．

映射 $f: X \times Y \longrightarrow Z$，称为 $X \times Y$ 到 Z 的代数运算．当只限于考虑从 $X \times X$ 到 X 的运算时，又将这种运算称为 X 上的二元运算．定义了代数运算的集与运算一起统称为代数系．

设在两个非空集 X 和 Y 上分别定义了二元运算"$\circ$"和"$\bar{\circ}$"，g 是由 X 到 Y 的映射．若对任意 $x_1, x_2 \in X$，都有
$$g(x_1 \circ x_2) = g(x_1) \bar{\circ} g(x_2)$$

则称 g 为由代数系 $(X,\circ)$ 到代数系 $(Y,\bar{\circ})$ 的同态映射,并称 $(X,\circ)$ 与 $(Y,\bar{\circ})$ 同态,记为 $(X,\circ)\sim(Y,\bar{\circ})$.

如果 g 是全射,则称 g 为满同态映射.

如果 g 是一对一的映射,则称 g 为单值的同态映射.

单值的满同态映射称为同构映射.

如果 $(X,\circ)$ 与 $(Y,\bar{\circ})$ 之间存在同构映射,则称 $(X,\circ)$ 与 $(Y,\bar{\circ})$ 同构,记为 $(X,\circ)\cong(Y,\bar{\circ})$.

三、关系与格

对于集合 X,Y,直积 $X\times Y$ 的子集 R 称为 X 与 Y 之间的二元关系,简称为关系. 若 $X=Y$,则 $X\times X$ 的子集 R 称为 X 上的二元关系. 若 $(x,y)\in R$,则称"x 对 y 具有关系 R",也记作 xRy. 若 $(x,y)\bar{\in}R$,则记作 $x\bar{R}y$.

类似地,$\overbrace{X\times X\times\cdots\times X}^{n\uparrow}$ 的子集 R 称为 X 上的 n 元关系.

集合 X 上的几个重要的二元关系:

① 自反关系 R $\forall x\in X$,恒有 xRx.

② 对称关系 R 若 xRy,则 yRx.

③ 反对称关系 R 若 xRy,且 yRx,则 $x=y$.

④ 传递关系 R 若 xRy,且 yRz,则 xRz.

具有自反、对称、传递三种性质的关系叫等价关系. 由等价关系 R 可定义集合 $[x]=\{y|xRy\}$,称 $[x]$ 为 x 的等价类.

具有自反、反对称、传递三种性质的关系称为半序关系. 将半序关系 R 记成"$\leqslant$".

给了某个半序关系"$\leqslant$"的集 X,称为半序集,记为 $(X,\leqslant)$.

若 $(X,\leqslant)$ 是半序集,且对任意 $x,y\in X$,必有 $x\leqslant y$ 或者 $y\leqslant x$,则称 $(X,\leqslant)$ 为全序集,这时称"$\leqslant$"为 X 上的全序.

设 $(\mathscr{P},\leqslant)$ 是半序集,若存在 $a\in\mathscr{P}$,使对任意 $x\in\mathscr{P}$,有 $x\leqslant a$(或 $\geqslant a$),则称 a 为 $\mathscr{P}$ 的最大(小)元.

设 $(\mathscr{P},\leqslant)$ 是半序集,$A\subseteq\mathscr{P}$. 若存在 $a\in\mathscr{P}$,使对 A 中任意元 x,均有 $x\leqslant a$(或 $\geqslant a$),则称 a 为 A 的上界(下界). 上界中的最小元素称为 A 的上限(或称上确界),记为 $\sup A$;下界中的最大元素称为 A 的下限(或称下确界),记为 $\inf A$. 对于 $\mathscr{P}$ 中的元素 x,y 来说,若 x,y 的上限(下限)存在,则记为 $x\vee y(x\wedge y)$.

在半序集 $(L,\leqslant)$ 中,对任意 $x,y\in L$,若 $x\vee y,x\wedge y$ 均存在,则称 $(L,\leqslant)$ 为格.

在格 $(L,\leqslant)$ 中,三个条件 $x\leqslant y,x\vee y=y,x\wedge y=x$ 是相互等价的. 若将"$\vee$"、"$\wedge$"看成是在集 L 上定义的二元运算,则这两种运算具有如下性质:

① 交换律 $x\vee y=y\vee x,x\wedge y=y\wedge x$;

② 结合律 $(x\vee y)\vee z=x\vee(y\vee z),(x\wedge y)\wedge z=x\wedge(y\wedge z)$;

③ 吸收律 $x\vee(x\wedge y)=x,x\wedge(x\vee y)=x$.

因此,格 $(L,\leqslant)$ 亦称为具有"$\wedge$"、"$\vee$"两种运算的代数系统,有时记为 $(L,\leqslant,\vee,\wedge)$,或简记为 $(L,\vee,\wedge)$.

若格 $(L,\leqslant)$ 中,对任意 $A\subseteq L$ 都存在 $\sup A$ 及 $\inf A$,则称 $(L,\leqslant)$ 为完全格(或完备格).

若格 $(L,\leqslant,\vee,\wedge)$ 满足分配律
$$x\vee(y\wedge z)=(x\vee y)\wedge(x\vee z)\quad x\wedge(y\vee z)=(x\wedge y)\vee(x\wedge z)$$
则称之为分配格.

在格 $(L,\leqslant,\vee,\wedge)$ 中,若存在最大元 1 及最小元 0,且对任意 $x\in L$ 存在 $y\in L$,使 $x\vee y=1, x\wedge y=0$,则称 $(L,\leqslant)$ 为有补格,并称 y 为 x 的补元,记为 $\bar{x}$.

若格 $(L,\leqslant)$ 有补格和分配格,则称 $(L,\leqslant)$ 为布尔格(布尔代数).在布尔格中,对每个元素来说,只有一个补元.

例 2 设 $S=\{a,b,c\}$,则
$$\mathscr{P}(S)=\{\emptyset,\{a\},\{b\},\{c\},\{a,c\},\{a,b\},\{b,c\},\{a,b,c\}\}$$

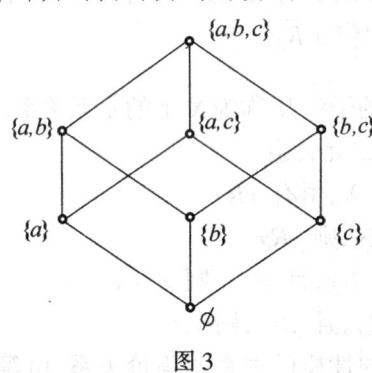

图 3

显然,$\mathscr{P}(S)$ 在包含关系 $\subseteq$ 下构成半序集 $(\mathscr{P}(S),\leqslant)$,故 $(\mathscr{P}(S),\leqslant)$ 是布尔格,如图 3 所示. $\{a\},\{b\},\{c\}$ 的补元分别是 $\{b,c\},\{a,c\},\{a,b\}$.

具有最大元 1 和最小元 0 的分配格,如果满足复原律和对偶律,则称此格为软代数.

习 题

1. 设已知下列各集合:
$$A=\{x\mid x\in I, x<10\},\quad B=\{x\mid x\in I, x>3\}$$
$$C=\{x\mid x\text{ 是一个英文字母}\},\quad D=\{a,b,c,d,1,2,3,4,5\}$$
式中 I 为整数集.试在下面的空格上填进一个适当的元素.

(1) ＿＿＿ $\in A$;   (2) ＿＿＿ $\in D$;
(3) ＿＿＿ $\in A$ 但 $\bar{\in} D$;   (4) ＿＿＿ $\in C$ 同时 $\in D$;
(5) ＿＿＿ $\in A$ 同时 $\in B$;   (6) ＿＿＿ $\in B$ 但 $\bar{\in} A$;
(7) ＿＿＿ $\in B$ 但 $\bar{\in} C$;   (8) ＿＿＿ $\in A, \in B$ 但 $\bar{\in} D$.

2. 指出下列论断哪些是正确的,哪些是错误的.($\emptyset$ 是空集,A 是任意非空集)

(1) $\emptyset \in A$;   (2) $\{\emptyset\}\subseteq A$;
(3) $\emptyset \subseteq A$;   (4) $\{\emptyset\}\in A$;
(5) $\emptyset \in \mathscr{P}(A)$;   (6) $\{\emptyset\}\in \mathscr{P}(A)$;
(7) $A\in \mathscr{P}(A)$;   (8) $\{\emptyset\}\subseteq \mathscr{P}(A)$.

(9) $A \subseteq \mathscr{P}(A)$;　　(10) $\{A\} \in \mathscr{P}(A)$.

3. $A = \{0,1,2,3,4,5\}$ 上关系:

　　$R_1 = \{(0,0),(1,1),(0,1),(2,2),(3,3),(1,2),(1,3),(2,1),(2,3),(3,1),(3,2),$
　　　　$(4,4),(5,5)\}$;

　　$R_2 = \{(0,0)(0,1),(1,0),(1,1),(2,2),(3,3),(2,3)(3,2),(4,4),(5,5)\}$;

　　$R_3 = \{(0,1),(1,0),(1,1),(2,2),(4,3),(3,4),(3,3),(3,5),(5,5),(5,3),(4,5)\}$;

　　$R_4 = \{(0,0),(1,1),(2,3),(2,2),(3,3),(1,2),(1,3),(2,1),(3,1),(3,2),(4,4),(5,5)\}$

其中,哪些是等价关系?

4. 有人说由对称律和传递律可推出自反律,故可取消自反律.他的证明是:"若 aRb,则 bRa(对称性);若 aRb,bRa,则 aRa(传递律).故对任意 a,恒有 aRa(即自反律)."你的意见如何?

5. 设 $A = \{1,2,3,\cdots,100\}$,试找一个从 $A \times A$ 到 A 的映射.在这个映射下,是不是 A 的每一个元都是 $A \times A$ 的一个元的像?

6. 设 $f:X \longrightarrow Y$ 是从 $V_1 = (X,\circ)$ 到 $V_2 = (Y,*)$ 的同态, $g:Y \longrightarrow Z$ 是从 V_2 到 $V_3 = (Z,\times)$ 的同态,其中运算$\circ$、$*$ 及 $\times$ 都是二元运算.试证明:$g \circ f:X \longrightarrow Z$ 是从 V_1 到 V_3 的同态.

7. 设 $A = \{1,2,3\}$, $B = \{4,5,6\}$,并且下表

	1	2	3
1	3	3	3
2	3	3	3
3	3	3	3

	4	5	6
4	6	6	6
5	6	6	6
6	6	6	6

各是 A 与 B 的代数运算$\circ$与 $*$ 的表.问映射

$$1 \longrightarrow 4, \quad 2 \longrightarrow 5, \quad 3 \longrightarrow 6$$

是一个 A 与 B 的同构映射吗?

8. 设 $S_6 = \{1,2,3,6\}$, $S_8 = \{1,2,4,8\}$, $S_{24} = \{1,2,3,4,6,8,12,24\}$, "$\leqslant$"是整除关系.试画出偏序集 $(S_6,\leqslant)$、$(S_8,\leqslant)$、$(S_{24},\leqslant)$ 的次序图.它们是格吗?图4所给出的3个图是格吗?若是格,它是分配格吗?

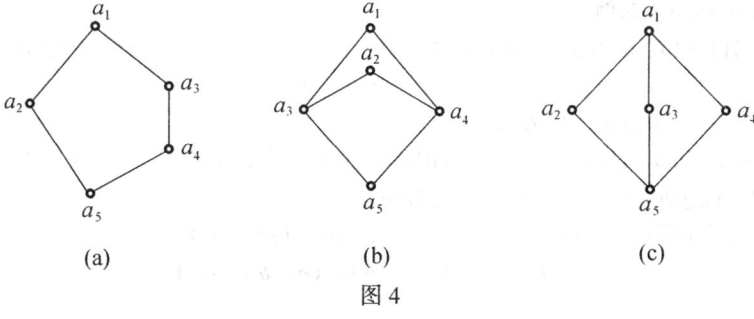

图 4

习题答案或提示

这里给出答案或提示解题思路,对较难的题给出了解题的主要过程,供学习时参考.

习 题 1

1. "小的数"的F集　　　$A = 1/1 + 0.8/2 + 0.6/3 + 0.4/4 + 0.2/5$

   "接近10"的F集　　　$B = \dfrac{0.4}{7} + \dfrac{0.6}{8} + \dfrac{0.8}{9} + \dfrac{1}{10}$

2. "比5大得多"的F集　　　$A(x) = \dfrac{1}{1 + \left(\dfrac{50}{x-5}\right)^2}$

3. $A \cup B = (0.5, 0.4, 0.9, 1, 0.8), A \cap B = (0.1, 0.1, 0, 0.7, 0.2)$
   $(A \cup B) \cap C = (0.5, 0.2, 0.9, 0.4, 0.3), A^c = (0.5, 0.9, 1.0, 0, 0.2)$

4. $(A \cup B)(x) = e^{-\left(\frac{x-1}{2}\right)^2} \vee e^{-\left(\frac{x-2}{2}\right)^2}$

$$= \begin{cases} e^{-\left(\frac{x-1}{2}\right)^2} & -\infty < x \leq 1.5 \\ e^{-\left(\frac{x-2}{2}\right)^2} & 1.5 < x < +\infty \end{cases}$$

$(A \cap B)(x) = e^{-\left(\frac{x-1}{2}\right)^2} \wedge e^{-\left(\frac{x-2}{2}\right)^2} = \begin{cases} e^{-\left(\frac{x-2}{2}\right)^2} & -\infty < x \leq 1.5 \\ e^{-\left(\frac{x-1}{2}\right)^2} & 1.5 < x < +\infty \end{cases}$

$$A^c(x) = 1 - e^{-\left(\frac{x-1}{2}\right)^2} \quad -\infty < x < +\infty$$

5. 应用"并"、"交"、"补"运算的定义,证明等式的F集的隶属度相等.以⑤为例,$\forall u \in U$.

$$[(\bigcup_t B_t) \cap C](u) = (\bigcup_t B_t)(u) \wedge C(u) = (\bigvee_t B_t(u)) \wedge C(u) =$$

$$\bigvee_t [B_t(u) \wedge C(u)] = \bigvee_t (B_t \cap C)(u) = [\bigcup_t (B_t \cap C)](u)$$

即

$$(\bigcup_t B_t) \cap C = \bigcup_t (B_t \cap C)$$

其中 $\bigvee_t [B_t(u) \wedge C(u)]$ 可理解为"由于 $C(u)$ 的值与 t 无关,故 $[B_t(u) \wedge C(u)]$ 对 t 取大,实质是只对 $B_t(u)$ 取大",所以等式 $(\bigvee_t B_t(u)) \wedge C(u) = \bigvee_t [B_t(u) \wedge C(u)]$ 成立.

6. (1) $(A \cap ((B \cap C) \cup (A^c \cap C^c))) \cup C^c = (A \cap B \cap C) \cup (A \cap A^c \cap C^c) \cup C^c$
    $= (A \cap B \cap C) \cup (A \cup C^c) \cap ((A^c \cap C^c) \cup C^c) = (A \cap B \cap C) \cup ((A \cup C^c) \cap C^c)$
    $= (A \cap B \cap C) \cup C^c$

   (2) 应用分配律、结合律和吸收律,证明等式左边等于右边.

7. (1) 以 $a \cdot b \geq a \odot b$ 为例.

   由 $(1-a)(1-b) \geq 0$,得 $a \cdot b \geq a + b - 1$.故 $a \cdot b \geq (a+b-1) \vee 0$ (因 $a \cdot b \geq 0$)

即

$$a \cdot b \geq a \odot b$$

   (2) 以 $a \vee b = a \oplus (a^c \odot b)$ 为例.

   $a \oplus (a^c \odot b) = a \oplus ((a^c + b - 1) \vee 0) = a \oplus ((b-a) \vee 0) = [a + ((b-a) \vee 0)] \wedge 1 = a \vee b$

8. 仅证　(1) $(a \oplus b) \oplus c = a \oplus (b \oplus c)$,　(2) $(a \oplus b)^c = a^c \odot b^c$

   (1) 式左边 $(a \oplus b) \oplus c = ((a+b) \wedge 1) \oplus c = [((a+b) \wedge 1) + c] \wedge 1$
   $= [(a+b+c) \wedge (1+c)] \wedge 1 = (a+b+c) \wedge 1$

(1)式右边 $a \oplus (b \oplus c) = a \oplus ((b+c) \wedge 1) = (a + ((b+c) \wedge 1)) \wedge 1$
$= [(a+b+c) \wedge (a+1)] \wedge 1 = (a+b+c) \wedge 1$

所以(1)式成立.

(2)式左边 $(a \oplus b)^c = 1 - (a \oplus b) = 1 - ((a+b) \wedge 1) = (1-(a+b)) \vee (1-1) = 1-(a+b) \vee 0$
$= [(1-a) + (1-b) - 1] \vee 0 = (a^c + b^c - 1) \vee 0 = a^c \odot b^c =$ (2)式右边.

9. 只要验证 $T^{(\lambda)}(a,b)$、$S^{(\lambda)}(a,b)$ 分别满足 T 范数和 S 范数的定义中的条件便可.

10. 参考结合律的证明(见 1.4 节例 1).

11. 由第 10 题便得.

12.(1)由定义知,$0 \leqslant S(a,b) \leqslant 1$,故只需证 $a \vee b \leqslant S(a,b)$,由边界条件及单调性,得 $a = S(a,0) \leqslant S(a,b)$, $b = S(0,b) \leqslant S(a,b)$,因此 $a \vee b \leqslant S(a,b) \leqslant 1$.

(2)由(1)得 $a \vee 1 \leqslant S(a,1) \leqslant 1$,故 $S(a,1) = 1$.

13. $A_{0.1} = \{a,b,c,d,e\}$; $A_{0.5} = \{b,c,d,e\}$; $A_{0.6} = \{c,d,e\}$; $A_{0.7} = \{d,e\}$.

14. $A_{\frac{1}{e}} = \{x \mid e^{-x^2} \geqslant \frac{1}{e}\} = [-1,1]$; $A_1 = \{0\}$; $A_0 = (-\infty, +\infty)$.

15. 证(2)式,$\forall u \in U, u \in (\bigcap_{t \in T} A_t)_\lambda \iff (\bigcap_{t \in T} A_t)(u) > \lambda \iff \bigwedge_{t \in T} A_t(u) > \lambda$
$\implies \forall t \in T, A_t(u) > \lambda \iff \forall t \in T, u \in (A_t)_\lambda \iff u \in \bigcap_{t \in T} (A_t)_{\dot{\lambda}}$

即 $(\bigcap_{t \in T} A_t)_{\dot{\lambda}} \subseteq \bigcap_{t \in T} (A_t)_{\dot{\lambda}}$

16. 类似 1.5 节的性质 3.

17. 证(1)式,$\forall u \in U, u \in (A^c)_\lambda \iff A^c(u) \geqslant \lambda \iff 1 - A(u) \geqslant \lambda$
$\iff A(u) \leqslant 1 - \lambda \iff u \in \overline{A_{1-\lambda}} \iff u \in (A_{1-\lambda})^c$

即 $(A^c)_\lambda = (A_{1-\lambda})^c$

18. 仅证充分条件(反证法).
若 $\exists u_0, A(u_0) \geqslant \lambda > B(u_0)$,则 $u_0 \in A_\lambda \iff A(u_0) \geqslant \lambda \implies B(u_0) < \lambda \iff u_0 \overline{\in} B_\lambda$
这与已知 $A_\lambda \subseteq B_\lambda$ 矛盾.因此 $\forall u \subset U, A(u) \leqslant B(u)$,即 $A \subseteq B$.

19. 仅证(3)式必要条件
$\text{Supp} A \cap \text{Supp} B = \{u \mid A(u) > 0\} \cap \{u \mid B(u) > 0\} = \{u \mid A(u) \wedge B(u) > 0\}$

已知 $A \cap B = \emptyset$,故 $\forall u \in U, A(u) \wedge B(u) = 0$.

即 $\forall u \in U, u \overline{\in} \text{Supp} A \cap \text{Supp} B$,所以 $\text{Supp} A \cap \text{Supp} B = \emptyset$.

20. 根据 $A(x) = \sup\{\lambda \mid x \in A_\lambda\}$,求得

$$A(x) = \begin{cases} 0 & \text{当 } 0 \leqslant x < 3 \\ \frac{3}{5} \vee \frac{x}{5} = \frac{x}{5} & \text{当 } 3 \leqslant x < 5 \\ \frac{3}{5} \vee 1 = 1 & \text{当 } 5 \leqslant x \leqslant 10 \end{cases}$$

$\text{Supp} A = [3,10]$, $\text{Ker} A = [5,10]$

21. $A = \frac{0.1}{a} + \frac{0.3}{b} + \frac{0.7}{c} + \frac{0.8}{d} + \frac{0.5}{c}$ 22. 应用分解定理和 1.5 节的性质 2.

23. 与 $A = \bigcup_{\lambda \in [0,1]} \lambda A_\lambda$ 的证明类似.

24. $\forall \alpha > \lambda, A_\alpha \subseteq H(\alpha) \subseteq A_\alpha \subseteq A_\lambda \implies \bigcup_{\alpha > \lambda} H(\alpha) \subseteq A_\lambda$

而 $\bigcup_{\alpha > \lambda} H(\alpha) \supseteq \bigcup_{\alpha > \lambda} A_\alpha = A(\bigwedge_{\alpha > \lambda} \alpha) = A_\lambda$,因此 $A_{\dot{\lambda}} = \bigcup_{\alpha > \lambda} H(\alpha)$.

25. $A = (0.5, 0.8, 0.2, 0.6, 1, 1)$

$$A_\lambda = \begin{cases} \{1,2,3,4,5,6\} & 当 0 \leq \lambda \leq 0.2 \\ \{1,2,4,5,6\} & 当 0.2 < \lambda \leq 0.5 \\ \{2,4,5,6\} & 当 0.5 < \lambda \leq 0.6 \\ \{2,5,6\} & 当 0.6 < \lambda \leq 0.8 \\ \{5,6\} & 当 0.8 < \lambda \leq 1 \end{cases}$$

26. 集合套 $H(\lambda) = [\lambda^2 - 1, 1 - \lambda^2]$ 随两端点的变化而变化,所以只需考虑 $x = \lambda^2 - 1$ 和 $x = 1 - \lambda^2$ 的情况,通过计算得

$$A(x) = \begin{cases} \sqrt{1+x} & 当 -1 \leq x < 0 \\ \sqrt{1-x} & 当 1 \leq x < 1 \end{cases}$$

27. $A = 0.5/u_1 + 0.3/u_3 + 0.7/u_4 + 0.5/u_5$, $A_{0.5} = \{u_1, u_4, u_5\}$, $A_{0.5} = \{u_4\}$, $H(0.5) = (0,0,0,1,1)$ 或 $A_{0.5} = (1,0,0,1,1), A_{0.5} = (0,0,0,1,0)$.

28. $d(A) = 0.56$

29. 因 $S_2(A) - S_1(A) = 1 - \dfrac{2}{\beta - \alpha} \left[\int_{x \in A_{\frac{1}{2}}} \left(A(x) - \dfrac{1}{2}\right) dx + \int_{x \in A_{\frac{1}{2}}} \left(\dfrac{1}{2} - A(x)\right) dx \right] - \left[\dfrac{2}{\beta - \alpha} \int_{x \in A_{\frac{1}{2}}} (1 - A(x)) dx + \dfrac{2}{\beta - \alpha} \int_{x \in A_{\frac{1}{2}}} A(x) dx \right] = 1 - \left(\dfrac{2}{\beta - \alpha} \int_{x \in A_{\frac{1}{2}}} \dfrac{1}{2} dx + \dfrac{2}{\beta - \alpha} \int_{x \in A_{\frac{1}{2}}} \dfrac{1}{2} dx \right) = 1 - \dfrac{2}{\beta - \alpha} \int_\alpha^\beta \dfrac{1}{2} dx = 0$

习 题 2

1. 海明贴近度为 0.76,格贴近度是 0.7.

2. 欧几里得贴近度是 0.6.

3. 格贴近度是 0.5. 令 $A(x) = B(x)$,得交点 $x^* = 1.5$. 黎曼贴近度 $N_1(A,B) = \dfrac{\int_0^{1.5} B(x) dx + \int_{1.5}^3 A(x) dx}{\int_0^{1.5} A(x) dx + \int_{1.5}^3 B(x) dx}$.

4. (1) $x = a - \sigma, x = a + \sigma, x = a$

(2) 设 $a_1 < a_2$,求得 $A(x)$ 与 $B(x)$ 的交点 $x^* = \dfrac{a_2 \sigma_1 + a_1 \sigma_2}{\sigma_1 + \sigma_2}$, $N(A,B) = -\dfrac{1}{\sigma_1} x^* + \dfrac{\sigma_1 + a_1}{\sigma_1}$.

5. 应用贴近度的定义并参照引理 1 的证明.

6. 均为 $e^{-\frac{1}{4}}$.

7. 以(1)为例.

$(A \cup B) \circ C = \bigvee_u ((A \cup B)(u) \wedge C(u)) = \bigvee_u (A(u) \vee B(u) \wedge C(u))$
$= [\bigvee_u (A(u) \wedge C(u))] \vee [\bigvee_u (B(u) \wedge C(u))] = (A \circ C) \vee (B \circ C)$

8. 以(1)为例. 已知 $A \hat{\circ} C = (A^c \circ C^c)^c$
$(A \cap B) \hat{\circ} C = [(A \cap B)^c \circ C^c]^c = [(A^c \cup B^c) \circ C^c]^c = [(A^c \circ C^c) \vee (B^c \circ C^c)]^c$
$= (1 - A^c \circ C^c) \wedge (1 - B^c \circ C^c) = (A^c \circ C^c)^c \wedge (B^c \circ C^c)^c = (A \hat{\circ} C) \wedge (B \hat{\circ} C)$

9. B_1 最接近 A_2, B_2 最接近 A_1.

10. x_0 属高肥丰产亲本.

11. 所给三角形为近似等腰直角三角形.

习题答案或提示

12. $[快] = (0, 0, 0, 0, 0, 0, 0, 0.26, 0.34, 0.54, 0.73, 0.87, 1, 1, 1)$
    $[中] = (0, 0, 0, 0.13, 0.59, 0.94, 1, 1, 0.93, 0.72, 0.35, 0.19, 0, 0, 0)$
    $[慢] = (1, 1, 1, 0.95, 0.69, 0.52, 0.29, 0.13, 0, 0, 0, 0, 0, 0, 0)$

13. 参照 2.6.1 节的 F 分布方法.

14. 小雨、中雨、大雨的隶属函数分别是

$$A_1(x) = 1 - \phi\left(\frac{x-1}{2}\right), \quad A_2(x) = \phi\left(\frac{x-2}{2}\right)$$

$$A_3(x) = 1 - A_1(x) - A_2(x)$$

其中
$$\phi(x) = \frac{1}{\sqrt{2\pi}} \int_{-\infty}^{x} e^{-\frac{t^2}{2}} dt$$

习 题 3

1. $R(u_1, v_2) = 0$, $R(u_1, v_4) = 0.1$, $R = \begin{bmatrix} 0.3 & 0 & 0.6 & 0.1 \\ 0 & 0.7 & 0.1 & 0.1 \\ 0.2 & 0.2 & 0.5 & 0 \end{bmatrix}$,

$R(u_2, v_2) = 0.7$, $R(u_3, v_1) = 0.2$.

2. $(R_1 \cup R_2)^c(3, 2) = 1 - (R_1(3,2) \vee R_2(3,2)) = 1 - \frac{1}{e}$

$(R_1^c \cap R_2^c)(3, 2) = 1 - \frac{1}{e}$

3. (2) $R_1 \cup R_2 = \begin{bmatrix} 0.7 & 0.2 & 0.8 \\ 0.9 & 0.5 & 0.6 \\ 1 & 0.5 & 0.3 \end{bmatrix}$, $(R_1 \cap R_2)^c = \begin{bmatrix} 0.9 & 1 & 0.6 \\ 0.7 & 0.9 & 1 \\ 1 & 0.6 & 0.8 \end{bmatrix}$

$R_1^c = \begin{bmatrix} 0.9 & 1 & 0.2 \\ 0.1 & 0.5 & 1 \\ 1 & 0.6 & 0.7 \end{bmatrix}$

4. 以(3)为例.
$$S \cup (\bigcap_{t \in T} R^{(t)}) = (s_{ij}) \cup (\bigwedge_{t \in T} r_{ij}^{(t)}) = (s_{ij} \vee (\bigwedge_{t \in T} r_{ij}^{(t)}))$$
$$= (\bigwedge_{t \in T} (s_{ij} \vee r_{ij}^{(t)})) = \bigcap_{t \in T} (S \cup R^{(t)})$$

5. $(R \cup R^T)^T = R^T \cup (R^T)^T = R^T \cup R$

6. $A \cup B \supseteq I \cup B \supseteq I$

7. (1)
$$R_{0.5} = \begin{bmatrix} 1 & 1 & 1 & 1 \\ 1 & 1 & 1 & 1 \\ 1 & 0 & 0 & 0 \end{bmatrix}, \quad R_{0.9} = \begin{bmatrix} 0 & 0 & 0 & 0 \\ 0 & 1 & 1 & 0 \\ 0 & 0 & 0 & 0 \end{bmatrix}$$

$$R_{0.4} = \begin{bmatrix} 1 & 1 & 1 & 1 \\ 1 & 1 & 1 & 1 \\ 1 & 0 & 0 & 0 \end{bmatrix}, \quad R_{0.9} = \begin{bmatrix} 0 & 0 & 0 & 0 \\ 0 & 0 & 1 & 0 \\ 0 & 0 & 0 & 0 \end{bmatrix}$$

(2) u_3, v_1 在 $R_{0.5}$ 和 $R_{0.4}$ 的截关系上有关.

(3) u_2, v_4 对 $R_{0.8}, R_{0.9} \cup R_{0.2}$ 有关.

8. $u = \sqrt{\ln 2}, v = 0$ 对 $R_{0.5}$ 来说有关; $u = 1 + \sqrt{\ln 3}, v = 1$ 对 $R_{0.5}$ 来说无关.

9. (1) $\forall i, j, (q_{ij} \wedge r_{ij})(\lambda) = q_{ij}(\lambda) \wedge r_{ij}(\lambda)$

$(2)(v,u)\in(R^T)_\lambda \Longleftrightarrow R^T(v,u)\geqslant\lambda \Longleftrightarrow R(u,v)\geqslant\lambda \Longleftrightarrow (v,u)\in(R_\lambda)^T$

10. $((Q\cap R)\circ S)(v,w) = \bigvee_v ((Q\cap R)(u,v)\wedge S(v,w)$

$= \bigvee_v (Q(u,v)\wedge S(v,w)\wedge R(u,v)\wedge S(v,w))$

$\leqslant [\bigvee_v (Q(u,v)\wedge S(v,w))]\wedge [\bigvee_v (R(u,v)\wedge S(v,w))]$

$= (Q\circ S \cap R\circ S)(u,w)$

11. $A\supseteq I \Longrightarrow A^2\supseteq A \Longrightarrow \supseteq A^n\supseteq I$

12. $(A^n)^T = (A^T)^n = R^n$, 故 A^n 对称.

13. $R_1 \circ R_2 = \begin{bmatrix} 0.8 & 1 \\ 0.6 & 0.5 \\ 0.8 & 0.9 \end{bmatrix}$, $R_1 \circ R_2^c = \begin{bmatrix} 0.4 & 0.5 \\ 0.4 & 0.6 \\ 0.7 & 0.4 \end{bmatrix}$, $(R_1)_{0.6}\circ (R_2)_{0.6} = \begin{bmatrix} 1 & 1 \\ 1 & 0 \\ 1 & 1 \end{bmatrix}$

14. $(R_1\circ R_2)(u,w) = \bigvee_v (R_1(u,v)\wedge R_2(v,w)) = R_1(u,v*) = e^{-k\left(\frac{u-w}{2}\right)^2}$

15. $(Q\circ R)^T = Q\circ R \Longleftrightarrow R^T\circ Q^T = Q\circ R \Longleftrightarrow R\circ Q = Q\circ R$

16. R 是 F 关系(不一定是 F 矩阵)时,有 $(R^n)^T = (R^T)^n$.

17. $(Q\cap R)\circ(Q\cap R)\subseteq (Q\circ(Q\cap R))\cap (R\circ(Q\cap R))$

$\subseteq (Q\circ Q)\cap(Q\circ R)\cap(R\circ Q)\cap(R\circ R)\subseteq Q^2\cap R^2 \subseteq Q\cap R$

18. $\hat{R} = \begin{bmatrix} 1 & 0.7 & 0.9 & 0.8 \\ 0.7 & 1 & 0.7 & 0.7 \\ 0.9 & 0.7 & 1 & 0.8 \\ 0.8 & 0.7 & 0.8 & 1 \end{bmatrix}$

19. (1) 由 R 自反 $\Longrightarrow R^n\supseteq R$, 于是有

$\hat{R}(u,v) = (\bigcup_{k=1}^\infty R^k)(u,v) = \lim_{u\to\infty}(\bigcup_{k=1}^n R^k)(u,v) = \lim_{n\to\infty} R^n(u,v)$

(2) 由 R 传递 $\Longrightarrow R\supseteq \hat{R}$, 而由 $\hat{R} \Longrightarrow \hat{R}\supseteq R$, 故 $\hat{R} = R$.

20. 由 $(R^n)_a = (R_a)^n$ 和 $\hat{R} = R^n$ 容易推得.

21. 证明:① $Q\cap R\supseteq I$; ② $(Q\cap R)^T = Q\cap R$; ③ $(Q\cap R)^2 \subseteq Q\cap R$.

22. 因为 $\bigcup_{k=1}^{m+i-1} R^k \supseteq R^m\cup R^{m+1}\cup\cdots\cup^{m+i-1}$

$= R^{m+i}\cup R^{(m+i)+1}\cup\cdots\cup R^{(m+i)+(i-1)}$

即 $\bigcup_{k=1}^{m+i-1} R^k$ 包含了 R^{m+i-1} 后面的所有项.

23. $\hat{R} = \begin{bmatrix} 1 & 0.8 & 0.4 & 0.5 & 0.8 \\ 0.8 & 1 & 0.4 & 0.5 & 0.9 \\ 0.4 & 0.4 & 1 & 0.4 & 0.4 \\ 0.5 & 0.5 & 0.4 & 1 & 0.5 \\ 0.8 & 0.9 & 0.4 & 0.5 & 1 \end{bmatrix}$, $\{u_1,u_2,u_5\},\{u_3\},\{u_4\}$

24. 用绝对值减数法建立相似关系,然后再用平方法求等价关系.

习 题 4

1. $f(u_1) = (0.1, 0.3, 0.5, 0.9), f(u_2) = (1, 0.7, 0.2, 0.3), f(u_3) = (1, 0.2, 0.1, 1)$

$R|_{v_1} = \begin{bmatrix} 0.1 \\ 1 \\ 0 \end{bmatrix}$, $R|_{v_2} = \begin{bmatrix} 0.3 \\ 0.7 \\ 0.2 \end{bmatrix}$

2. $f(u)(v) = \dfrac{1}{1+k(u-v)^2}$, $R|_{u=0} = \dfrac{1}{1+kv^2}$

3. 以(1)为例,
$$(Q \cup R)|_u(v) = (Q \cup R)(u,v) = Q(u,v) \vee R(u,v) = Q|_u(v) \vee R|_u(v) = (Q|_u \cup R|_u)(v)$$

4. $T_R(A)(y) = \bigvee\limits_{x}(A(x) \wedge R(x,y)) = e^{-\frac{1}{9}y^2}$

5. $T_R(A) = (1,0,1,1)$ 或 $T_R(A) = \{v_1, v_3, v_4\}$, $T_R(B) = (0.5, 0.3, 0.5, 0)$

6. $T_R(A) = (0.2, 1, 0.3, 0.2)$, $T_R(B) = (0.4, 0.5, 0.3, 0.6)$

7. $T_f(A) = (1, 0.3, 0.5, 1)$, $T_f(B) = (0.7, 0.3, 0.3, 0.9)$

8. $T_R(A)(y) = \bigvee\limits_{x}(A(x) \wedge R(x,y)) = \begin{cases} \bigvee A(x) & R(x,y) = 1 \\ 0 & R(x,y) = 0 \end{cases}$

9. (1) $T(\bigcup\limits_{t \in I} A^{(t)})(v) = \bigvee\limits_{u}((\bigcup\limits_{t} A^{(t)})(u) \wedge T(u,v)) = \bigvee\limits_{u}((\bigvee\limits_{t} A^{(t)}(u)) \wedge T(u,v))$
$= \bigvee\limits_{t}(\bigvee\limits_{u}(A^{(t)}(u) \wedge T(u,v))) = \bigvee\limits_{t} T(A^{(t)})(v) = (\bigcup\limits_{t} T(A^{(t)}))(v)$

(3) 由 $B \supseteq A$, 得 $B = B \cup A$, 于是有 $T(B) = T(B \cup A) = T(B) \cup T(A)$, 故 $T(B) \supseteq T(A)$.

10. $A = \bigcup\limits_{u \in A}\{u\}, f(A) = f(\bigcup\limits_{u \in A}\{u\}) = \bigcup\limits_{u \in A} f(\{u\})$

11. $T(A)(v) = \bigvee\limits_{u \in U}(A(u) \wedge T(u,v)) = \bigvee\limits_{u \in U}(1 \wedge T(u,v))$
$= [\bigvee\limits_{u \in A}(1 \wedge (T(u,v)))] \vee [\bigvee\limits_{u \notin A}(0 \wedge T(u,v))] = \bigvee\limits_{u \in A} T(u,v)$

12. 应用 4.2 节定理 3 和第 9 题(3).

13. 按权重 A_1 评价,产品属较好的等级;按权重 A_2 评价,产品属较差的等级.

14. 选 A_1.

15. $X = (0.5, [0, 0.5], [0, 1], [0, 1]) \cup ([0, 0.5], 0.5, [0, 1], [0, 1]) \cup ([0, 0.5], [0, 0.5], [0.5, 1], [0, 1])$

16. 类似 4.4 节的例子的方法.

习 题 5

1. $f(A) = (0.6, 1, 0)$, $f^{-1}(f(A)) = (0.6, 1, 1, 0.6, 0.6, 0.6)$
$f(A^c) = (1, 0.6, 0)$, $f(A \cup A') = (1, 1, 0)$
$f(\{a, b\}) = \{x, y\}$ 或 $f(\{a, b\}) = (1, 1, 0)$
$f(\{b, c\}) = \{y\}$ 或 $f(\{b, c\}) = (0, 1, 0)$
$f(A)_{0.6} = \{x, y\}$ 或 $f(A)_{0.6} = (1, 1, 0)$

2. $f(A)(y) = \bigvee\limits_{f(x)=y} A(x) = A(x) = \begin{cases} x-1 & 1 < x \leq 2 \\ 3-x & 2 < x < 3 \\ 0 & \text{其他} \end{cases} = \begin{cases} 2y-1 & \frac{1}{2} < y \leq 1 \\ 3-2y & 1 < y < \frac{3}{2} \\ 0 & \text{其他} \end{cases}$

3. 在 $(-3, 1)$ 上,一个 y 对应两个 x:
$$x_1 = \sqrt{2(y-1)} - 1, \quad x_2 = -\sqrt{2(y-1)} - 1$$

当 $1 < y \leq \dfrac{3}{2}$ 时,$A(x_1) > A(x_2)$;

当 $\dfrac{3}{2} < y < 3$ 时,仍有 $A(x_1) > A(x_2)$.

$$f(A)(y) = \begin{cases} \frac{2}{3} + \frac{1}{3}\sqrt{2(y-1)} & 1 \leq y \leq \frac{3}{2} \\ 2 - \sqrt{2(y-1)} & \frac{3}{2} < y < 3 \\ 0 & 其他 \end{cases}$$

4. 以第一式为例. $\forall u \in f^{-1}(V)$,

$u \in f^{-1}(B)_\lambda \Longleftrightarrow f^{-1}(B)(u) \geq \lambda \Longleftrightarrow (B(v) \geq \lambda, v = f(u))$
$\Longleftrightarrow (v \in B_\lambda, u = f^{-1}(v)) \Longleftrightarrow u \in f^{-1}(B_\lambda)$

5. $f(A) = \bigcup_{\lambda \in [0,1]} \lambda f(A)_\lambda = \bigcup_{\lambda \in [0,1]} \lambda f(A_\lambda)$

6. $f(A_1 \cup A_2)(v) = \bigvee_{f(u)=v}(A_1 \cup A_2)(u) = \bigvee_{f(u)=v}(A_1(u) \vee A_2(u))$
$= [\bigvee_{f(u)=v} A_1(u)] \vee [\bigvee_{f(u)=v} A_2(u)] = (f(A_1) \cup f(A_2))(v)$

(1)式得证,(2)式证明类似.

7. (1) 即 $B = \emptyset \Longrightarrow f^{-1}(B) = \emptyset$,应用扩张原理证明 $f^{-1}(B)(u) = 0$.

(2) f 满射,即 $\forall v \in V$,有 $v = f(u)$,再由扩张原理便可推得.

(3) $f^{-1}(B)(u) = B(v) \leq B'(v) = f^{-1}(B')(u)$

问:此题反过来结论成立否?

(4)、(5)、(6)应用扩张原理不难推得.

8. 以第一式为例.

$(\bigcup_{\lambda \in [0,1]} \lambda f(A_\lambda))(v) = \bigvee_{\lambda \in [0,1]}(\lambda \wedge f(A_\lambda)(v)) = \bigvee_{\lambda \in [0,1]}(\lambda \wedge (\bigvee_{f(u)=v} A_\lambda(u)))$
$= \bigvee_{f(u)=v}(\bigvee_{\lambda \in [0,1]}(\lambda \wedge A_\lambda(u))) = \bigvee_{f(u)=v} A(u)$

9. 以第一式为例. 若 $v \in f(U)$,则

$$f(f^{-1}(B))(v) = \bigvee_{u \in f^{-1}(v)} f^{-1}(B)(u) = B(v)$$

若 $v \notin f(U)$,则 $f(f^{-1}(B))(v) = 0$,但 $B(v) \geq 0$.因此,$f(f^{-1}(B))(v) \leq B(v)$.

10. $f(A_1 \cup A_2, B_1 \cup B_2)(v)$
$= \bigvee_{f(u)=v}((A_1 \cup A_2)(u_1) \wedge (B_1 \cup B_2)(u_2))$
$= \bigvee_{f(u)=v}[(A_1(u_1) \wedge B_1(u_2)) \vee (A_1(u_1) \wedge B_2(u_2)) \vee (A_2(u_1) \wedge B_1(u_2)) \vee (A_2(u_1) \wedge B_2(u_2))]$
$= f(A_1, B_1)(v) \vee f(A_1, B_2)(v) \vee f(A_2, B_1)(v) \vee f(A_2, B_2)(v)$

11. (1) $[10,19]$ (2) $[\frac{3}{4}, \frac{15}{2}]$ (3) $[-18, 72]$ (4) $[-26, 91]$

(5) $[-2,3] \vee [5,6] = \{z | z = x \vee y, x \in [-2,3], y \in [5,6]\} = [-2 \vee 5, 3 \vee 6] = [5,6]$

(6) $[-2, 7]$

12. $[0,3] \vee [1,4] = [1,4] \Rightarrow [0,3] \leq [1,4], [2,3] \cdot [-2,1] \leq [-4,6], [2,3] \cdot [-2,2] \geq [-2,4] \cdot [-2,1]$

13. 按区间数运算容易证明.

14. (1) 由 A_1, A_2 是 F 数,知 $(A_1)_\lambda, (A_2)_\lambda$ 为闭区间.

(2) 由有界 F 数知,在 $(A_1)_\lambda, (A_2)_\lambda$ 上左右连续,故 F 数有最大值.

(3) 参考 5.2 节定理 1 容易证得.

15. $\underline{2} + \underline{3} = 0.4/3 + 0.5/4 + 1/5 + 0.7/6 + 0.6/7$

$\underline{2} \times \underline{3} = 0.4/2 + 0.4/3 + 0.5/4 + 1/6 + 0.6/8 + 0.9/9 + 0.6/12$

16. (1) A 是 F 数,则 A_λ 是闭区间,因此是凸的.由 F 集的性质知 A 是 F 凸的.

(2) A 是凸 F 集,那么对任意 $x_2 \in [x_1, x_0]$,有

$$A(x_2) \geq A(x_1) \wedge A(x_0) = A(x_1) \wedge 1 = A(x_1)$$

即当 $x<x_0$ 时,$A(x)$ 不减.

类似证明当 $x>x_0$ 时,$A(x)$ 不增.

17.
$$(\underline{2}+\underline{3})(z)=\begin{cases}\dfrac{z-3}{2} & 3<z\leqslant 5\\ \dfrac{7-z}{2} & 5<z<7\end{cases},\qquad (\underline{2}-\underline{3})(z)=\begin{cases}\dfrac{1-z}{2} & -1\leqslant z<1\\ \dfrac{3+z}{2} & -3<z<-1\end{cases}$$

习 题 6

1.(1)$P\vee Q$; (2)$R\wedge \overline{P}$; (3)$\overline{Q}\wedge P$; (4)$P\to \overline{Q}$.

2.(1)1; (2)1; (3)1; (4)1.

3. $$T(P)=T(x\wedge \overline{x})=T(x)\wedge T(\overline{x})=\begin{cases}T(x) & \text{当}\ x\leqslant \dfrac{1}{2}\\ 1-T(x) & \text{当}\ x>\dfrac{1}{2}\end{cases}$$

无论 x 取何值,总有 $T(P)\leqslant \dfrac{1}{2}$.

4. 设在 $\Phi=l_1 l_2\cdots l_m$ 中,不含 $x_i \overline{x}_i$,那么,对一切 l_i 赋予真值,使 $T(l_i)>\dfrac{1}{2}$ $(i=1,2,\cdots,m)$.

这时,$T(\Phi)>\min T(l_i)>\dfrac{1}{2}$,与已知矛盾.

5. 必要性 若 $\exists c_{i_0}$ 是 F 假,则 $T(P)=\min T(c_1)\cdots T(c_m)\leqslant T(c_{i_0})\leqslant \dfrac{1}{2}$.

   充分性 若一切子句 $c_i(i=1,\cdots,m)$ 是 F 真,则 $T(P)=\min\limits_{1\leqslant j\leqslant m} T(c_j)>\dfrac{1}{2}$.因此,$P$ 为 F 真.

6.(1)$\overline{P}\vee(P\wedge(P\vee Q))=\overline{P}\vee P$ 为 F 真(用吸收律);

(2)$(\overline{Q}\wedge P)\wedge(Q\wedge \overline{P})=(\overline{Q}\wedge Q)\wedge(P\wedge \overline{P})=\begin{cases}\overline{Q}\wedge Q\\ P\wedge \overline{P}\end{cases}$ 为 F 假;

(3)不 F 真也不 F 假.

7. (1)不是 F 真,也不是 F 假;(2)F 假;(3)F 真;(4)F 真;(5)F 真.

8. 充分条件比较明显,这时恒有 $a\leqslant(a_1+\cdots+a_n)$.

必要条件:设①不成立,这时存在 $a>a_1+\cdots+a_n$,与 $a(a_1+\cdots+a_n)=a$ 矛盾;条件②一样证法.

9. 必要条件:设 α 中的字均在 β 中出现,则 β 含于 α,这与 α 真含于 β 矛盾.充分条件:因为 α 中至少有一字不在 β 中出现,所以可选取这样一组字,使 $\alpha=0,\beta\geqslant 1/2$.
(详细过程参考定理的证明).

10. $f_1=yz+x\overline{y}z+\overline{x}x\overline{y}y+\overline{z}z$, $f_2=x_1\overline{x}_1$, $f_3=x_2 x_3+x_1\overline{x}_2 x_3+x_1\overline{x}_1 x_2 \overline{x}_2$,

$f_4=x_1 x_2 \overline{x}_1$, $f_5=\overline{y}\,\overline{z}+xyz+x\overline{x}z$ 或 $f_5=\overline{y}\,\overline{z}+xyz+x\overline{x}\,\overline{y}$, $f_6=x_1\overline{x}_2 x_3+x_2 x_3 x_4$

11. $f(x,y,z)=x\overline{y}+xy\overline{z}+\overline{x}\,\overline{y}z$

习 题 7

1. T 是 E 上 F 词集:T(成绩)$=1$, T(好成绩)$=1$,T(好好成绩)$=0.7$, T(成绩不)$=0.2$

2. $[\text{小}]=1/1+0.9/2+0.7/3+0.4/4+0.1/5$

   $[\text{大}]=0.1/5+0.4/6+0.7/7+0.9/8+1/9$

[不大也不小] $= 0.1/2 + 0.3/3 + 0.6/4 + 0.9/5 + 0.6/6 + 0.3/7 + 0.1/8$

[大或小] $= 1/1 + 0.9/2 + 0.7/3 + 0.4/4 + 0.1/5 + 0.4/6 + 0.7/7 + 0.9/8 + 1/9$

3. [很年轻]$(u) = $[年轻]$^2(u)$,   [极年轻]$(u) = $[年轻]$^4(u)$

   [比较年轻]$(u) = $[年轻]$^{0.75}(u)$,   [不年轻]$(u) = 1 - $[年轻]$(u)$

4. [很大] $= 0.04/4 + 0.64/5 + 1/6$,   [不很小] $= 0.36/2 + 0.96/3 + 1/4 + 1/5 + 1/6$

   [偏向大] $= 1/5 + 1/6$,   [极小] $= 1/1 + 0.41/2 + 0.0016/3$

   [不大也不小] $= 0.2/2 + 0.8/3 + 0.8/4 + 0.2/5$

5. $F(A) = \begin{cases} \dfrac{1}{\sqrt{2\pi}\sigma} e^{-\frac{(x-5)^2}{2\sigma^2}} & |x-5| < \delta \\ 0 & |x-5| \geqslant \delta \end{cases}$

6. [倾向年老]$(u) = \begin{cases} 1 & u > 55 \\ 0 & u \leqslant 55 \end{cases}$

7. [不很轻] $= 0.36/2 + 0.64/3 + 0.84/4 + 0.96/5$,   [不很重] $= 0.96/1 + 0.84/2 + 0.64/3 + 0.36/4$

   [不轻也不重] $= 0.2/2 + 0.4/3 + 0.2/4$

8. $\alpha + \beta = \dfrac{0.2}{2} + \dfrac{0.6}{3} + \dfrac{1}{4} + \dfrac{0.6}{5} + \dfrac{0.2}{6}$, $\alpha - \beta = \dfrac{1}{-2} + \dfrac{0.6}{-1} + \dfrac{0.6}{0} + \dfrac{0.2}{1} + \dfrac{0.2}{2}$

   $\alpha \times \beta = \dfrac{0.2}{1} + \dfrac{0.6}{2} + \dfrac{1}{3} + \dfrac{0.6}{4} + \dfrac{0.6}{6} + \dfrac{0.2}{9}$, $\alpha \div \beta = \dfrac{1}{\frac{1}{3}} + \dfrac{0.6}{\frac{2}{3}} + \dfrac{0.6}{\frac{1}{2}} + \dfrac{0.6}{1} + \dfrac{0.2}{\frac{3}{2}} + \dfrac{0.2}{2} + \dfrac{0.2}{3}$

9. (1) $S = AB, A = 0.9aAB + 0.5aB + 0.5aC + 0.2B + a, B = b$

     $C = 0.5a + 0.2aa$, 下式中 $0.5(a^2 + ab) + 0.2(a^3 + b) + a \stackrel{记}{=} \alpha$

     $A = 0.9aAb + 0.5ab + 0.5a(0.5a + 0.2aa) + 0.2b + a$

       $= 0.9aAb + 0.5(a^2 + ab) + 0.2(a^3 + b) + a = 0.9aAb + \alpha$

       $= 0.9a(0.9aAb + \alpha)b + \alpha = 0.9a^2 Ab^2 + 0.9a\alpha b + \alpha$

       $= 0.9a^2(0.9aAb + \alpha)b^2 + 0.9a\alpha b + \alpha$

       $= 0.9a^3 Ab^3 + 0.9a^2 \alpha b^2 + 0.9a\alpha b + \alpha = \cdots$

       $= \alpha + 0.9a\alpha b + 0.9a^2 \alpha b^2 + 0.9a^3 \alpha b^3 + \cdots + 0.9a^n \alpha b^n + \cdots$

   (2) $G(ab) = 1, G(aaabbb) = 0.9$

10. 以(1)为例. 因为 $(a) \longrightarrow (b)$ 是 F 定理, 所以

$$((a) \to (b))(u) = (1 - A(u)) \vee (A(u) \wedge B(u)) > \dfrac{1}{2}$$

又 (a) 对 F 真, $(a)(u) = A(u) > \dfrac{1}{2} \Longrightarrow 1 - A(u) < \dfrac{1}{2}$

于是 $(1 - A(u)) \vee (A(u) \wedge B(u)) = A(u) \wedge B(u) > \dfrac{1}{2}$

因此 $(b)(u) = B(u) \geqslant A(u) \wedge B(u) = (1 - A(u)) \vee (A(u) \wedge B(u)) > \dfrac{1}{2}$

11. (1) $A = $ [很重] $= 0.01/2 + 0.09/3 + 0.64/4 + 1/5$

     $B = $ [很轻] $= 1/1 + 0.64/2 + 0.09/3 + 0.01/4$

     $A^c = $ [不很重] $= 1/1 + 0.99/2 + 0.91/3 + 0.36/4 + 0/5$

$$A \times B \cup A^c \times Y = \begin{bmatrix} 1 & 1 & 1 & 1 & 1 \\ 0.99 & 0.99 & 0.99 & 0.99 & 0.99 \\ 0.91 & 0.91 & 0.91 & 0.91 & 0.91 \\ 0.64 & 0.64 & 0.36 & 0.36 & 0.36 \\ 1 & 0.64 & 0.09 & 0.01 & 0 \end{bmatrix}$$

(2) $A = [重] = 0.1/2 + 0.3/3 + 0.8/4 + 1/5$
  $B = [轻] = 1/1 + 0.8/2 + 0.3/3 + 0.1/4$
  $A^c = [不重] 1/1 + 0.9/2 + 0.7/3 + 0.2/4$

$$A \times B \cup A^c \times Y = \text{"若 } x \text{ 重,则 } y \text{ 轻"} = \begin{bmatrix} 1 & 1 & 1 & 1 & 1 \\ 0.9 & 0.9 & 0.9 & 0.9 & 0.9 \\ 0.7 & 0.7 & 0.7 & 0.7 & 0.7 \\ 0.8 & 0.8 & 0.3 & 0.2 & 0.2 \\ 1 & 0.8 & 0.3 & 0.1 & 0 \end{bmatrix}$$

y 为[近似轻] $= (1, 0.8, 0.3, 0.2, 0.2)$

(3) $C = [不很轻] = 0/1 + 0.36/2 + 0.91/3 + 0.99/4 + 1/5$

$$A \times B \cup A^c \times C = \text{"若 } x \text{ 重,则 } y \text{ 轻,否则 } y \text{ 不很轻"} = \begin{bmatrix} 0 & 0.36 & 0.91 & 0.99 & 1 \\ 0.1 & 0.36 & 0.9 & 0.9 & 0.9 \\ 0.3 & 0.36 & 0.7 & 0.7 & 0.7 \\ 0.8 & 0.8 & 0.3 & 0.2 & 0.2 \\ 1 & 0.8 & 0.3 & 0.1 & 0 \end{bmatrix}$$

y 为[近似不很轻] $= (0.3, 0.36, 0.91, 0.99, 1)$

12. $R = \begin{bmatrix} 0.1 & 0.6 & 1 \\ 0.1 & 0.5 & 0.5 \\ 0.1 & 0.1 & 0.1 \end{bmatrix}$, $B' = (0.1, 0.5, 0.5)$

习 题 8

1. 参考控制水位的叙述方法.
2. 首先在论域 $\{-3,-2,-1,0,1,2,3\}$ 上,给出观察量和控制量的 F 语言的 F 集,然后根据控制规则确定 F 关系,再利用合成运算进行运算.
3. 类似第 2 题的做法.

习 题 9

1. 由 $A \cap B \subseteq A \Longrightarrow g(A \cap B) \leqslant g(A)$, $A \cap B \subseteq B \Longrightarrow g(A \cap B) \leqslant g(B)$
因此 $g(A \cap B) \leqslant g(A) \wedge g(B)$

2. L 是似然测度,则 $b(\varnothing) = 0, b(X) = 1$;
$$b(A_1 \cap A_2) = 1 - L(A_1^c \cup A_2^c) \geqslant 1 - [L(A_1^c) + L(A_2^c) - L(A_1^c \cap A_2^c)]$$
$$= (1 - L(A_1^c)) + (1 - L(A_2^c)) - (1 - L(A_1^c \cap A_2^c))$$
$$= b(A_1) + b(A_2) - b(A_1 \cup A_2)$$

3. $A = \bigcup_{x \in A} \{x\}$,因此 $\pi(A) = \pi(\bigcup_{x \in A} \{x\}) = \bigvee_{x \in A} A(\{x\})$

4. $\pi(\bigcup_{n=1}^{\infty} A_n) = 1 - T(\bigcap_{n=1}^{\infty} A_n^c) = 1 - \bigwedge_{n=1}^{\infty} T(A_n^c) = 1 - \bigwedge_{n=1}^{\infty}(1 - \pi(A_n)) = \bigvee_{n=1}^{\infty} \pi(A_n)$
类似方法证后半段.

5. $H(u_1) = 0.2, H(u_2) = 0.3, H(u_3) = 0.6, H(u_4) = 1$
$\bigvee_{i=1}^{4}(h(u_i) \wedge H(u_i))$
$= (1 \wedge 0.2) \vee (0.9 \wedge 0.3) \vee (0.7 \wedge 0.6) \vee (0.6 \wedge 1) = 0.6$

6. (1) $\forall \lambda \in [0,1]$,若 $A \cap (\pi_X)_\lambda \neq \varnothing$,则存在 $u \in A$,使 $\pi_X(u) \geqslant \lambda$,因此 $\lambda \leqslant \bigvee_{u \in A} \pi_X(u) = \pi(A)$,进而

$$\bigvee_{\lambda \in [0,1]} \{\lambda \mid A \cap (\pi_X)_\lambda \neq \emptyset\} \leqslant \pi(A).$$

反之，$\forall u \in A$，记 $\lambda_0 = \pi_X(u)$，则 $A \cap (\pi_X)_{\lambda_0} \neq \emptyset$，所以

$$\pi_X(u) = \lambda_0 \leqslant \bigvee_{\lambda \in [0,1]} \{\lambda \mid A \cap (\pi_X)_\lambda \neq \emptyset\}$$

因而
$$\pi(A) = \bigvee_{u \in A} \pi_X(u) \leqslant \bigvee_{\lambda \in [0,1]} \{\lambda \mid A \cap (\pi_X)_\lambda \neq \emptyset\}$$

(2) $\pi(A) = \bigvee_{u \in A} \pi_X(u) = \bigvee_{u \in U} (A(u) \wedge \pi_X(u)) = A \circ \pi_X$

7. (1) $\pi(\underset{\sim}{A}) = f(\underset{\sim}{A})(u) \circ \pi(\cdot) = \bigvee_{\lambda \in [0,1]} (\lambda \wedge \pi(A_\lambda))) = \bigvee_{\lambda \in [0,1]} (\lambda \wedge \bigvee_{u \in U} (A_\lambda(u) \wedge \pi_X(u)))$

$= \bigvee_{u \in U} [(\bigvee_{\lambda \in [0,1]} (\lambda \wedge A_\lambda(u))) \wedge \pi_X(u)] = \bigvee_{u \in U} (\underset{\sim}{A}(u) \wedge \pi_X(u)) = \underset{\sim}{A} \circ \pi_X$

(2) 类似第 6 题(1)．

习 题 10

1. 参考 F 事件的概率的性质(5)的证明．

2. 设 A, B 分别表示青年、老年模糊集．

$$P(A) = 1 \times \frac{3.7}{100} + 0.6 \times \frac{5}{100} = \frac{6.7}{100}, \quad P(B) = 1 \times \frac{14.2}{100} + 0.3 \times \frac{11}{100} = \frac{17.5}{100}$$

3. p_i ——第 i 次击中的概率，$p_i = (1-p)^{i-1} \circ p$

$$P(A) = 0.2p + 0.7(1-p)p + (1-p)^2 p + 0.7(1-p)^3 p + 0.1(1-p)^4 \cdot p$$

4. 设 $A = \frac{0.6}{1} + \frac{1}{2} + \frac{0.5}{3}$，$P(A) = 0.6 \times 0.37 + 1 \times 0.18 + 0.5 \times 0.06 = 0.432$

5. $(0.6\text{"很可能"} + 0.4\text{"很不可能"})(p) = \text{"很可能"}\left(\frac{p-0.4}{0.6-0.4}\right)$

$$= \begin{cases} 0 & \text{当 } 0 \leqslant \frac{p-0.4}{0.2} < 0.7 \\ 2\left[\frac{\left(\frac{p-0.4}{0.2}\right) - 0.7}{0.3}\right]^2 & \text{当 } 0.7 \leqslant \frac{p-0.4}{0.2} < 0.85 \\ 1 - 2\left[\frac{\left(\frac{p-0.4}{0.2}\right) - 1}{0.3}\right]^2 & \text{当 } 0.85 \leqslant \frac{p-0.4}{0.2} \leqslant 1 \end{cases} = \begin{cases} 0 & \text{当 } 0.4 \leqslant p < 0.54 \\ 2\left(\frac{p-0.54}{0.06}\right)^2 & \text{当 } 0.54 \leqslant p < 0.57 \\ 1 - 2\left(\frac{p-0.6}{0.06}\right)^2 & \text{当 } 0.57 \leqslant p \leqslant 1 \end{cases}$$

6. $P(A) = \pi_{\omega_1} A(\omega_1) + \pi_{\omega_2} A(\omega_2) + \pi_{\omega_3} A(\omega_3)$

$= 0.4/0.86 + 0.4/0.9 + 0.5/0.93 + 1/0.89 + 0.5/0.92 + 0.5/0.88 + 0.6/0.85$

习 题 11

1. $x_1 = 20, x_2 = 24, x_3 = 84, s = 428$

2. 用非对称型模糊规划方法解得最佳伞径为 60；用对称型 F 规划解得 94.8．

3. $M_f = 0.25/x_1 + 1/x_2 + 0.5/x_4$

4. $M_f(x) = \frac{f(x) - 0}{5 - 0} = \frac{x}{10} e^{1-\frac{x}{10}}$，令 $\frac{x}{10} e^{1-\frac{x}{10}} = \frac{1}{1+(x-1)^2}$，解得 $x = 2.1(g)$．

6. 设生产 A_1 有 x_1 万瓶，A_2 有 x_2 万瓶．

$$\max s = 8000x_1 + 3000x_2$$

$$\text{s.t.} \begin{cases} 5x_1 + 3x_2 \leqslant 500 \\ 300x_1 + 80x_2 \leqslant 20000 \\ 12x_1 + 4x_2 \leqslant 900 \\ x_1 > 0, x_2 > 0 \end{cases}$$

解得 $x_1 = 40, x_2 = 100$.

7. $x_1 = \dfrac{23}{8}$, $x_2 = \dfrac{21}{8}$, $s = \dfrac{67}{8}$

附 录 习 题

1. 本题答案并非唯一. 例如：
(1)2； (2)a； (3)6； (4)a； (5)5； (6)10； (7)5； (8)7.

2. (1)错； (2)错； (3)对； (4)错； (5)对； (6)对； (7)对； (8)对； (9)错； (10)错.

3. R_2 与 R_4 是等价关系.

4. 证明有失一般性. 例如在集
$$A = \{0,1,2,3,4,5\}$$
上的关系
$$R = \{(0,0),(0,1),(1,0),(3,3),(3,4),(4,3),(3,5),(4,4),(5,5),(5,3)\}$$
满足对称律、传递律，但不具有自反性，因为 $(1,1),(2,2)$ 不属于 R.

5. 若映射 $f: A \times A \longrightarrow A$ 为
$$f(a,b) = \begin{cases} \min(a,b) & a \neq b \\ 10 & a = b \end{cases}$$
这时，A 中的元 100 不是 $A \times A$ 中某元的像.

6. $f(x_1 \circ x_2) = f(x_1) \bar{\circ} f(x_2) = y_1 \bar{\circ} y_2 \qquad g(y_1 \bar{\circ} y_2) = g(y_1) \times g(y_2) = z_1 \times z_2$
所以，$(g \circ f)(x_1 \circ x_2) = g(f(x_1 \circ x_2)) = g(f(x_1) \bar{\circ} f(x_2)) = g(y_1 \bar{\circ} y_2) = z_1 \times z_2$

7. 因为这个映射是单值的满映射，且由于 $\forall a_1, a_2 \in A, b_1, b_2 \in B$，有
$$a_1 \circ a_2 = 3 \longrightarrow 6 = b_1 \bar{\circ} b_2$$
所以，这个映射又是同态映射，从而是同构映射.

8. 这里 $(S_6, \leqslant), (S_8, \leqslant), (S_{24}, \leqslant)$ 都是格，而图 4 中(b)不是格，因为 $a_1 \vee a_2, a_1 \wedge a_2$ 都不存在. 图 4 中(a)、(c)都是格，但都不是分配格，因为

在(a)中，$a_3 \wedge (a_2 \vee a_4) = a_3 \wedge a_1 = a_3$，但
$$(a_3 \wedge a_2) \vee (a_3 \wedge a_4) = a_5 \vee a_4 = a_4$$
在(c)中，$a_2 \wedge (a_3 \vee a_4) = a_2 \wedge a_1 = a_2$，但
$$(a_2 \wedge a_3) \vee (a_2 \wedge a_4) = a_5 \vee a_5 = a_5$$

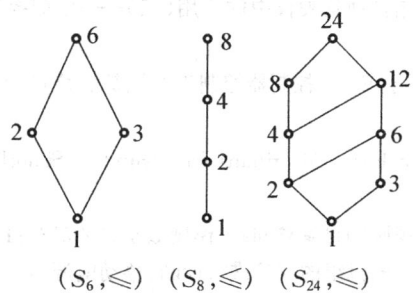

$(S_6, \leqslant) \quad (S_8, \leqslant) \quad (S_{24}, \leqslant)$

参 考 文 献

1. 贺仲雄.模糊数学及其应用.天津:天津科技出版社,1981.
2. 汪培庄.模糊集合论及其应用.上海:上海科学技术出版社,1983.
3. 陈贻源.模糊数学.武汉:华中工学院出版社,1984.
4. 王铭文,等.模糊数学讲义.长春:东北师范大学出版社,1988.
5. 欧阳绵,等.模糊数学导论.武汉:武汉大学出版社,1988.
6. 张俊福,等.应用模糊数学.北京:地质出版社,1988.
7. 王凡.模糊数学与工程数学.哈尔滨:哈尔滨船舶工程学院出版社,1988.
8. 罗承忠.模糊集引论(上).北京:北京师范大学出版社,1989.
9. 汪培庄,韩立岩.应用模糊数学.北京:北京经济学院出版社,1989.
10. 张文修,等.模糊数学引论.西安:西安交通大学出版社,1991.
11. Dubois D. and Prade H. Fuzzy Sets and Systems:Theory and Applications. New York, 1980.
12. Kaufmann A. Introduction to the Theory of Fuzzy Subsets(Vol. 1). New York, 1975.
13. Dubois D. and Prade H. Operation on Fuzzy Numbers. Inf. J. Syst. Sci. 1978,9(6):613~626.
14. Zadeh L A. Fuzzy Sets. Inf. and Control. 1965(8):338~353.
15. Lee Rand Chang C L. Some Properties of Fuzzy Logic. Inf. and Control,1971(19):417~413.
16. Marinos P N. Fuzzy Logic and Its Application to Switching Systems. IEEE Transaction on Computers, 1969 (c18):343~348.
17. Zimmermann H J. Fuzzy Programming and Linear Programming with Several Objective Functions. Fuzzy Sets and Systems,1978(1):46~55.
18. Hamacher H. Leberling H Zimmermann, H J Sensilinity. Analysis in Fuzzy Linear Programming. Fuzzy Sets and Systems,1978(1):69~89.
19. Yang Lunbiao. Make an Approach to the Optimal Solution of Fuzzy Nonlinear Programming. AMSE Conference Signak and Systems'Dalian,1989(1):73~81.
20. 毛宗源.模糊控制及其在船舶自动驾驶仪中的应用(一)——模糊变量的数学描述.船电技术,1981(3):19~26.
21. 毛宗源.模糊控制及其在船舶自动驾驶仪中的应用(二)——模糊关系及模糊算法.船电技术,1981(4):30~38.
22. 毛宗源.模糊控制及其在船舶自动驾驶仪中的应用(三)——模糊控制器控制自动驾驶仪.船电技术,1982(1):40~49.
23. 毛宗源,狄铮.自调整比例因子Fuzzy控制器控制工业锅炉燃烧过程.自动化学报,1991,17(5):611~615.
24. Mamdani E H. Application of Fuzzy Algorithms for Control of Simpel Dynamic Plant. Proc. IEEE,1974 (12):1585~1588.
25. 龙升照,汪培庄.Fuzzy控制规则的自调整问题.模糊数学,1982(3):105~111.
26. 毛宗源.用模糊逻辑对柴油发电机组的故障进行诊断.移动电源与车辆,1988(1):1~11.
27. 黄金丽.自组织Fuzzy控制器.模糊数学,1983(2):103~108.
28. 龙升照,等.Fuzzy控制规则的自调整问题.模糊数学,1982(3):105~112.
29. 赵汝怀.(N)模糊积分.数学研究与评论,1981(2):55~62.
30. 刘叙华.模糊逻辑公式的化简问题.模糊数学,1983(3):7~15.
31. 杨纶标.Simplest models of switching systems. Advances in modelling and analysis,1993,15(4):59~63.

32 焦李成.神经网络系统理论.西安:西安电子科技大学出版社,1996.
33 冯英浚.关于多目标最优化问题的Fuzzy解.科学通报,1981(17):1028~1030.
34 陈国权.模糊数学在经济管理中的应用.合肥:安徽科学技术出版社,1987.
35 高英仪.Fuzzy矩阵初等变换与Sanchez秩.华南理工大学学报,1987(1):32~41.
36 杨纶标.多目标非线性规划的Fuzzy解的研究.华南理工大学学报,1993(2):90~95.
37 杨纶标,高英仪.模糊逻辑函数主析取式的化简问题.华南理工大学学报,1992(3):33~40.
38 杨纶标.广义Fuzzy运算及其在人才决策中的应用.华南工学院学报,1985(3):101~106.
39 杨纶标.Fuzzy函数并不可约元再化简问题.应用数学,1995(1):20~25.
40 区奕勤,张先迪.模糊数学原理及应用.成都:成都电讯工程学院出版社,1988.
41 杨纶标,等.化简Fuzzy逻辑函数的直接方法.数学研究与评论,2000(1):149~152.
42 杨纶标.关于模糊α真的模糊推理与模型.华南理工大学学报,1995(9):93~98.
43 杨纶标,等.最优模糊蕴涵及其应用的研究.控制理论与应用,1995(2):245~250.
44 杨纶标,等.模糊控制关系与模糊蕴涵算法.华南理工大学学报,2002(7):21~23.
45 郑启伦,等.用Mos-DYL电路兼容的多值逻辑电路.电子学报,1985(5):1~7.
46 杨纶标,等.模糊蕴涵与作用关系.华南理工大学学报,2001(8):1~3.
47 K.亚伯拉罕,C.L.塞缪尔.模糊开关与自动机.楼世博译.上海:上海科学技术出版社,1984.
48 罗文标,等.委托代理制度下的最优控制关系.华南理工大学学报,2004(9):90~92.